COMPUTER VISION

FROM PERCEPTION TO RECONSTRUCTION

计算机视觉

从 感 知 到 重 建

高盛华　厉征鑫 ◎ 著

上海科学技术出版社
SHANGHAI SCIENTIFIC & TECHNICAL PUBLISHERS

图书在版编目（CIP）数据

计算机视觉：从感知到重建 / 高盛华，厉征鑫著
. -- 上海：上海科学技术出版社，2024.2
ISBN 978-7-5478-6495-1

Ⅰ. ①计… Ⅱ. ①高… ②厉… Ⅲ. ①计算机视觉
Ⅳ. ①TP302.7

中国国家版本馆CIP数据核字(2024)第009989号

计算机视觉：从感知到重建
高盛华　厉征鑫　著

上海世纪出版(集团)有限公司
上 海 科 学 技 术 出 版 社　出版、发行
(上海市闵行区号景路 159 弄 A 座 9F－10F)
邮政编码 201101　　www.sstp.cn
上海雅昌艺术印刷有限公司印刷
开本 787×1092　1/16　印张 24.25
字数 400 千字
2024 年 2 月第 1 版　2024 年 2 月第 1 次印刷
ISBN 978－7－5478－6495－1/TP·86
定价：149.00 元

前 言

在这个科技日新月异的时代，计算机视觉已然成为一个极具挑战性和充满潜力的领域。随着计算机性能的提升和算法的不断创新，我们似乎进入了一个全新的视觉时代，一个充满无限可能性的时代。作为计算机视觉的从业者，我们深感荣幸，能够在过去10年里，与众多杰出的学生和朋友们一同探索这一领域的奥秘，见证计算机视觉从感知到重建的奇妙过程。

本书题为《计算机视觉：从感知到重建》，旨在为您提供一份全面且深入的指南，帮助您踏上探索计算机视觉的壮丽征程。在这本书中，我们将深入探讨计算机视觉的一系列核心主题，从相机成像，图像的处理、分析和感知，一直到三维重建，讲解各主题的基础理论、方法原理和经典技术。

我们在此简要介绍本书中各章的主要内容，以便不同背景的读者更有效地获取所需信息。例如，刚开始接触计算机视觉的读者可以通读全书并侧重理论部分，有一定相关知识背景的读者可以针对性地阅读某些章节以加深理解，或将本书作为工具书查询某个领域的经典方法和前沿方法。

第一章：相机成像模型　介绍了计算机视觉领域视角下的相机模型、成像过程以及图像的颜色模型、亮度模型、渲染模型等。这些内容能够帮助读者理解数字图像的本源，掌握数字图像和物理世界之间的逻辑关系、几何关系，为入门计算机视觉，理解各种计算机视觉算法奠定基础。

第二章：图像空间滤波　空间滤波用于改善图像质量、去除噪声和增强图像特征，是一种关键的图像处理的技术。本章将介绍多种不同的空间滤波方法，以及它们在图像增强中的应用。另外，滤波或换言之卷积操作，也将在本书其他章节中频繁出现，希望读者通过阅读本章能够理解并掌握这种经典的数学方法。

第三章：图像特征提取　介绍了如何从图像中提取有意义的信息即图像特征，包括传统手动方法和基于深度学习的方法。正如我们人类识别人脸更多的是借助五官和轮廓特征，而非人脸上的每个毛孔等细节，实际上大多数的计算机视觉技术并不直接处理数字图像，而是基于体量更加精简、信息更为丰富的图像特征进行后续的计算处理。

第四章：图像分类 介绍了计算机视觉的入门级图像感知任务，即理解图像中的主要物体并输出其类别。包括多种传统方法和基于深度学习的新方法。本章首次涉及图像表达、神经网络和卷积神经网络，因此也重点讲解了相关的基础知识。

第五章：图像中目标检测 介绍了定位和识别图像中物体的任务，以及实现目标检测的技术，包括传统的方法和最新的深度学习框架。

第六章：图像分割 介绍了这种将图像中的每个像素标记为其对应物体类别的任务、语义分割的原理和应用，以及如何使用手动特征或深度学习来实现图像分割。

第七章：视频分类和行为识别 介绍了视频序列的分析和理解任务。视频是一系列连续的图像，与单帧图像相比，既有视频分类等类似任务，也有视频中的物体追踪、动作识别和场景分析等新任务。从技术手段角度来看，既有应用于单帧图像的技术的扩展，也有针对视频数据提出的新技术。

第八章：图像三维重建 介绍了如何从二维图像还原出三维世界的模型，三维重建是计算机视觉领域的巅峰之一。本章详细介绍了三维重建的几何原理、从相机运动到点云重建的各个步骤，以及如何使用深度学习来改进三维重建的质量。

总体而言，本书以图像的成像、处理、理解和重建为脉络，系统性地讲解了计算机视觉领域各主要任务的理论、方法和技术。本书的独特之处在于，既回顾了传统的计算机视觉方法——基于手动特征的经典算法，又深入介绍了最前沿的深度学习技术。这对于现代计算机视觉的学习者尤为重要。一方面，以深度学习为代表的人工智能技术近年来极大地提高了许多视觉算法的表现，拓展了计算机视觉技术成功落地的范围，学习计算机视觉必须掌握这些前沿技术。而另一方面，许多具体任务又无法使用新兴的深度学习方法来解决，如精确测量、高速实时检测，或者无法获得大规模数据的问题，这在实际应用中，尤其是农业、工业问题中十分常见，所以学习者仍然有必要掌握基于手动特征的各种视觉方法和技术。本书即是这样一本融合传统与现代的教材，让您既能够理解计算机视觉的基本原理，又能够掌握当今最激动人心的技术。

从多年的求学、科研和教学经历中，我们切身了解到学生们对于计算机视觉知识体系的困惑，对于知识图谱和难度曲线设计或多或少的抱怨，以及对更好教材的渴望。因此，我们以自己的教学经验和研究成果为基础，尽最大努力编写这本教材，希望能够满足各类读者的需求，无论您是渴望在计算机视觉领域深耕细作的研究生，还是想要初窥门径的本科生，或是需要了解计算机视觉领域技术的科学家、工程师朋友。

计算机视觉是一个非常活跃且高速迭代的领域，许多新的英文单词、命名或缩写在成书时仍然没有恰当且通用的中文翻译，例如 Transformer 等，因此本书保留了一些英文单词未做翻译。除此以外，在一些涉及语料的数据集中，由于英文单词作为数据的特殊性，在数据集的说明性示意图中也未对英文进行翻译。

最后，衷心感谢上海科技大学各位领导和上海科技大学信息学院院长虞晶怡教授对此事的关心和支持，感谢上海科学技术出版社高在青编辑对本书付出的辛苦努力。感谢李晶、肖宇廷、金磊、钱深瀚、钱一成、许家乐、王晨宇、王若宇、胡俊豪、赵子伯、钟子明、余泽浩、徐衍玉、廉东泽、刘闻、罗伟鑫、董思勋、胡华章、智轶浩、黄彬彬、于劲鹏、赵逸群、王硕、朴智新及其他课题组成员为本书内容组织、编写和修订工作所做的贡献。感谢国家自然科学基金委员会(项目编号 61932020)对本书出版提供的资助。感谢各位读者与我们一同踏上这段令人兴奋的旅程。计算机视觉是一项永无止境的探索，而您的参与，将使这段旅程更加充实和有趣。愿这本书带给您知识的光芒，启迪您的思维，引领您走向计算机视觉的精彩未来。

祝您阅读愉快，探索无穷！

高盛华　厉征鑫

2023 年 10 月

目　录

第 1 章　相机成像模型 / 1

1.1　引言 / 1
1.2　简单的相机模型 / 2
1.2.1　相机数学模型 / 2
1.2.2　相机的内参 / 4
1.2.3　相机的外参 / 6
1.2.4　相机成像公式 / 7
1.2.5　相机成像畸变 / 7
1.3　图像的颜色 / 10
1.3.1　基于拜尔滤波器的颜色感知 / 10
1.3.2　RGB 颜色模型 / 11
1.3.3　HSV 颜色模型 / 12
1.4　图像的亮度 / 14
1.4.1　空间中的光 / 14
1.4.2　物体表面的光线反射 / 16
1.4.3　薄透镜成像的辐射度学 / 17
1.4.4　数字成像过程 / 19
1.5　渲染 / 20
1.5.1　渲染方程 / 20
1.5.2　光线追踪算法 / 20
1.6　本章小结 / 23

第 2 章　图像空间滤波 / 24

2.1　引言 / 24
2.2　卷积和互相关 / 25
2.2.1　卷积 / 25
2.2.2　互相关 / 26
2.3　图像的平滑 / 28
2.3.1　邻域均值滤波 / 28
2.3.2　加权均值滤波 / 28
2.3.3　高斯均值滤波 / 29
2.3.4　中值滤波 / 30
2.3.5　双边滤波 / 30
2.4　图像的锐化 / 32
2.4.1　梯度锐化 / 32
2.4.2　拉普拉斯算子的二阶微分锐化 / 33
2.4.3　非锐化掩膜与高频提升滤波 / 34
2.5　本章小结 / 35

第 3 章　图像特征提取 / 36

3.1　引言 / 36
3.2　基于非学习方法的边缘检测 / 37
3.2.1　边缘、导数和梯度 / 39
3.2.2　边缘的卷积形式计算 / 40
3.2.3　噪声对边缘检测的影响和处理方法 / 41
3.2.4　Canny 边缘检测算子 / 43
3.3　基于深度学习的边缘检测 / 45
3.3.1　HED / 45
3.3.2　RCF / 47

3.3.3 CASENet / 49
3.4 基于非学习方法的关键点检测 / 51
3.4.1 角点检测原理 / 53
3.4.2 Harris 角点检测 / 54
3.4.3 Harris 角点检测的优势与不足 / 58
3.4.4 高斯拉普拉斯算子 / 59
3.4.5 高斯差分算子 / 64
3.5 基于深度学习的语义关键点检测 / 65
3.5.1 基于深度学习的人脸关键点检测 / 65
3.5.2 人体关键点检测 / 69
3.5.3 房间布局估计 / 74
3.6 基于非学习方法的直线检测 / 78
3.6.1 最小二乘法 / 78
3.6.2 基于 RANSAC 的直线拟合 / 82
3.6.3 霍夫变换 / 84
3.7 基于深度学习的线段检测 / 87
3.7.1 基于图表示的线段检测 / 87
3.7.2 基于向量场表示的线段检测 / 88
3.7.3 语义直线检测及应用 / 89
3.8 本章小结 / 91
参考文献 / 91

第 4 章 图像分类 / 94

4.1 引言 / 94
4.2 图像表达 / 97
4.3 基于手动特征的图像表达 / 98
4.3.1 基于颜色直方图的图像表达 / 98
4.3.2 基于经典的视觉词袋模型的图像表达 / 99
4.3.3 基于空间金字塔匹配模型的图像表达 / 104

4.3.4 基于压缩感知的图像表达 / 105
4.3.5 基于高斯混合模型的图像特征编码 / 107
4.4 基于支持向量机的图像分类 / 108
4.4.1 面向线性可分数据的支持向量机分类 / 108
4.4.2 面向非线性可分数据的支持向量机分类 / 114
4.4.3 基于支持向量机的多分类实现 / 116
4.4.4 基于视觉词袋模型和支持向量机的图像分类 / 116
4.5 基于自编码器的图像表达 / 117
4.5.1 多层感知机 / 118
4.5.2 自编码器 / 120
4.5.3 降噪自编码器 / 121
4.6 基于卷积神经网络的图像分类 / 122
4.6.1 卷积神经网络的组件 / 122
4.6.2 神经网络的训练 / 128
4.6.3 代表性图像分类卷积神经网络 / 131
4.7 基于胶囊网络的图像分类 / 143
4.7.1 CapsNet / 144
4.7.2 堆叠胶囊自编码器 / 147
4.8 基于 Transformer 的图像分类 / 149
4.8.1 自然语言处理中的 Transformer / 149
4.8.2 基于 Transformer 的图像分类 / 151
4.9 本章小结 / 159
参考文献 / 159

第 5 章 图像中目标检测 / 164

5.1 引言 / 164
5.2 基于手动特征的目标检测 / 171
5.2.1 Viola-Jones 人脸检测算法 / 172
5.2.2 基于 DPM 的目标检测 / 176

5.3 基于卷积神经网络的目标检测 / 183
5.3.1 两阶段目标检测算法 / 185
5.3.2 单阶段目标检测算法 / 190
5.3.3 无锚框的目标检测算法 / 195
5.4 基于 Transformer 的目标检测 / 199
5.4.1 DETR / 199
5.4.2 Pix2seq / 201
5.5 本章小结 / 203
参考文献 / 204

第 6 章 图像分割 / 207

6.1 引言 / 207
6.2 基于手动特征的图像分割算法 / 209
6.2.1 基于图论的图像分割 / 209
6.2.2 基于聚类的图像分割 / 213
6.3 语义分割 / 216
6.3.1 FCN / 218
6.3.2 U-Net / 219
6.3.3 DeepLab / 220
6.3.4 PSPNet / 223
6.4 实例分割 / 223
6.4.1 Mask R-CNN / 225
6.4.2 YOLACT / 225
6.4.3 SOLO / 227
6.5 全景分割 / 228
6.5.1 Panoptic FPN / 229
6.5.2 UPSNet / 230
6.6 点云分割 / 232
6.6.1 用于图的卷积神经网络 / 234

6.6.2 基于点云的语义分割 / 238
6.7 本章小结 / 244
参考文献 / 244

第 7 章 视频分类和行为识别 / 248

7.1 引言 / 248
7.2 基于手动特征的视频分类 / 253
7.2.1 基于词袋模型的视频表达和分类 / 254
7.2.2 基于光流特征的视频表达和分类 / 254
7.3 基于循环神经网络的视频分类 / 263
7.3.1 循环神经网络 / 263
7.3.2 双向循环神经网络 / 264
7.3.3 长短期记忆网络 / 266
7.3.4 门控制循环单元 / 267
7.3.5 基于 LSTM 的视频表达 / 267
7.4 基于卷积神经网络的视频分类 / 270
7.4.1 单分支网络 / 270
7.4.2 多分支网络 / 278
7.5 基于 Transformer 的视频分类 / 282
7.5.1 ViViT / 282
7.5.2 TimeSFormer / 285
7.5.3 Video Swin Transformer / 286
7.5.4 VideoCLIP / 288
7.5.5 VLM / 290
7.6 时序动作定位 / 291
7.6.1 单阶段方法 / 292
7.6.2 自顶向下的多阶段方法 / 295
7.6.3 自底向上的多阶段方法 / 299
7.7 本章小结 / 304

参考文献 / 304

第 8 章 图像三维重建 / 311

8.1 引言 / 311
8.2 对极几何 / 313
8.3 相机标定 / 317
8.4 基于传统算法的多视图立体重建 / 321
8.4.1 简单的基于匹配三维点空间坐标求解方法 / 321
8.4.2 基于平面扫描的场景深度估计 / 322
8.4.3 基于视差的深度估计 / 323
8.4.4 基于 PatchMatch 的立体重建 / 325
8.5 基于深度学习的多视角重建 / 328
8.5.1 MVSNet / 329
8.5.2 Fast-MVSNet / 330
8.6 基于深度学习的场景的单目深度估计 / 332
8.6.1 有监督学习的单目深度估计 / 332
8.6.2 自监督学习的单目视频深度估计 / 335
8.7 深度学习对基于不同形状表达的三维重建 / 338
8.7.1 基于体素的显式三维表达 / 338
8.7.2 基于多边形网格的显式三维表达 / 344
8.7.3 基于隐函数的隐式物体表达 / 348
8.7.4 基于神经立体渲染的多视角重建 / 353
8.8 本章小结 / 370
参考文献 / 370

第1章

相机成像模型

1.1 引言

计算机视觉(computer vision)的研究目标是让计算机像人一样“看到”并“理解”所“看到”的世界。而计算机“看世界”需要各种传感器输入信号，如 RGB 颜色传感器、深度传感器、激光雷达等。基于这些传感器捕捉到的图像、视频、点云等信号，利用研究人员精心设计的各种算法，计算机可以对信号内容进行“感知”，即量化形式地表示图像或视频中物体的类别(例如小猫、小狗、行人等)、数量、相机到对应物体的距离等信息。在感知的基础上，计算机可以进一步地结合所感知的信息对场景的状态进行推理，例如预测桌子边缘的茶杯在外力作用下将摔到地面而非飘至空中，自动驾驶汽车“看到”路面上有行人时应减速或刹车等。

数字图像是计算机视觉中常见的处理对象。生活中随处可见的拍摄设备将连续的光信号转换成离散的数字信号即数字图像，这一过程被称为成像。常见的 RGB 相机在成像过程中，将三维的世界信号变成二维的图像信号，这损失了深度信息，而三维重建技术可以基于图像内容推测深度信息。此外，基于数字图像的感知和理解也是计算机视觉算法通过图像信号与真实世界建立联系的方式。所以，数字图像是计算机视觉算法的主要处理对象，成像是计算机视觉科学的基础部分。对于一幅数字图像，物理世界和图像中的点是如何对应的？图像的亮度和颜色又是如何产生的？一些照片内容与真实世界相比存在畸变的原因又是什么？回答这些问题既是学习计算机视觉的必经之路，也对理解计算机视觉大有裨益，正所谓“知己知彼，百战不殆”。带着这些问题，本章将主要介绍相机的成像模型。

1.2　简单的相机模型

相机的成像过程实际上是将物理世界中的三维物体上的点映射到二维像平面的过程，这个过程可以用小孔成像来描述。小孔成像在很早以前就为我国古代哲学家墨子（公元前 476 年或 480 年—公元前 390 年或 420 年）所发现和记述。《墨子·经下》中记载："景到，在午有端与景长。说在端。""到"通"倒"，"午"指光线交叉处，"端"指"点""孔"。像之所以倒立，是因光线交叉处有小孔将景物投影为具有一定长度的像，关键就在于小孔。大约 100 年以后，亚里士多德在《问题集》（*Problemata*）中问道，为什么当太阳穿过四边形孔时不产生矩形而产生圆形图样？为什么出现日食时，太阳通过编筐、林叶或者手指握成的孔，投影在地上的形状是新月形的？现代相机模型将为小孔成像带来科学的解释。

1.2.1　相机数学模型

一个相机可以用一个小孔和一个物理成像平面（简称像平面）来抽象和近似表示，其中小孔处于物体和像平面之间。物体上发出的多条光线，有的被小孔以外区域阻隔，有的透过小孔落到像平面上。这使得物理世界的点和像平面的点之间形成了对应关系。根据这种对应关系，可以推断出物理世界中的点投影至像平面上的位置，也可以由像平面上物体点的坐标来恢复场景的三维信息。

为了方便描述成像的数学模型，定义两个坐标系（图 1-1）：

相机坐标系　该坐标系是一个三维坐标系，以相机中心 O^c（又被称为焦点或光心）为原点，结合坐标轴 X^c、Y^c、Z^c 来描述，其中 c 表示相机（camera）。

图像坐标系　该坐标系是一个二维坐标系，以图像中的某一点（通常是图像左上角或 Z^c 轴与图像的交点）为原点，结合坐标轴 x'、y'来描述。

小孔成像将三维空间中的点 $\boldsymbol{P}$ 映射到图像坐标系中的像点 $\boldsymbol{p}$。假定点 $\boldsymbol{P}$ 在相机坐标系中的位置是 $\boldsymbol{P}^c=[X, Y, Z]^{\mathrm{T}}$（$[\cdots]^{\mathrm{T}}$表示向量），像点 $\boldsymbol{p}$ 在图像坐标系中的坐标是 $\boldsymbol{p}=[x, y]^{\mathrm{T}}$，由于光轴垂直于像平面，像点 $\boldsymbol{p}$ 在相机坐标系中的坐标是 $\boldsymbol{p}^c=[x, y, z]^{\mathrm{T}}$，其中 $z=f$，f 是焦点到像平面之间的距离即焦距。

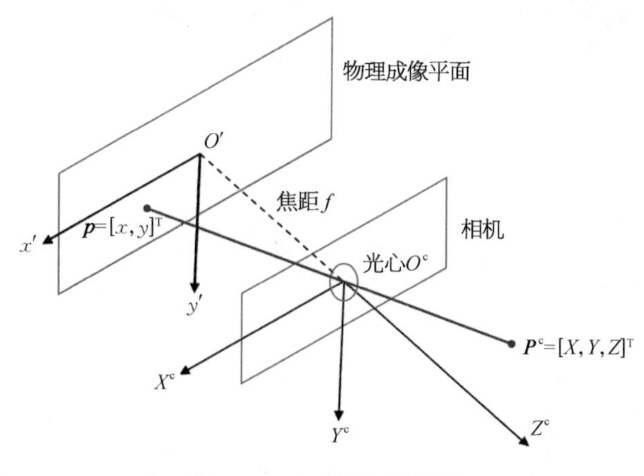

图 1-1　小孔相机的模型

根据图 1-1 中的三角形的相似关系，可以得到如下公式

$$\frac{Z}{f}=\frac{X}{x}=\frac{Y}{y} \tag{1-1}$$

由此可以得到

$$\begin{cases} x=f\,\dfrac{X}{Z} \\ y=f\,\dfrac{Y}{Z} \\ z=f \end{cases} \tag{1-2}$$

为进一步简化描述，引入齐次坐标系。齐次坐标系是用于投影几何的坐标系统，如同用于欧氏几何的笛卡儿坐标一般，在这里可以暂时简单地将其理解为将原本 n 维的向量用 $n+1$ 维向量来表示。

基于齐次坐标系下的表达，图像坐标系中的像点 $\boldsymbol{p}$ 和相机坐标系下的点 $\boldsymbol{P}$ 的坐标分别为 $\boldsymbol{p}=[x,\ y,\ 1]^{\mathrm{T}}$ 和 $\boldsymbol{P}=[X,\ Y,\ Z,\ 1]^{\mathrm{T}}$。式(1-2)则能够简化为

$$\lambda\begin{bmatrix} x \\ y \\ 1 \end{bmatrix}=\begin{bmatrix} f & 0 & 0 & 0 \\ 0 & f & 0 & 0 \\ 0 & 0 & 1 & 0 \end{bmatrix}\begin{bmatrix} X \\ Y \\ Z \\ 1 \end{bmatrix} \tag{1-3}$$

其中 $\lambda=Z$。 即在齐次坐标系表示下，如果像平面的原点为 Z^{c} 轴与像平面的交

点，有如下小孔成像模型

$$\lambda \boldsymbol{p}=\boldsymbol{M}\boldsymbol{P}, \qquad 其中 \boldsymbol{M}=\begin{bmatrix} f & 0 & 0 & 0 \\ 0 & f & 0 & 0 \\ 0 & 0 & 1 & 0 \end{bmatrix} \tag{1-4}$$

1.2.2 相机的内参

式(1-4)描述的是小孔成像模型，也是理想相机的模型。然而对于真实相机设备的成像过程还应当考虑很多实际问题。首先相机传感器实际上是由许多感光单元组成的阵列，如 CCD 单元或 CMOS 单元，因此数字图像通常是离散的，通过像素来描述。最终求得的点的位置实际是像素在传感器阵列中的位置。接下来，考虑现实相机条件下，如何计算物理世界中的点 $\boldsymbol{P}=[X, Y, Z]^{\mathrm{T}}$ 与像素平面中的像素点 $\boldsymbol{p}=[x, y]^{\mathrm{T}}$ 之间的关系。

设单个像素的宽度和高度分别为 d_x 和 d_y，令 $k=\frac{1}{d_x}$，$l=\frac{1}{d_y}$

$$\begin{cases} x=kf\dfrac{X}{Z}=\alpha\dfrac{X}{Z}, & 其中 \alpha=kf \\ y=lf\dfrac{Y}{Z}=\beta\dfrac{Y}{Z}, & 其中 \beta=lf \end{cases} \tag{1-5}$$

按照习惯，像素平面的坐标原点不是 Z^c 轴与像平面的交点，而是图像的左上角，引入偏移量 x_0 和 y_0(通常是图像宽度和高度的一半)

$$\begin{cases} x=\alpha\dfrac{X}{Z}+x_0 \\ y=\beta\dfrac{Y}{Z}+y_0 \end{cases} \tag{1-6}$$

由于传感器阵列生产工艺的现实水平，像素通常不是一个理想矩形块，而是邻边夹角为 θ 的菱形，则像素点坐标为

$$\begin{cases} x=\alpha\dfrac{X}{Z}-\alpha\cot\theta\dfrac{Y}{Z}+x_0 \\ y=\dfrac{\beta}{\sin\theta}\dfrac{Y}{Z}+y_0 \end{cases} \tag{1-7}$$

将上面几个等式在齐次坐标系下表示

$$\begin{bmatrix} x \\ y \\ 1 \end{bmatrix} = \frac{1}{Z} \begin{bmatrix} \alpha & -\alpha\cot\theta & x_0 \\ 0 & \dfrac{\beta}{\sin\theta} & y_0 \\ 0 & 0 & 1 \end{bmatrix} \begin{bmatrix} X \\ Y \\ Z \end{bmatrix} \tag{1-8}$$

定义矩阵 $\boldsymbol{K}$ 如下

$$\boldsymbol{K} = \begin{bmatrix} \alpha & -\alpha\cot\theta & x_0 \\ 0 & \dfrac{\beta}{\sin\theta} & y_0 \\ 0 & 0 & 1 \end{bmatrix} \tag{1-9}$$

$\boldsymbol{K}$ 为相机的内参矩阵,参数 α、β、θ、x_0、y_0 为相机的内参。

式(1-8)可以写成

$$\boldsymbol{p} = \frac{1}{Z}\boldsymbol{KP} = \boldsymbol{K}\frac{1}{Z}\boldsymbol{P} = \boldsymbol{K}\begin{bmatrix} \dfrac{X}{Z} \\ \dfrac{Y}{Z} \\ 1 \end{bmatrix} \tag{1-10}$$

记点 $\hat{\boldsymbol{p}} = \left[\dfrac{X}{Z}, \dfrac{Y}{Z}, 1\right]^{\mathrm{T}}$,想象一个焦距为 1 的理想小孔相机,$\hat{\boldsymbol{p}}$ 可以看作物理世界中点 $\boldsymbol{P}$ 在这个相机像平面上投影的位置(图 1-2)。将这个想象中的焦距为 1 的理想小孔相机的像平面称为归一化像平面,内参矩阵 $\boldsymbol{K}$ 则描述了从归一化像平面到真实图像坐标的变换关系。

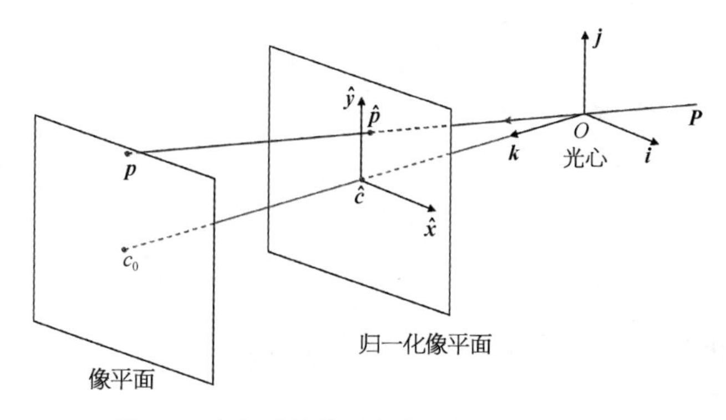

图 1-2　相机成像模型中的内参矩阵：归一化像平面到真实图像坐标的变换

1.2.3 相机的外参

除了内参，成像模型还需要一套外参。尽管利用内参能够推导出物理世界的一点和像平面上对应点间的位置关系。但这个关系是以相机中心作为参照，基于相机坐标系的。相机坐标系会随着相机的移动而改变，包括坐标的原点位置和各坐标轴的方向，所以相机坐标系并不是一个“稳定”的坐标系。因此，还应当引入一个稳定不变的坐标系，该坐标系的原点为物理世界中的某一固定点，被称为世界坐标系。随后引入一个模型用于将世界坐标系中某一点的位置映射至相机坐标系中的位置，即描述一个从世界坐标系到相机坐标系的线性变换[1]，该模型的参数即为相机的外参。

设 $\boldsymbol{P}^{c}=[X^{c}, Y^{c}, Z^{c}]^{T}$ 和 $\boldsymbol{P}^{w}=[X^{w}, Y^{w}, Z^{w}]^{T}$ 分别是点 $\boldsymbol{P}$ 在相机坐标系和世界坐标系下的坐标。设计一个旋转矩阵 $\boldsymbol{R}$ 和一个平移向量 $\boldsymbol{t}$，将 $\boldsymbol{P}^{w}$ 变换为 $\boldsymbol{P}^{c}$

$$\boldsymbol{P}^{c}=\boldsymbol{R}\boldsymbol{P}^{w}+\boldsymbol{t} \tag{1-11}$$

其中 $\boldsymbol{R}=\begin{bmatrix} R_{11} & R_{12} & R_{13} \\ R_{21} & R_{22} & R_{23} \\ R_{31} & R_{32} & R_{33} \end{bmatrix}$ 是一个 3×3 的旋转矩阵，$\boldsymbol{t}=\begin{bmatrix} t_1 \\ t_2 \\ t_3 \end{bmatrix}$ 是 3×1 的平移向量。

使用齐次坐标系可以更加简洁地表示为

$$\begin{bmatrix} X^{c} \\ Y^{c} \\ Z^{c} \\ 1 \end{bmatrix}=\begin{bmatrix} \boldsymbol{R} & \boldsymbol{t} \\ 0 & 1 \end{bmatrix}\begin{bmatrix} X^{w} \\ Y^{w} \\ Z^{w} \\ 1 \end{bmatrix} \tag{1-12}$$

定义矩阵 $\boldsymbol{T}$

$$\boldsymbol{T}=\begin{bmatrix} \boldsymbol{R} & \boldsymbol{t} \\ 0 & 1 \end{bmatrix} \tag{1-13}$$

$\boldsymbol{T}$ 被称为相机的外参矩阵，而 $\boldsymbol{R}$ 和 $\boldsymbol{t}$ 为相机的外参。

---

[1] 线性变换的本质可以理解为空间变换，推荐有兴趣的读者观看 3Blue1Brown 的“线性代数本质”，视频中有非常直观和生动的演示：https://www.bilibili.com/video/BV1ys411472E/。

1.2.4　相机成像公式

相机的外参将世界坐标系中一点的位置变换为相机坐标系中的位置，内参将相机坐标系中的物理位置变换为像平面中的位置。联合相机的外参和内参，即可求得世界坐标系中点 $\boldsymbol{P}^{\mathrm{w}}$ 在像平面上的位置。将式(1-8)中的点 $\boldsymbol{P}$ 写为相机坐标系中的点 $\boldsymbol{P}^{\mathrm{c}}$

$$\begin{bmatrix} x \\ y \\ 1 \end{bmatrix} = \frac{1}{Z^{\mathrm{c}}} \begin{bmatrix} \alpha & -\alpha\cot\theta & x_0 \\ 0 & \dfrac{\beta}{\sin\theta} & y_0 \\ 0 & 0 & 1 \end{bmatrix} \begin{bmatrix} X^{\mathrm{c}} \\ Y^{\mathrm{c}} \\ Z^{\mathrm{c}} \end{bmatrix} \tag{1-14}$$

并将式(1-12)精简为

$$\begin{bmatrix} X^{\mathrm{c}} \\ Y^{\mathrm{c}} \\ Z^{\mathrm{c}} \end{bmatrix} = [\boldsymbol{R} \quad \boldsymbol{t}] \begin{bmatrix} X^{\mathrm{w}} \\ Y^{\mathrm{w}} \\ Z^{\mathrm{w}} \\ 1 \end{bmatrix} \tag{1-15}$$

联立式(1-14)和(1-15)

$$\begin{bmatrix} x \\ y \\ 1 \end{bmatrix} = \frac{1}{Z^{\mathrm{c}}} \begin{bmatrix} \alpha & -\alpha\cot\theta & x_0 \\ 0 & \dfrac{\beta}{\sin\theta} & y_0 \\ 0 & 0 & 1 \end{bmatrix} [\boldsymbol{R} \quad \boldsymbol{t}] \begin{bmatrix} X^{\mathrm{w}} \\ Y^{\mathrm{w}} \\ Z^{\mathrm{w}} \\ 1 \end{bmatrix} = \frac{1}{Z^{\mathrm{c}}} \boldsymbol{K} [\boldsymbol{R} \quad \boldsymbol{t}] \begin{bmatrix} X^{\mathrm{w}} \\ Y^{\mathrm{w}} \\ Z^{\mathrm{w}} \\ 1 \end{bmatrix} \tag{1-16}$$

令矩阵 $\boldsymbol{M} = \boldsymbol{K}[\boldsymbol{R} \quad \boldsymbol{t}]$，则物理世界坐标系中的点 $\boldsymbol{P}^{\mathrm{w}} = [X^{\mathrm{w}}, Y^{\mathrm{w}}, Z^{\mathrm{w}}, 1]^{\mathrm{T}}$ 与其在图像上的像点 $\boldsymbol{p} = [x, y, 1]^{\mathrm{T}}$ 之间的关系为

$$Z^{\mathrm{c}} \boldsymbol{p} = \boldsymbol{K}[\boldsymbol{R} \quad \boldsymbol{t}] \boldsymbol{P}^{\mathrm{w}} = \boldsymbol{M} \boldsymbol{P}^{\mathrm{w}} \tag{1-17}$$

其中 Z^{c} 是物理世界中的该点在相机坐标系中到 XY 平面的距离，也是该点对应像素的深度。

1.2.5　相机成像畸变

第 1.2.4 节中成像公式已考虑了相机的成像传感器，下面考虑另一个重要组

件——透镜及其带来的影响。回想生活中透过放大镜或者视力矫正镜片看到的事物，不难发现单个透镜天然具有畸变。[1] 现代镜头通常是由多个透镜组成的透镜系统，通过透镜系统设计和高精度工艺能够保证在一定焦距下尽可能将畸变控制在肉眼可察觉范围以下。另一方面，由于畸变离光轴越远越严重，因此可以通过减小传感器尺寸或裁切图像，只保留光轴附近畸变最小的区域来减小图像中的畸变。但无论如何，现有的成像模式下畸变是必然存在的，镜头加工和装配工艺的偏差也会引入额外畸变。所以，建模并尽可能消除图像中的畸变是不可或缺的重要问题。

图像的畸变可分为径向畸变和切向畸变两类：

径向畸变　一种沿着透镜半径方向分布的畸变。其最直观的表现是真实环境中的一条直线在图像中变成曲线，越靠近图像边缘畸变越严重。由于透镜往往是中心对称的，因此畸变通常也是径向对称的。径向畸变通常在短焦距镜头中表现更加明显，主要包括桶形畸变和枕形畸变(图 1-3)。

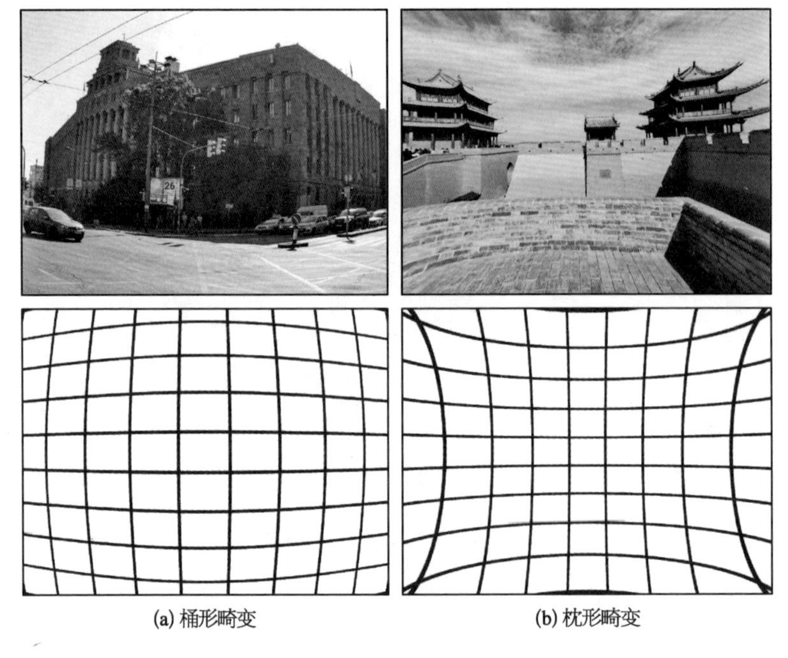

(a) 桶形畸变　　(b) 枕形畸变

图 1-3　径向畸变示例

---

[1] 对其中的原理感兴趣的读者推荐阅读工程光学类书籍，通常在首章讲解透镜模型时即阐释了畸变发生的原因。另外，人眼也是一种透镜相机，所以我们看到的景象也是具有畸变的，只是大脑这个神经处理器帮助我们消除了畸变。

切向畸变　来源于透镜与相机传感器平面(成像平面)的不平行,通常由透镜系统装配工艺不精所致。

由于径向畸变随着与中心距离的增加而变大,因此可以用与中心距离有关的二次及高次多项式函数进行建模

$$\begin{cases} x_{\text{distorted}} = x(1 + k_1 r^2 + k_2 r^4 + k_3 r^6) \\ y_{\text{distorted}} = y(1 + k_1 r^2 + k_2 r^4 + k_3 r^6) \end{cases} \tag{1-18}$$

其中 $(x_{\text{distorted}},\ y_{\text{distorted}})$ 是像平面上观测到的坐标(含畸变),$(x,\ y)$ 是理论上不包含畸变的坐标,$r^2 = (x - x_c)^2 + (y - y_c)^2$ 代表 $(x,\ y)$ 与图像中心 $(x_c,\ y_c)$ (光轴 Z^c 与像平面的交点)的距离。通常对于畸变较小的中心区域,k_1 起主要作用;对于畸变较大的边缘,k_2 起主要作用。对于普通镜头而言,引入 k_1、k_2 即可较好地进行建模和消除畸变;对于畸变更大的镜头(如鱼眼镜头),可引入 k_3 进一步提高模型的性能。

通常使用包含两个参数(p_1 和 p_2)的式(1-19)对切向畸变进行建模

$$\begin{cases} x_{\text{distorted}} = x + 2p_1 xy + p_2(r^2 + 2x^2) \\ y_{\text{distorted}} = y + p_1(r^2 + 2y^2) + 2p_2 xy \end{cases} \tag{1-19}$$

结合式(1-18)和(1-19)可同时对径向、切向畸变进行建模

$$\begin{cases} x_{\text{distorted}} = x(1 + k_1 r^2 + k_2 r^4 + k_3 r^6) + 2p_1 xy + p_2(r^2 + 2x^2) \\ y_{\text{distorted}} = y(1 + k_1 r^2 + k_2 r^4 + k_3 r^6) + p_1(r^2 + 2y^2) + 2p_2 xy \end{cases} \tag{1-20}$$

通过一些方法测得 5 个畸变参数 $(k_1,\ k_2,\ p_1,\ p_2,\ k_3)$,就可以找到带畸变的观测像素与无畸变的像素的关系,重采样即可实现畸变校正。这个过程在计算机视觉领域的许多任务中都是必需的,尤其是涉及广角镜头的任务、尺寸测量任务、三维重建任务等。另外,在这些任务中,相机的内外参通常也是必需的,且大多数时候比畸变参数更重要。因此,在这些任务中,通常利用相机以不同角度面向黑白棋盘格或者圆点阵列形式的标定板,拍摄多张图像,根据图像中检测到的角、点、线来求解相机的内外参和畸变参数,这个过程叫作相机标定。相机标定中参数求解的原理较为复杂,不做具体介绍,有兴趣的读者请自行检索相关资料,目前主流的图像处理软件或库中都具有封装的相机标定功能,使用起来非常简便。

1.3 图像的颜色

颜色模型(也被称为彩色空间或彩色系统)是通过数值表示颜色的模型，它们一般基于某些标准，这些标准的依据通常是人眼的生理特性或打印/扫描设备的特性。本质上，颜色模型是基于坐标系统和子空间的模型，其中的每一种颜色都是坐标空间中的一个点。为了方便生产生活，现有的颜色模型大多是面向硬件或者应用的。在数字图像处理中，最常用的是面向硬件的 RGB 模型，该模型主要用于彩色显示器和彩色视频摄像机。此外，为了更好地反映饱和度和亮度，并将它们作为两个独立参数以符合人类直觉，A. R. Smith 在 1978 年创建了一种六角锥体模型(hexcone model)，也被称为 HSV 颜色模型。除此以外还有专门面向四色油墨印刷的 CMYK 颜色模型等。本节主要介绍相机芯片和数字图像存储常用的 RGB 模型，以及在数字图像处理中常用的 HSV 颜色模型。

1.3.1 基于拜尔滤波器的颜色感知

拜尔滤波器(Bayer filter)或称拜尔滤色器是一种将 RGB 滤色器排列在感光传感网格之上所形成的马赛克彩色滤色阵列。在拜尔滤波器出现之前，电子设备获取图像需要利用图像传感器将光线的强弱转化为电流的数值，而无法记录光波的频率，因此无法获取彩色图像。而基于 RGB 颜色模型，使用 3 种不同的图像传感器分别记录红、绿、蓝 3 个频段光线的强弱，最终混叠合成彩色图像的方法成本过高。因此拜尔(B. Bayer)于 1974 年提出采用单一种类图像传感器，并在传感器阵列前覆盖一层色彩滤波阵列(color filter array, CFA，图 1-4)的方法，仅有特定频段的光线能够通过滤波器，通过这种方法实现了低成本的彩色图像感光拍摄。

这种滤波器通常有 50％绿色、25％红色和 25％蓝色，由于绿色占比最多，因此也被称作 RGBG、GRGB 或 RGGB。滤波器上的色块排列如图 1-4(a)所示。通常在 4 个单位面积上，绿色沿对角线出现，剩下的两个位置为红色和蓝色。这种形式是基于人眼的生理特性的。人眼感知外界色彩时，视网膜使用 M 和 L 视锥细胞来感光，对绿光最敏感，因此绿光传感器又叫作光敏侦测组件。红、蓝光传感器叫作色敏侦测组件。使用红色和蓝色以及两倍数量的绿色组件能够模仿人眼的生理特性。相机通过拜尔滤波器后得到的原始图像文件叫作拜尔图像。在拜尔图像中，每个像素只过滤并记录红、蓝、绿3种颜色的一种[图1-4(b)]，因此还需要使用去马赛克算法插值得到每个像素的红、绿、蓝的组成数值。

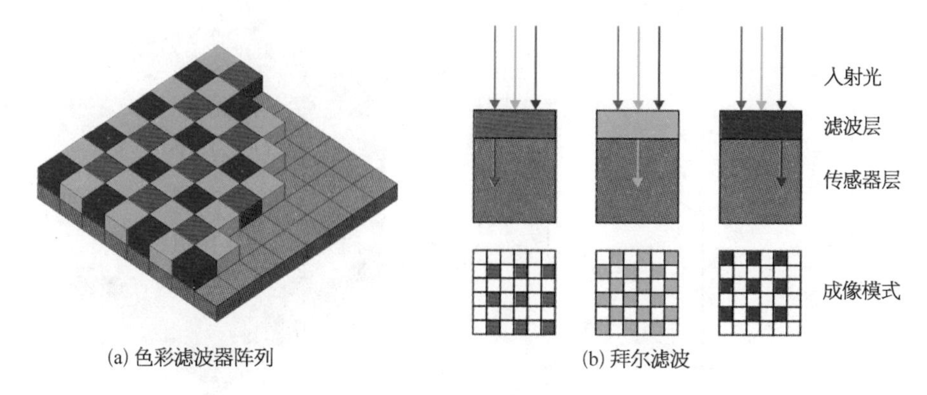

图1-4　拜尔滤波器

1.3.2　RGB颜色模型

RGB颜色模型，也被称为三原色光模式，最常应用于显示器等发光设备的显示。它是一种加色模型，即以不同的比例将红、绿、蓝三原色的色光相加，从而合成各种色彩的光。在RGB模型中，任何一种颜色都由一定比例的红、绿、蓝色组成。

RGB颜色模型基于笛卡儿坐标系，该模型中的彩色子空间可以通过立方体表示。如图1-5(a)，立方体的3个轴分别为R、G、B，原点对应黑色(0, 0, 0)，RGB原色分别位于距离黑色最近的3个顶点上，距离黑色原点最远的顶点对应白色(1, 1, 1)。在该模型中，灰度值(R、G、B值相等的点)位于代表黑色和白色顶点的连线上，立方体里的其他点则对应不同的颜色。每种颜色(包括灰度点)都对应RGB空间中的一个向量，图1-5(b)是RGB颜色模型的色彩示意图。

由于RGB颜色模型是通过RGB三原色互相叠加形成最后的色彩，所以可以方便地用于显示器等发光设备。例如，彩色阴极射线管等彩色光栅图形显示设备，具有R、G、B 3种颜色的电子枪，根据相应色彩通道的数值控制对应色彩通道电子枪发射电子强度，进而激发荧光屏上的R、G、B 3种颜色的荧光粉，发出不同强度的光线，最终通过叠加混合产生各种颜色。此外，扫描仪是利用反射光或透射光工作的设备，通过吸收原稿经反射或透射的光线中的R、G、B成分，基于RGB颜色模型显示原稿的颜色。因此，RGB颜色模型被称为与设备相关的颜色模型，它所覆盖的色域取决于显示设备和扫描设备的颜色特性，是与硬件相关的。

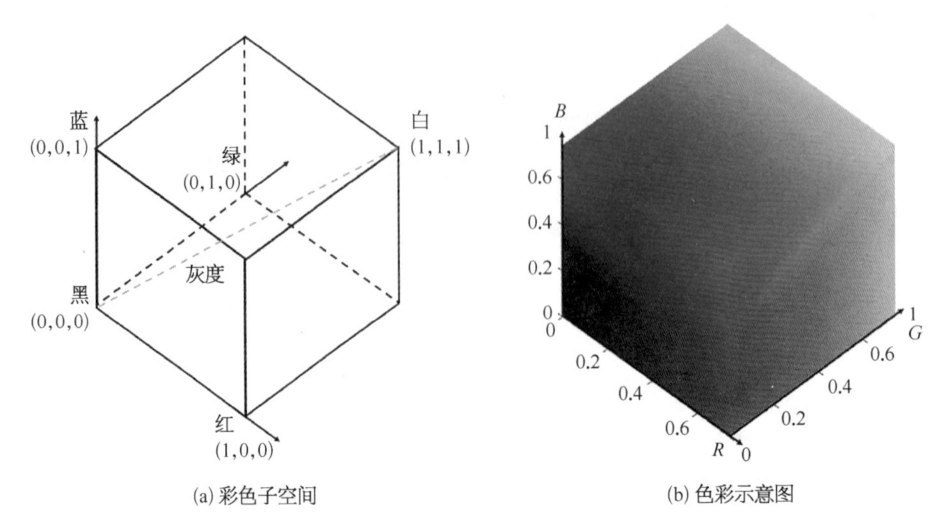

(a) 彩色子空间　　(b) 色彩示意图

图 1-5　RGB 颜色模型

同时，RGB 颜色模型也是数字图像在计算机存储和处理中使用最多的模型。在计算机中，彩色图像的每个像素点有 3 个通道，分别表示 R、G、B 通道。与理论模型中的连续表示不同，计算机中使用离散数据表示颜色，通常每个像素的每个通道采用 1 字节（1 字节＝8 位）表示，每个通道具有 $2^8=256$ 个色阶。因此三通道彩色图像的每个像素点具有 24 位的信息，能够表示约 1 680 万种颜色，超出人眼分辨精度，也被称为 24 位图像或真彩色图像。一些图像除 R、G、B 通道外还包含阿尔法通道（Alpha 通道），表示该像素点的透明度，通常也用 1 字节表示。所以这种图像使用 4 字节表示 1 个像素，叫作 32 位图像或 ARGB 图像。值得一提的是，透明度信息在单张图像的显示和处理中通常是没有作用的，但是在图像与背景或图像与图像的叠加显示场景下十分重要，如平面设计、图像合成、图形学渲染等。

1.3.3　HSV 颜色模型

HSV 颜色模型是根据颜色的直观特性创建的一种颜色空间，也叫六角锥体模型（图 1-6）。HSV 颜色模型采用色调（hue，H）、饱和度（saturation，S）和明度（value，V）3 个维度。

色调　独立于饱和度和明度的颜色三要素之一，在模型中采用角度度量，取值范围为[0°, 360°)。红色为 0°、绿色为 120°、蓝色为 240°；相邻颜色的混合色为 60°黄色、180°青色、300°品红；相差 180°的颜色互为补色。

饱和度　表示颜色接近光谱色的程度，用于描述该种颜色的鲜艳程度，又被称为色彩纯度或色彩浓度。一种颜色可以看成是某种光谱色与白色混合的结果，其中光谱色所占的比例越大，颜色接近光谱色的程度就越高，其饱和度也就越高，通常取值范围为[0%, 100%]。当饱和度为 100%时，白光成分为 0，即为光谱色原色，颜色深而艳。随着饱和度降低，光谱色占比降低，颜色逐渐变浅、变淡，直至变为黑灰白。

明度　表示颜色明亮的程度，色调、饱和度均相同的颜色也能够具有不同的明度。对于光源色，明度与发光体的光亮度有关；对于物体色，明度则与物体的透射比或反射比有关。直觉上，明度越大的颜色看上去越亮，反之越暗。通常取值范围为[0%, 100%]。

HSV 模型的直观表示通常呈现为一个圆柱体或倒圆锥体[图 1-6(c)]。圆锥的顶面对应 $V=1$(最亮)，底部顶点对应 $V=0$(最暗)。顶面角度对应色调，随角度转动色调发生变化。顶面径向距离对应饱和度，中心为纯白色，边缘为纯光谱色。与 RGB 颜色模型及其他面向硬件的颜色模型相比，HSV 模型更加符合人类直觉。在一些计算机视觉任务中，HSV 模型也有一些独特的优势，例如提取感兴趣区域的色调，能够在一定程度上消除饱和度和明暗变化的影响。但是 HSV 颜色模型也具有一定的局限，例如饱和度或明度较低时，计算出的色调往往是不准确的。此外，色调在 0°或 360°附近的数值稳定性也必须加以考虑，等等。

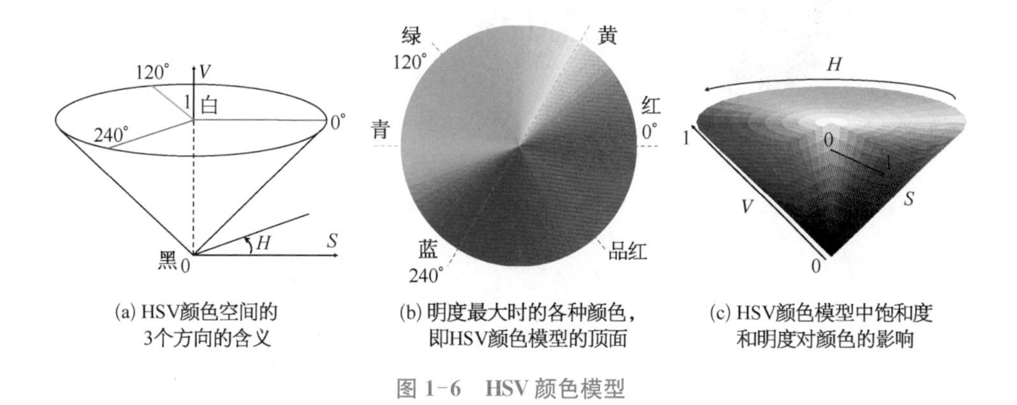

(a) HSV颜色空间的3个方向的含义　(b) 明度最大时的各种颜色，即HSV颜色模型的顶面　(c) HSV颜色模型中饱和度和明度对颜色的影响

图 1-6　HSV 颜色模型

1.4　图像的亮度

影响图像亮度的一些主要因素如图 1-7 所示。光线照射到物体的表面，经物体表面反射后通过镜头（这里用一个薄透镜近似），到达像平面并激活感光器件的感光单元。感光器件接收到的模拟信号经过模数转换和量化处理，最后得到离散的亮度值，其范围为[0, 255]。所以光源的信息（例如光源的强度）、物体相对光源的角度、物体表面的反射属性、透镜的大小和拍照曝光时间长短、感光器件自身属性、模数转换器和信号量化过程都决定着图像上一个像素点的亮度。在计算机视觉和计算机图形学领域的一些相关任务中，需要知道光线照射到物体表面或相机从某一角度拍摄该物体时，有多少光（或 RGB 分量）进入某一像素，最终呈何种亮度和颜色。本节将介绍一些常用的描述光线传播、反射、透射和成像的模型。

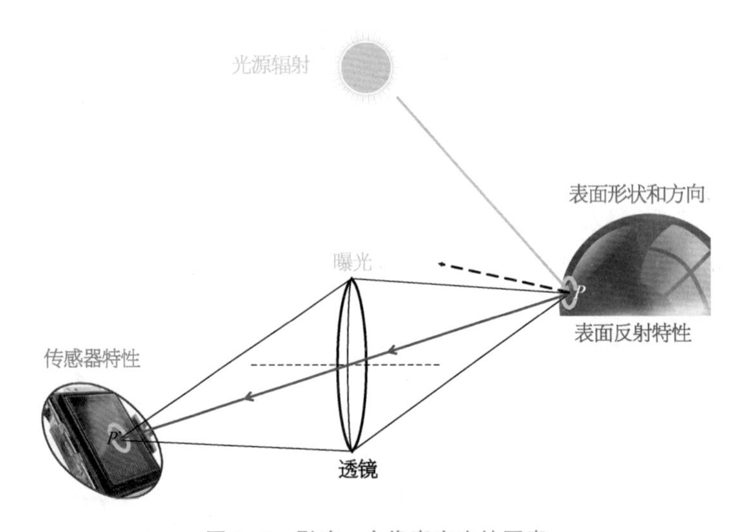

图 1-7　影响一个像素亮度的因素

1.4.1　空间中的光

计算机视觉中的光与光学中的光在本质上是相同的，一些概念和方法也与光学相似，下面介绍量化描述光线强度和传播方式的相关概念及量纲。本书讨论范畴限于计算机视觉和计算机图形学，其目标不是探寻物理学原理，而是服务于图形渲染、艺术创作、三维重建等应用。一些概念和量纲遵从领域习惯，可能与其他学科有所差别，文中对部分差异作出解释方便读者了解。

辐射能(radiant energy)　Q[单位：焦耳(J)]，量度能量，即光子的个数与单个光子的乘积。实际上，单个光子的能量与波长成反比，通常使用的单位为电子伏(eV)，但计算机视觉无需关注于此。

辐射通量(radiant flux)　$\Phi=\frac{\mathrm{d}Q}{\mathrm{d}t}$[单位：瓦特(W)或焦耳/秒(J/s)]，量度每秒(通过)的能量，也被称为功率。光学中有光通量概念，单位为流明(lm)，在一些文献中辐射通量的单位也使用流明，实际中光通量需要额外考虑发光效率问题，计算机视觉中关注不多。

辐照度(irradiance)　$E=\frac{\mathrm{d}\Phi}{\mathrm{d}A}$[单位：瓦特/米^2(W/m^2)]，量度抵达物体表面单位面积的功率，其中 A 为面积，$\mathrm{d}A$ 为微分面积。注意辐照度的概念原本用于抵达物体表面的光，但其概念和量纲同样适用于离开物体表面的光，一些文献中会使用 radiosity(符号 M 或 B)加以区分。辐照度本身是物体表面位置 $\boldsymbol{p}$ 的函数即 $E(\boldsymbol{p})$，同时也是朝向物体外表面半球接收或发射的所有光线功率之和，因此可以对立体角做微分，辐照度的微分 $\mathrm{d}E$ 是入射或出射角度 $\boldsymbol{\omega}$ 的函数即 $\mathrm{d}E(\boldsymbol{p},\boldsymbol{\omega})$，下文中将做进一步解释。$\boldsymbol{\omega}$ 为球面坐标系中的方向，此处为表述清晰并与下文中出现的立体角 ω 区分，在大多数文献及本书后续章节中并不区分 $\boldsymbol{\omega}$ 与 ω。

辐射度(radiance)　$L=\frac{\mathrm{d}^2\Phi}{\mathrm{d}\omega\mathrm{d}A\cos\theta}${单位：瓦特/米^2·球面度[W/(m^2·sr)]}，量度物体表面单位投影面积从/向单位立体角(steradian)接收/发出的光的功率，也叫作辐亮度。其中 $\mathrm{d}\omega$ 为微分立体角，$\mathrm{d}A\cos\theta$ 为微分投影面积。代入 $E=\frac{\mathrm{d}\Phi}{\mathrm{d}A}$，有 $L=\frac{\mathrm{d}E}{\mathrm{d}\omega\cos\theta}$。

立体角和微分立体角概念如图 1-8 所示，立体角的概念与平面角相似，即物体在单位球表面的投影面积，其单位为球面度(sr)，微分立体角则是在天顶角 θ 和方位角 ϕ 方向上的微分元($\mathrm{d}\theta$ 和 $\mathrm{d}\phi\sin\theta$) 的乘积。

辐射度定义 $L=\frac{\mathrm{d}E}{\mathrm{d}\omega\cos\theta}$ 中的 θ 是物体表面法线与光线传播方向的夹角。如图 1-9 所示，在通过积分计算辐照度 E 时，$\mathrm{d}E=L\cos\theta\mathrm{d}\omega$，引入 $\cos\theta$ 表示在后续计算能量时考虑的面积是物体与光线传播方向垂直的投影面积，而非物体表面积，无论对于接收还是发出光线的物体都是如此。一个典型的例子是，地球公转导致各地黄道与地面法线夹角变化从而引起投影面积变化正是季节温度差异产生的原因。

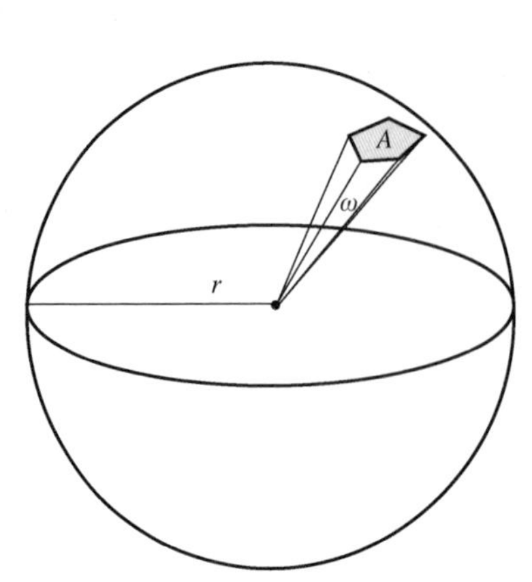

(a) 立体角$\omega = A/r^2$，球面坐标系下某物体所占立体角为其在单位球表面的投影面积

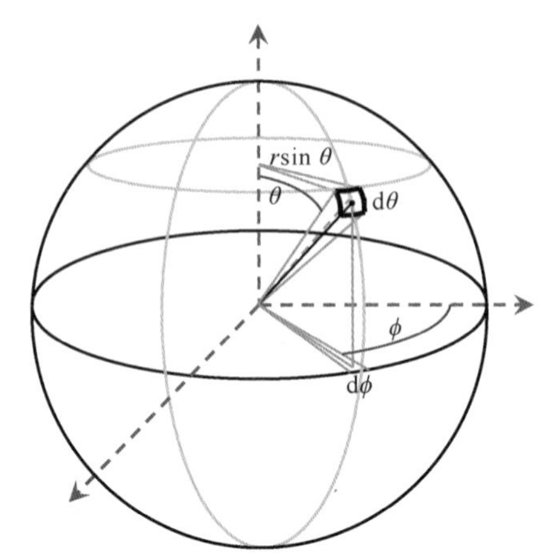

(b) 微分立体角$d\omega = d\theta d\phi \sin\theta$，其中$\theta$为天顶角（zenith angle），$\phi$为方位角（azimuthal angle）

图 1-8　立体角与微分立体角示意图

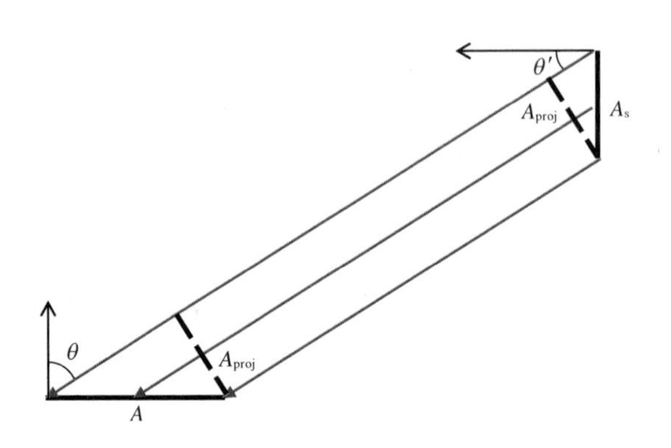

图 1-9　物体表面积与投影面积关系示意

其中A_s是发出光线物体表面的面积，A是接收光线物体表面的面积，A_{proj}是A_s和A在光线传播截面上的投影。

1.4.2　物体表面的光线反射

在具有辐射度概念后，如果能够得到各处各方向上的辐照度，就可以对空间中的光进行完全的描述，并最终完成渲染。在计算机图形学中，假设光源由用户定义并且参数已知，需要表示光线的传播和反射。光线到达物体表面后，一部分被吸收转化为其他形式的能量，一部分透射出去，还有一部分反射出去，如果做一定的简化，只考虑到达物体表面和反射出去的光，在物体表面的某一点 $\boldsymbol{p}$ 处

$$\Phi_o(\boldsymbol{p}) = \Phi_e(\boldsymbol{p}) + \Phi_r(\boldsymbol{p}) \tag{1-21}$$

其中 Φ_o 为离开物体表面的光线功率，Φ_e 为物体自身发光的功率，Φ_r 为反射光线的功率。在微分面积 dA 上

$$E_o(\boldsymbol{p}) = E_e(\boldsymbol{p}) + E_r(\boldsymbol{p}) \tag{1-22}$$

其中 E 为辐照度，各下标含义与式(1-21)相同。进一步地，在输出方向 $\boldsymbol{\omega}_o$ 上

$$L_o(\boldsymbol{p}, \boldsymbol{\omega}_o) = L_e(\boldsymbol{p}, \boldsymbol{\omega}_o) + L_r(\boldsymbol{p}, \boldsymbol{\omega}_o) \tag{1-23}$$

在大多数计算机图形学任务中，物体发光的辐射度分量已知，因此需要计算反射分量 $L_r(\boldsymbol{p}, \boldsymbol{\omega}_o)$。在现实世界中，物体表面反射的光线既与自身反射特性有关，也与物体表面从正半球方向接收到的光线强弱有关。因此，反射辐射度分量应为积分形式 $\int dL_r(\boldsymbol{p}, \boldsymbol{\omega}_o)$，被积式 $dL_r(\boldsymbol{p}, \boldsymbol{\omega}_o)$ 由各入射方向的辐射度和物体表面性质决定

$$dL_r(\boldsymbol{p}, \boldsymbol{\omega}_o) = f_r(\boldsymbol{p}, \boldsymbol{\omega}_i, \boldsymbol{\omega}_o) L_i(\boldsymbol{p}, \boldsymbol{\omega}_i) \cos\omega_i d\omega_i \tag{1-24}$$

其中 $\boldsymbol{\omega}_i$ 表示入射方向。将式(1-24)变形

$$f_r(\boldsymbol{p}, \boldsymbol{\omega}_i, \boldsymbol{\omega}_o) = \frac{dL_r(\boldsymbol{p}, \boldsymbol{\omega}_o)}{L_i(\boldsymbol{p}, \boldsymbol{\omega}_i)\cos\omega_i d\omega_i} = \frac{dL_r(\boldsymbol{p}, \boldsymbol{\omega}_o)}{dE_i(\boldsymbol{p}, \boldsymbol{\omega}_i)} \tag{1-25}$$

f_r 被称为双向反射分布函数(bidirectional reflectance distribution function, BRDF)，它的单位是球面度$^{-1}$(sr^{-1})。将式 BRDF 代入式(1-23)，得到渲染方程

$$L_o(\boldsymbol{p}, \boldsymbol{\omega}_o) = L_e(\boldsymbol{p}, \boldsymbol{\omega}_o) + \int_{\Omega^+} L_i(\boldsymbol{p}, \boldsymbol{\omega}_i) f_r(\boldsymbol{p}, \boldsymbol{\omega}_i, \boldsymbol{\omega}_o)(\boldsymbol{n} \cdot \boldsymbol{\omega}_i) d\omega_i \tag{1-26}$$

其中 Ω^+ 为正半球，$\boldsymbol{n}$ 为物体表面法向量，$\boldsymbol{n} \cdot \boldsymbol{\omega}_i$ 等价于 $\cos\omega_i$。

1.4.3　薄透镜成像的辐射度学

光在空间中完成出射、传播、反射和折射等过程后，经过透镜被像平面的传

感器阵列接收，各像素位置上光线或某波段分量的强弱决定了传感器电流的大小。在简化的薄透镜模型下，一束光从物体表面微分区域 $\mathrm{d}A$ 发出，经过薄透镜落到像平面上微分区域 $\mathrm{d}A_s$，如图 1-10 所示。利用辐射度和辐照度的概念能够计算 $\mathrm{d}A$ 发出光线辐射度 L 与图像中对应位置 $\mathrm{d}A_s$ 辐照度 E 的关系。

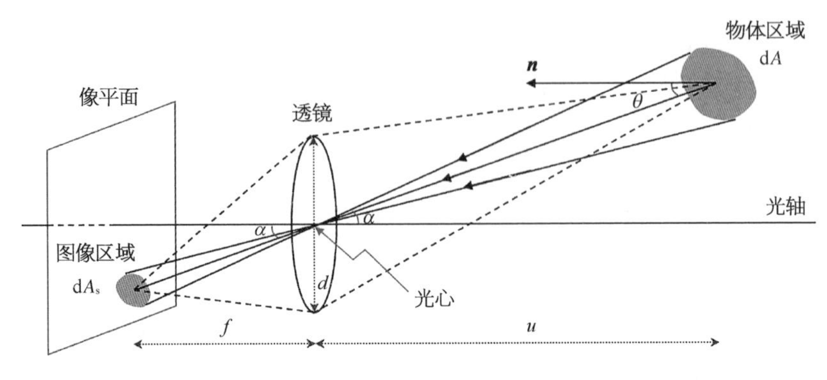

图 1-10　薄透镜成像模型示意

首先，根据立体角定义（可参考图 1-8），透镜在以物体表面 $\mathrm{d}A$ 为中心的球面坐标系上的立体角为

$$\Omega=\frac{\pi(d/2)^2\cos\alpha}{(u/\cos\alpha)^2}=\frac{\pi d^2\cos^3\alpha}{4u^2}\tag{1-27}$$

其中 d 为透镜直径，$\pi(d/2)^2$ 为透镜面积，α 为光轴和物体光心连线的夹角，$\pi(d/2)^2\cos\alpha$ 是透镜在以 $\mathrm{d}A$ 为中心、半径为 $(u/\cos\alpha)$ 的球面上的投影面积，除以该球面半径的平方得到透镜在单位球面上的投影，即其立体角。

由透镜的对称性质可知，以光心为中心，$\mathrm{d}A$ 和 $\mathrm{d}A_s$ 的立体角相等，有如下关系

$$\frac{\mathrm{d}A\cos\theta}{(u/\cos\alpha)^2}=\frac{\mathrm{d}A_s\cos\alpha}{(f/\cos\alpha)^2}\tag{1-28}$$

$$\frac{\mathrm{d}A}{\mathrm{d}A_s}=\frac{u^2\cos\alpha}{f^2\cos\theta}\tag{1-29}$$

从 $\mathrm{d}A$ 发出并经过透镜的光线的功率为

$$\mathrm{d}P=L\Omega(\mathrm{d}A\cos\theta)=\frac{L\pi d^2\cos^3\alpha\cos\theta}{4u^2}\mathrm{d}A\tag{1-30}$$

上述功率汇聚于像平面的 $\mathrm{d}A_s$ 区域，并且是到达该区域的所有功率，因此 $\mathrm{d}A_s$ 处

辐照度为

$$E=\frac{\mathrm{d}P}{\mathrm{d}A_{\mathrm{s}}}=\frac{L\pi d^{2}\cos^{3}\alpha\cos\theta}{4u^{2}}\frac{\mathrm{d}A}{\mathrm{d}A_{\mathrm{s}}} \tag{1-31}$$

将式(1-29)代入

$$E=\left[\frac{\pi}{4}\left(\frac{d}{f}\right)^{2}\cos^{4}\alpha\right]L \tag{1-32}$$

式(1-32)表明像平面的辐照度与物体表面朝向透镜方向的辐射度成正比，与透镜面积成正比，与透镜到像平面距离的平方成反比。值得注意的是：辐照度与物体到光心的距离 u 无关，这从数学关系上解释了物体远近不会影响其在视网膜或相机中的颜色和亮度；辐照度与 $\cos^{4}\alpha$ 成正比，这解释了图像（尤其是广角图像）中央区域亮度大于周围区域的原因。

1.4.4　数字成像过程

如图1-11所示，光源（辐射度 L）穿过透镜达到像平面（对应的辐照度为 E），经过快门控制的曝光时间（Δt），通过感光器件(CCD)进行光电转换变为电压信号，再通过模数转换器变为数字信号，最后重新映射量化变成像平面对应点的像素值(Z)。其中

$$E=\left[\frac{\pi}{4}\left(\frac{d}{f}\right)^{2}\cos^{4}\alpha\right]L \tag{1-33}$$

$$X=E\Delta t \tag{1-34}$$

$$I=f(E\Delta t) \tag{1-35}$$

f 叫作相机的响应函数，通过调节 f 可实现高动态成像。

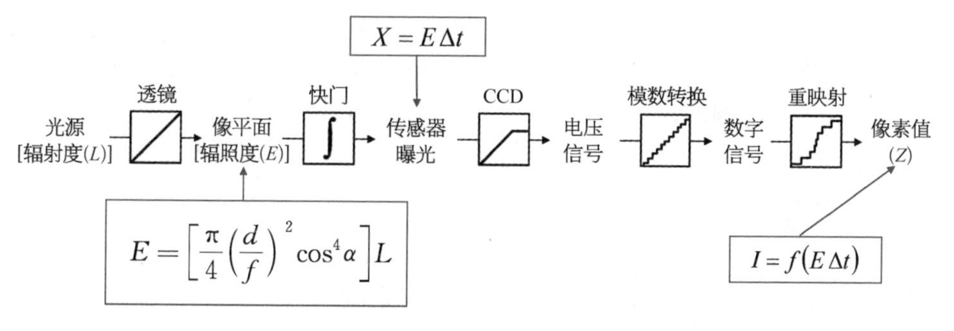

图1-11　相机成像的过程

1.5 渲染

渲染通常指使用软件由三维模型生成二维图像的过程。这里的模型可以是用数据结构严格定义的三维物体或用语言描述的虚拟场景。与相机从真实物理世界采集二维图像不同，由虚拟场景生成图像的所有因素是完全可控的，包括几何、视点、纹理、照明和阴影等。因此，渲染广泛应用于计算机与视频游戏、模拟、电影或电视特效、虚拟现实等可视化场景中。本节将介绍如何由虚拟的场景渲染出逼真的影像。

1.5.1 渲染方程

渲染场景的参数通常由相机（视角）、光源、模型[一般是三维网格（3D mesh）]以及模型的表面材质属性等组成。尽管不同的渲染方法有不同的实现和近似（例如著名的 Phong Shading 算法），但都可以抽象为一个渲染方程。渲染方程基于物理模型。人们能够观测到物体，源于从物体发出的光包括物体自发光和反射光线。物体表面如何反射光取决于其反射属性，例如理想漫反射表面将入射光线均匀反射到正半球各方向，而理想镜面反射则将入射光全部反射至其反射角的方向。第 1.4.2 节中已经介绍了双向反射分布函数和渲染方程，为了方便表述，这里再次列出渲染方程

$$L_o(\boldsymbol{p}, \boldsymbol{\omega}_o) = L_e(\boldsymbol{p}, \boldsymbol{\omega}_o) + \int_{\Omega^+} L_i(\boldsymbol{p}, \boldsymbol{\omega}_i) f_r(\boldsymbol{p}, \boldsymbol{\omega}_i, \boldsymbol{\omega}_o)(\boldsymbol{n} \cdot \boldsymbol{\omega}_i) \mathrm{d}\omega_i \tag{1-36}$$

其中出射方向上 $\boldsymbol{\omega}_o$ 的辐射度的反射部分是所有入射方向辐射度 L_i 乘以反射函数后的积分（图 1-12）。

1.5.2 光线追踪算法

在现实物理世界中，到达物体表面的光不仅来自光源，也来自其他物体反射光以及自身次表面反射光。为了渲染出更逼真的影像（如具有阴影、高光等），必

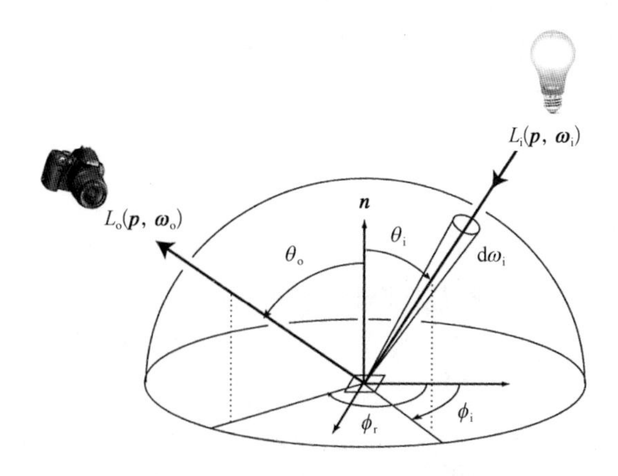

图 1-12　渲染方程描述的物体表面光线反射模型示意图

须考虑更复杂的光路情况。光线追踪等价于递归地使用渲染公式，既可以从光源到相机，也可从相机到光源。然而，完整追踪从光源开始到被照射物体，再到被物体反射的所有光线路径，十分消耗运算资源。因此现有光线追踪技术仅运算“目所能及”的光线路径，即通常追踪“从眼睛发出的光线”，最终每个像素则是对所有光线路径辐射的积分。

为了实现方便，通常使用路径积分的渲染方程，将观测写成路径积分的形式

$$I = \int_{\boldsymbol{\Omega}} f(\bar{x}) \mathrm{d}\mu(\bar{x}) \tag{1-37}$$

其中 $\boldsymbol{\Omega}$ 是所有长度的光线路径的集合，$f(\bar{x})$ 是测量贡献函数，μ 是路径的度量。

在光线追踪中，设场景表面是 $\mathcal{M}$，由于只关心光在表面的传播，为了表示方便，使用 x、x'表示出射和入射点，光线路径方向表示为 $x \rightarrow x'$，$(x, x') \in \mathcal{M}$，替代前文中使用 $\boldsymbol{\omega}$ 符号，即 $L(x \rightarrow x') = L(x, \boldsymbol{\omega})$，$\boldsymbol{\omega} = \widehat{x - x'}$，如图 1-13 所示。渲染方程可以重新写成

$$L(x' \rightarrow x'') = L_e(x' \rightarrow x'') + \int_{\mathcal{M}} L(x \rightarrow x') f_r(x \rightarrow x' \rightarrow x'') G(x \leftrightarrow x') \mathrm{d}A(x) \tag{1-38}$$

其中

$$G(x \leftrightarrow x') = V(x \leftrightarrow x') \frac{\cos(\theta_o)\cos(\theta_i')}{\| x - x' \|^2} \tag{1-39}$$

θ_i和 θ_o分别是线段 $x \leftrightarrow x'$ 与点 x 和 x'所在表面法向量的夹角，$V(x \leftrightarrow x')$ 是表

示两点之间相互可见性的布尔值。该过程也叫光传输的三点几何(图 1-13)。为了方便起见,把相机平面也当成场景 $\mathcal{M}$ 的一部分

$$I=\int_{\mathcal{M}\times\mathcal{M}} W_{\mathrm{e}}(x\rightarrow x')L(x\rightarrow x')f_{\mathrm{r}}(x\rightarrow x'\rightarrow x'')G(x\leftrightarrow x')\mathrm{d}A(x)\mathrm{d}A(x') \tag{1-40}$$

其中 $W_{\mathrm{e}}(x\rightarrow x')$ 是为进行重要性采样而引入的从 x 到 x' 的重要度。在光线追踪实现时,为进一步提高效率,通常对光线路径进行有选择的追踪——只追踪被认为更加重要的部分路径。具体原理这里不做展开,有兴趣的读者请自行查阅。

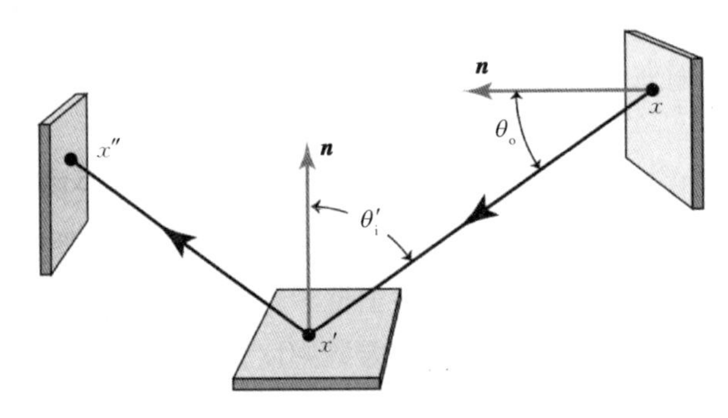

图 1-13　三点传输几何

在进行光线追踪时,需要考虑光线多次反射的路径,因此可以递归地进行调用,有以下路径积分方程

$$\begin{aligned}I=&\sum_{k=1}^{\infty}\int_{\mathcal{M}^{k+1}} L_{\mathrm{e}}(x_0\rightarrow x_1)G(x_0\leftrightarrow x_1)\prod_{i=1}^{k-1} f_{\mathrm{r}}(x_{i-1}\rightarrow x_i\rightarrow x_{i+1})G(x_i\leftrightarrow x_{i+1})\\&\cdot W_{\mathrm{e}}^{(j)}(x_{k-1}\rightarrow x_k)\mathrm{d}A(x_0)\cdots\mathrm{d}A(x_k)\\=&\int_{\mathcal{M}^2} L_{\mathrm{e}}(x_0\rightarrow x_1)G(x_0\leftrightarrow x_1)W_{\mathrm{e}}^{(j)}(x_0\rightarrow x_1)\mathrm{d}A(x_0)\mathrm{d}A(x_1)\\&+\int_{\mathcal{M}^3} L_{\mathrm{e}}(x_0\rightarrow x_1)G(x_0\leftrightarrow x_1)f_{\mathrm{r}}(x_0\rightarrow x_1\rightarrow x_2)G(x_1\leftrightarrow x_2)\\&\cdot W_{\mathrm{e}}^{(j)}(x_1\rightarrow x_2)\mathrm{d}A(x_0)\mathrm{d}A(x_1)\mathrm{d}A(x_2)\\&+\cdots\end{aligned} \tag{1-41}$$

由于计算资源有限,通常只考虑有限长度的路径,设定有限大小的 k;并且为了加速路径积分的过程,通常使用蒙特卡洛采样。

1.6　本章小结

本章介绍了与相机成像的相关知识，包括相机的成像模型、颜色模型、亮度模型，以及渲染和光线追踪等。其中成像模型是了解计算机视觉的基础，尤其是在三维重建的任务中，通过对相机进行标定求得其内参、外参、畸变等关键参数，由此进行估计，可以建立世界坐标系与图像坐标系之间的关系；颜色模型和亮度模型主要描述了图像的表示方法及其与现实世界中光源的联系；渲染和光线追踪在近年来成为热门领域，有助于场景的表达和重建。阅读本章，可以了解计算机视觉处理的基本对象(图像)的来龙去脉，从而有助于后续对图像内容的理解和重建。

第2章

图像空间滤波

2.1 引言

在图像的采集和传输过程中通常不可避免地会引入噪声，噪声主要来源于图像传感器、放大器、模数转换器等电子元件和电路，以及由光子的粒子性所引起的散粒噪声等。根据特点和成因，常见的图像噪声大致有以下几类：

高斯噪声 主要发生于信号采集和传输过程中，来源于光电传感器的固有噪声(与亮度和自身温度相关)和电子电路的干扰噪声。这类噪声符合高斯分布并且是加性的。其最主要部分来源于放大器，因此主要发生在亮度较低区域和(彩色图像中的)蓝色通道。

椒盐噪声 主要来源于模数转换错误和信号传输错误，表现为亮区域的暗像素和暗区域的亮像素，这类噪声符合肥尾分布。

散粒噪声 主要来源于光子的粒子性。通俗地讲，在相同亮度下、单位时间内从光源发射到感光传感器上的光子数量是随机的。散粒噪声符合泊松分布，明亮区域的噪声水平更高，但信噪比也更高；较暗区域的信噪比较低，散粒噪声的影响更大。

量化噪声 发生于连续的模拟信号转换为离散的数字信号的过程中，近似于均匀分布。

其他噪声 由图像采集设备和采集环境中其他干扰而产生的噪声，如胶片颗粒噪声、各向异性噪声、周期性噪声等。

图像的噪声干扰了正常的信息，继而干扰图像处理和分析的效果，因此在许多算法流程中，都需要首先对图像进行去噪处理。

除了去噪以外，通常也会进行图像锐化、直方图均衡化等改善图像质量的处理，它们与去噪一并被称为图像预处理。其中，图像锐化通过补偿图像的轮廓、增强图像的边缘及灰度跳变的部分，使图像变得清晰。图像作为一种二维数字信号，对其去噪和锐化在本质上也属于信号处理范畴，因此也一般通过信号处理领域常用的卷积方法实现。本章将主要介绍一些常用的去噪和锐化的技术和原理。

2.2　卷积和互相关

2.2.1　卷积

卷积是信号处理中常用的一种数学方法，在图像处理和分析中具有广泛的应用。假设 $f(x)$ 和 $g(x)$ 是在定义域 $x \in \mathbb{R}$ 上可积的函数，那么可以对二者中的一个沿 y 轴翻转并平移后与另一个相乘，再进行积分得到 $F(x)$ 如下

$$F(x) := \int_{-\infty}^{+\infty} f(t)g(x-t)\mathrm{d}t = \int_{-\infty}^{+\infty} g(t)f(x-t)\mathrm{d}t \tag{2-1}$$

F 为函数 f 和 g 的卷积。一般用 $*$ 来表示卷积

$$F(x) = (f * g)(x) = (g * f)(x) \tag{2-2}$$

式(2-1)和(2-2)也表示了卷积满足交换律；此外，卷积运算还满足结合律、分配律、数乘结合律等，其最关键的特性是，函数卷积的傅里叶变换是函数傅里叶变换的乘积。[1]

卷积的优秀数学性质使得它在许多学科和工程领域中都是一种重要的方法，本章只介绍卷积与数字图像处理应用相关的内容。对于离散的数字信号，卷积有以下形式

$$F[n] := \sum_{m=-\infty}^{+\infty} f[m]g[n-m] = \sum_{m=-\infty}^{+\infty} g[m]f[n-m] \tag{2-3}$$

而一些原因使得在信号处理领域中很少直接这样做：① 无穷上下限在工程上难以实现；② 许多视觉任务（如图像预处理和低阶特征提取）仅关注信号的局部性质；③ 许多函数 $g[m]$ 在 $|m|$ 大于某个阈值时有 $g[m] \rightarrow 0$，如十分常用的高斯

---

[1] 本章中并未涉及该性质，因此不做展开。

函数。因此卷积常用有限长度支撑集(support set)的函数 $g'[m]$

$$g'[m]=\begin{cases}g[m], & |m|\leqslant v_0\\ 0, & |m|>v_0\end{cases} \tag{2-4}$$

其中 v_0 为某个阈值,此时 $g'[m]$ 的实际形式为一个有限数组 $[g_0, g_1, \cdots]$。

直观地理解,函数 g' 像一扇窗户,与函数 f 进行卷积计算时,只有距离窗口中心 n 小于等于 v_0 的区间 $[n-v_0, n+v_0]$ 内的元素有效参与计算,所以它也被称为窗函数或卷积模板。

由于图像是二维信号[1],卷积扩展至二维情况

$$\begin{aligned}F(x, y)=f*g(x, y)&:=\sum_{s=-\infty}^{+\infty}\sum_{t=-\infty}^{+\infty}g(x-s, y-t)f(s, t)\\ &=\sum_{s=-\infty}^{+\infty}\sum_{t=-\infty}^{+\infty}f(x-s, y-t)g(s, t)\end{aligned} \tag{2-5}$$

设窗函数 g 的支撑集为 $\{(s, t)\mid s\in[-a, a], t\in[-b, b]\}$

$$\begin{aligned}F(x, y)&=\sum_{s=-\infty}^{+\infty}\sum_{t=-\infty}^{+\infty}f(x-s, y-t)g(s, t)\\ &=\sum_{s=-a}^{a}\sum_{t=-b}^{b}f(x-s, y-t)g(s, t)\end{aligned} \tag{2-6}$$

窗函数或卷积模板可以视为一个 $(2a+1)\times(2b+1)$ 的矩阵。[2] 根据不同的功能需求,模板上不同位置的系数也会被设计为不同的数值。直观地理解模板卷积的运算步骤:① 将模板在图像上滑动,使得模板中心遍历所有像素;② 将模板上的系数与关于模板中心对称位置的像素值相乘并求和;③ 将求和所得结果赋给输出图像中模板中心对应的像素位置。

2.2.2 互相关

互相关(cross-correlation)与卷积类似,同样是对两个函数进行积分运算得

---

[1] 通常灰度图像是二维信号,而 RGB 图像是三维信号,但如果单独地处理某个通道或将其转换为灰度图像,RGB 图像仍然等价于二维信号。如果同时处理 RGB 图像的所有通道,它是三维信号,后面介绍的卷积运算能够自然地扩展到三维情况。

[2] 这并不意味着卷积模板的尺寸一定是奇数,式(2-6)中的支撑集也不一定要关于 0 对称,但最常用的卷积模板都是关于中心对称的奇数尺寸模板。

到新的函数的数学方法。常用于计算两个函数 $f(x)$ 和 $g(x)$ 的相似性和相关程度，在信号的检测、识别和分析中具有广泛的应用。假设 $f(x)$ 和 $g(x)$ 在定义域 $x \in \mathbb{R}$ 上可积，通过对 $f(x)$ 和 $g(x)$ 进行积分得到 $R(x)$

$$R(x) = f \star g(x) := \int_{-\infty}^{+\infty} f(x+t) g(t) \mathrm{d}t \tag{2-7}$$

$R(x)$ 为 $f(x)$ 与 $g(x)$ 的互相关函数，一般用 $\star$ 来表示互相关。

互相关和卷积具有不同的数学性质，但如果不考虑卷积和互相关计算的物理意义，则它们的计算都是逐元素相乘后加和，实际区别只在于是否翻转 f 和 g 中的一个。当函数 g 是偶函数时，有 $f * g = f \star g$。请读者注意，包括本书在内的许多计算机视觉领域文献中，在提到卷积时实际指的是互相关操作。对于图像处理来讲，即用一个 $n \times n$ 的模板矩阵在图像数据上滑动，每次滑动将模板矩阵内的元素与对应位置的元素一一相乘然后加和的操作。

图 2-1 直观展示了在图像上使用 3×3 大小的模板矩阵进行卷积的过程，绿色虚线网格指代图像，一个网格单元为一个像素。模板滑动至某一像素时，将模板覆盖区域的图像像素值与模板系数对位相乘后相加，得到该像素位置的卷积结果。可以简单地理解为以模板系数为权重，对像素邻域进行相加，而模板实际的物理意义则由具体的模板系数决定，例如图 2-1 中，若 $g(s, t) = 1/9$，则使用该模板卷积即为第 2.3.1 节所介绍的邻域均值滤波。另外，由于 $g(s, t)$ 更“像”一种权重系数，在后文中更多地使用符号 $\omega(s, t)$ 来表示。

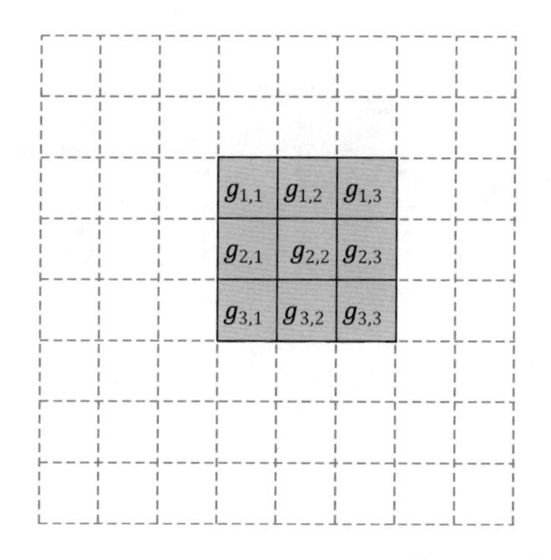

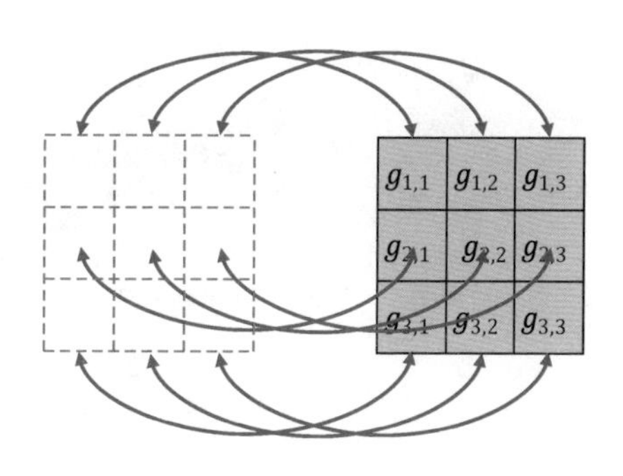

图 2-1　图像处理中的二维卷积或互相关示意图

2.3 图像的平滑

图像平滑算法的目的是消除或者减轻图像中的噪声，平滑方式分为多种，本节介绍几种经典且应用广泛的平滑滤波方式。

2.3.1 邻域均值滤波

邻域均值滤波是通过计算一个像素邻域内的平均值来实现平滑的滤波，可以通过模板卷积来实现，邻域的范围由模板的大小来决定。邻域均值滤波可以降低图像信号中的高频部分，使其中尖锐的信号消除或者减少。对于一个 $n \times n$ 大小的模板，模板上的每一个系数值都为 $1/n^2$。邻域均值滤波的数学表达式如下

$$F(x, y) = \frac{1}{n^2} \sum_{(s, t) \in S} f(x+s, y+t) \tag{2-8}$$

其中 S 代表模板 $n \times n$ 邻域。

在图 2-2 中可以观察到，邻域均值滤波实际上是一种模糊处理，虽然能够抑制表现为尖锐信号的图像噪声，但也不可避免地损失了大量细节信息。因此，研究者提出许多改良的滤波方法以解决该问题。

(a) 原图　(b) 3×3模板　(c) 5×5模板　(d) 7×7模板

图 2-2　邻域均值滤波效果图

2.3.2 加权均值滤波

在模板卷积中，模板上不同位置到中心的距离是不同的。加权均值滤波中，距离中心越近的像素对滤波结果的贡献越大，而距离越远的像素贡献则越小。这

个过程通过将接近模板中心的像素赋予更大的系数来实现加权平均。相比于邻域均值滤波,加权均值滤波可以保留更多图像本身的边缘信息。其数学表达式如下

$$F(x, y)=\frac{\sum_{(s, t)\in S} \omega(s, t) f(x+s, y+t)}{\sum_{(s, t)\in S} \omega(s, t)} \tag{2-9}$$

其中 $\omega(s, t)$ 是滤波模板系数。在设计加权均值模板中,往往为了减少计算量,会设置距离模板中心最远点的值为 1,内部的像素值按照到中心的距离成比例增大。加权均值滤波是一种符合直觉的框架,具体的模板系数则可以参考物理学或统计学规律进行设计,如高斯均值滤波。

2.3.3　高斯均值滤波

加权均值滤波中的一种特殊情况是高斯均值滤波,令加权均值模板上的系数符合高斯分布就得到了高斯均值模板。高斯均值满足加权均值所有性质和优点,除此之外还具有能降低计算量的优点。一个 $n\times n$ 的高斯均值模板可以被分解为 1 个 $n\times 1$ 和 1 个 $1\times n$ 的矩阵乘积。以 3×3 的高斯均值模板为例

$$\frac{1}{4}\begin{bmatrix}1\\2\\1\end{bmatrix}\times\frac{1}{4}\begin{bmatrix}1 & 2 & 1\end{bmatrix}=\frac{1}{16}\begin{bmatrix}1 & 2 & 1\\2 & 4 & 2\\1 & 2 & 1\end{bmatrix} \tag{2-10}$$

这样的分解可以将原先的计算复杂度 $O(n^2)$ 降低为 $O(n)$。更重要的是,它符合正态分布的密度函数。图 2-3 展示了邻域均值滤波和两种高斯均值滤波模板的例子,从中可以看出两种滤波方法的区别。

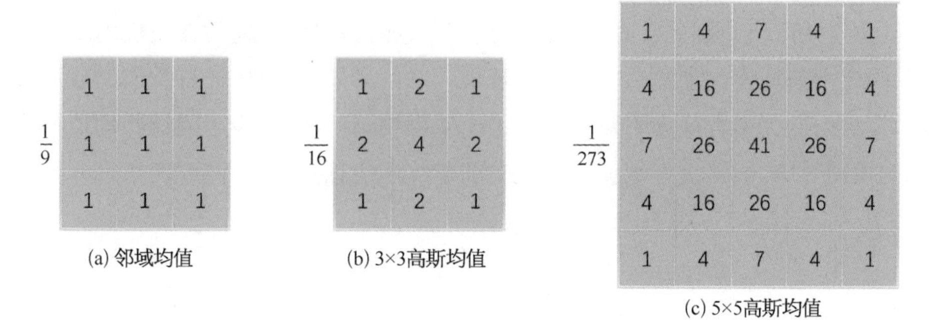

图 2-3　滤波模板示例

2.3.4　中值滤波

中值滤波是一种非线性滤波方法，同样通过模板卷积来实现。中值滤波统计每个目标像素周围邻域像素的中值，并将统计得到的中值赋予目标像素。与线性滤波相同，邻域的大小同样由给定的模板来决定。中值滤波的表达式可以写为

$$F(x,\ y)=\underset{(s,\ t)\in S}{\text{median}}\,f(x+s,\ y+t) \tag{2-11}$$

给定一个 $n\times n$ 的中值滤波模板，中值滤波由这几个步骤组成：① 对模板覆盖的像素灰度值进行排序；② 找到排序的中位数，即大于等于前 $(n^2-1)/2$ 个像素值且小于等于后 $(n^2-1)/2$ 个像素值；③ 将获取的中值赋予输出图像中与模板中心对应的像素。图 2-4 中展示了中值滤波的效果及其与邻域均值滤波的比较。

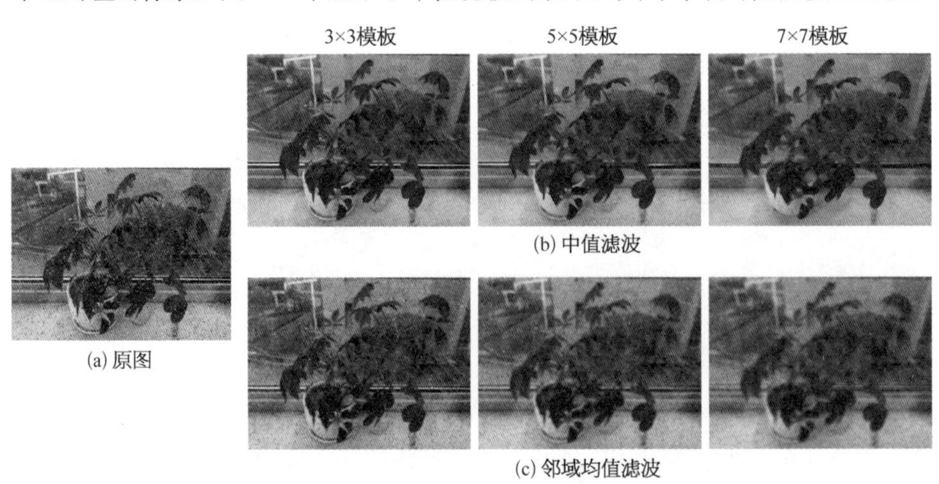

图 2-4　中值滤波与邻域均值滤波的比较

像素灰度值与周围差异较大的干扰信号(如椒盐噪声)通常在模板内不为中值，因此中值滤波在消除这类噪声时效果较好。另外，相比于计算均值的滤波算法，模板内的大多数像素不对输出结果产生影响，有效地减少了因计算均值而带来的模糊效应，能够更好地保留高频的细节纹理信息。

2.3.5　双边滤波

双边滤波是一种对高斯滤波进行改进的滤波方法，它能在消除噪声的同时

尽可能地保留高频的边缘和纹理信息。在高斯均值滤波中，模板上的系数只与位置信息（到模板中心的距离）有关，双边滤波在其基础上加入了衡量像素灰度值相似度的权重。这样权值不仅与距离相关，也与像素灰度值的相似度有关——相似度越高权重越大。

令 $\omega_g(s, t)$ 为高斯均值滤波模板，$\omega_b(s, t, x, y)$ 为双边滤波模板，其中心位置在图像上的坐标为 (x, y)，则有双边滤波模板

$$\omega_b(s, t, x, y) = \exp\left(-\frac{\| f(x+s, y+t) - f(x, y) \|^2}{2\sigma_r^2}\right)\omega_g(s, t) \tag{2-12}$$

双边滤波过程表达式为

$$F(x, y) = \frac{\sum_{(s, t)\in S} \omega_b(s, t, x, y) f(x+s, y+t)}{\sum_{(s, t)\in S} \omega_b(s, t, x, y)} \tag{2-13}$$

在图像梯度比较小的区域，双边滤波模板覆盖区域的像素值相似度高，则只关注距离的高斯权重 $\omega_g(s, t)$ 占据主导，能够起到与高斯均值滤波近似的平滑作用。而在边缘地区，边缘同侧的像素值相似度较大，且显著大于另一侧的像素值。此时边缘另一侧的像素值权重极小，影响可忽略不计，则输出的结果几乎全部由边缘同侧的像素占据主导。由此保证了边缘信息不会被另一侧的像素影响而使图像模糊。对比图 2-5 中上下两列可以发现，双边滤波结果能够更好地保持边缘信息，如窗沿、叶片等。

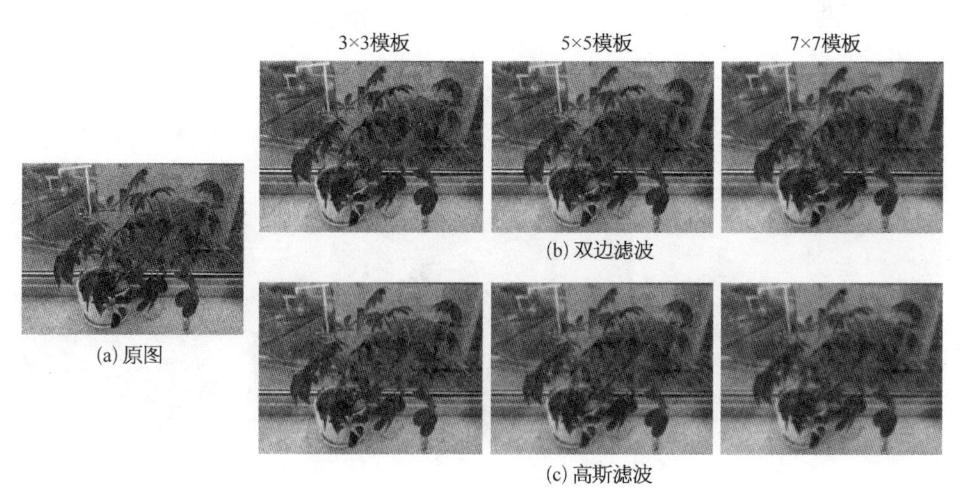

图 2-5　双边滤波与高斯滤波的比较

2.4 图像的锐化

图像锐化的目的是增强图像的边缘信息，使得物体的轮廓更加明显。与图像平滑的消除高频噪声保留低频信息相反，图像锐化是为了增强高频信息。

2.4.1 梯度锐化

梯度是图像处理中常用的基础特征，对于一个连续函数 $f(x, y)$，梯度是沿 X 和 Y 方向的两个微分分量。由于图像是通过采样得到的离散数据，其微分则用差分的形式来进行计算。

在许多实际任务中，主要使用梯度的幅值，即梯度矢量的模

$$|\nabla f(x, y)|=\sqrt{\left(\frac{\partial f(x, y)}{\partial x}\right)^2+\left(\frac{\partial f(x, y)}{\partial y}\right)^2} \tag{2-14}$$

其中

$$\frac{\partial f(x, y)}{\partial x}=f(x+1, y)-f(x, y) \tag{2-15}$$

$$\frac{\partial f(x, y)}{\partial y}=f(x, y+1)-f(x, y) \tag{2-16}$$

锐化后的输出

$$F(x, y)=f(x, y)+c\,|\nabla f(x, y)| \tag{2-17}$$

其中 c 为控制锐化强度的参数。图 2-6 展示了梯度锐化的效果。

(a) 原图

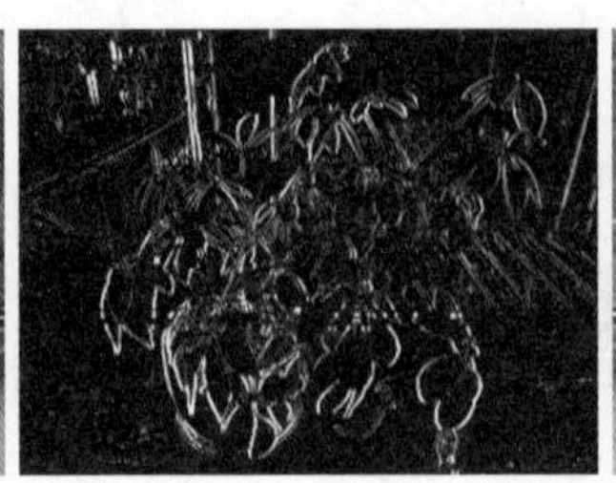
(b) 梯度图

(c) 梯度锐化结果

图 2-6 基于梯度的锐化效果图

2.4.2　拉普拉斯算子的二阶微分锐化

基于拉普拉斯算子的锐化滤波器是一种各向同性滤波器，即滤波的输出不会因为旋转而受影响。将原图旋转后滤波和先滤波再旋转，得到的输出图像是一致的。经典拉普拉斯算子的定义如下

$$\nabla^2 f(x, y)=\frac{\partial^2 f(x, y)}{\partial x^2}+\frac{\partial^2 f(x, y)}{\partial y^2} \tag{2-18}$$

将上述连续的拉普拉斯算子用离散形式表达

$$\frac{\partial^2 f(x, y)}{\partial x^2}=f(x+1, y)+f(x-1, y)-2f(x, y) \tag{2-19}$$

$$\frac{\partial^2 f(x, y)}{\partial y^2}=f(x, y+1)+f(x, y-1)-2f(x, y) \tag{2-20}$$

将沿 X 和 Y 方向的二阶差分整合到拉普拉斯算子的公式中，可以得到

$$\begin{aligned}\nabla^2 f(x, y)=&f(x+1, y)+f(x-1, y)+f(x, y+1)\\&+f(x, y-1)-4f(x, y)\end{aligned} \tag{2-21}$$

拉普拉斯算子可以视为一个滤波模板[图 2-7(a)]。考虑 8 邻域信息，则有图 2-7(b)所示的滤波模板。另外两种模板还各自有反号版本[图 2-7(c)和(d)]，以得到更符合直觉的结果，即在局部极大值点获得正结果，在局部极小值点获得负结果。

0	1	0
1	−4	1
0	1	0

(a) 4邻域模板

1	1	1
1	−8	1
1	1	1

(b) 8邻域模板

0	−1	0
−1	4	−1
0	−1	0

(c) 4邻域模板的反号版本

−1	−1	−1
−1	8	−1
−1	−1	−1

(d) 8邻域模板的反号版本

图 2-7　拉普拉斯算子滤波模板

使用拉普拉斯算子锐化

$$F(x, y)=\begin{cases}f(x, y)+\nabla^2 f(x, y), & \text{若模板中心系数为正}\\ f(x, y)-\nabla^2 f(x, y), & \text{若模板中心系数为负}\end{cases} \tag{2-22}$$

使用4邻域模板锐化为以下形式

$$F(x,\ y)=5f(x,\ y)-f(x-1,\ y)-f(x+1,\ y)-f(x,\ y-1)-f(x,\ y+1) \tag{2-23}$$

0	-1	0
-1	5	-1
0	-1	0

-1	-1	-1
-1	9	-1
-1	-1	-1

图 2-8 拉普拉斯锐化滤波模板

8邻域模板公式与之类似，不再赘述。进一步地，可以直接使用图2-8所示模板滤波完成锐化，不用计算二阶微分后再进行一次加/减操作。

使用基于拉普拉斯算子的二阶微分锐化，能够增强图像中的非平滑区域(一阶导数不连续区域，图2-9)。通常，大部分重要特征都位于非平滑区域中，图像锐化无论对于肉眼观察还是计算机视觉算法都有强化特征的帮助作用。

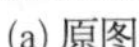
(a) 原图

(b) 拉普拉斯算子滤波

(c) 拉普拉斯算子锐化结果

图 2-9 基于拉普拉斯算子的锐化效果

2.4.3 非锐化掩膜与高频提升滤波

图像锐化本质上是增强图像中的高频信息组分，而高频信息除了可以通过计算微分信息来提取，也可以通过原图减去低频信息(对原图平滑处理/低通滤波的结果)来获取。令 $f_s(x,\ y)$ 为平滑(通常是邻域均值平滑)之后的模糊图像，则非锐化掩膜(unsharp mask)的表达式为

$$m(x,\ y)=f(x,\ y)-f_s(x,\ y) \tag{2-24}$$

然后，将非锐化掩膜乘以权重 k 叠加到原图上

$$F(x,\ y)=f(x,\ y)+k*m(x,\ y) \tag{2-25}$$

当权重 $k=1$ 时，这个过程被称为非锐化掩膜；当 $k>1$ 时，高频信息得到额外

提升，被称为高频提升滤波（high frequency boost filtering），其效果如图 2-10 所示。

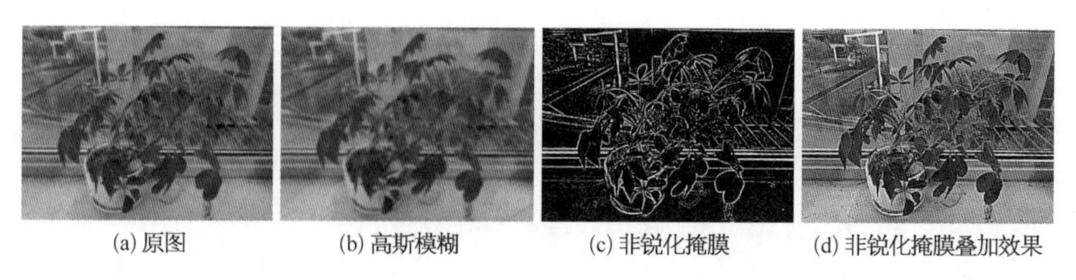

(a) 原图　(b) 高斯模糊　(c) 非锐化掩膜　(d) 非锐化掩膜叠加效果

图 2-10　高频提升滤波效果

另外，第 2.4.2 节所介绍的基于拉普拉斯算子的锐化是高频提升滤波的一种特殊情形，将式(2-24)代入式(2-25)

$$F(x, y)=(k+1)f(x, y)-k*f_s(x, y) \tag{2-26}$$

当 $k=4$ 或 8 时，分别为考虑 4 邻域或 8 邻域的拉普拉斯锐化滤波。与之相比，一般形式的高频提升滤波，能够通过调整参数 k 来获得期望的图像锐化程度，或在特征增强和噪声放大间进行平衡。

2.5　本章小结

本章主要介绍了传统的图像滤波算法，包括卷积相关、互相关、滤波的基础概念和原理，以及图像滤波的基础应用，如图像平滑、去噪及锐化等。这些方法在图像预处理和低阶特征提取中被广泛应用。

总结来说，卷积和互相关是图像处理中常用的操作，卷积描述了两个函数的相互作用，而互相关既没有反向过程也不满足对称性。图像平滑的目的在于去除图像中的高频噪声。本章介绍了几种常见的平滑滤波方法，包括邻域均值滤波、加权均值滤波、高斯滤波、中值滤波和双边滤波。其中平滑滤波虽然可以抑制高频噪声，但由于高频信息还包含图像的细节纹理，所以平滑滤波也会使图像更加模糊、丢失细节。图像锐化与图像平滑相反，旨在加强图像的高频细节信息。本章介绍了梯度锐化、基于拉普拉斯算子的二阶微分锐化和高频提升滤波。锐化的基本思路是提取出高频的细节信息，然后叠加到原图像上，从而实现图像细节的增强。

第3章

图像特征提取

3.1 引言

数字图像是离散信号，计算机视觉通过对这些离散的像素构成的集合进行表征学习，从而推测理解图像对应的高阶语义信息和三维信息。图像的每个像素只刻画了单个点的颜色信息，缺乏该点周围上下文信息(context information)，也就是语义。因此需要寻找具有特定语义的图像元素来对图像进行描述。

在计算机视觉学科发展中，边缘、角点等是对图像局部内容的刻画和归纳，相比于单个像素，具有更好的语义性。因此早期的图像表达通常基于这些边缘和角点对图像进行描述。早期的边缘检测、角点检测都是描述具有特定几何属性的像素(图 3-1)。这些边和角的检测都是基于边和角的数学定义，然后通过对图像滤波等方式去检测。近年来，随着深度学习技术的发展，研究人员也通过端到端的学习策略进行边和点的检测，并取得了优异的性能。

(a) 边缘检测

(b) 角点检测

图 3-1 边缘检测和角点检测示例

在图像中除了简单的几何意义上的边缘和角点外，还存在着具有语义属性的边缘和角点，如图像中的地平线、房间的布局(墙与地面的交线、墙与墙的交线、墙与天花板的交线等)、人脸上的关键点、人体关键点等(图 3-2)。这些边和点有些是与几何意义上的边和点吻合的，如墙与墙的交线；有些甚至看不见，是通过图像的上下文信息推测出来的，例如戴着墨镜的眼睛关键点、人体关节点等。通常把这些基于语义定义的点称为语义关键点（semantic keypoint）。对于这些具有语义属性的边和点的检测，需要综合理解图像的全局特征和局部特征，现阶段主要采用基于数据驱动的深度学习的方法。

(a) 房间布局估计

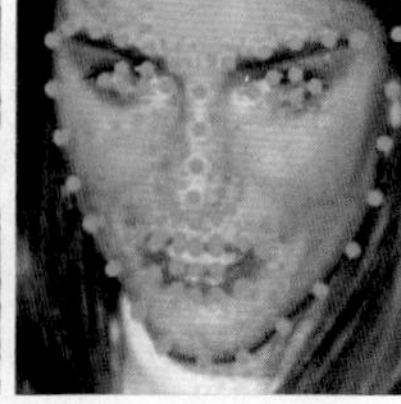
(b) 人脸关键点估计

(c) 人体关键点估计

图 3-2　房间布局估计、人脸关键点估计和人体关键点估计示例

（图片引自[1]—[3]）

本章将介绍传统的基于滤波的边缘、角点和直线检测的原理与经典方法，以及基于深度学习的语义特征检测方法。❶

3.2　基于非学习方法的边缘检测

对于刚接触计算机视觉的读者而言，在学习相关理论和方法之前需要了解以下两个问题：

1）数字图像中的边缘是指什么？

在灰度图像中，边缘是指图像中灰度剧烈变化的像素点，在这些像素点的位置，在某一方向上灰度变化具有明显的不连续性，换言之，具有非常大的导数。对于大多数图像而言，边缘往往对应于现实世界中的区域边界、物体轮廓等要素（图 3-3）。

2）为什么要检测边缘？

对于一些计算机视觉任务而言，如检测、识别、测量等任务，边缘是图像中非常重要（可能是最重要）的基础特征，它保存了图像中绝大多数的任务所需

---

❶ 关于卷积神经网络的介绍在第 4 章，对卷积神经网络不熟悉的读者可以先阅读第 4 章，再阅读本章。

信息。如果丢失图像中的边缘信息，则几乎无法从图像中识别目标；相反，如果丢失颜色信息，仅保留边缘信息，并不会对识别图像中目标造成实质性的困难(图 3-4)。大量计算机视觉任务实践表明，对计算机视觉算法而言同样存在该现象。

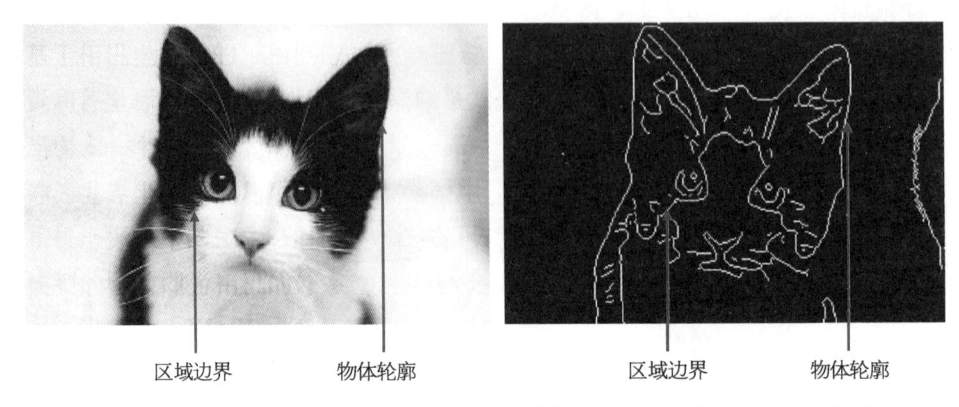

图 3-3 数字图像中的边缘通常对应于现实世界中的区域边界、物体轮廓等要素

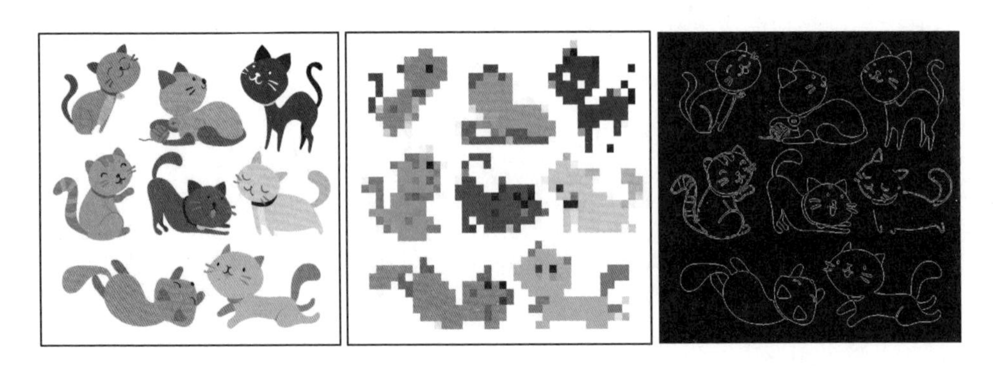

图 3-4 相对于颜色特征，边缘特征包含了计算机视觉任务所需的大部分信息

在许多计算机视觉任务中，数据驱动的模型如卷积神经网络，在经过大量训练后，浅层卷积核通常被优化为对边缘和角点具有高响应的“检测滤波器”，后续卷积层则从边缘特征中继续抽取高阶语义特征，这个现象也从另一个角度印证了边缘信息的重要性。[1]

[1] 颜色信息有时也很重要，尤其是在检测/识别/分割/定位的目标具有明显的颜色域特征时，有效利用颜色信息将事半功倍。大家可以思考一下，在车牌识别任务中，可以利用什么信息去定位和分割车牌呢？

3.2.1　边缘、导数和梯度

在图像中，如果沿某一方向，将经过的像素的灰度值依次记录下来[图 3-5(a)]，并作为其像素索引的函数，则得到一条函数曲线[图 3-5(b)]。在曲线边缘处，灰度值发生剧烈的变化，对这条曲线求导，则在边缘处得到局部极大值或极小值[图 3-5(c)]。通过检测导数曲线的波峰和波谷，即可实现对边缘的检测和定位。

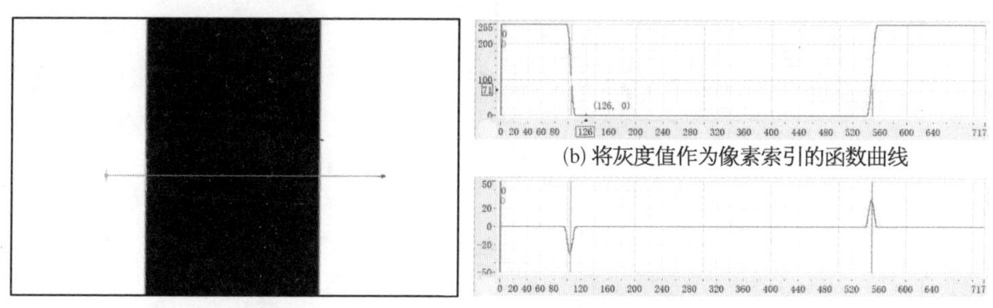

(b) 将灰度值作为像素索引的函数曲线

(a) 在图像中沿一水平线记录经过像素的灰度值　(c) 灰度曲线的导数，边缘处观察到局部极大值和极小值

图 3-5　边缘、灰度和导数的关系

上述方法虽然是边缘检测最朴素的方法，但在工业领域的测量和定位问题中尤为有效、高效并且应用普遍。例如汽车、食品、医药、包装等行业流水线上的大批量尺寸检测：每件产品到达相机前指定位置后，算法在预设的方向上检测一个或多个边缘，几毫秒到数十毫秒内即可精确地计算出产品关键尺寸或位置，指引机械机构实时筛出不合格品。

在一般化的场景中，图像边缘的位置和方向是任意的，无法指定某一位置和某一方向检测边缘。不妨依旧从导数入手，首先图像是二维数据 $f(x, y)$（注意这里指灰度图像，不考虑彩色图像），可对 x 或 y 求偏导数[1]

$$\frac{\partial f(x, y)}{\partial x}=\lim_{\epsilon \to 0} \frac{f(x+\epsilon, y)-f(x, y)}{\epsilon} \tag{3-1}$$

$$\frac{\partial f(x, y)}{\partial y}=\lim_{\epsilon \to 0} \frac{f(x, y)-f(x, y+\epsilon)}{\epsilon} \tag{3-2}$$

由于图像是离散数据，因此用相邻像素的差值（局部差分）来近似导数

[1] 可采用左差分、右差分或中心差分来计算。

$$\frac{\partial f(x, y)}{\partial x} \approx \frac{f(x+1, y)-f(x, y)}{1} \tag{3-3}$$

$$\frac{\partial f(x, y)}{\partial y} \approx \frac{f(x, y+1)-f(x, y)}{1} \tag{3-4}$$

显然,单一 x 或 y 方向上的梯度都无法很好地表示边缘,因此将二者组合为向量形式,即为图像的梯度

$$\boldsymbol{\nabla} f=\left[\frac{\partial f}{\partial x}, \frac{\partial f}{\partial y}\right] \tag{3-5}$$

在此基础上,即可用梯度的模表示边缘强度

$$\| \boldsymbol{\nabla} f \| =\sqrt{\left(\frac{\partial f}{\partial x}\right)^2+\left(\frac{\partial f}{\partial y}\right)^2} \tag{3-6}$$

用梯度的方向表示边缘处灰度变化最剧烈的方向

$$\theta=\arctan\left(\frac{\partial f}{\partial y} \Big/ \frac{\partial f}{\partial x}\right) \tag{3-7}$$

图 3-6 显示了计算一幅图像的 x 和 y 方向差分、梯度的模和方向。可以看到在理想情况下,梯度对于边缘有着很好的响应。

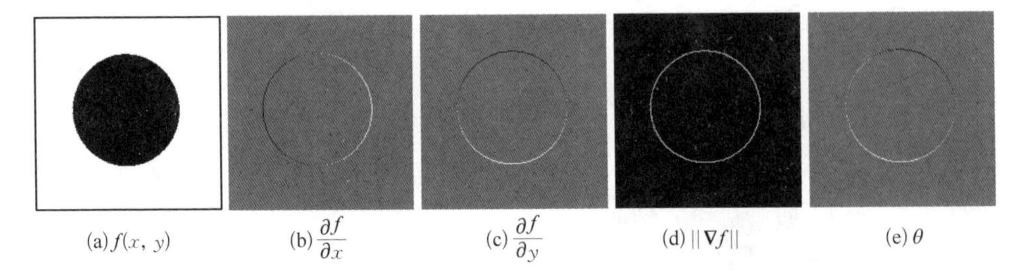
(a) $f(x, y)$　(b) $\frac{\partial f}{\partial x}$　(c) $\frac{\partial f}{\partial y}$　(d) $\|\nabla f\|$　(e) θ

图 3-6　理想情况下使用梯度表示边缘

3.2.2　边缘的卷积形式计算

不难发现,差分可以用卷积[1]形式进行更简洁的表示

[1] 注意在计算机视觉,尤其是涉及机器学习的语境下,如第 2 章所述,卷积实际是互相关操作。单纯从数值角度来看,卷积和互相关的区别只在于是否翻转卷积核。例如,使用[1, −1]卷积核对图像进行卷积计算,等同于[−1, 1]卷积核对图像进行互相关运算。本书中遵循计算机视觉领域的表述习惯,仍然用卷积指代互相关运算。另外,当卷积核轴对称时,卷积和互相关计算没有任何区别。

$$f(x+1, y)-f(x, y)=f(x, y)*[-1 \quad 1] \tag{3-8}$$

$$f(x, y+1)-f(x, y)=f(x, y)*\begin{bmatrix}-1\\1\end{bmatrix} \tag{3-9}$$

最朴素的差分计算方法只考虑相邻两个像素之间的关系，如果考虑一定范围的邻域信息，则可以设计更加复杂的差分算子(图 3-7)。❶

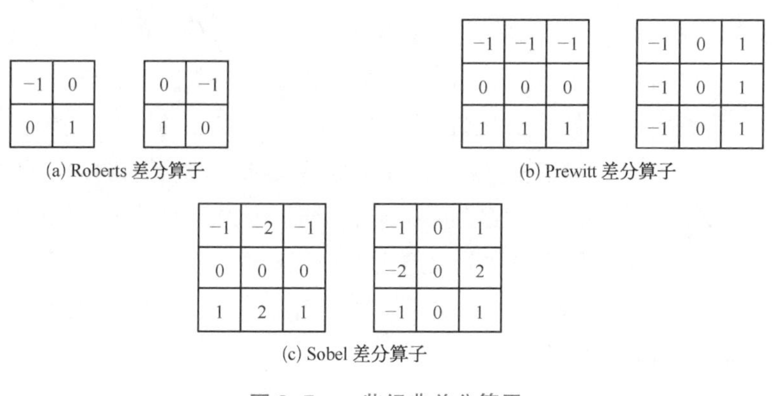

(a) Roberts 差分算子　(b) Prewitt 差分算子　(c) Sobel 差分算子

图 3-7　一些经典差分算子

3.2.3　噪声对边缘检测的影响和处理方法

真实图像中存在大量噪声，噪声的存在导致直接使用梯度检测图像的效果很差(图 3-8)。由于真实边缘与噪声位置的导数幅度非常近似，很难从噪声中辨别边缘。

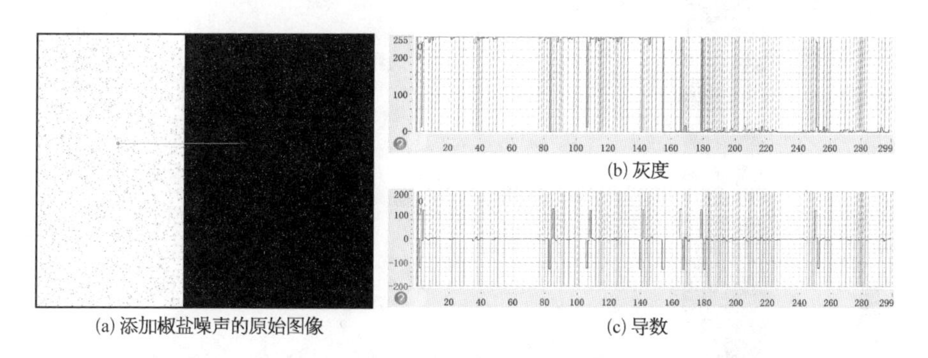

(a) 添加椒盐噪声的原始图像　(b) 灰度　(c) 导数

图 3-8　有噪声条件下的梯度表现

❶ 通过合理设计卷积核，不仅可以检测边缘，还可以检测其他更加复杂的模式，关键是保证所设计的卷积核对目标模式具有高响应。典型的例子如 Laws 的纹理能量度量(Laws' texture energy measures)，有兴趣的读者可自行查阅相关资料，此处不做展开。

因此，在边缘检测前对图像进行平滑去噪是一种常见操作。具体的图像平滑算法在第 2 章中介绍过，其中一种经典方法为高斯滤波。记图像为 f，高斯卷积核为 g，则高斯平滑处理结果为 $f*g$，对平滑后的图像结果求导(差分)

$$\frac{\partial}{\partial x}(f*g)=f*\frac{\partial}{\partial x}g \tag{3-10}$$

即通过交换卷积与微分的次序，将两次运算变为一次运算，该次卷积运算使用的卷积核为高斯卷积核的导数。即首先将平滑卷积核 g 与差分卷积核进行卷积运算，将得到的新卷积核与图像进行卷积运算，即可同时实现图像平滑与求差分运算。

需要注意的是，图像平滑处理对边缘检测具有双面的影响。当平滑处理的强度过小时，噪声的影响去除不充分；强度过大时，则过度削弱边缘处的梯度(图 3-9)。另外，平滑处理的强度也影响对不同尺度边缘的响应，平滑处理在去除噪声的同时，也会明显削弱细节尺度上的边缘(图 3-10)。因此，平滑处理的强度越大，越适合检测粗糙尺度的边缘；反之，当希望检测细节尺度的边缘时，应当十分谨慎地平滑图像。[1]

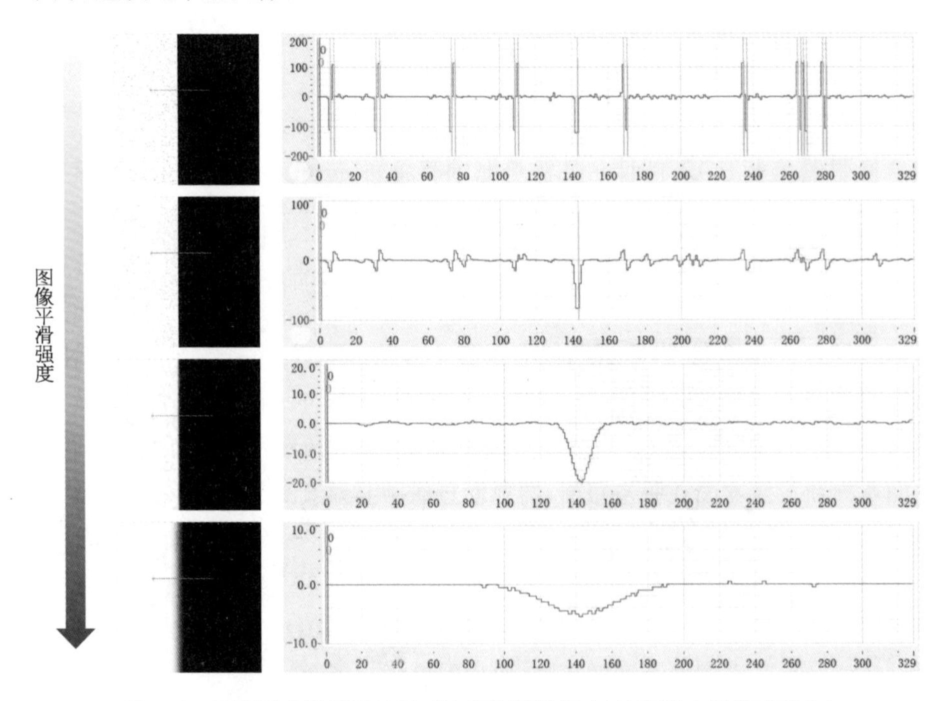

图 3-9 不同强度的平滑处理对边缘检测的影响(注意纵坐标值域变化)

[1] 对于尺度问题，除了控制图像平滑处理的强度以外，另一种方法是将图像缩放到合适的尺寸。常见的情况是处理高分辨率图像时，通过缩小图像的尺寸主动丢失不需要的细节信息。

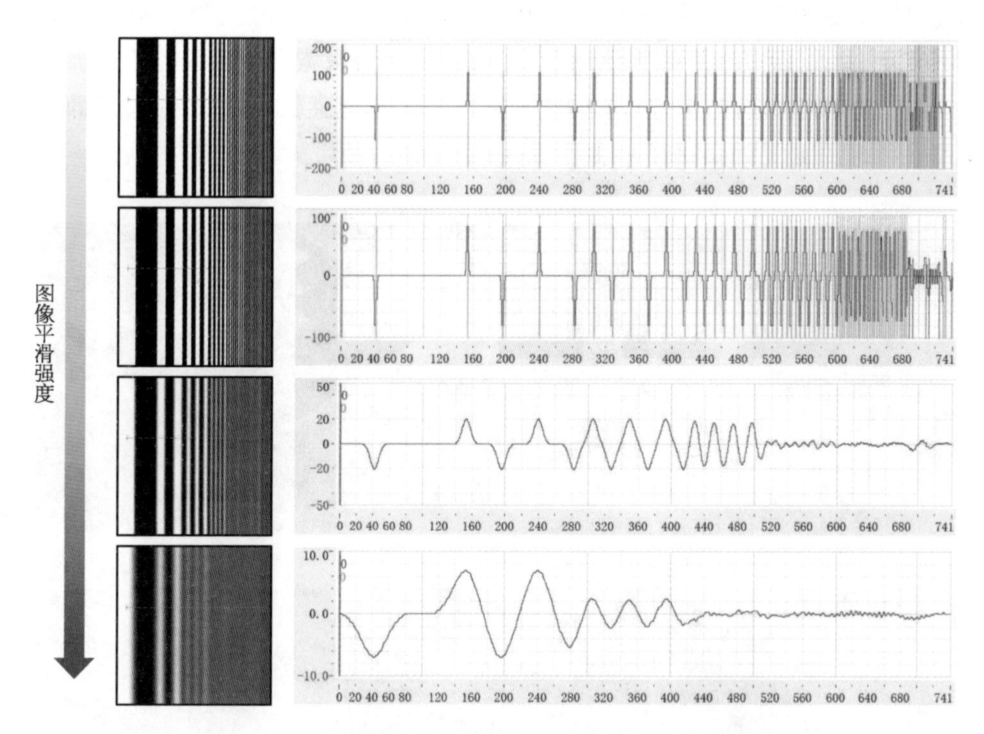

图 3-10　不同强度的平滑处理对不同尺度下边缘的影响

3.2.4　Canny 边缘检测算子

图像平滑和梯度运算得到的结果仍然是较为粗糙的梯度结果，它与最终需要的边缘结果主要存在两点区别：① 梯度是一种指示局部变化的强度和方向的矢量，并未将像素明确地分类为边缘或非边缘；② 通常视觉任务需要的边缘是连续的线性结构，除边缘交界处，其宽度应当处处为 1，但梯度往往呈现连片的高强度区域。因此，在得到梯度结果后，需要进一步处理梯度结果，此过程中有不同的处理方法，本节介绍较为经典的 Canny 算子作为参考。

Canny 边缘检测流程包含 4 个步骤：① 对图像进行高斯滤波平滑处理；② 计算梯度；③ 梯度的非极大值抑制；④ 滞后阈值。各步骤的效果如图 3-11 所示。

在图 3-11 中可以看到，经过平滑处理和梯度计算后，边界位置通常是模糊的，边界为较粗的线条，无法定位边缘位置，因此首先对梯度进行非极大值抑制处理。非极大值抑制是图像处理中的一种常见操作，在某一个局部区域，保留数值最大的像素，丢弃(置 0)其他像素。在 Canny 算子中，对每个像素，沿着梯度方向取数个相邻像素，保留梯度模数值最大的像素，其他像素置 0。经过这样处理后，梯度在边界处变“细”，得到图 3-11(d)所示的结果。

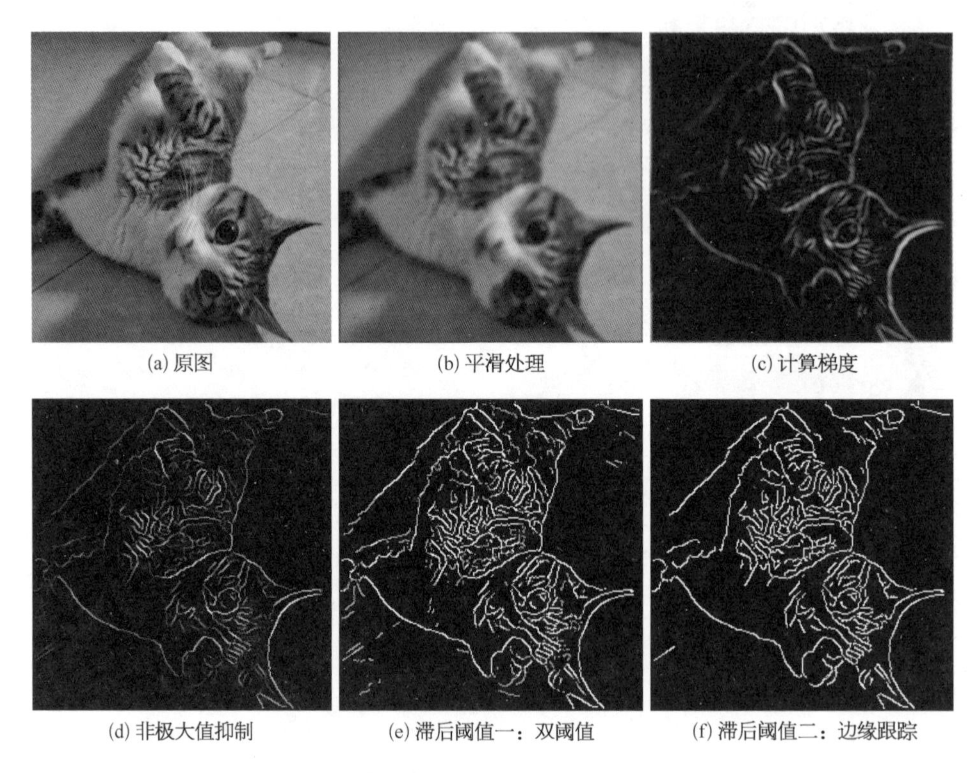

(a) 原图　(b) 平滑处理　(c) 计算梯度

(d) 非极大值抑制　(e) 滞后阈值一：双阈值　(f) 滞后阈值二：边缘跟踪

图 3-11　Canny 边缘检测逐步骤演示

接下来 Canny 算子通过其特有的“滞后阈值”方法对每个像素进行分类。第一步，使用高低两个阈值将每个像素分为 3 类：① 梯度模大于高阈值的像素定义为强边缘；② 梯度模小于高阈值但大于低阈值的像素定义为弱边缘；③ 梯度模小于低阈值的像素定义为非边缘。[图 3-11(e)中高亮像素为强边缘，低亮像素为弱边缘。]第二步，将与强边缘像素点 8 邻域连接的弱边缘像素点标记为强边缘，迭代该过程直到不存在与强边缘连接的弱边缘，丢弃剩余的弱边缘，保留的强边缘即为最终结果。

通过上述介绍，可以注意到差分或梯度并不等同于边缘提取，例如在 Canny 算子中，使用了 Sobel 梯度算子，然后对梯度进行数步后续处理才得到了边缘结果。Canny算子设计了较为精巧的后处理方法,其计算量较大,也有一些相对简单的处理方法能够快速得到边缘。例如对梯度模进行二值化分割后,再通过骨架化等方法细化分割结果。选择何种边缘检测方法,通常需要根据实际场景在效率和性能之间权衡。另外,无论何种方法,都需要人工地优选图像缩放尺度、平滑处理强度、阈值等参数,目前并没有一种“自适应”的非机器学习的边缘检测方法。

3.3　基于深度学习的边缘检测

除了上述传统算法之外,得益于神经网络的快速发展与芯片算力的巨大提升,计算机视觉领域迎来了深度学习的热潮。本节将介绍几个经典的基于深度学习的边缘检测算法。其中,常见的深度学习边缘检测数据集包括SBD[4]、Wireframe[5]等。与传统的滤波算法不同,这些数据集更加关心具有语义属性的边缘,如物体的轮廓等,而非其中的纹理信息。

3.3.1　HED

整体嵌套边缘检测(holistically-nested edge detection, HED)算法[6]主要有两个特点:① 实现对输入图像的全局信息的训练与预测,支持端到端训练;② 进行多尺度的特征学习。图3-12展示了HED算法的网络结构。可以看到,随着网络的深度加深,输入图像对应的特征图尺寸逐渐缩小;但与之相对应的,特征图上相同大小区域所对应的感受野在逐渐增大。HED算法将网络中几个特定层对应的特征图输出(side-output 1—5),通过反卷积操作将其恢复到与输入图像相同的尺寸。这些特征图会经过加权融合后与输入图像对应的真实标签图(由人工标注出该图中的边缘线条)进行对比,并据此对整个网络的训练加以约束;除了融合特征图的约束,各个阶段的特征图也都会参与损失函数的计算,约束网络在各个阶段都提取到较好的边缘特征。❶

由于HED算法网络中的特征图是在不同深度得到的,它们所表达的语义也有一定的区别。对于层级越深、感受野越大的特征图,更关注输入图像整体、

❶　参见 https://github.com/s9xie/hed。

大局的信息，而层级相对较浅的特征图则会更多地关注细节部分(详见图 3-12 的 side-output 1 和 side-output 5)。通常，HED 算法这种不同尺度特征图同时参与网络训练的策略被称为多尺度特征学习，这种策略能够更综合、更完整地提取图像中的边缘信息。

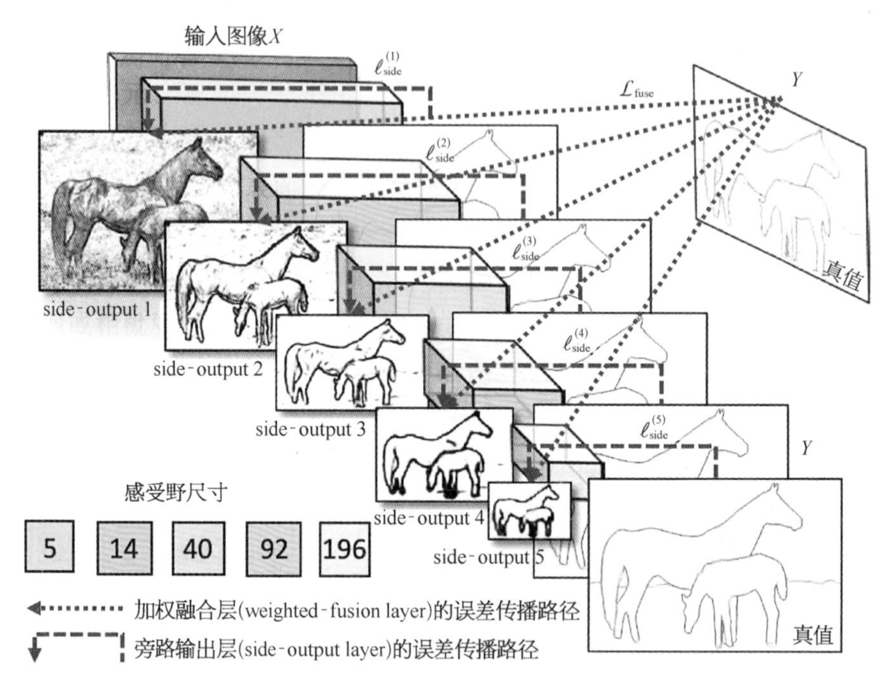

图 3-12　HED 算法网络结构图

其中 $\mathcal{L}_{\text{fuse}}$ 是融合误差，ℓ_{side} 是旁路误差，Y 是真值边缘。(图片引自[6])

图 3-13 展示了一个测试样例。第一行展示了输入图像原图、人工标注的边缘图以及 HED 算法的输出，可以发现原图中显著物体的边缘基本都已经被 HED 算法找到，展示了该算法的有效性；第二行则是缩放到原图大小的不同尺度的特征图，与上文的分析一致，随着网络深度的加深，更整体、大局的线条会被关注，而细节部分的线条则被适当忽略；第三行则展示了传统的 Canny 边缘检测算子(参考第 3.2.4 节)在设置不同 σ 值的高斯滤波器时得到的结果。可以观察到在 Canny 边缘检测结果中，并不区分物体轮廓和表面纹理，而 HED 则能够仅关注物体轮廓属性的边缘，且边缘的连续性较好。

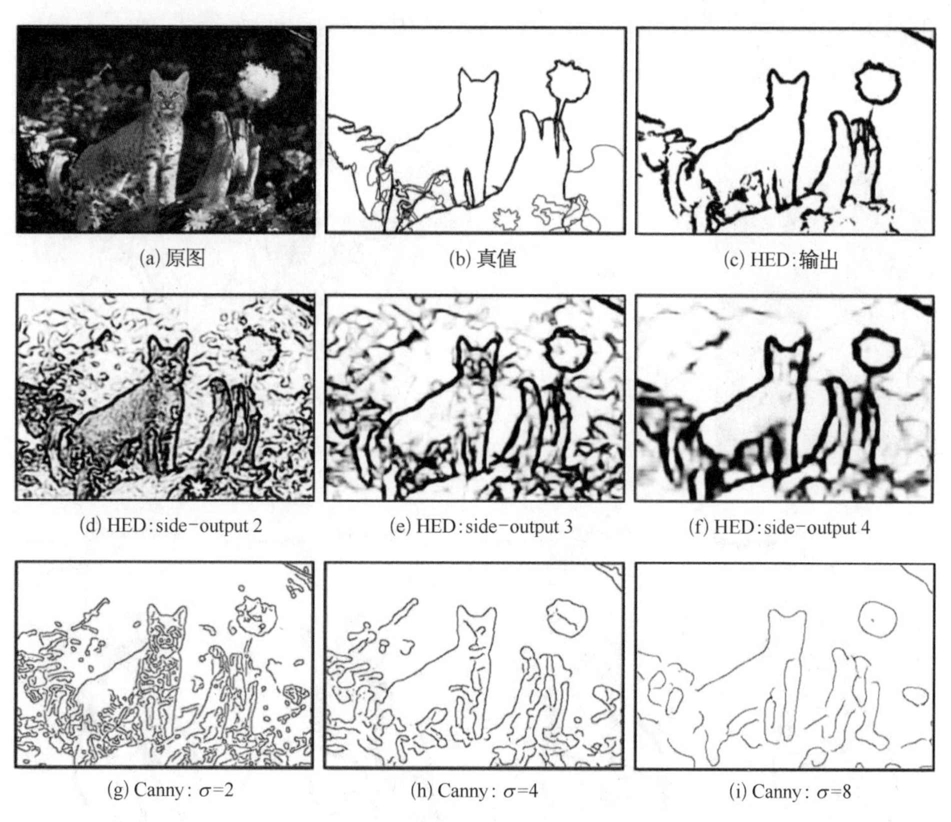

图 3-13　**HED** 算法结果展示

其中 σ 对应于不同尺寸的高斯滤波器。(图片引自[6])

3.3.2　RCF

更丰富的卷积特征(richer convolutional feature, RCF)算法[7]可以视为对HED算法的延伸与拓展。HED对网络中每个阶段最后一个卷积层输出的特征图进行融合处理得到最终的边缘图;但RCF的作者认为,每个阶段的中部卷积层对应的特征图同样会包含一些对检测边缘有帮助的信息,直接选择最终层的特征图则会一定程度上丢失这些信息。如图 3-14 中的(c)—(e),是第三阶段的3个卷积层输出的特征图对应的边缘图,可以看到,相比于第三阶段最后一个卷积层的输出(e),中间的两个卷积层对应的输出(c)、(d)包含了更为细节的一些线条。RCF的作者认为,这些信息对得到最终的边缘图同样十分重要,因此不

再满足于只将每个阶段最后卷积层的输出利用起来生成最终结果，而是对每个阶段中的所有卷积层输出都加以利用。❶

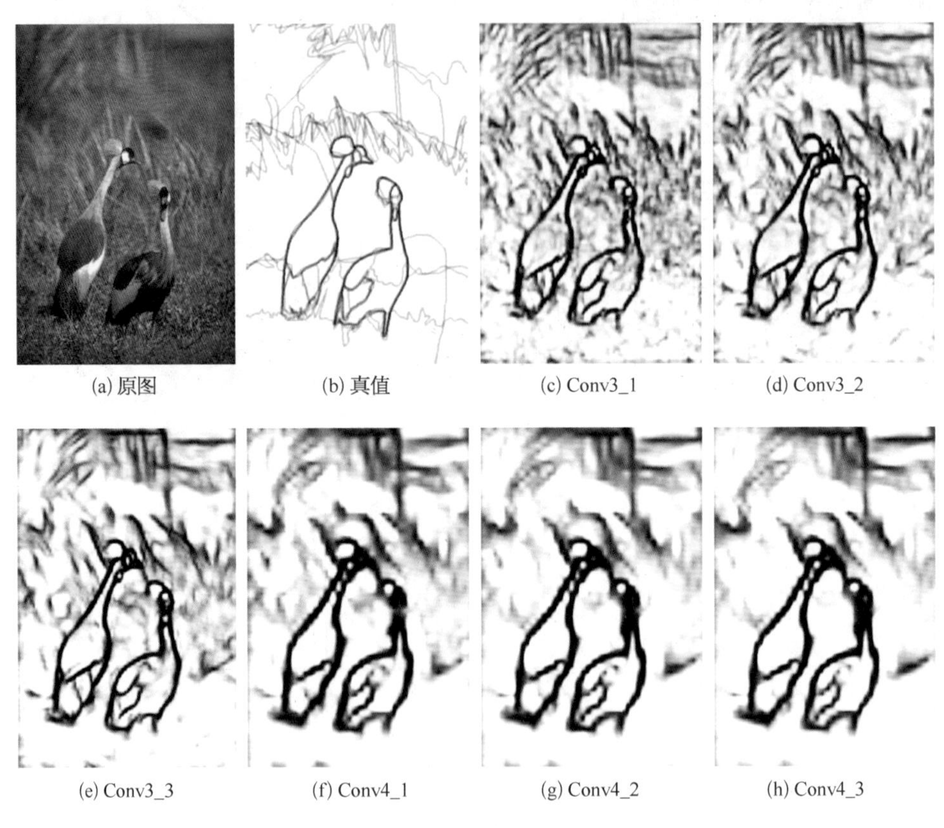

(a) 原图　(b) 真值　(c) Conv3_1　(d) Conv3_2

(e) Conv3_3　(f) Conv4_1　(g) Conv4_2　(h) Conv4_3

图 3-14　RCF 算法效果示例

(图片引自[7])

如图 3-15 所示，各个阶段中的所有卷积层得到的特征图都在相加后经过一个 1×1 卷积进行特征融合，再经过一个反卷积层恢复到与输入图像相同的尺寸。随后的过程与 HED 类似，各个阶段的特征图与融合了各阶段特征图的新特征图参与损失函数的计算，并对网络的训练加以约束。对比 HED 算法，RCF 算法让网络各阶段中的每个卷积层所对应的特征图都参与训练，利用到在 HED 中被忽略的一些细节信息。

除此之外，RCF 算法还在损失函数与测试阶段的设计有所改进，但并非其与 HED 算法的主要区别，在此不再赘述。

---

❶ 参见 https://github.com/yun-liu/RCF。

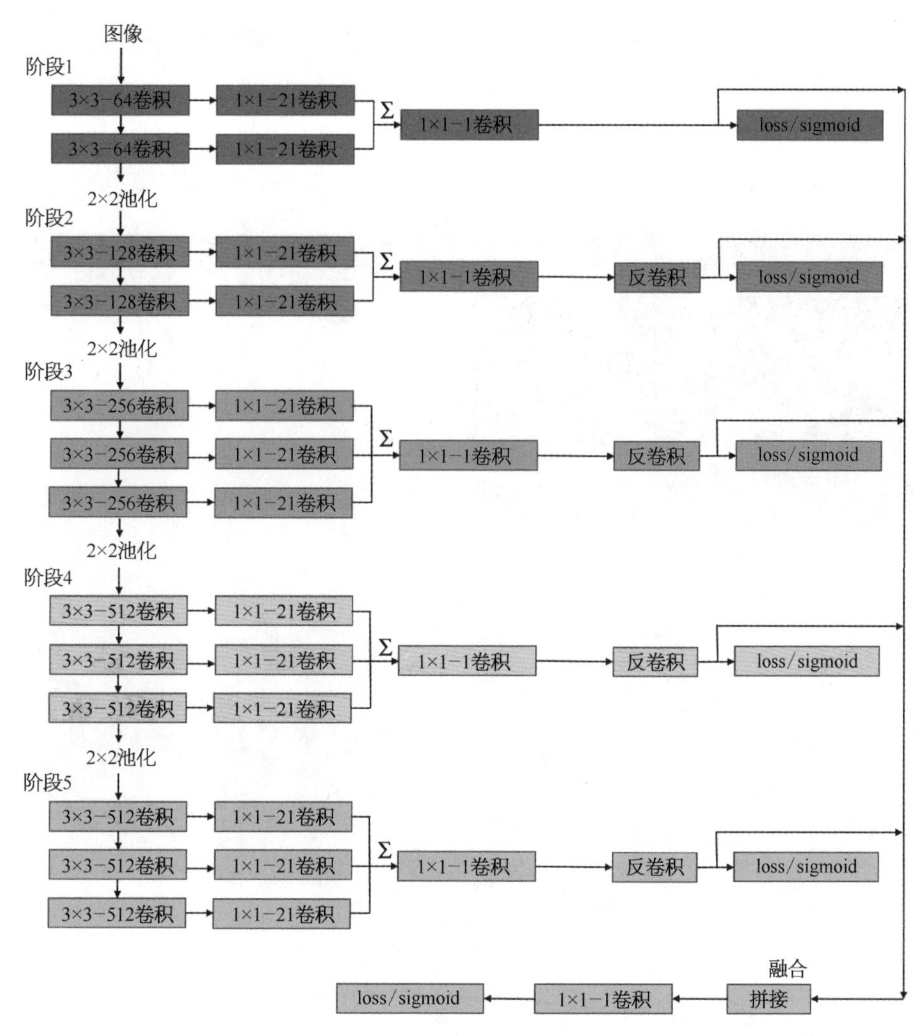

图 3-15　RCF 算法网络结构图

其中 loss 表示损失函数。

3.3.3　CASENet

深度类别感知语义边缘检测(deep category-aware semantic edge detection, CASENet)[8]并不是单纯的边缘检测方法，而是一种基于已知类别的边缘检测算法。具体来说，CASENet 不仅要求找到图像中的物体边缘，还要求对找到的边缘分配其所属物体的类别，不同类别应有不同的标识。如图 3-16 所示，对图像右上角的车来说，其边缘由绿、蓝两种颜色构成。这是因为车辆上半部分的边缘是**车辆**与**建筑**的交界线，而下半部分的边缘则是**车辆**与**道路**的交界线，因此用不同颜色的线条加以区分。这样构建边缘图的好处在于得到输入图像边缘信息的同时，还能得到各边缘的语义信息，使整张边缘图更加层次分明，具有更强的表征能力。❶

图 3-16　CASENet 算法效果示例

（图片引自[8]）

在实现方面，CASENet 与 HED 类似（图 3-17），也利用了网络中各个阶段的最后一层卷积层输出的特征图。区别在于，CASENet 的作者认为，最浅层的 3 个阶段（即 res1、res2、res3，ResNet 的前 3 个卷积组）中卷积层的感受野较小，不足以从中获取整张图的语义信息；但同时浅层的网络会更关注一些细节信息，而这些信息对后续的边缘提取及分类是有帮助的，因此不能直接丢掉。基于以

❶　参见 https://github.com/anirudh-chakravarthy/CASENet。

上原因，CASENet 不再用浅层特征图直接计算损失函数，而是分别进行特征提取。而网络顶部(res5)的输出则包含了更高维、更全局的信息，这些信息能够帮助网络很好地识别图像中某一部分所包含的语义，并赋予对应的类别。因此，研究者将从 res5 得到的分类特征(K 维，即对应预设的 K 个物体类别)与从 res1、res2、res3 提取到的细节特征进行融合后，再参与损失函数的计算，同时约束网络的边缘提取与分类过程。

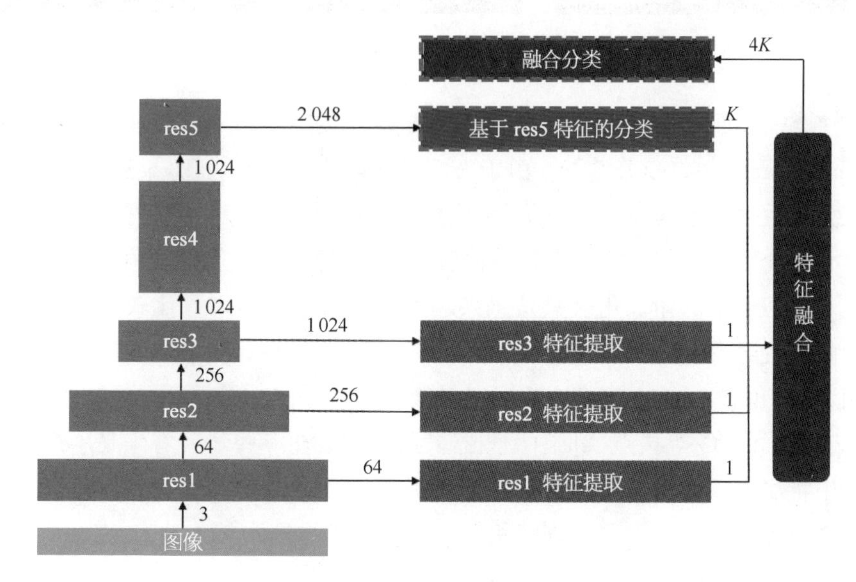

图 3-17　CASENet 网络结构图

箭头旁的数字表示特征通道数。

3.4　基于非学习方法的关键点检测

与边缘检测类似，对于刚接触计算机视觉的读者而言需要了解以下两个问题：

1) 为什么要检测关键点？

在许多任务中，需要寻找两张或两张以上图像中的某些内容的匹配关系，如目标检测与跟踪、图像拼接、图像注册、三维重建、同步定位与地图构建(SLAM)、定位导航、图像检索等。数字图像的数据本身，只是每个像素点上的照度信息，无法直接用于寻找匹配关系，因此必须设计某些能够用于匹配的“特征”。对于一些粗糙的应用，如全图或区块的匹配，可以尝试用统计学或频域特征进行匹配，但是对于图像拼接、三维重建等需要非常精确的空间位置对应关系的任务来说，匹配特征必须在空间域精确到“点”的级别(图 3-18)。

图 3-18　图像拼接任务示例

注意需要匹配的是特征(feature)，或进一步的“点”级别的特征，即感兴趣点(points of interest)或关键点。由于人们对几何角的天然认知，早期关键点检测研究大多数关注于角点(corner)，为了便于读者理解，许多文章或包括本书也从角点开始介绍关键点检测。但是请读者注意，关键点并不仅限于角点，角点也不等同于几何学中的角。角点只是感兴趣点中较早开发出来且比较重要的一类，之后研究者开发出许多其他特征。在一些文献中，特征、感兴趣点和角点常常被混用，当讲角点检测时，可能实际上在介绍一个非角点检测器，如后文中将介绍的 LOG 或 HOG 等斑点(blob)检测器。这种做法在一些学者看来是不严谨的，本章中将尽力避免这类概念混用。但仍提醒读者在阅读其他文章时，请根据上下文语境和作者的叙述习惯理解相关概念所指代的具体含义。

2) 什么是角点？

首先，从感兴趣点的需求出发，感兴趣点应当具有以下特性：

显著性　对一些算子产生高响应，容易被检测到。

鲁棒性　能够对抗成像学和几何学中的各种变化，例如明暗、色调、噪声、视角、畸变等，这些变化能被稳健地检测到。

局部性　一个感兴趣点通常能够占据一定面积的区域，避免成片或成条地连续出现而导致位置上的歧义。

稀疏性　感兴趣点的个数应当远小于像素个数。

第 3.2 节中介绍了边缘是一种很好的特征，按照上述标准，边缘特征具有显著性、鲁棒性和稀疏性，但显然不具有局部性。沿着这个方向思考，如果定义边缘的交点为一种特征，这种特征则能够具备局部性，因为边缘的交点不会连续地出现。通常两条边缘的交点被称为一个角，因此将这些点称为角或者角点。除此以外，图像中线段的端点、局部极大值、边缘的高曲率部分，也都与角点具有相似的性质，通常会被角点检测算法检测到，所以角点检测中的角不等同于几何意义上的角。

3.4.1　角点检测原理

理解了角点的性质后，观察角点在数值上的特性。首先观察图 3-19 中的角点，观察以角点为中心的 3×3 窗口内的灰度值。然后移动这个窗口一个像素距离，再次观察窗口内灰度值。不难发现，无论窗口向任何方向移动，窗口内的灰度值都会发生显著变化，或者说这个窗口在邻近范围内自相似度很低。这个性质在大多数其他点上(平坦区域和边缘区域)并不满足，因此，如果设计一个响应函数，用来量化描述这种“窗口内灰度值变化”或者“自相似度”，就能将角点检测出来。

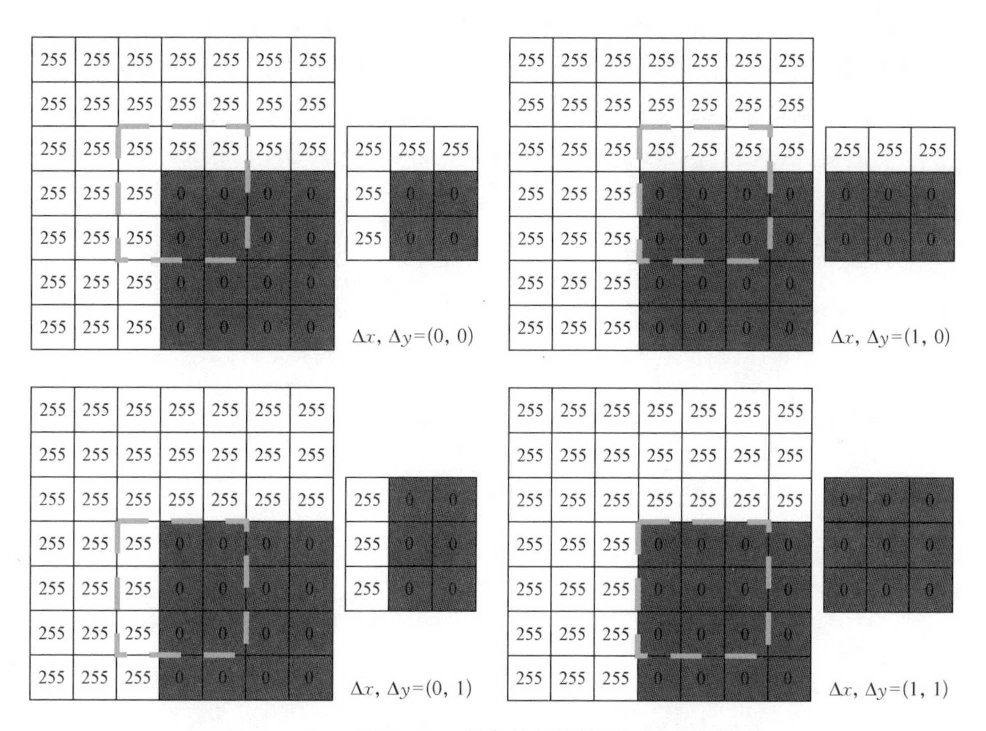

图 3-19　角点的数值性质

对于以图像中某一点为中心的窗口，定义窗口移动 $(\Delta x,\ \Delta y)$ 所产生的变化为移动前后窗口内各像素位置灰度值的二次方差之和

$$E(\Delta x,\ \Delta y)=\sum_{x,\ y}w(x,\ y)[I(x+\Delta x,\ y+\Delta y)-I(x,\ y)]^2 \tag{3-11}$$

其中 $w(x,\ y)$ 是窗口函数，窗口内部为 1、窗口以外为 0；窗口移动选择 4 个方

向 $(\Delta x, \Delta y) \in \{(1, 0), (1, 1), (0, 1), (-1, 1)\}$。取 4 个移动方向上的最小值 $\min(E)$，即为该窗口中心的角点响应。得到阈值化响应结果后，进行非极大值抑制处理即可得到角检测结果。

上述方法是 H. Moravec 等人于 1980 年提出的角点检测算子[9]，这个较早期的方法有一些现在看来较为粗糙的做法，例如采用二值化的窗口函数、只考虑 4 个方向上的变化、只考虑变化最小值等。这些做法导致了一些缺陷，如可能对边缘产生高响应、无法检测模糊的角点、不具备旋转不变性、计算速度较慢等。

3.4.2　Harris 角点检测

针对 Moravec 角点检测算子的缺陷，C. Harris 和 M. Stephens 于 1988 年提出了改进的角点检测算法[10]。除了使用高斯窗函数替代二值化窗口函数外，最主要的区别是直接对像素求偏导，从而避免滑动窗口实现的复杂性。

仍然从式(3-11)出发，式中的 $I(x+\Delta x, y+\Delta y)$ 可以利用泰勒展开进行近似

$$I(x+\Delta x, y+\Delta y) \approx I(x, y) + I_x(x, y)\Delta x + I_y(x, y)\Delta y \tag{3-12}$$

其中 $I_x(x, y)$ 和 $I_y(x, y)$ 分别为像素 (x, y) 在 x 和 y 方向上的偏导数（梯度）。代入式(3-11)有

$$\begin{aligned}
E(\Delta x, \Delta y) &= \sum_{x, y} w(x, y)[I(x+\Delta x, y+\Delta y) - I(x, y)]^2 \\
&\approx \sum_{x, y} w(x, y)(I_x \Delta x + I_y \Delta y)^2 \\
&= \sum_{x, y} w(x, y)(I_x^2 \Delta x^2 + 2 I_x I_y \Delta x \Delta y + I_y^2 \Delta y^2) \\
&= \sum_{x, y} w(x, y)[\Delta x, \Delta y] \begin{bmatrix} I_x^2 & I_x I_y \\ I_x I_y & I_y^2 \end{bmatrix} \begin{bmatrix} \Delta x \\ \Delta y \end{bmatrix} \\
&= [\Delta x, \Delta y] \begin{bmatrix} \sum w I_x^2 & \sum w I_x I_y \\ \sum w I_x I_y & \sum w I_y^2 \end{bmatrix} \begin{bmatrix} \Delta x \\ \Delta y \end{bmatrix} \\
&= [\Delta x, \Delta y] \begin{bmatrix} \langle I_x^2 \rangle & \langle I_x I_y \rangle \\ \langle I_x I_y \rangle & \langle I_y^2 \rangle \end{bmatrix} \begin{bmatrix} \Delta x \\ \Delta y \end{bmatrix} \\
&= [\Delta x, \Delta y] \boldsymbol{A} \begin{bmatrix} \Delta x \\ \Delta y \end{bmatrix}
\end{aligned} \tag{3-13}$$

其中 $\mathbf{A}$ 是一个被称为结构张量(structure tensor)或二阶矩矩阵(second-moment matrix)的 2×2 矩阵,角括号代表由窗函数表示的加权平均

$$\mathbf{A}=\begin{bmatrix}\langle I_x^2\rangle & \langle I_xI_y\rangle\\ \langle I_xI_y\rangle & \langle I_y^2\rangle\end{bmatrix}\tag{3-14}$$

显而易见,函数 E 是一个 aX^2+bY^2+cXY 形式的二次型函数,这类函数的等高线都是椭圆。而在(0, 0)点处有 $E(0,0)=0$,在(0, 0)点以外的附近区域,有 $E(\Delta x, \Delta y)\geqslant 0$,函数 E 在(0, 0)点附近的图形是一个下凸曲面。由于 $E(\Delta x, \Delta y)$ 表示了窗口移动 $(\Delta x, \Delta y)$ 时,窗口内部灰度发生的变化,所以不难想象,平坦区域的 E 函数曲面较为平缓,边缘处的 E 函数曲面在一个方向上陡峭、在另一个方向上较为平缓,角点处的 E 函数曲面在所有方向都较为陡峭(图 3-20)。

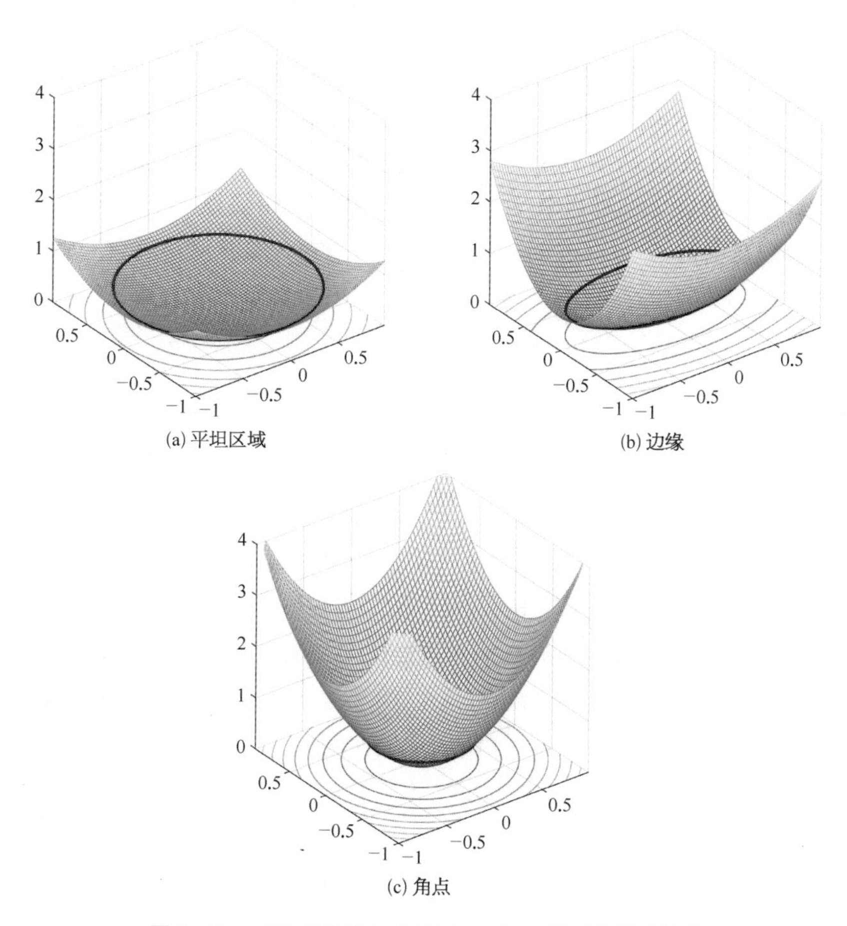

图 3-20　不同区域的函数 $E(\Delta x, \Delta y)$ 曲面形状示意图

下一步需要在对曲面的“平缓”和“陡峭”进行数学形式的表示。观察图 3-20 中的 3 条红色等高线，它们是由 $E(\Delta x, \Delta y)=0.5$ 得到。不失一般性地，定义 E 某一等高线

$$E(\Delta x, \Delta y)=[\Delta x, \Delta y]\boldsymbol{A}\begin{bmatrix}\Delta x\\ \Delta y\end{bmatrix}=\text{const} \tag{3-15}$$

得到了一条椭圆曲线。这条椭圆曲线在角点处两轴均较短，在边缘处长轴较长、短轴较短，在平坦区域两个轴都较长，求出长短轴的大小即可最终判断该点是否为角点。

对矩阵 $\boldsymbol{A}$ 对角化变换

$$E(\Delta x, \Delta y)=[\Delta x, \Delta y]\boldsymbol{R}\begin{bmatrix}\lambda_1 & 0\\ 0 & \lambda_2\end{bmatrix}\boldsymbol{R}^{-1}\begin{bmatrix}\Delta x\\ \Delta y\end{bmatrix} \tag{3-16}$$

其中 λ_1 与 λ_2 为矩阵 $\boldsymbol{A}$ 的特征值。由于 $\boldsymbol{A}$ 为对称矩阵，有 $\boldsymbol{R}^{-1}=\boldsymbol{R}^{\mathrm{T}}$，则

$$\begin{aligned}E(\Delta x, \Delta y)&=([\Delta x, \Delta y]\boldsymbol{R})\begin{bmatrix}\lambda_1 & 0\\ 0 & \lambda_2\end{bmatrix}([\Delta x, \Delta y]\boldsymbol{R})^{\mathrm{T}}\\ &=[\Delta x', \Delta y']\begin{bmatrix}\lambda_1 & 0\\ 0 & \lambda_2\end{bmatrix}\begin{bmatrix}\Delta x'\\ \Delta y'\end{bmatrix}\\ &=\frac{\Delta x'^2}{1/\lambda_1}+\frac{\Delta y'^2}{1/\lambda_2}\end{aligned} \tag{3-17}$$

代入式(3-15)，得到新的椭圆表达式

$$\frac{\Delta x'^2}{1/\lambda_1}+\frac{\Delta y'^2}{1/\lambda_2}=\text{const} \tag{3-18}$$

式(3-15)至(3-18)中矩阵对角化的坐标系旋转作用可以参考图 3-21。

假设 $\lambda_1<\lambda_2$，则该椭圆的长轴和短轴长度分别为 $\sqrt{1/\lambda_1}$ 和 $\sqrt{1/\lambda_2}$。由此可以看到，等高线椭圆的轴长与矩阵 $\boldsymbol{A}$ 的两个特征值 λ_1、λ_2 大小成相反关系，可因此以 λ_1、λ_2 的大小定义角点检测的规则：

平坦区域　λ_1 与 λ_2 的值都很小。

边缘　$\lambda_1 \gg \lambda_2$ 或 $\lambda_2 \ll \lambda_1$。

角点　λ_1 与 λ_2 的值都很大，且二者数值近似。

根据该规则，合理设定阈值，阈值化处理后再进行非极大值抑制，即可实现角点

检测。然而，对矩阵 $\mathbf{A}$ 进行特征值分解计算量较大。因此，C. Harris 和 M. Stephens 进一步提出如下公式

$$\begin{aligned} M_c &= \lambda_1\lambda_2 - k(\lambda_1 + \lambda_2)^2 \\ &= \det(\mathbf{A}) - k\,\mathrm{trace}^2(\mathbf{A}) \end{aligned} \tag{3-19}$$

其中 k 是一个可调参数——通常取值范围为 0.04—0.06，$\det(\mathbf{A})$ 为矩阵 $\mathbf{A}$ 的行列式，$\mathrm{trace}(\mathbf{A})$ 为矩阵 $\mathbf{A}$ 的迹。前述使用 λ_1 和 λ_2 的规则变为：

平坦区域　$|M_c|$ 很小。

边缘　$M_c \ll 0$。

角点　$M_c \gg 0$。

这样，对于一副图像 $\boldsymbol{I}$，Harris 角点检测器的流程包括(图 3-22)：① 计算每个像素点的偏导 I_x 和 I_y；② 计算以每个像素为中心的高斯窗内的二阶矩矩阵 $\mathbf{A}$；③ 计算角点响应 M_c；④ 阈值化；⑤ 非极大值抑制。

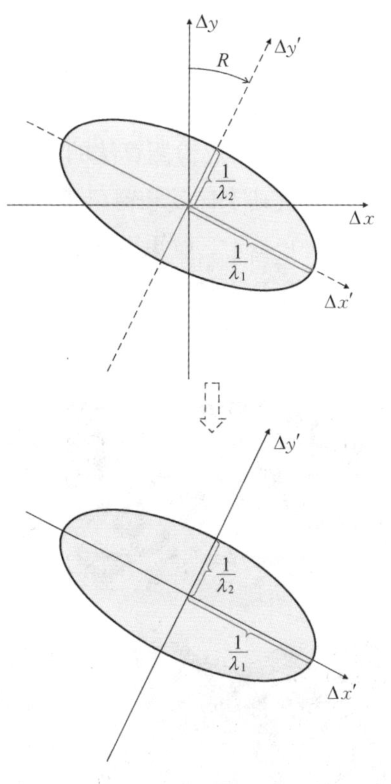

图 3-21　矩阵对角化的坐标系旋转作用

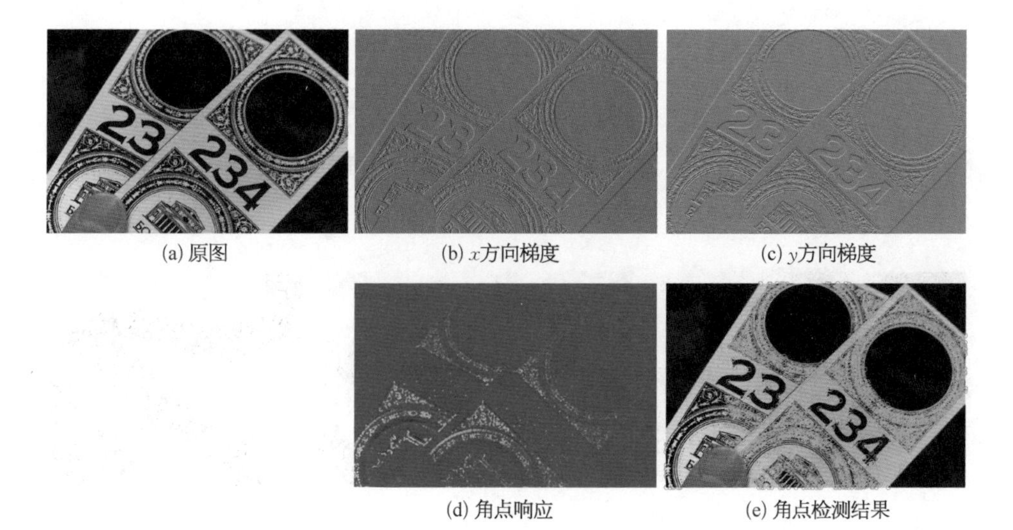

图 3-22　Harris 角点检测流程示例

3.4.3 Harris 角点检测的优势与不足

Harris 角点检测算法的优势与不足如下：

1）它基于梯度和窗口函数，因此对于平移具有不变性。

2）它基于二阶矩矩阵的特征值，因此对于旋转具有不变性（图 3-23 第一行）。

3）它基于梯度，对于颜色/灰度空间上的变换，具有一定的鲁棒性，具体来讲，对平移具有不变性，但在一定程度上会受到缩放的影响（图 3-23 第二行）。

图 3-23 Harris 角点检测的优势：对于空间平移旋转具有不变性，对颜色空间变换具有一定程度的鲁棒性

4）它容易受到尺度变化影响，对于尺度变化不具备鲁棒性。可以观察到，角点被放大到一定程度后，被认为是平滑边缘，而不是角点，其中的原因很容易从算法中理解（图 3-24）。

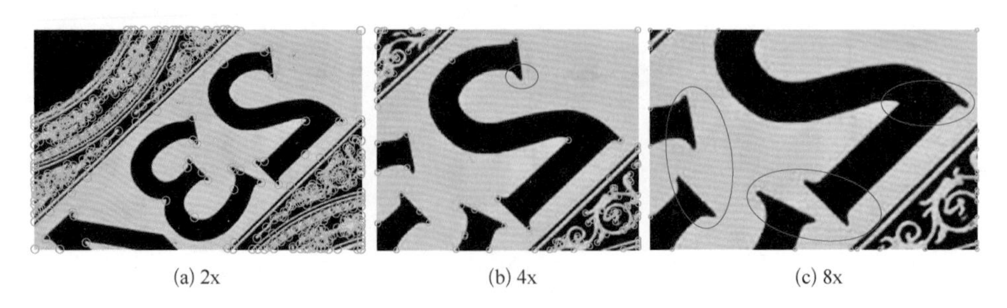

(a) 2x (b) 4x (c) 8x

图 3-24 Harris 角点检测的缺陷：对于尺度变化不具备鲁棒性

如何设计对尺度具有不变性的特征检测器？除角点以外，是否有更加通用的特征？下面介绍一种具有尺度协变性的特征检测器，高斯拉普拉斯算子（Laplacian of Gaussian，LOG）以及它的近似高斯差分算子（difference of Gaussian，DOG）。

3.4.4　高斯拉普拉斯算子

高斯拉普拉斯算子是高斯平滑的拉普拉斯算子。拉普拉斯算子概括而言是函数对所有自变量的非混合二阶导数之和，对于二维数据

$$\Delta f(x,\ y)=\frac{\partial^2 f}{\partial x^2}+\frac{\partial^2 f}{\partial y^2} \tag{3-20}$$

拉普拉斯算子在许多科学领域都有重要的意义，它描述了标量函数梯度场的散度。通俗地讲，可以将函数的梯度理解为对趋势的描述，而梯度散度则是这种趋势发生变化的突然程度。应用拉普拉斯算子可以寻找空间中驱动变化的源或突然变化的点，如温度空间中的热源和冷源、灰度图像中的局部波峰和波谷等。

在一个简单的例子上观察二阶导数的表现，图 3-25 是一个一维信号及其一阶和二阶导数。可以看到在平台区域和边缘内部，二阶导数为 0；在边缘的

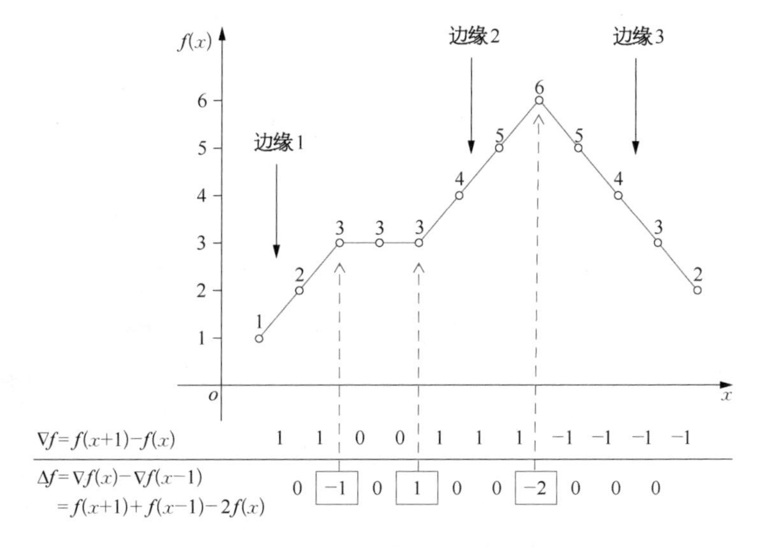

图 3-25　一元函数二阶导数示例

两端，二阶导数均有一定的响应（绝对值），波峰或波谷处的响应（边缘 2 和边缘 3 交界处）则比单侧平台形式的边缘边界（边缘 1 右边界和边缘 2 左边界）响应更强。

二维数据的拉普拉斯算子，作为 x 和 y 方向上二阶导数之和，当一个像素在 x 和 y 方向上同时为波峰或波谷时，拉普拉斯算子的响应最强烈。换言之，对于灰度图像而言，拉普拉斯算子是一种检测局部极大值和极小值的算子，这类像素点所在的局部区域被称为斑点。

与梯度类似，拉普拉斯算子同样能够以卷积形式实现，卷积核根据是否考虑 45°和 135°方向，有两种形式的模板（图 3-26）。

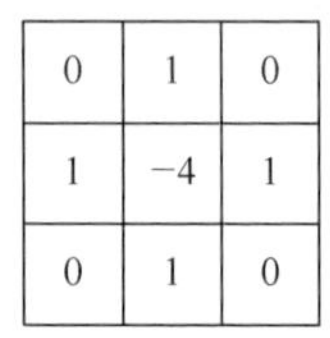

0	1	0
1	−4	1
0	1	0

(a) 两方向模板

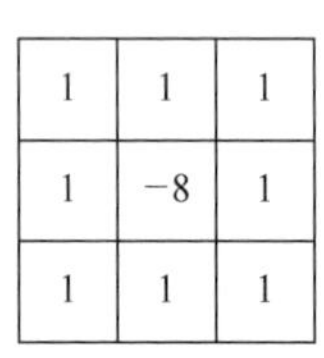

1	1	1
1	−8	1
1	1	1

(b) 四方向模板

图 3-26　二维拉普拉斯算子卷积核

同时二阶导数也容易受到噪声的干扰，需要对图像进行平滑处理，如高斯滤波，即 $\Delta(f * g)$。与边缘检测类似，通过预卷积高斯核与拉普拉斯核，减少一次运算，即 $f * \Delta g$。

高斯卷积核 $g = \frac{1}{2\pi\sigma^2} e^{-(x^2+y^2)/2\sigma^2}$，一阶偏导数

$$\frac{\partial g}{\partial x} = \frac{1}{2\pi\sigma^2}\left[-\frac{x}{\sigma^2} e^{-(x^2+y^2)/2\sigma^2}\right] \tag{3-21}$$

二阶偏导数

$$\frac{\partial^2 g}{\partial x^2} = \frac{1}{2\pi\sigma^2}\left[\frac{x^2}{\sigma^4} e^{-(x^2+y^2)/2\sigma^2} - \frac{1}{\sigma^2} e^{-(x^2+y^2)/2\sigma^2}\right] \tag{3-22}$$

LOG 卷积核

$$\mathrm{LOG} = \frac{\partial^2 g}{\partial x^2} + \frac{\partial^2 g}{\partial y^2} = \frac{x^2 + y^2 - 2\sigma^2}{2\pi\sigma^6} e^{-(x^2+y^2)/2\sigma^2} \tag{3-23}$$

其形状如图 3-27 所示（$\sigma = 1$）。

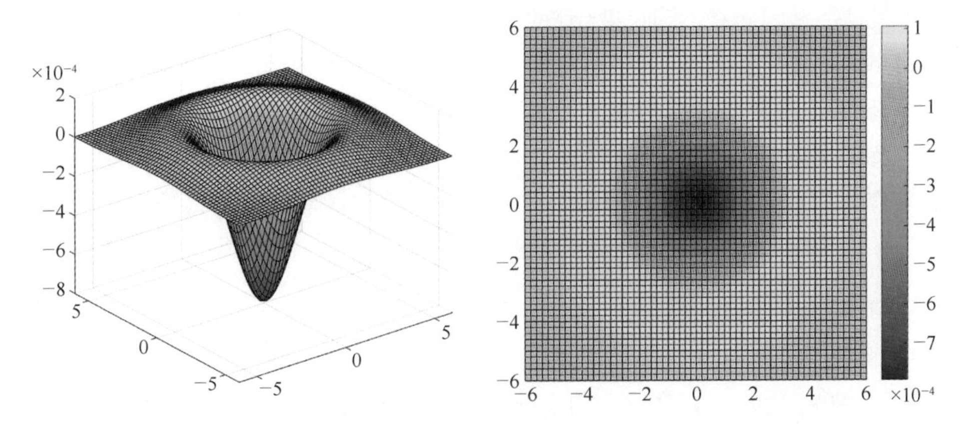

图 3-27　LOG 卷积核的可视化

回顾第 3.4.3 节遗留的尺度问题，对于不同面积的斑点，使用相同 LOG 卷积核会得到不同的响应模式，此时可以通过多个不同 σ 的 LOG 算子来构建特征金字塔，保证不同尺度下的斑点总能够在某个尺度下的响应中输出局部波峰或波谷(图 3-28)。

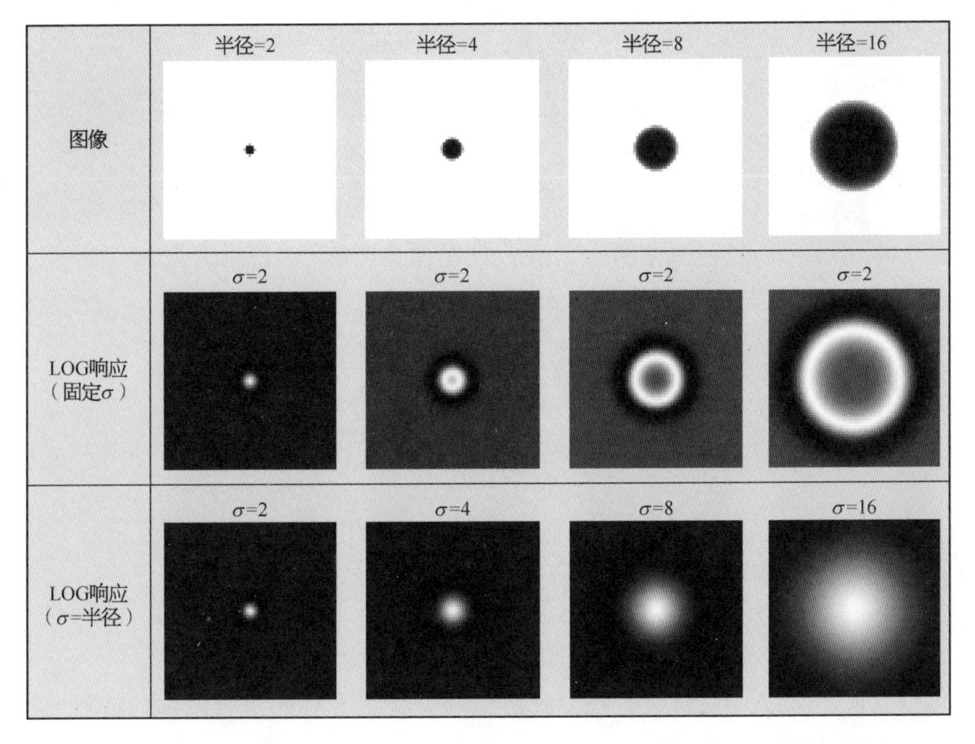

图 3-28　图像尺度和 σ 对 LOG 响应的影响示例

最后一个问题是不同尺度(σ)的 LOG 响应幅度不具备不变性，图 3-29 中的第一行可视化了图 3-28 第三行的响应结果，可以发现随着 σ 增大，响应幅度减小，导致无法使用统一的阈值判断局部波峰和波谷完成斑点检测。

解决尺度间数值不一致性的方法是在 LOG 算子上乘以 σ^2，得到归一化 LOG 算子

$$\mathrm{LOG}_{\mathrm{norm}}=\frac{x^2+y^2-2\sigma^2}{2\pi\sigma^4}\mathrm{e}^{-(x^2+y^2)/2\sigma^2} \tag{3-24}$$

使用归一化的 LOG 算子能够实现尺度间数值的不变性(图 3-29 第二行)。

使用归一化的 LOG 算子，可以实现特征金字塔 $\Delta f(x, y, \sigma)$。在 (x, y, σ) 空间中寻找三维局部极大值和极小值，则可以同时定位斑点的空间位置和最高响应尺度。通过 LOG 算子的尺度协变性，实现检测的不变性。图 3-30 是一个使用 LOG 算子的斑点检测示例，可以看到不同面积的斑点都能够被检出。

最后，为何归一化 LOG 算子需要乘以 σ^2 而不是 σ 或 σ^4？考虑一个一维完美边缘

$$f(x)=\begin{cases}1, & x<0\\ -1, & x\geqslant 0\end{cases} \tag{3-25}$$

对它执行边缘检测，即使用 $g(x)=\frac{1}{\sigma\sqrt{2\pi}}\mathrm{e}^{-\frac{x^2}{2\sigma^2}}$ 高斯平滑后求其导数

$$\begin{aligned}\frac{\mathrm{d}(f*g)}{\mathrm{d}x}&=f*\frac{\mathrm{d}g}{\mathrm{d}x}\\ &=\int_{-\infty}^{\infty}f\cdot\frac{\mathrm{d}g}{\mathrm{d}x}\mathrm{d}x\\ &=\int_{-\infty}^{0}\frac{\mathrm{d}g}{\mathrm{d}x}\mathrm{d}x+\int_{0}^{\infty}-\frac{\mathrm{d}g}{\mathrm{d}x}\mathrm{d}x\\ &=g(0)-g(-\infty)+g(0)-g(\infty)\\ &=\frac{\sqrt{2}}{\sqrt{\pi}\sigma}\end{aligned} \tag{3-26}$$

可以发现，由高斯一阶导数卷积得到边缘响应反比于 σ，不难推论，由高斯二阶导数卷积得到的响应反比于 σ^2。

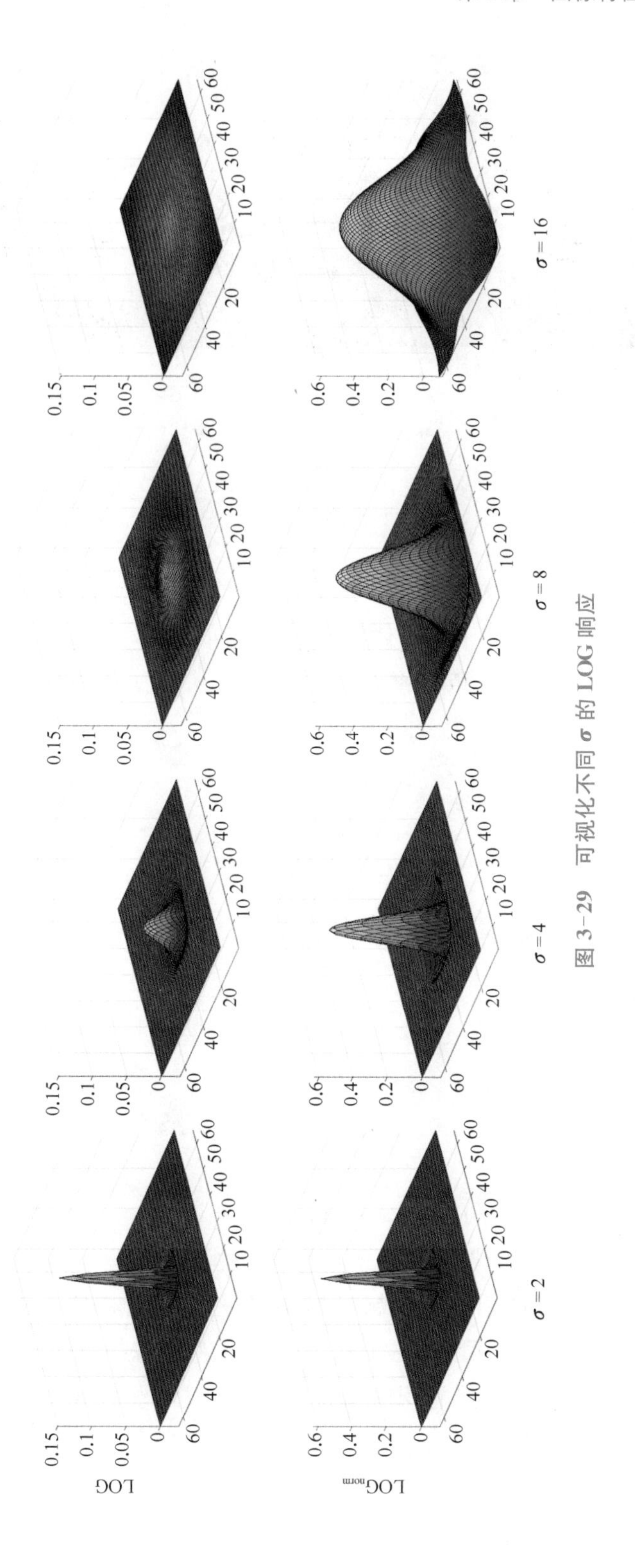

图 3-29　可视化不同 σ 的 LOG 响应

图 3-30 LOG 斑点检测示例

3.4.5 高斯差分算子

高斯差分算子(difference of Gaussian，DOG)常被视为对 LOG 算子的近似。简而言之，DOG 算子的具体操作是使用两个不同 σ 的高斯核 g_{σ_1}、g_{σ_2}，对图像 f 进行平滑处理后相减，即 $f * g_{\sigma_1} - f * g_{\sigma_2} = f * (g_{\sigma_1} - g_{\sigma_2})$(假设 $\sigma_1 > \sigma_2$)。因此 DOG 算子即为

$$
\begin{aligned}
\mathrm{DOG} &\triangleq g_{\sigma_1} - g_{\sigma_1} \\
&= (\sigma_1 - \sigma_2)\frac{g_{\sigma_1} - g_{\sigma_2}}{\sigma_1 - \sigma_2} \\
&\approx (\sigma_1 - \sigma_2)\frac{\partial g}{\partial \sigma} \\
&= (\sigma_1 - \sigma_2)\frac{x^2 + y^2 - 2\sigma^2}{2\pi\sigma^5}\mathrm{e}^{-(x^2+y^2)/2\sigma^2} \\
&= \frac{\sigma_1 - \sigma_2}{\sigma}\mathrm{LOG}_{\mathrm{norm}}
\end{aligned}
\tag{3-27}
$$

因此，当 $\sigma_1 = 2\sigma_2$ 时，有 $\mathrm{DOG} \approx \mathrm{LOG}_{\mathrm{norm}}(\sqrt{2}\sigma_1)$。

使用 DOG 算子替代 LOG 算子进行斑点检测，在实际实现中能够节省近一半的计算量。既然二维高斯核可以分解为两个一维高斯核的卷积，即 $g(x, y) = g(x) * g(y)$。那么，不考虑数值复用等优化，对图像执行两次一维卷积执行的“乘—加”操作次数是二维卷积情况的二次方根。观察 LOG 算子的拆分

$$
\mathrm{LOG} = \frac{\partial^2 g}{\partial x^2} + \frac{\partial^2 g}{\partial y^2} = \frac{\partial^2 g(x)}{\partial x^2} * g(y) + \frac{\partial^2 g(y)}{\partial y^2} * g(x) \tag{3-28}
$$

DOG 算子的拆分

$$DOG=g_{\sigma_1}(x, y)-g_{\sigma_2}(x, y)=g_{\sigma_1}(x)*g_{\sigma_1}(y)-g_{\sigma_2}(x)*g_{\sigma_2}(y) \tag{3-29}$$

可以看到在单个尺度下,LOG 算子和 DOG 算子都需要进行 4 次一维高斯卷积。而进行斑点检测时,建立尺度间关系为 2 倍的特征金字塔,则需要在多个 σ 值上进行高斯卷积运算 $[\{\sigma^1, \sigma^2, \cdots, \sigma^i, \sigma^n\}$,其中 $\sigma^{i+1}=2\sigma^i]$。对于 σ^i,DOG 算子通常采用 $\sigma_1^i=\frac{1}{\sqrt{2}}\sigma^i$、$\sigma_2^i=\sqrt{2}\sigma^i$,此时每两个尺度间可以复用一对一维高斯卷积结果,而 LOG 特征金字塔则没有这个优势。

最后,高斯滤波可以直观地理解为一种低通滤波,DOG 作为两个低通滤波器之差,也可以理解为一个带通滤波器。

3.5　基于深度学习的语义关键点检测

上一节介绍的角点检测方法以无监督方式提取低级手动特征,此类方法能够检测一些具有局部显著性的点,但是无法检测具有语义属性的关键点。语义关键点是根据人类直觉或视觉任务的感知需要进行定义的“点”,并不需要具备几何特性或者局部显著性。例如,人体关键点中的手腕关节,它在局部没有显著的特征,需要理解周围一定区域的信息(如手臂、手掌)以检测和定位手腕。因此,语义关键点检测通常基于深度学习架构以感知和理解全局性信息。本节将介绍基于深度学习的语义关键点检测方法,包括人脸、人体,以及房间布局等关键点检测。

3.5.1　基于深度学习的人脸关键点检测

人脸关键点检测,也叫人脸关键点估计,是指从人脸图像中提取出一组预定义的有语义的基准点(如眼角、嘴角等)。其中,常见的人脸关键点数据集包括 300 W[11]、AFLW[12] 等。这些数据集在人脸轮廓及眼、耳、口、鼻等处标注了特定数量的关键点以供算法开发与评估(图 3-31 和图 3-32)。

通常情况下,人脸关键点检测算法利用人脸检测器输出的矩形包围框定位

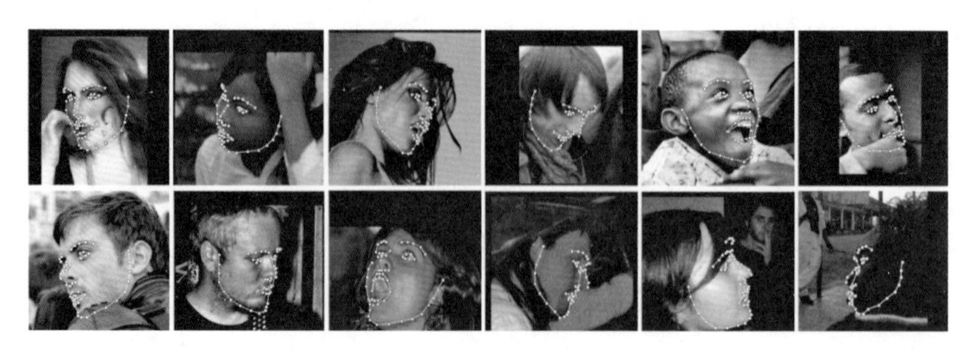

图 3-31　人脸二维关键点检测示意图

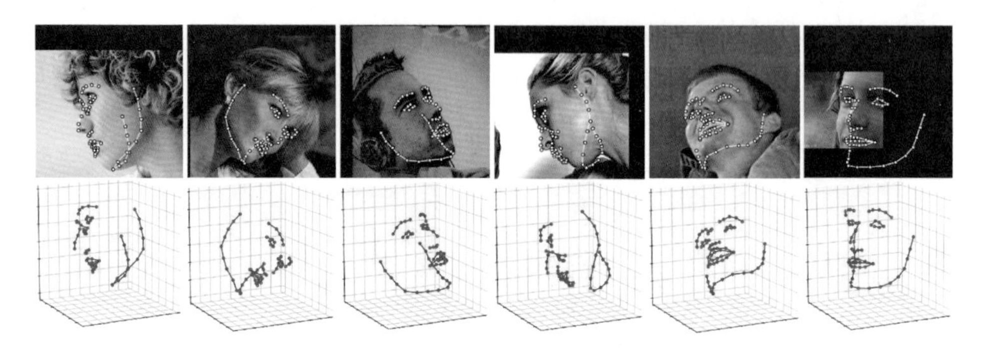

图 3-32　人脸三维关键点检测示意图

并裁切人脸图像后，再对中心化的人脸图像进行检测。作为许多人脸相关应用(如表情识别、人头姿态估计等)的基础任务，人脸关键点检测近年来在深度学习强大的数据拟合能力背景下取得了很大的突破。然而由于应用场景的不确定性(如复杂的光照、人脸过大的旋转角度)，导致通用的人脸关键点检测算法仍然存在很多挑战。目前，基于深度学习的人脸检测算法面临的挑战主要分为 3 类，包括局部变化、整体变化和数据不平衡。本节介绍的人脸关键点估计方法大多关注于解决这 3 类问题。

局部变化　指受表情、局部光照(高光与阴影)及遮挡的影响，给人脸图像带来部分变化或造成干扰，导致人脸的关键点偏离其正常位置。

整体变化　主要指受人脸位姿和图像质量的影响，当整体结构被错误估计时，会导致大量人脸关键点的错误估计。

数据不平衡　指一个数据集在其类/属性之间呈现不平等分布，易导致算法/模型不能恰当地表示数据的特征，在不同的属性之间提供令人不满意的准确性。

3.5.1.1　CFAN

由粗糙到精细的自编码器网络(coarse-to-fine auto-encoder network, CFAN)[2]直接回归每个人脸关键点的坐标，被称为基于坐标回归的人脸关键点检测。CFAN 的网络设计是一个由粗糙到精细的分阶段式结构，每一阶段的子网络都输出一个结果(图 3-33)。具体地，第一阶段的子网络叫作全局层叠自编码网络，它的输入是低分辨率的完整图像，输出是关键点坐标估计 S_0。后面阶段的网络是局部层叠自编码网络，其输入是抽取前一个阶段的关键点坐标估计 S_{i-1} 附近局部区域的 SIFT 特征，输出是相对于前一阶段的坐标估计 S_{i-1} 的偏差 ΔS_i，该阶段最终得到的关键点为 $S_{i-1}+\Delta S_i$。

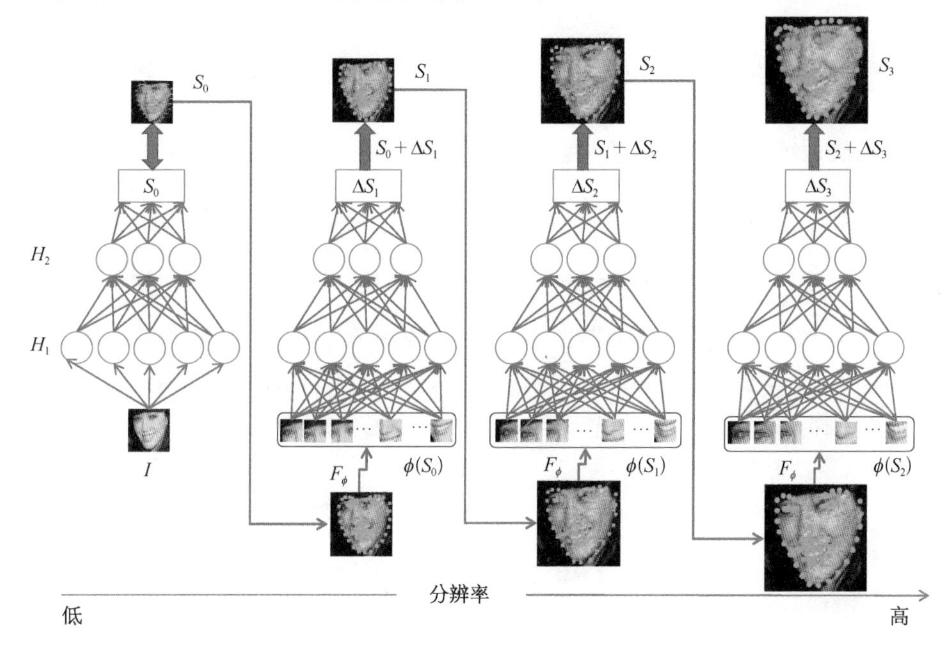

图 3-33　CFAN 网络结构图

(图片引自[2])

所谓层叠自编码网络是指使用层叠预训练方式训练的自编码器网络，本质上是一个多层感知机。CFAN 每一个阶段输入的图像分辨率由低到高，在低分辨率的图像上可以进行快速大范围的搜索，而在高分辨率上可以进行小范围的高精度搜索，输出的结果也相应地由粗糙到精细。❶

❶　参见 https://github.com/seetaface/SeetaFaceEngine/tree/master/FaceAlignment。

3.5.1.2　PFLD

一种实用的人脸关键点检测器(a practical facial landmark detector, PFLD)[13]是一个端到端的人脸关键点检测算法，该算法考虑了人脸整体变化以及数据不平衡性的影响，设计出对应的损失函数并利用较小的网络进行关键点预测。其算法的网络结构如图 3-34 所示，其主干网络部分基于卷积神经网络，对从图像中提取出的特征进行多尺度关键点预测。图中上方的辅助网络用来预测人脸的三维几何信息，其输出为人脸相对于预定义好的基准角度的欧拉角。将辅助网络的输出引入损失函数作为一种几何约束，使得人脸关键点的定位更加稳定。具体的损失函数表达如下

$$\mathcal{L} := \frac{1}{M}\sum_{m=1}^{M}\sum_{n=1}^{N}\left(\sum_{c=1}^{C}\omega_n^c \sum_{k=1}^{K}(1-\cos\theta_n^k)\right)\|\boldsymbol{d}_n^m\|_2^2 \tag{3-30}$$

M 是每次训练的图像数量，N 是关键点的个数，$\|\boldsymbol{d}_n^m\|_2^2$ 为预测的关键点与真实的关键点之间差异的二范数平方。$\sum_{c=1}^{C}\omega_n^c \sum_{k=1}^{K}(1-\cos\theta_n^k)$ 是此算法的核心，其中 θ^1、θ^2 和 $\theta^3(K=3)$ 表示预测的偏航角、俯仰角和滚动角(前文所说的相对于基准角度的欧拉角)与真实值间的偏差，很明显偏差增加时，该样本的惩罚会增加。权重 ω^c 则是将样本赋予一个或多个属性类别，包括侧面、正面、抬头、低头、表情和遮挡，权重参数 ω^c 根据属于 c 类的样本数量在数据集中的占比进行调

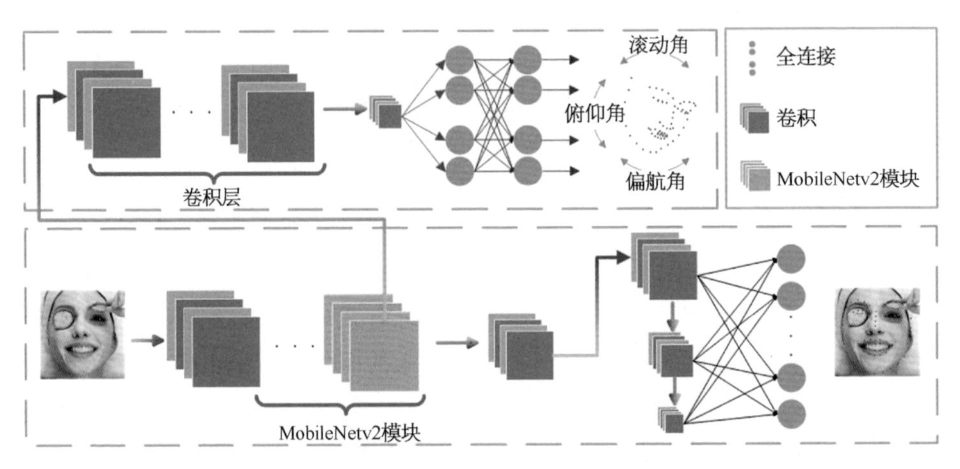

图 3-34　PFLD 网络结构图

(图片引自[13])

整,文献[13]中采用类别占比的倒数,使得样本较少的类别具有更高的权重。上述两个策略分别解决了数据不平衡和人脸姿态变化问题。❶

3.5.1.3　MTCNN

在深度学习任务中,多任务学习常常能利用任务之间的内在联系增强各子网络的性能。人脸关键点检测任务同样也能通过与人脸检测算法相结合来获得更高的精度。多任务卷积神经网络(multi-task convolutional neural network, MTCNN)[14]是一种同时输出人脸检测框及其中关键点的神经网络设计。具体而言,MTCNN 采用了一个由粗糙到精细的级联网络,同时检测脸和关键点。此外,针对数据集中的困难情况,提出一种在线困难样本挖掘算法。该算法在实现实时速度下保持较准确的性能。❷

3.5.2　人体关键点检测

与人脸的关键点检测类似,人体关键点检测同样是提取图像中预先定义好的具有语义的基准点,例如膝关节点(图 3-35)。常见的人体关键点数据集包括 CrowdPose[15]、COCO 关键点检测数据集[16]等。由于人体具有更为复杂的运动,其关键点检测也相对更困难。多人的人体关键点检测所面临的挑战具体分为以下 3 个方面: ① 图像中人的数量未知,并且每个人的位姿和大小都不一样; ② 人与人之间经常出现遮挡;③ 时间复杂度随图中人物数量的增加而增长。

一般情况下,人体关键点检测算法可以被分为两种: 自顶向下的方法与自底向上的方法。自顶向下的方法分为两步,首先对图像进行人体检测得到图中每个人的矩形包围框,然后从裁切的单人子图像中估计人体关键点。而自底向上的方法是直接预测图像中所有人的关键点信息,然后根据一些其他信息将同属一人的人体关键点连接起来。

人体的姿态和躯干的连接关系对于动作识别、人机交互及动作捕捉等更高级任务都具有十分重要的意义。与人脸关键点检测常见的直接回归坐标的做法不同,人体关键点检测一般通过回归热力图的方式。热力图上的每一个像素值表示该像素是某类关键点的概率,热力图中的局部极大值则指示了关键点的位置。

---

❶ 参见 https://sites.google.com/view/xjguo/fld。

❷ 参见 https://github.com/ipazc/mtcnn。

图 3-35 人体关键点检测示意图

（图片引自[15]）

3.5.2.1 堆叠沙漏网络

堆叠沙漏网络（stacked hourglass network）[17]架构如图 3-36 所示，由多个沙漏（hourglass）模块堆叠组成。每一个沙漏模块如图 3-37 所示，为沙漏状的编码器-解码器结构。编码器和解码器之间由残差模块跳层连接相同尺寸的特征，编码器下采样特征到最小尺度之后由解码器上采样恢复至原尺寸，通过这样的方式将不同尺寸、不同语义等级的特征组合起来。

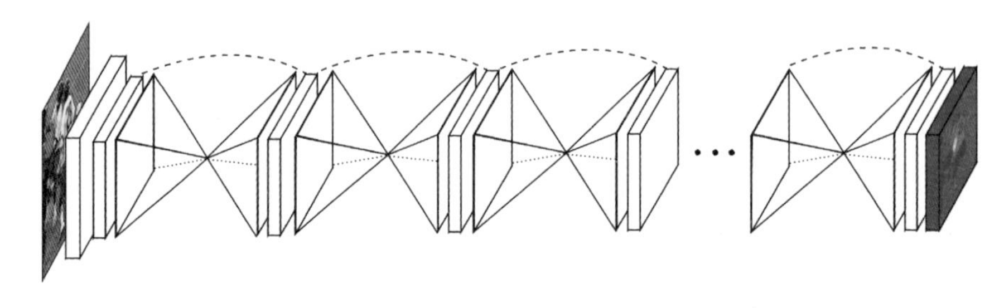

图 3-36 堆叠沙漏网络结构图

（图片引自[17]）

堆叠沙漏对每一个沙漏模块都进行监督。其实现方式是每一个沙漏模块都生成一个热力图（图 3-38 中蓝色部分），这些中间结果热力图与最终结果热力图同样计算损失函数并参与网络参数优化。而每个中间结果热力图会经过一个 1×1 卷积层生成中间特征，与主干网络的特征再次融合送到下一个沙漏模块。

因此堆叠沙漏可以理解为对产生的热力图结果进行不断地改善。❶

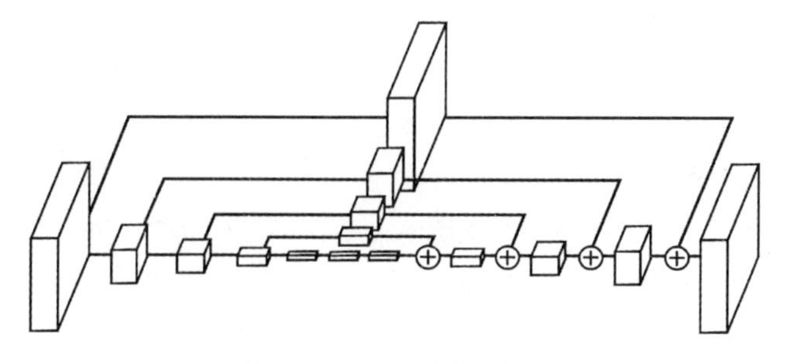

图 3-37　沙漏模块结构图

(图片引自[17])

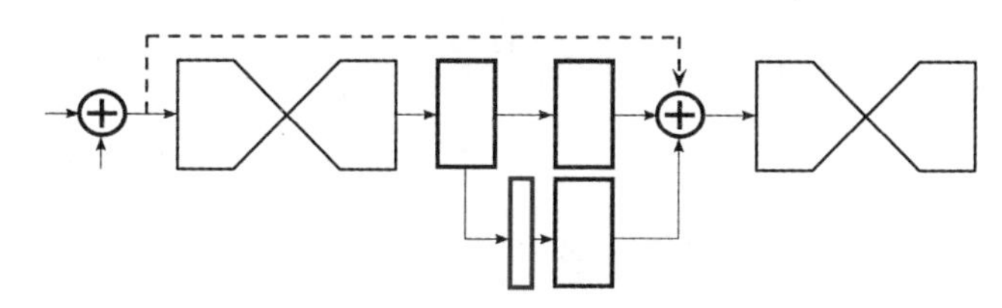

图 3-38　沙漏模块的中间监督

(图片引自[17])

3.5.2.2　OpenPose

开源人体姿态检测 OpenPose 是一种典型的自底向上的人体关键点检测算法,其流程如图 3-39 所示。该算法从单张图像输出所有人体关键点热力图[图 3-39(b)]并在每个像素位置预测一个二维向量,用来表示不同关键点的连

图 3-39　OpenPose 算法流程图

(图片引自[18])

❶　参见 https://github.com/princeton-vl/pose-hg-train。

接关系[图 3-39(c)]。热力图的个数与关键点的个数 J 相等，关键点关联场的个数与所有连接两个关键点的肢体数量相等。根据预测的关键点和关联场对所有关键点进行双边匹配[图 3-39(d)]，汇总所有的匹配关系得到图中每个人的骨架图[图 3-39(e)]。通常数据集中不包含关键点关联场数据，需要根据关键点标签计算得到。[1]

如何根据关键点的热力图和关联场来得到图像中每个人的关键点连接后的骨架图是这种自底向下方法的关键。OpenPose 算法将两个关键点相连的置信度表示为

$$E=\int_{u=0}^{u=1}\boldsymbol{L}_c(\boldsymbol{p}(u))\cdot\frac{\boldsymbol{d}_{j_2}-\boldsymbol{d}_{j_2}}{\|\boldsymbol{d}_{j_2}-\boldsymbol{d}_{j_2}\|_2}\mathrm{d}u \tag{3-31}$$

其中 $\boldsymbol{L}_c$ 为关联场数值，$\boldsymbol{p}(u)$ 为两个人体关键点 $\boldsymbol{d}_{j_1}$ 与 $\boldsymbol{d}_{j_2}$ 之间的连线

$$\boldsymbol{p}(u)=(1-u)\boldsymbol{d}_{j_1}+u\boldsymbol{d}_{j_2} \tag{3-32}$$

单独考虑某个肢体 c 的连接关系，$\boldsymbol{d}_{j_1}$ 与 $\boldsymbol{d}_{j_2}$ 分别是肢体 c 连接的两个关键点。定义

$$\begin{aligned}\mathcal{Z}=\{z_{j_1j_2}^{mn}\in\{0,1\}:&\ j_1,j_2\in\{1,\cdots,J\},\\ &m\in\{1,\cdots,N_{j_1}\},n\in\{1,\cdots,N_{j_2}\}\}\end{aligned} \tag{3-33}$$

为所有人的所有关键点可能的连接，其中 $z_{j_1j_2}^{mn}\in\{0,1\}$ 表示关键点 $\boldsymbol{d}_{j_1}$ 与 $\boldsymbol{d}_{j_2}$ 是否连接，N_j 表示第 j 类人体关键点在图像中检测出的个数。则寻找肢体 c 两端的正确关键点表达为如下的优化问题

$$\max_{\mathcal{Z}_c}E_c=\max_{\mathcal{Z}_c}\sum_{m\in\mathcal{D}_{j_1}}\sum_{n\in\mathcal{D}_{j_2}}E_{mn}\cdot z_{j_1j_2}^{mn} \tag{3-34}$$

$$\text{s.t.}\begin{cases}\forall m\in\mathcal{D}_{j_1}, & \displaystyle\sum_{n\in\mathcal{D}_{j_2}}z_{j_1j_2}^{mn}\leqslant 1\\ \forall n\in\mathcal{D}_{j_2}, & \displaystyle\sum_{m\in\mathcal{D}_{j_1}}z_{j_1j_2}^{mn}\leqslant 1\end{cases}$$

其中 $\mathcal{D}$ 为关键点的集合。该问题可以用匈牙利算法求解。

当同时考虑多人的全身姿势时，求解 $\mathcal{Z}$ 是一个 NP 难问题，存在很多松弛。研究者针对性地提出两个松弛，考虑到每个肢体连接关系都是由特定的两种关

[1] 参见 https://github.com/CMU-Perceptual-Computing-Lab/openpose。

键点决定,可以用贪心算法去解决多人骨架连接关系的问题。具体的做法分为两步,首先对于所有的肢体单独使用优化算法来求得连接关系,然后根据公共点连接整个图,最后就能同时得到每个人对应的骨架连接图。

OpenPose网络结构如图3-40所示,也是多阶段堆叠的形式。在阶段t,其输入是上一阶段$t-1$输出的特征图F,经过在ϕ网络输出关键点的热力图L^t,然后经过ρ网络输出关键点关联场S^t,更加细节的网络设计可参考文献[18],这里不再赘述。

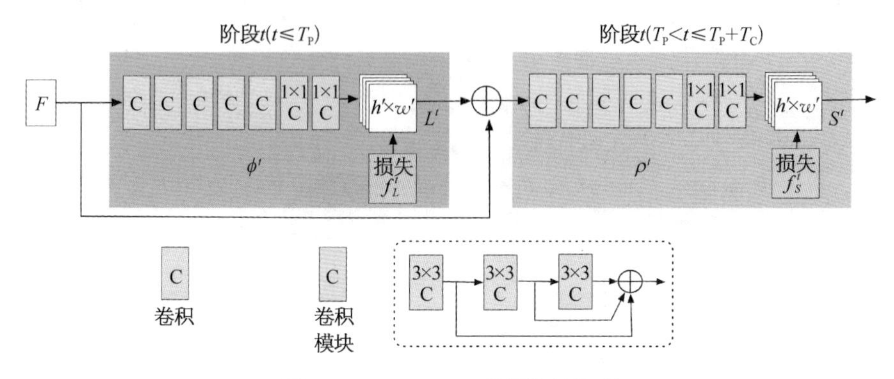

图3-40 OpenPose的网络结构图

T_P和T_C分别为设定的关键点检测和连接关系回归阶段数,ϕ^t和ρ^t为t阶段的ϕ网络和ρ网络。(图片引自[18])

3.5.2.3 HRNet

利用神经网络处理对位置敏感的任务(例如检测任务)需要对图像信息提取出高分辨率表达。大多数方法从一个低维空间中学习高分辨率的表达,这可能造成网络学习到的信息在空间上不够精确,从而给任务带来精度损失。针对这一问题,高分辨率网络(high resolution network, HRNet)[3]的设计在整个过程中始终保留高分辨率的表达,具体结构如图3-41所示。图中的网络始终保持了一条高分辨率的数据流,同时下采样到另外3种分辨率以通过更大的感受野表达更多结构性的信息,并且在前向过程中融合多个分辨率的信息。最终的输出层根据任务的不同可能采用不同的方案。图3-42展示了两种不同的输出层,图3-42(a)最终只采用最高分辨率的特征输出结果,图3-42(b)将低分辨率的特征上采样与高分辨率特征级联后经后续1×1卷积层输出最终结果。

利用HRNet进行人体关键点检测,采用的是自顶向下的策略,首先利用人体检测的算法得到图中每个人的矩形包围框,然后从图中截取出对应的图像,对每个人单独做关键点检测。框架中 HRNet 作为关键点检测器，以单个人的图像为输入，输出 K 张热力图（对应 K 个关键点）。实验证明利用 HRNet，在网络训练过程中维持了更精确的位置关系，能在人体关键点检测任务中获得更好的效果。

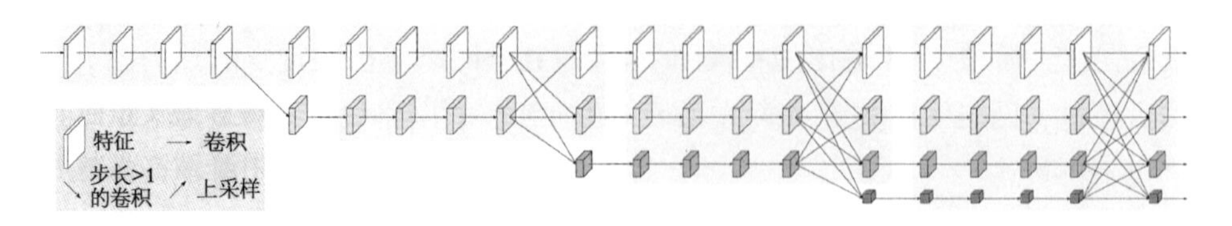

图 3-41 HRNet 网络结构图

（图片引自[3]）

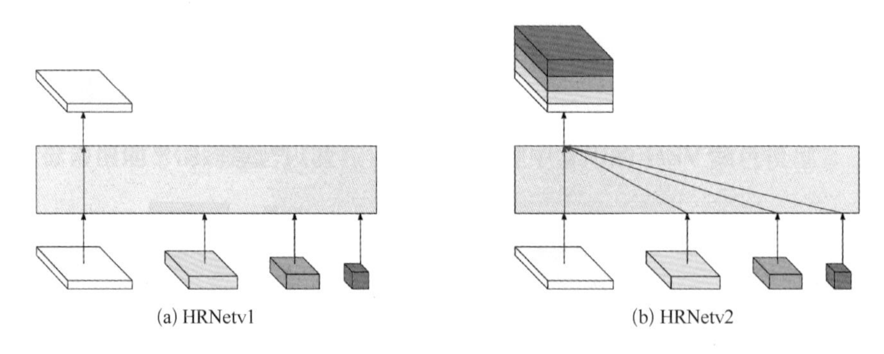

图 3-42 HRNetv1 和 v2 的输出层

（图片引自[3]）

3.5.3 房间布局估计

房间布局指的是房间内墙相对于相机的位置、朝向及高度，可以由投影到二维图像的墙角位置及边界确定，是一个房间最基础的结构。房间布局估计指的是从图像或视频中估计出房间的布局（图 3-43），它可以协助室内场景重建、室内导航等任务，具有重要的意义。

房间布局可以分为盒装布局、曼哈顿布局及非曼哈顿布局。盒装布局指房间的布局为一个立方体，只有 8 个角点；曼哈顿布局相对宽松，但假定房间的墙面之间只有平行和垂直两种关系的布局；非曼哈顿布局则更加宽松，墙面间的夹角可以为任意角度。房间布局估计的挑战主要在于遮挡严重、室内场景缺少纹理，以及非曼哈顿假设的房间布局较难估计。其中，常见的房间布局数据集包括 LayoutNet 数据集[19]（重新标注的 Standford 2D-3D-S 数据集[20]）、Structured3D 数据集[21]等。

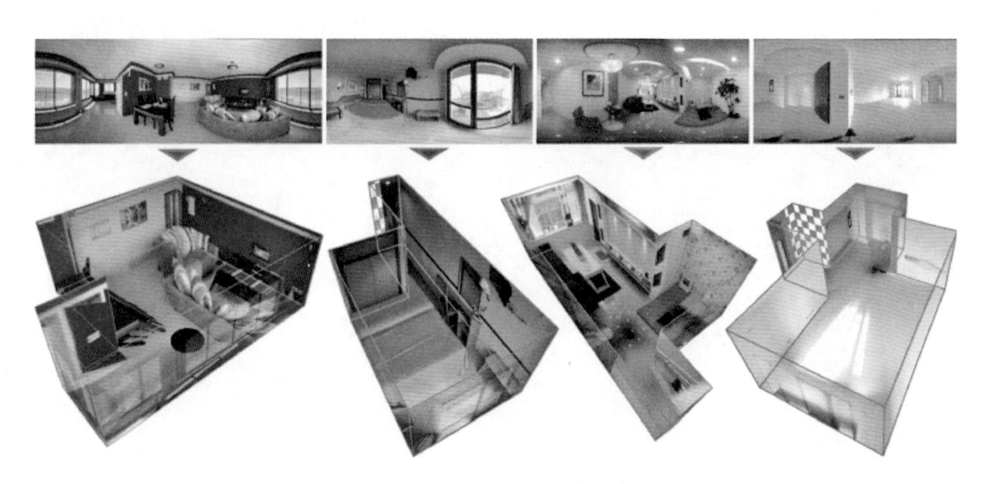

图 3-43 房间布局估计任务

（图片引自[22]）

3.5.3.1 RoomNet

房间布局检测网络（RoomNet）[23]将盒状房间布局估计视为一个二维关键点的检测问题，如图 3-44 所示，投影的二维房间布局被分为 11 个类型，每个类型中的关键点连接关系由关键点的顺序确定。

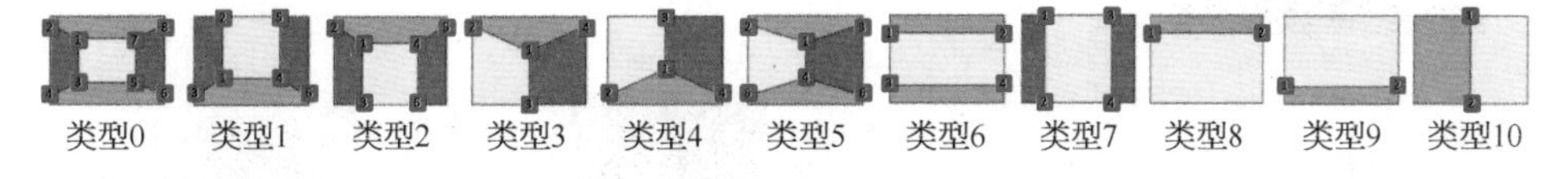

图 3-44 RoomNet 定义的房间布局类型结构

（图片引自[23]）

RoomNet 是一个典型的先下采样再上采样的编码器-解码器式结构。如图 3-45 所示，编码器抽取得到的特征送往图中上方的多层感知机进行房间布局类型的分类，解码器对每一个房间布局类型进行相应关键点的热力图回归。结合多层感知机预测的房间布局类别以及解码器预测的对应类别的关键点热力图，就可以得到房间的关键点。RoomNet 最后使用长短期记忆网络对得到的关键点位置进行改善。

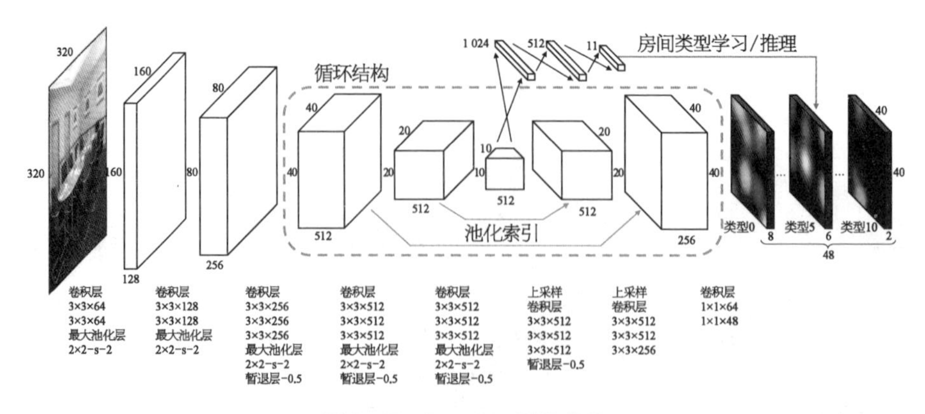

图 3-45 RoomNet 网络结构

（图片引自[23]）

3.5.3.2 LayoutNet

LayoutNet[19]巧妙地利用了全景图的特性，将房间的整体布局设计为一个一次性回归的问题，通过同时估计边缘图和角点图来实现房间布局估计（图 3-46）。预测完边缘图和角点图后，通过曼哈顿约束对布局的角点位置进行优化从而得到合理的房间布局。除此之外 LayoutNet 还将预处理得到的曼哈顿线条作为网络的输入。❶

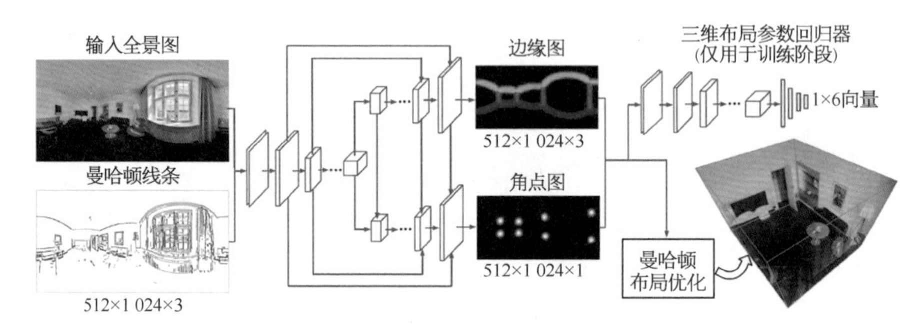

图 3-46 LayoutNet 网络结构

（图片引自[19]）

3.5.3.3 HorizonNet

曼哈顿布局只用横轴的一维坐标就可以表达，纵轴方向的信息是冗余的。

---

❶ 参见 https://github.com/zouchuhang/LayoutNet。

HorizonNet[24]提出预测一维坐标来进行房间布局估计(图3-47)。为了更好地预测一维坐标,HorizonNet对网络抽取到的特征的纵轴上的信息进行池化操作。此外,HorizonNet还利用双向LSTM提高横轴方向上的长程依赖关系的获取能力。❶

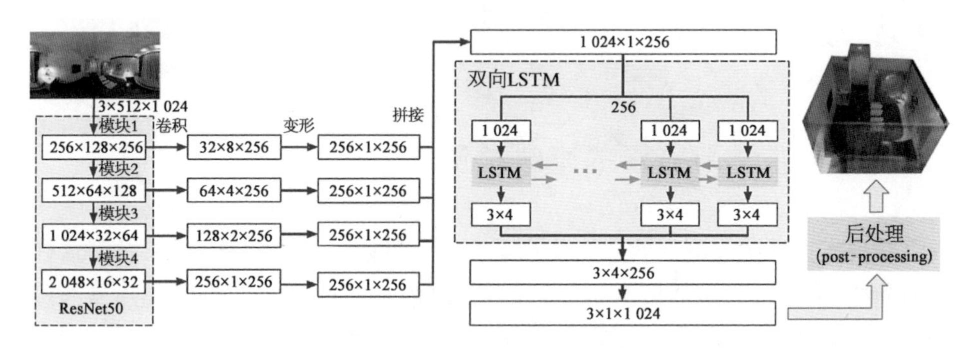

图3-47 HorizonNet网络结构

(图片引自[24])

3.5.3.4 DuLa-Net

双路结构的房间布局估计网络(dual-projection network for estimating room layout, DuLa-Net)将房间布局估计转变为二维的房间平面图估计和房间高度估计。如图3-48所示,DuLa-Net[1]是一个双路网络结构。网络的一条支路以全景图为输入,从中估计天花板和地板的概率图;另一支路以房间的俯视图

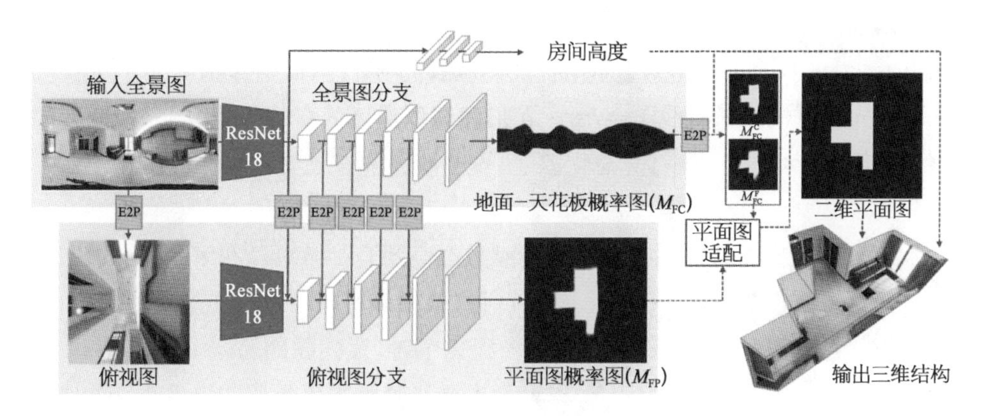

图3-48 DuLa-Net网络结构

equirectangular projection to perspective ceiling-view(E2P)是从等距型投影到透视投影。(图片引自[1])

❶ 参见https://github.com/sunset1995/HorizonNet。

为输入，预测房间平面图。预测之后通过优化得到合理的二维房间平面图，最后根据房间高度得到三维的房间布局。为了融合两支网络的特征，DuLa-Net 通过投影的方式将全景图支路网络的特征投影到俯视图，不断地与俯视图支路原有特征相加，继续作为其特征进行下一级卷积运算。

3.6 基于非学习方法的直线检测

在现实世界中观测到的数据往往是离散化的点，比如人口、房价、温度这样随时间变化的数据；或是在视觉算法中检测到的具有空间规律的点，如一条线段的边缘检测结果。通常人们需要用函数的形式来描述这些点，才能真正地利用这些信息，比如预测趋势、分析物体位置和方向等。由于真实数据的离散化和噪声的存在，观测到的数据不可能严格地符合某一函数曲线，找出与所有数据点的总误差最小的函数参数，就是拟合的过程。本节中将介绍最小二乘法、RANSAC 和霍夫变换这 3 种与模型拟合相关的方法。

3.6.1 最小二乘法

最小二乘法顾名思义是使求得数据与实际数据间误差的平方和最小的方法。首先以最简单的直线拟合为例，假设在观测某小车位置的实验中，获得 10 个数据点 (x_i, y_i)，$i \in [1, 10]$（时间，位移），依次画在坐标系中[图 3-49(a)]。

首先尝试用一条直线 $y = kx + b$ 描述这些点，将 x_i 代入直线公式，得到模型预测值 $\hat{y}_i = kx_i + b$，计算总误差

$$E(k, b) = \sum_{i=1}^{10}(y_i - \hat{y}_i)^2 = \sum_{i=1}^{10}(y_i - kx_i - b)^2 \tag{3-35}$$

可以用最简单的方法最小化 E

$$\frac{\partial E}{\partial k} = \sum 2(y_i - kx_i - b)x_i = 0 \tag{3-36}$$

$$\frac{\partial E}{\partial b} = \sum 2(y_i - kx_i - b) = 0 \tag{3-37}$$

得到线性方程组

$$\begin{bmatrix} \sum x_i^2 & \sum x_i \\ \sum x_i & 1 \end{bmatrix} \begin{bmatrix} k \\ b \end{bmatrix} = \begin{bmatrix} \sum 2x_i y_i \\ \sum 2y_i \end{bmatrix} \tag{3-38}$$

解该方程组，即求得 k 和 b 的值。画出 $y = kx + b$［图 3-49(b)］。

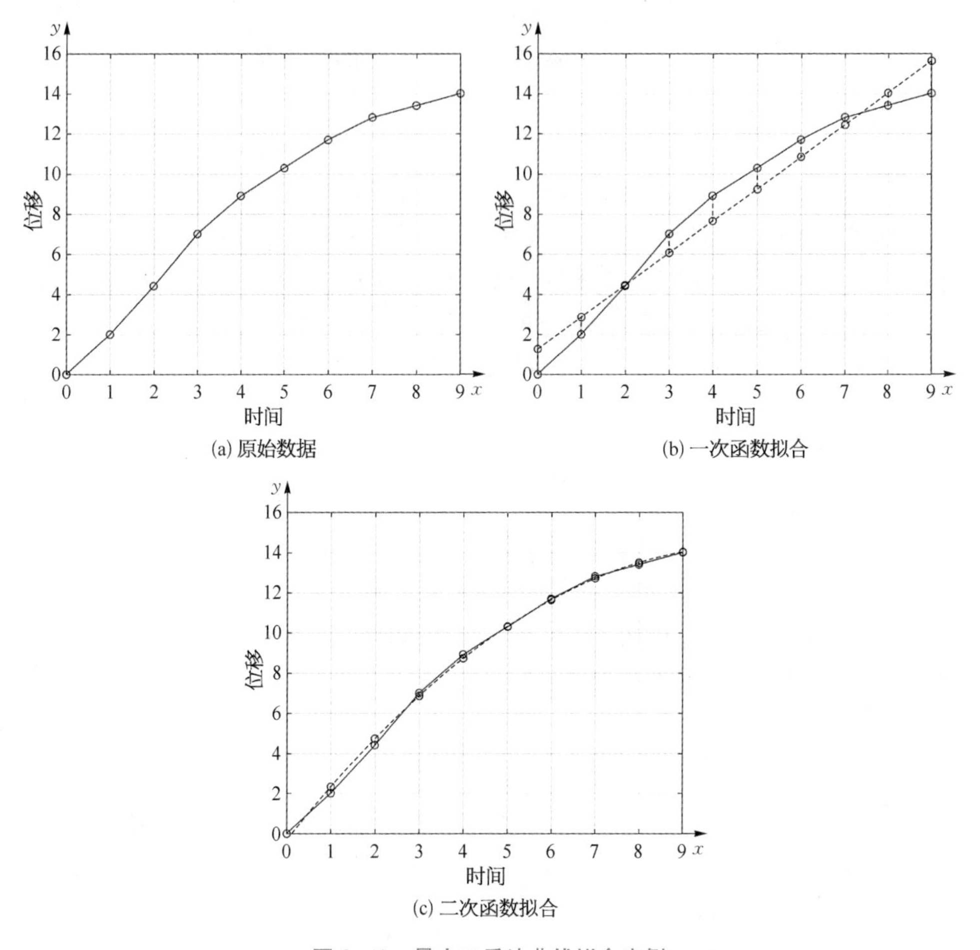

图 3-49 最小二乘法曲线拟合实例

观察拟合结果，可能发现直线函数拟合的效果不好，原始数据更接近于抛物线函数的一部分，可以用二次函数 $y = b_0 + b_1 x + b_2 x^2$ 进行拟合，仍然使用类似的方法，最小化误差

$$\min \sum_{i=1}^{10} [y_i - (b_0 + b_1 x_i + b_2 x_i^2)]^2 \tag{3-39}$$

即可求得一个二次函数曲线，其形状如图 3-49(c)所示。可以从图中观察到，二

次函数的拟合效果明显优于直线函数。上述方法可以自然地扩展到更高次函数，即使用一般多项式函数 $y=b_0+b_1x+b_2x^2+\cdots+b_nx^n$ 来进行拟合。但是需要谨慎使用高次函数模型，良好的实践是先观察原始数据，然后猜测一个合理的模型，再进行拟合。

通过拟合得到曲线函数后，可以预测小车未来几秒的位置。预测是应用曲线拟合的典型需求之一，最小二乘法最早广为人知的契机是高斯成功地帮助天文学家预测了消失的谷神星的轨迹。

考虑更加一般的情况，使用 $y=b_0+b_1x_1+b_2x_2+\cdots+b_nx_n$ 形式的参数线性模型进行最小二乘法拟合被称为线性最小二乘。注意这里的线性是指参数线性，上文所述多项式模型尽管对 x 是非线性的，但是对参数 b_i 是线性的，所以只是一种 $x_i=x_1^i$ 的线性最小二乘特殊情况。e^{bx}、$\sin bx$ 或 b^2x 等对参数 b 非线性的最小二乘被称为非线性最小二乘，解法也更加复杂，这里仅介绍线性最小二乘的解法。

设有 m 个数据点 $(x_1^{[i]},\ x_2^{[i]},\ \cdots,\ x_n^{[i]},\ y^{[i]})$，$i\in[1,\ m]$，则有线性方程组

$$\begin{bmatrix}1 & x_1^{[1]} & x_2^{[1]} & \cdots & x_n^{[1]}\\ 1 & x_1^{[2]} & x_2^{[2]} & \cdots & x_n^{[2]}\\ \vdots & & \vdots & & \vdots\\ 1 & x_1^{[m]} & x_2^{[m]} & \cdots & x_n^{[m]}\end{bmatrix}\begin{bmatrix}b_0\\ b_1\\ \vdots\\ b_n\end{bmatrix}=\begin{bmatrix}y^{[1]}\\ y^{[2]}\\ \vdots\\ y^{[m]}\end{bmatrix}\text{或 }\boldsymbol{Xb}=\boldsymbol{Y} \tag{3-40}$$

正常情况下，观测数据点相互独立同分布，其个数远大于参数个数 $(m\gg n)$ 且充满噪声，所以 $\boldsymbol{X}$ 是一个列满秩矩阵，因此该方程组为超定方程组无精确解，即对任意 $(b_0,\ b_1,\ \cdots,\ b_n)$ 恒有

$$\|\boldsymbol{Xb}-\boldsymbol{Y}\|_2^2>0 \tag{3-41}$$

此时只能求该线性方程组的最小二乘解，使得 $\|\boldsymbol{Xb}-\boldsymbol{Y}\|_2^2$ 最小。利用线性代数知识，超定方程组有最小二乘解 $\boldsymbol{b}^*=\boldsymbol{X}^\dagger\boldsymbol{Y}$，其中 $\boldsymbol{X}^\dagger$ 为 $\boldsymbol{X}$ 的伪逆矩阵。最小二乘解有不同的证明方法，这里以欧氏空间的概念进行说明。

为了方便表述，定义 $\boldsymbol{Z}=\boldsymbol{Xb}$，注意 $\boldsymbol{Z}$ 不同于 $\boldsymbol{Y}$，是 $\boldsymbol{Xb}$ 的模型预测值，重新观察 $\boldsymbol{Z}$

$$\boldsymbol{Z}=\boldsymbol{Xb}=b_0\begin{bmatrix}1\\ 1\\ \vdots\\ 1\end{bmatrix}+b_1\begin{bmatrix}x_1^{[1]}\\ x_1^{[2]}\\ \vdots\\ x_1^{[m]}\end{bmatrix}+\cdots+b_n\begin{bmatrix}x_n^{[1]}\\ x_n^{[2]}\\ \vdots\\ x_n^{[m]}\end{bmatrix}=b_0\boldsymbol{x}_0+b_1\boldsymbol{x}_1+\cdots+b_n\boldsymbol{x}_n \tag{3-42}$$

说明 $\boldsymbol{Z}$ 是 $\boldsymbol{X}$ 各列向量 $\boldsymbol{x}_i$ 的线性组合，因此 Z 可以视为由 $n+1$ 个 $\boldsymbol{x}_i$ 张成的子空间 $L(\boldsymbol{x}_0, \boldsymbol{x}_1, \cdots, \boldsymbol{x}_n)$ 中的一个向量。而此时目标是最小化 $\|\boldsymbol{Z}-\boldsymbol{Y}\|_2^2$，等同于最小化 $\|\boldsymbol{Z}-\boldsymbol{Y}\|_2$，以欧氏空间的概念表示，即找到向量 $\boldsymbol{Z}$，使得子空间 $L(\boldsymbol{x}_0, \boldsymbol{x}_1, \cdots, \boldsymbol{x}_n)$ 中任意向量到 $\boldsymbol{Y}$ 的距离都大于等于 $\boldsymbol{Z}$ 到 $\boldsymbol{Y}$ 的距离。

显然，$\boldsymbol{Y}$ 到子空间 L 的最短距离是它与自身在 L 空间上的投影点间的距离，所以向量 $\boldsymbol{Y}-\boldsymbol{Z}$ 应当垂直于 L 空间，即垂直于张成 L 的向量组。设 $\boldsymbol{C}=\boldsymbol{Y}-\boldsymbol{Z}$，根据向量垂直定义，有 $(\boldsymbol{C}, \boldsymbol{x}_0)=0$, $(\boldsymbol{C}, \boldsymbol{x}_1)=0$, $\cdots$, $(\boldsymbol{C}, \boldsymbol{x}_n)=0$

$$\begin{cases} \boldsymbol{x}_0^{\mathrm{T}}\boldsymbol{C}=0 \\ \boldsymbol{x}_1^{\mathrm{T}}\boldsymbol{C}=0 \\ \quad\vdots \\ \boldsymbol{x}_n^{\mathrm{T}}\boldsymbol{C}=0 \end{cases} \tag{3-43}$$

写成矩阵形式，即 $\boldsymbol{X}^{\mathrm{T}}\boldsymbol{C}=\boldsymbol{0}$，代入 $\boldsymbol{C}=\boldsymbol{Y}-\boldsymbol{Z}$ 和 $\boldsymbol{Z}=\boldsymbol{X}\boldsymbol{b}$

$$\boldsymbol{X}^{\mathrm{T}}(\boldsymbol{Y}-\boldsymbol{Z})=\boldsymbol{X}^{\mathrm{T}}(\boldsymbol{Y}-\boldsymbol{X}\boldsymbol{b})=0 \tag{3-44}$$

得到一个新的线性方程组

$$\boldsymbol{X}^{\mathrm{T}}\boldsymbol{X}\boldsymbol{b}=\boldsymbol{X}^{\mathrm{T}}\boldsymbol{Y} \tag{3-45}$$

因为 $\boldsymbol{X}$ 为 $m \times n$ 矩阵，所以 $\boldsymbol{X}^{\mathrm{T}}\boldsymbol{X}$ 为 $n \times n$ 矩阵，$\boldsymbol{X}^{\mathrm{T}}\boldsymbol{Y}$ 为 $n \times 1$ 向量。在满足最小二乘前提条件下，$\boldsymbol{X}^{\mathrm{T}}\boldsymbol{X}$ 为行列皆满秩矩阵，这样的线性系统必有唯一解，且 $\boldsymbol{X}^{\mathrm{T}}\boldsymbol{X}$ 有逆矩阵 $(\boldsymbol{X}^{\mathrm{T}}\boldsymbol{X})^{-1}$。式(3-45)等号两侧左乘 $(\boldsymbol{X}^{\mathrm{T}}\boldsymbol{X})^{-1}$，得到最小二乘解

$$\boldsymbol{b}^*=(\boldsymbol{X}^{\mathrm{T}}\boldsymbol{X})^{-1}\boldsymbol{X}^{\mathrm{T}}\boldsymbol{Y} \tag{3-46}$$

因 $\boldsymbol{X}$ 是列满秩且 $n<m$，其伪逆矩阵 $\boldsymbol{X}^{\dagger}=(\boldsymbol{X}^{\mathrm{T}}\boldsymbol{X})^{-1}\boldsymbol{X}^{\mathrm{T}}$，代入式(3-46)

$$\boldsymbol{b}^*=\boldsymbol{X}^{\dagger}\boldsymbol{Y} \tag{3-47}$$

最小二乘的前提假设是多次测量结果间应当是独立同分布的、不存在系统性误差、观测数据点数应(远)大于参数个数等。通俗地讲，拟合的对象最好是有物理规律支撑且观测良好的数据。在此基础上，应当合理地选择模型。根据数据直观观察和专业领域的先验知识合理选择模型十分重要。现代数学库中的拟合工具十分强大，几乎能拟合任意(糟糕)的数据，但不要因此忽略模型选择的重要性。

最后回到直线拟合，注意 $y=b_0x+b_1$ 形式的函数无法表示垂直于 x 轴的直线。使用函数 $b_0+b_1x+b_2y=0$ 表示直线即可解决这个问题。除此以外，真

实条件下的观测数据中，不可避免地出现异常值，并且数据中可能包含多条直线，下面两节将介绍解决方法。

3.6.2 基于 RANSAC 的直线拟合

异常数据有时会对拟合结果产生严重影响（图 3-50）。可以看到异常的数据点所处位置在模型“以外”，因此被称为外点（outlier），相对应地，处在模型附近可接受范围以内的点被称为内点（inlier）。在拟合之前或者拟合过程中，应当区分内点与外点，尽量只使用内点拟合模型，保证拟合的有效性。本节介绍一种应用十分普遍的外点处理方法——随机采样一致性（random sample consensus，RANSAC）。

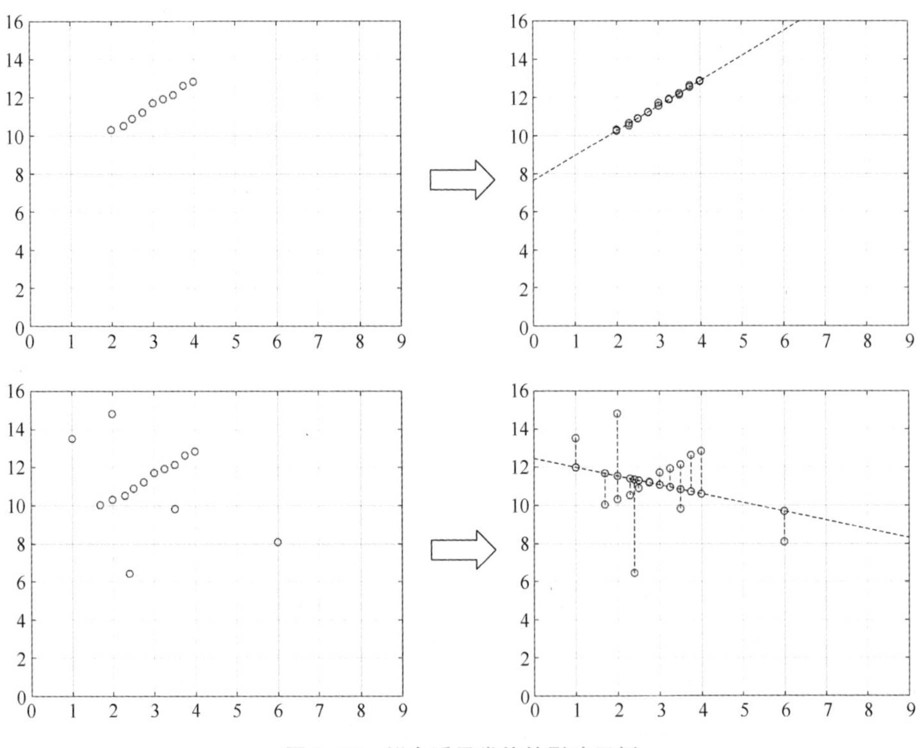

图 3-50 拟合受异常值的影响示例

RANSAC 方法建立在概率学的抽样期望上，以图 3-50 中的数据举例说明，总共有 15 个数据点，包括 10 个内点和 5 个外点。如果从数据中随机采样一个点，采样到内点和外点的概率分别是 10/15=2/3 和 5/15=1/3。确定一个直线模型最少需要两个点，那么从数据中随机抽取两个点，抽到两个内点的概率是 $(2/3)^2=4/9$（第二个内点的实际概率是 9/14，当数据量很大时可以认为近似相等，为了方便表述，忽略这个差异）。

如果反复从数据中采样 N 次，保证至少采到两个内点的概率不低于 99%，需要满足

$$1-\left[\left(1-\frac{4}{9}\right)^N\right]\geqslant 0.99 \tag{3-48}$$

计算得到 $N\geqslant 7.83$，即从数据中随机抽取 8 次，每次抽取两个数据点，可以保证至少抽到一次两个内点的概率不低于 99%，或者近似地认为必然至少有一次抽取结果完全无外点。

在此基础上，对每次抽到的两个点计算其直线函数，得到 8 条直线，其中至少有一条直线是基本正确的（因为只用了两个点计算直线模型）。对于每条直线，计算所有数据点到直线的距离，并设定一个阈值 t。距离大于 t 的点被认为是外点，反之是内点。选择内点最多的那条直线，可以再次用所有内点重新拟合一次，最终得到质量较高的直线函数。

上述方法可以自然地应用于其他模型，如多项式曲线、三维数据中的平面等，因此 RANSAC 是一种通用的数据采样框架，用于区分内点和外点。

一般地，对于一组数据点，假设其内点概率为 w，拟合模型所需的最少点数为 s，总共采样次数为 k，至少一次采样 s 个点全部为内点的概率为 p

$$1-p=(1-w^s)^k \tag{3-49}$$

$$k=\left\lceil\frac{\log(1-p)}{\log(1-w^s)}\right\rceil \tag{3-50}$$

执行 k 次以下循环：

1）从数据中采样 s 个点。

2）使用被采样的 s 个点计算模型参数。

3）计算所有剩余点到模型的距离，距离大于阈值 t 的点被认为是外点，反之是内点，统计内点个数。

4）当内点个数不低于 d 时，被认为是一次好采样，进行下一步骤；否则是一次坏采样，跳过下一步骤。

5）如果是第一次好采样，使用所有内点重新进行一次拟合，记录模型参数和内点个数；如果不是第一次好采样，若内点个数大于之前的结果，则重新拟合，

更新模型参数和内点个数。

其中，数据中内点的比例 w 的真值通常是不被掌握的，必须对 w 进行粗略的估计，并且 w 的估计值应当低于真值。距离阈值 t 和内点个数阈值 d 的选择通常需要由实际观察数据分布决定，与内点的概率匹配。

除此以外，也可以采用自适应参数策略。设初始 $k=+\infty$，内点比例 w 做最坏估计取 50%，当采样次数小于 k 时，进行一次采样，若该次采样得到的内点个数是历次最高，则更新参数

$$w'=\frac{\text{当前采样内点个数}}{\text{数据点总数}} \tag{3-51}$$

$$k'=\left\lceil\frac{\log(1-p)}{\log(1-w'^{s})}\right\rceil \tag{3-52}$$

执行迭代直到某次采样时迭代次数大于 k'。

RANSAC 方法是一种通用性非常好的框架，在实际使用中经常能够取得较好的结果。但是仍然需要注意它的潜在局限：① RANSAC 是一种不确定性方法，只有一定概率能够得到可信的模型，概率与迭代次数成反比；② RANSAC 对参数敏感，实际使用时可能需要大量调参；③ 当数据中外点比例过高时，RANSAC 方法的效果可能较差，有可能迭代次数过多或收敛失败。

3.6.3 霍夫变换

霍夫变换(Hough transform)最早作为一种直线检测器，由霍夫(P. V. C. Hough)于 1962 年前后发明，并在 1972 年由 R. Duda 和 P. Hart 扩展为广义霍夫变换，能够检测圆、椭圆、矩形等常用形状。霍夫变换的核心在于笛卡儿空间和参数空间之间的变换以及参数空间的投票机制，下面以直线为例进行说明。

假设笛卡儿坐标系 xoy 中有一条直线 $y=kx+b$，建立一个**参数坐标系** kob，横坐标为 k、纵坐标为 b。这样，xoy 坐标系中的一条直线，例如 $y=2x+1$，变换为 kob 坐标系中的一个点(2, 1)。反之 xoy 坐标系中的一个点，例如(3, 2)，经过该点中的任意直线，都满足 $2=k*3+b$，即 $b=-3k+2$，该式可视为 kob 坐标系中的一条直线。类似地，如果 xoy 坐标系中，有另外一点(4, 3)，则对应 kob 坐标系中的另一条直线 $b=-4k+3$。kob 坐标系中的两条直线 $b=-3k+2$ 和 $b=-4k+3$ 相交于一点(1, −1)，即 $k=1$、$b=-1$，则在 xoy 坐标系下，经过点(3, 2)和(4, 3)的直线为 $y=x-1$。过程可参考图 3-51。

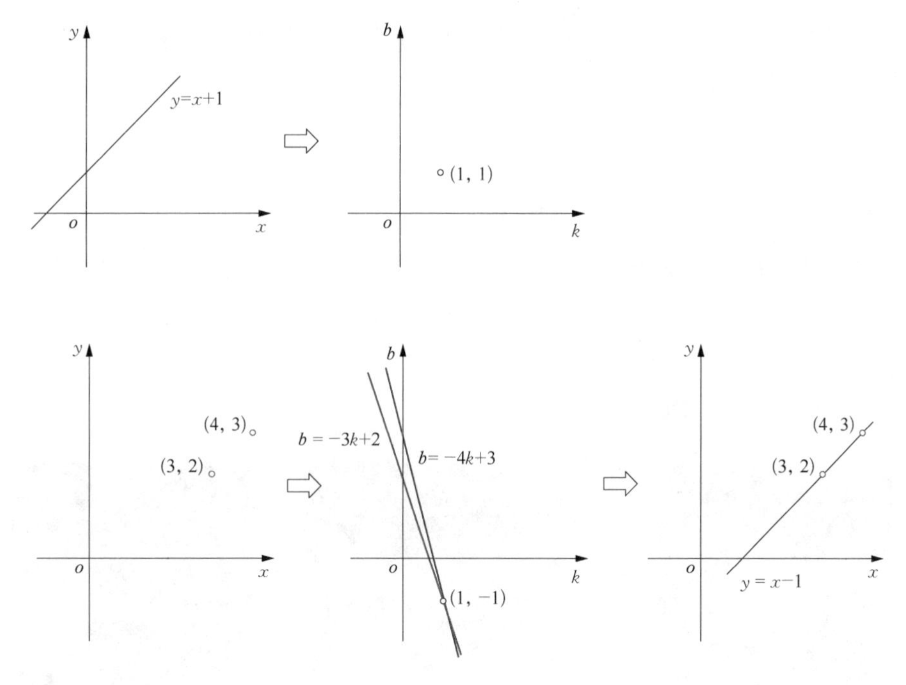

图 3-51　霍夫变换原理示意

依此类推，笛卡儿空间（xoy 坐标系）中所有共线的点，在参数空间（kob 坐标系）下对应的直线都相交于一点，该点的坐标值即为笛卡儿空间对应直线的参数。对于其他形状，例如圆形 $(x-m_0)^2+(y-n_0)^2=r_0^2$ 上的每一个点 (x_0, y_0)，对应三维坐标系 mnr 中的一个沙漏型曲面 $r^2=(m-x_0)^2+(n-y_0)^2$。不难想象，参数坐标系下的所有曲面也相交于一点 (m_0, n_0, r_0)。椭圆等其他可以参数化表示的形状也有类似规律。

所以，在理想情况下，若 xoy 坐标系中有 n 条直线，将直线上的所有点变换至 kob 坐标系，每个点对应 kob 坐标系中一条直线，这些直线将会形成 n 个相交点，因此可以借助霍夫变换检测平面中的多条直线。

在实际实践中，霍夫变换需要解决另外两个问题。首先，在直线表达式 $y=kx+b$ 垂直于 x 轴时 k 无限大，在参数空间中无法使用有限子空间完成表示。因此通常使用直线的极坐标表示方法 $\rho=x\cos\theta+y\sin\theta$，此时笛卡儿坐标系下一个点对应参数坐标系下一条正弦曲线，且参数有上下界 $\theta\in[-\pi, \pi)$，$\rho\in[-\sqrt{h^2+w^2}, \sqrt{h^2+w^2})$，其中 h、w 为图像的高和宽。

另一个更加重要的问题，由于真实条件下数据的离散化和噪声的存在，笛卡儿坐标系下同一直线上的点，并不会在参数坐标系下严格相交于一点。因此，参数空间的实现形式通常是一个 n 维累加器，n 为函数参数的个数，以累加器中的局部最大值进行投票。

以直线检测为例，对于一幅 256×256 大小图像的**边缘特征** E，步骤如下：

1）为 θ 和 ρ 选择合适的步长，构造二维累加器 H，如 $\theta=[-90:1:90)$，$\rho=[-363:2:363)$，则 H 的大小为 180×363。

2）对于 E 中的每个特征点 (x_i, y_i)，计算所有 $\theta_j=[-90:1:90)$ 的对应 $\rho_j=x_i\cos\theta+y_i\sin\theta$，并且在累加器中执行 $H(\theta_j, \rho_j)=H(\theta_j, \rho_j)+1$。

3）寻找 H 中的局部极大值，并视需要对极大值进行邻域抑制等后处理。

上述过程可参考图 3-52。

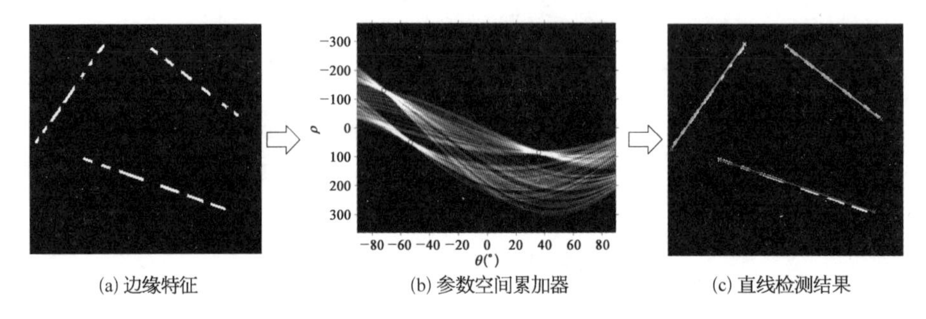

(a) 边缘特征　(b) 参数空间累加器　(c) 直线检测结果

图 3-52　霍夫变换直线检测示例

霍夫变换的结果会受到噪声的影响，通过合理选择 θ 和 ρ 的步长能够部分抑制噪声的影响(图 3-53)。但是，当异常特征过多时，仍然应当考虑通过合理成像和改进边缘检测器等手段，以尽量减少这些异常特征。

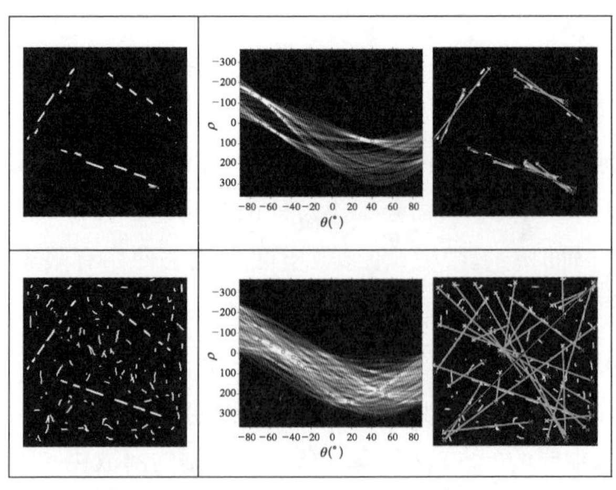

(a) 边缘特征　(b) θ步长=1，ρ步长=2

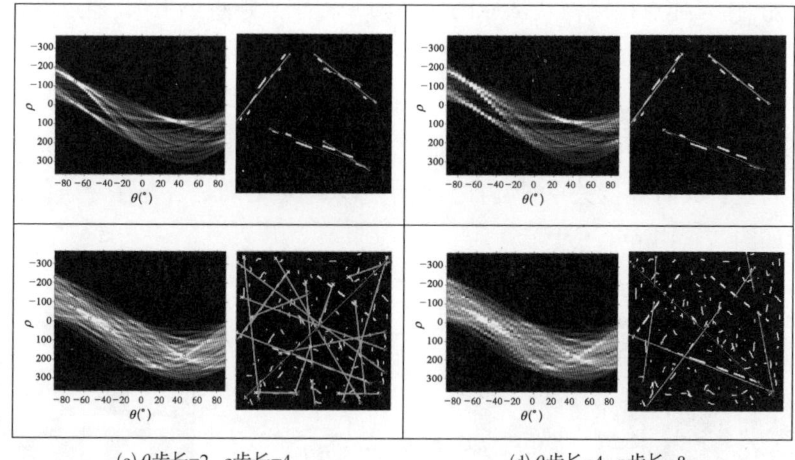

(c) θ步长=2, ρ步长=4　　　　(d) θ步长=4, ρ步长=8

图 3-53　步长设置对噪声的抑制作用实例

3.7　基于深度学习的线段检测

传统的直线检测通常依赖于边缘等局部特征，对尺度、光照、噪声等因素较为敏感，并且无法有效利用全局信息。相较而言，基于深度学习技术的直线检测能够同时感知全局和局部信息，对干扰因素具有较强的鲁棒性，并能够实现端到端的检测，具有明显的优势。本节介绍 3 种较为经典的线段检测框架，注意与前一节不同的是，这几种框架检测目标是线段而非直线，本质上是同时检测直线和端点两种目标。其中，常见的深度检测的线段数据集包括 Wireframe[25] 等。

3.7.1　基于图表示的线段检测

对于深度学习框架而言，检测线段的一个主要困难点在于对线段的表示方式。由于卷积神经网络很难输出参数化的线段表示，因此点对图网络[26] 以图(graph)的形式表示线段。简而言之，以图 $G=\{V, E\}$ 表示线段的集合，其中 V 为所有角点的集合、E 为所有角点间的关系。基于这种表示方法，点对图网络包含 3 个模块：① 感兴趣点检测模块；② 线段特征采样模块；③ 连接性推理模块。

首先，感兴趣点检测模块从原图像回归一幅感兴趣点热力图，通过峰值检测和非极大值抑制处理得到感兴趣点集，并记录每个感兴趣点的空间位置。然后，线段特征采样模块以所有可能性从感兴趣点集合中抽取两个点，并沿着两个点连线，从骨干网络中间层采样中间特征。最后，连接性推理模块根据特征推理两个点之间是否具有连接关系，换言之，两个感兴趣点之间是否存在一条线段。整体流程如图 3-54 所示。❶

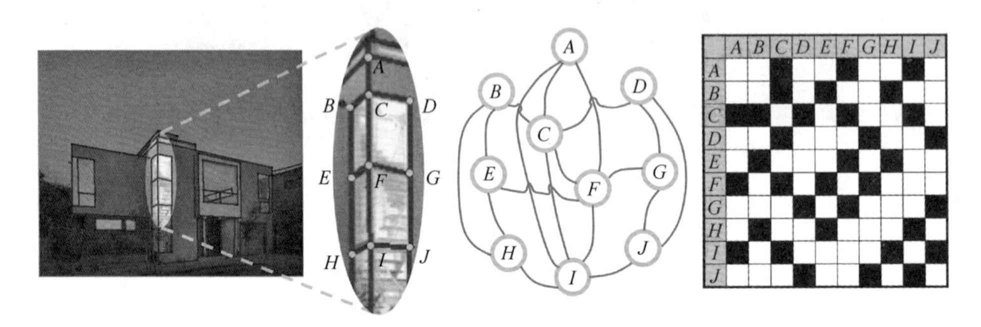

图 3-54　点对图网络检测线段示意

（图片引自[26]）

点对图网络[26]提出以图的形式表示线段，主要解决了深度神经网络无法输出参数形式的线段的问题，实现了端到端的网络训练和推理。并且，这种检测图像中的感兴趣目标与输出目标间关系的框架具有向其他图像理解任务迁移的潜力。但是这种方法具有一些不足，可以看到，线段检测主要分为感兴趣点检测和连接性推理两步，检测结果首先依赖于感兴趣点的检测准确率，但事实上关键点检测本身却容易受到噪声干扰，鲁棒性较差。加上后续的连接性检测步骤引入的错误，最终线段检测的性能更加难以保证。除此以外，不难发现连接性推理步骤的计算复杂度是 $O(n^2)$，当图像中包含大量线段和端点时，框架的计算效率显著降低。最后，点对图网络框架包含 3 个模块和许多中间处理步骤，因此，梯度的反向传播过程，以及模型优化和调试较为复杂和困难。

3.7.2　基于向量场表示的线段检测

在另一线段检测方法中，研究者提出了一种向量场形式的线段表示方式——

❶ 参见 https://github.com/svip-lab/PPGNet。

吸附场图(attraction field map, AFM)[27]。AFM 中的每个像素位置均有一个向量,指向距离它最近的线段或端点(图 3-55)。从一张 AFM 中,可以通过生长和贪心算法恢复图中的所有线段。实验证明 AFM 表示方法不仅能够近乎完美地恢复线段信息,同时具有良好的尺度不变性,因此可以近似地将 AFM 视为与原线段数据等效的表示。这样,使用一些常规的编码器-解码器结构的网络(如 U-Net[28]),从原始图像直接计算 AFM 即可实现线段检测。❶

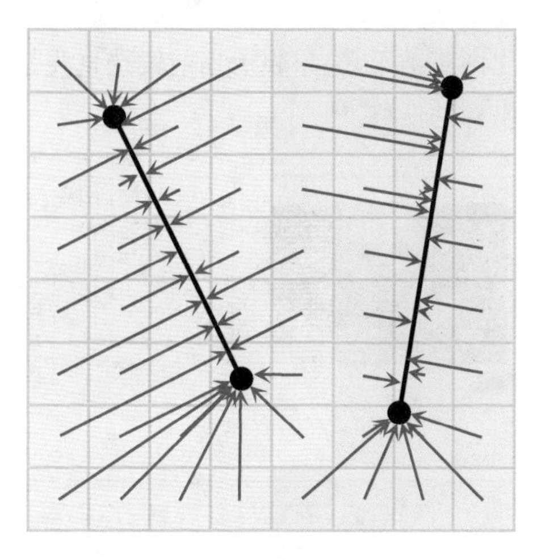

图 3-55　AFM 示意图

(图片引自[27])

与基于图的表示方法相比,基于向量场表示方法显著降低了线段检测框架问题的复杂程度,使用单个网络模块即可实现端到端的检测。并且,这种方法的性能也显著高于前者,同时计算效率大幅提升,实现了 6.4～10.4 FPS 的计算速度。

3.7.3　语义直线检测及应用

除了第 3.7.1 和 3.7.2 两节中描述的通用性线段以外,在一些高阶视觉任务中需要用到一类较为特殊的直线:语义线,如水平线、语义区域分割线等代表性直线(图 3-56)。语义线是摄影构图中的重要概念,实现语义线的检测,能够为后续图像水平度估计、构图强化、图像简化等任务提供关键依据。

图 3-56　语义线示例

❶ 参见 https://github.com/cherubicXN/afm_cvpr2019。

针对该需求，Lee 等人提出了语义线检测网络（semantic line network，SLNet）[29]，其构架如图 3－57 所示。首先图像输入 VGG16 骨干网络[30]，取 Conv10 和 Conv13 层特征。然后，直线特征池化模块从 Conv10 和 Conv13 特征分别抽取直线特征 1 和直线特征 2，二者级联后输入两个全连接层，最终网络输出两路结果，一路表示当前候选直线是否为一条语义直线，另一路输出两个端点坐标的偏移。❶

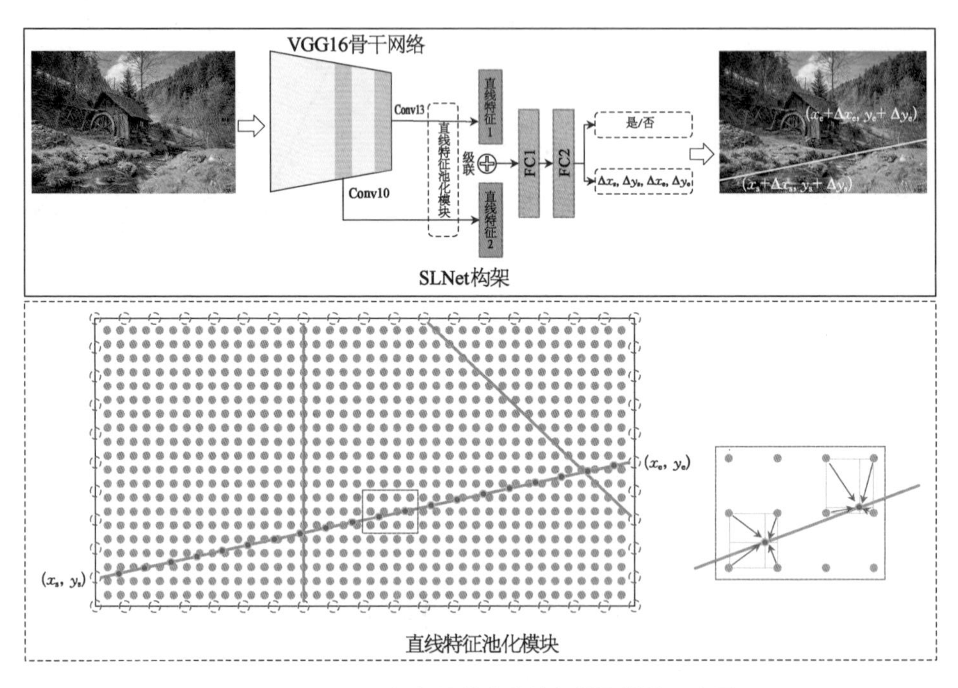

图 3－57　SLNet 框架及其直线特征提取模块示意图

其中，SLNet 的核心模块为直线特征池化模块，其主要作用为沿着所有候选直线抽取特征，输入后续全连接层，其工作模式如图 3－57 下半部分所示。首先沿图像边界等距采样多个点，并连接所有不共边的两个点作为候选直线，例如图中的（x_s，y_s，x_e，y_e）。然后，在每一条候选直线，沿其方向等距抽样 n 个点，如图中红色实心点所示，n 为一固定值。最后，对于候选直线上的采样点，由于其位置通常不会落在像素网格上，因此取距其最近的 4 个像素上的特征进行双线性插值得到抽样点上的特征。若 VGG 网络在相应层输出的特征通道数为 c_i，则直线特征池化模块从中抽样出的特征尺寸为 nc_i。网络从 Conv10 和

❶　参见 https://github.com/dongkwonjin/Semantic-Line-SLNet。

Conv13 层分别抽取特征，级联后得到 $n(c_1+c_2)$ 尺寸特征，输入后续两个连接层及分类和回归模块，得到候选直线分类结果和端点坐标偏移结果。若分类结果判定该候选为语义直线，则在候选直线端点坐标上加上偏移，得到语义直线 $(x_s+\Delta x_s,\ y_s+\Delta y_s,\ x_e+\Delta x_e,\ y_e+\Delta y_e)$。

SLNet 与点对图网络[26]有较为相似的地方，都是从候选端点之间的连接上采样中间特征实现判断，不同的是点对图网络检测的对象是通用性的线段，SLNet 检测的目标是较为高阶的语义直线，它检测的对象可能事实上并非一条直线。SLNet 使用的候选线段是图像边界上等距采样的点，点对图网络则直接从图中检测出候选端点。在 SLNet 之前，有关图像中高阶语义直线检测的研究较少，也没有性能较好的方法。SLNet 是首个针对该问题的基于深度学习的方法，并实现了较好的表现。

3.8　本章小结

本章分别从传统的手动特征算法和当下流行的深度学习算法两个角度，介绍了图像中最基本的 3 类几何特征：关键点、边缘及直线的检测方法。在传统方法中，研究者往往从这些特征的定义出发——例如边缘即是图像中梯度突变的区域，手动设计专门的特征算子；而随着深度学习算法的流行，研究者更加关注具有语义信息的元素，如人脸的关键点或组成房间几何结构的线，并设计各类截然不同的深度学习网络结构。相较于传统的算法，基于大规模数据驱动的深度学习算法更擅长捕捉与刻画全局特征，在基于语义定义的特征点和线的检测中，展现出更鲁棒的性能。

参考文献

[1] YANG S T, WANG F E, PENG C H, et al. Dula-Net: A dual-projection network for estimating room layouts from a single RGB panorama//Proceedings of the IEEE/CVF Conference on Computer Vision and Pattern Recognition. 2019: 3363-3372.
[2] ZHANG J D, SHAN S, KAN M, et al. Coarse-to-fine auto-encoder networks (CFAN) for real-time face alignment//European Conference on Computer Vision. 2014: 1-16.
[3] WANG J, SUN K, CHENG T, et al. Deep high-resolution representation learning for

visual recognition. IEEE Transactions on Pattern Analysis and Machine Intelligence, 2020, 43(10): 3349-3364.

[4] HARIHARAN B, ARBELÁEZ P, BOURDEV L, et al. Semantic contours from inverse detectors//2011 International Conference on Computer Vision. 2011: 991-998.

[5] HUANG K, WANG Y, ZHOU Z, et al. Learning to parse wireframes in images of man-made environments//Proceedings of the IEEE Conference on Computer Vision and Pattern Recognition. 2018: 626-635.

[6] XIE S, TU Z. Holistically-nested edge detection//Proceedings of the IEEE International Conference on Computer Vision. 2015: 1395-1403.

[7] LIU Y, CHENG M M, HU X, et al. Richer convolutional features for edge detection//Proceedings of the IEEE Conference on Computer Vision and Pattern Recognition. 2017: 3000-3009.

[8] YU Z, FENG C, LIU M Y, et al. CaseNet: Deep category-aware semantic edge detection//Proceedings of the IEEE Conference on Computer Vision and Pattern Recognition. 2017: 5964-5973.

[9] MORAVEC H P. Obstacle avoidance and navigation in the real world by a seeing robot rover. RedWood City: Stanford University, 1980.

[10] HARRIS C, STEPHENS M. A combined corner and edge detector//Alvey Vision Conference. 1988.

[11] SAGONAS C, TZIMIROPOULOS G, ZAFEIRIOU S, et al. 300 faces in-the-wild challenge: The first facial landmark localization challenge//Proceedings of the IEEE International Conference on Computer Vision Workshops. 2013: 397-403.

[12] KOESTINGER M, WOHLHART P, ROTH P M, et al. Annotated facial landmarks in the wild: A large-scale, real-world database for facial landmark localization//2011 IEEE International Conference on Computer Vision Workshops. 2011: 2144-2151.

[13] GUO X, LI S, YU J, et al. PFLD: A practical facial landmark detector. arXiv preprint arXiv:1902.10859, 2019.

[14] ZHANG K, ZHANG Z, LI Z, et al. Joint face detection and alignment using multitask cascaded convolutional networks. IEEE Signal Processing Letters, 2016, 23(10): 1499-1503.

[15] LI J, WANG C, ZHU H, et al. Crowdpose: Efficient crowded scenes pose estimation and a new benchmark//Proceedings of the IEEE/CVF Conference on Computer Vision and Pattern Recognition. 2019: 10863-10872.

[16] LIN T Y, MAIRE M, BELONGIE S, et al. Microsoft COCO: Common objects in context//European Conference on Computer Vision. 2014: 740-755.

[17] NEWELL A, YANG K, DENG J. Stacked hourglass networks for human pose estimation//European Conference on Computer Vision. 2016: 483-499.

[18] CAO Z, SIMON T, WEI S-E, et al. Realtime multi-person 2D pose estimation using part affinity fields//Proceedings of the IEEE Conference on Computer Vision and

Pattern Recognition. 2017：7291－7299.

[19] ZOU C, COLBURN A, SHAN Q, et al. LayoutNet：Reconstructing the 3D room layout from a single RGB image//Proceedings of the IEEE Conference on Computer Vision and Pattern Recognition. 2018：2051－2059.

[20] ARMENI I, SAX S, ZAMIR A R, et al. Joint 2D-3D-semantic data for indoor scene understanding. arXiv preprint arXiv:1702.01105, 2017.

[21] ZHENG J, ZHANG J, LI J, et al. Structured3D：A large photo-realistic dataset for structured 3D modeling//European Conference on Computer Vision. 2020：519－535.

[22] ZOU C, SU J W, PENG C H, et al. Manhattan room layout reconstruction from a single 360° image：A comparative study of state-of-the-art methods. International Journal of Computer Vision, 2021, 129(5)：1410－1431.

[23] LEE C Y, BADRINARAYANAN V, MALISIEWICZ T, et al. RoomNet：End-to-end room layout estimation//Proceedings of the IEEE International Conference on Computer Vision. 2017：4865－4874.

[24] SUN C, HSIAO C W, SUN M, et al. HorizonNet：Learning room layout with 1D representation and pano stretch data augmentation//Proceedings of the IEEE/CVF Conference on Computer Vision and Pattern Recognition. 2019：1047－1056.

[25] ZHOU Y, QI H, MA Y. End-to-end wireframe parsing//Proceedings of the IEEE/CVF International Conference on Computer Vision. 2019：962－971.

[26] ZHANG Z, LI Z, BI N, et al. PPGNet：Learning point-pair graph for line segment detection//Proceedings of the IEEE/CVF Conference on Computer Vision and Pattern Recognition. 2019：7105－7114.

[27] XUE N, BAI S, WANG F, et al. Learning attraction field representation for robust line segment detection//Proceedings of the IEEE/CVF Conference on Computer Vision and Pattern Recognition. 2019：1595－1603.

[28] RONNEBERGER O, FISCHER P, BROX T. U-Net：Convolutional networks for biomedical image segmentation//International Conference on Medical Image Computing and Computer-Assisted Intervention. 2015：234－241.

[29] LEE J T, KIM H U, LEE C, et al. Semantic line detection and its applications//Proceedings of the IEEE International Conference on Computer Vision. 2017：3229－3237.

[30] SIMONYAN K, ZISSERMAN A. Very deep convolutional networks for large-scale image recognition. arXiv preprint arXiv:1409.1556, 2014.

第4章 图像分类

4.1 引言

物体识别(object recognition)是计算机视觉领域的一个基础问题,其目标是从图像或视频中识别感兴趣物体的类别,或(同时)定位感兴趣物体的位置。如果一项任务只关心物体的类别而不关心其位置,则该任务被称为图像分类(image classification);如果只关心物体的位置而不关心物体的类别,则被称为物体定位(object localization)。所以物体识别可以看作物体定位和图像识别的复合。如果物体识别的同时也要找到物体的边缘,则该任务被称为物体分割(object segmentation)。此外,有时需要判断图像中是否有待检测的某一类或某几类物体并定位其位置,这类任务被称为目标检测或物体检测(object detection)。图 4-1 展示了这几类常见的计算机视觉任务。本章主要介绍较为基础的图像分类任务。

图 4-1 物体识别任务举例

图像分类任务根据数据的特点可以继续细分为多种任务。例如,按照单个图像中类别标签的个数可以分成多标签分类任务和单标签分类任务。其中单标签分类指每个图像样本只有一个唯一的类别标签，多标签分类指每个图像样本可能有一个或者多个类别标签；按照训练集样本的多少，图像分类任务又可以分为零样本学习(zero-shot learning，某些类别训练集中样本个数为0)、单样本学习(one-shot learning，每一类训练样本个数只有1个)、小样本学习(few-shot learning，每一类训练样本个数为少数几个)等；按照图像类别的颗粒度，也可以分成常见的粗粒度图像分类(general image classification)和细粒度图像分类(fine-grained image classification)，前者是大类之间的识别(例如区分猫和狗)，类间差异较大，后者是类内子类的识别(例如区分100种不同品种的狗)，类间差异很小；此外，由于真实场景数据各类别的样本数量呈现出长尾分布的特点以及数据标签的噪声，图像分类领域还有针对长尾分布的图像识别(long-tailed recognition)和带噪声标签的图像分类(image classification with noisy labels)等任务。

根据图像分类的任务不同，常用的数据集也有很大的区别。例如，在样本均衡的图像分类任务中，有ImageNet[1]、CIFAR-10和CIFAR-100[2]等通用的评价数据集。尤其是ImageNet数据集，包含大约22 000个类别，拥有超过1 500万张从网络中搜集而来的有标注的图像。从2010年开始，每年举办一次"ImageNet大规模视觉识别挑战赛"(ILSVRC)。

细粒度分类任务的数据集通常需要专业人员进行标注，标注开销相对较大，其中Stanford Dogs[3]和Caltech-UCSD Birds 200[4]是比较常用的数据集。对于对长尾分布，iNatruralist[5]是一个天然呈现长尾分布的专门研究昆虫的数据集，除此之外其他常用的长尾分布数据集大多是在均衡数据集上重新采样构造而成的。多标签分类任务中，Microsoft COCO[6]和NUS-WIDE[7]是比较常用的评价数据集。针对样本标注存在噪声的图像分类任务，常用的数据集为WebVision数据集[8]。其中WebVision 1.0与2012年ImageNet竞赛具有相同的1 000个类别，涵盖了直接从谷歌和Flickr上收集到的240万张现代图像和元数据。WebVision 2.0包含5 000类从互联网上收集到的图像数据及其元数据，其训练集的图像多达1 600万张。由于训练集是从互联网上直接按照类别名称使用搜索引擎收集到的，所以训练集的图像存在噪声标签，验证集和测试集则经过人工筛选去除了噪声标签。

图像分类由于其子问题的复杂性，大致存在以下几种挑战：① 对于零样本或少样本学习，如何从未知的或者罕见的物体中学到足够鲁棒的特征表达，对于长尾分布的图像分类，如何减少头部类别(样本数量多)和尾部类别(样本数量少)之间样本数量的偏差对模型的影响;② 对于细粒度分类问题,同属于一个大类下的一系列子类,它们之间可能只存在一些细微的差别,如何有效区分类内物体与物体之间的差异;③ 对于存在噪声标签的分类任务,或者一些背景有遮挡的带噪声的图像,如何能够将噪声去除;④ 数据集中的样本在拍摄时存在视角、背景环境、光照变化等影响,也有存在同一标签的不同样本尺寸不一致、不同类别样本数量不一致等情况,如何从中提取有效的特征表达。

图像分类通常可以分为图像表达(image representation)和模式分类(pattern classification)两个子任务。其中图像表达将图像表示为一个可以用于分类的特征,是计算机视觉研究的核心。早期的图像表达主要采用精心设计的手动特征(hand-crafted feature)。随着 GPU 等硬件资源的进步及大数据的累积,深度学习算法可以逐步学习到图像的底层特征、中间层特征和高层特征,并通过端到端的学习策略学习得到对特定任务最优的图像表达。因此,基于深度学习的图像表达逐渐成为现在图像表达的主流方法。在对图像特征分类的方法上,常用的方法包括最邻近分类器(nearest neighbour classifier, NN)、K-近邻分类器(K-nearest neighbour classifier, KNN)、支持向量机(support vector machine, SVM),以及 softmax 分类器等。其中 SVM 分类器是早期基于手动特征的图像表达经常采用的分类器。softmax 可以与基于深度学习的图像特征提取网络结合,支持端到端的特征提取和分类器训练,已成为深度学习时代的主流分类算法。

此外,在早期的分类方法中,通常采取的是对待识别的类进行 one-hot 编码方法。该方法将所有的类别按照某种顺序排列,生成一个与所有类别维度相同的二值向量[…001000…],其中 1 的位置对应为该图像所属类别的位置(图 4-2)。分类器输出等大小的结果向量,并期待在对应为 1 的位置具有最大的分类概率。然而,基于 one-hot 编码的方式丢弃了类别本身作为文本的语义特征,无法有效刻画文本语义特征与图像特征之间的关系。近年来,研究者提出将深度学习应用于类别编码学习,并将图像特征和文本编码进行关联,例如 CLIP[9]。该算法通过学习图像特征与真正语义特征之间的映射关系,实现更优的图像特征到文本特征的分类。

本章将以图像表达为出发点,介绍传统的基于手动特征的图像表达方法,以及深度学习时代常用的卷积神经网络、胶囊网络、Transformer 等技术。

图 4-2　图像类别 one-hot 编码示例

每张图像经过分类模型处理后，输出一个长度为 3 的 one-hot 向量，分别指代“狗”“猫”和“鸟”3 个类别。

4.2　图像表达

图像表达（image representation）是计算机视觉的一个核心问题。人们希望图像的表达具有紧致性（compactness）、显著性（discriminability）、泛化性（generalization）和鲁棒性（robustness）。紧致性可减少存储开销、加快基于图像表达的后续任务的计算速度，例如使用一个 256 维的人脸特征做后续的人脸识别会明显快于使用一个 2 048 维的人脸特征；显著性要求特征能够刻画一张图像中最为重要的信息；泛化性要求相似的图像被表达为相似的特征，例如同一个人的两张人脸照片在提取特征后应该相似；鲁棒性要求特征对于一些噪声、光照、旋转、平移或放缩等图像的变化依旧具有相似的表达。

需要强调的是，在图像表达中，有时需要考虑显著性和泛化性之间的平衡和侧重：例如同一个人的两张人脸照片，一张年纪大有皱纹，另一张年轻无皱纹，根据不同的需求可能需要不同的图像表达，当进行年龄估计时需要特征刻画出皱纹信息，但进行人脸识别时则要减轻皱纹对人脸特征的影响。

早期的图像表达是基于手动设计特征的表达，具体又分为基于全局特征的图像表达（如颜色直方图）和基于局部特征的图像表达（如视觉词袋模型）。基于手动特征的方法能够较容易地引入先验知识，在数据量少的时候也能取得较好的性能。随着数据的大量累积和计算设备性能的提高，人们开始使用基于数据驱动的方法（主要是深度学习）进行图像表达，并在分类、检测、语义分割任务中取得优异的性能。

4.3 基于手动特征的图像表达

4.3.1 基于颜色直方图的图像表达

颜色是图像的一个非常重要的特征，在早期的基于图像内容的图像检索（如早期的必应图像搜索引擎）和图像分类中被广泛使用。对基于 RGB 颜色空间的图像表达而言，所有颜色共有 256^3 种可能（24 位真彩色格式）。因而最直接的想法是统计图像中每种颜色的分布，将一张图像表达为一个 256^3 格（bin）的颜色直方图。

但是这样做一方面内存开销太大，不满足图像表达的紧致性需求；另一方面缺乏一定的泛化性能，例如，对于同一个场景，用两个相机拍摄，由于设备的差异或者相机芯片响应函数的差异可能会导致两个图像的颜色不同。如果把每张图像表达为 256^3 格直方图，即使两张图像中颜色很近的两个像素，也会落到直方图中不同的格子里，从而导致两个图像的直方图差异很大。

为了节约存储开销，通常在 RGB 的 3 个颜色通道上以较低的分辨率单独统计直方图。例如将每个像素根据 R 分量统计为 8 格的直方图，同样根据 G 分量和 B 分量也分别统计到具有 8 格的直方图。最后，将 3 个直方图拼到一起形成一个 24 维的特征向量用以表达该图像。为了使得直方图表达对于图像放缩具备鲁棒性，通常需对直方图数值根据图像大小进行归一化，即将每个元素除以该图像的像素总数。

除了 RGB 颜色直方图，另外一种常用的颜色直方图是 HSV 颜色直方图，即将像素的 H、S 和 V 3 个分量分别量化到 16、4、4 格中得到 3 个直方图，拼接 3 个直方图构成一个 24 维特征向量，最后用图像的大小进行归一化。

基于颜色直方图的图像表达原理简单，且能够很好地刻画颜色的分布。但是由于这种方法独立统计每个像素的颜色，例如将整张图像的像素点位置打乱，打乱前后直方图相同（图 4-3）。因此，颜色直方图特征无法对图像中的局部物体及位置关系等细节进行刻画。

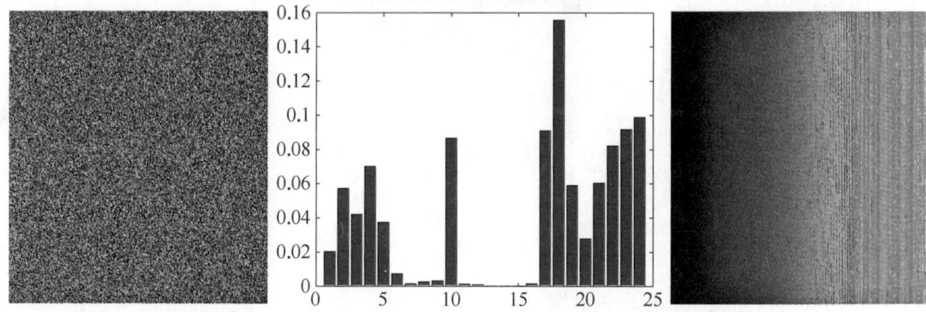

图 4-3　打乱像素点位置的图像与原图像颜色直方图相同

4.3.2　基于经典的视觉词袋模型的图像表达

4.3.2.1　自然语言处理中的词袋模型

在理解计算机视觉领域的词袋模型之前，首先简单介绍自然语言处理任务中的词袋模型(bag of words model)。

给定两个文本：

文档 1　I like CV course and it is useful.

文档 2　I like CV and it is useful.

基于这两个文本构建一个字典，这个字典包含文档中所有的词汇：{I, like, CV, and, it, is useful, course}。基于这个字典分别得到两个文本中的单词出现的频率直方图：

文档 1　[1, 1, 1, 1, 1, 1, 1, 1]

文档 2　[1, 1, 1, 1, 1, 1, 1, 0]

可以把这个单词的频率直方图当成两个文本的特征，用于计算两个文档的相似度。

4.3.2.2 视觉词袋模型

视觉词袋模型[bag of visual words (BoVW), bag of visual features (BoVF), bag of features (BoF), bag of words (BoW)]借鉴了自然语言处理中的文本表达方式[10]。它把一幅图像当成一个文本，用视觉码本[codebook，或称为视觉字典(dictionary)]中每个词出现的频率来表达该图像。它是一种基于局部特征的图像表达。

视觉词袋模型总共包含 3 个步骤：

1）图像特征的提取与描述。

2）视觉字典的构建和特征的表达。

3）基于直方图的图像表达。

其整体过程如图 4-4 所示，第 4.3.2.3—4.3.2.5 节将详细介绍每个步骤。

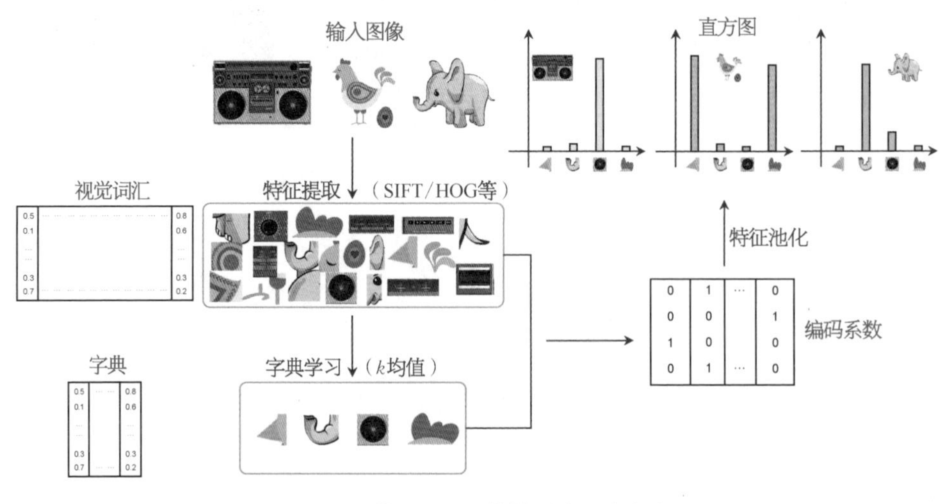

图 4-4 基于视觉词袋模型的图像表达

4.3.2.3 图像的特征提取和描述

在自然语言处理中，每个文档中的词汇是被字典清晰定义的，在图像中则没有天然的“字典”。因此，首先需要确定视觉词袋模型的词汇，即视觉词汇[visual word，或视觉特征(visual feature)]。理论上每个视觉词汇应该表达一定的语义信息，而单个像素描述的语义信息非常有限，因此人们通常在图像中以像素为中心取一个小的图像块(例如 8×8、16×16、24×24 或 32×32 像素)，然后借助 SIFT 或者

HOG 描述该区域，并将得到的特征作为一个视觉词汇。所以，上述过程包含两个步骤：特征点提取(keypoint detection)和特征点描述(keypoint description)。

通常特征点提取方法有两种：基于规则网格的特征点提取方法和基于感兴趣特征点的特征点提取方法。

基于规则网格的特征点提取方法　将图像均匀划分，每隔若干个点(例如 4、8 或 16 个点)取一个点，以其为中心取一个小的图像块进行特征提取。该方法可以充分覆盖全图有效信息，在场景分类和物体识别中均有较好性能。但是该类方法由于提取特征点数目多导致内存开销大，提取过多的冗余背景信息易干扰前景信息对于图像的表达。

基于感兴趣特征点的特征点提取方法　用关键点检测器(keypoint detector)寻找满足一定数学条件的特征点或者区域。常用的检测器有 Edge-Laplace、Harris-Laplace、Hessian-Laplace、Harris-affine、Hessian-affine、MSER、LOG、DOG 等(参考第 3 章中关于关键点检测器的介绍)。实际实践中通常需根据任务和数据库选择不同的最佳特征点检测器。该方法只提取少量的具有某类关键信息的特征点，因而更加内存友好，提取的特征也更具有显著性。但缺点是某些含有重要信息的区域可能没有特征点检出，导致这些信息在图像表达中的丢失，不利于后续的任务。

上面描述了特征点的提取，对于特征点对应的区域通常用描述子(descriptor)来刻画。常用的描述子包括 SIFT[11]、HOG[12]、SURF[13]、LBP[14] 等。其中的 HOG 和 SURF 都与 SIFT 非常相关，因此主要介绍 SIFT 和 LBP。

尺度不变特征转换(scale-invariant feature transform, SIFT)**描述子**　对于以某一个关键点为中心的图像块，例如一个 16×16 大小的图像块，可以计算每个像素的梯度方向和梯度幅值。在图 4-5 中，❶ 箭头方向代表该像素的梯度方向、箭头长度代表梯度模值，并以关键点中心使用高斯窗口对所有像素的幅值进行加权。接下来将图像块分成 4×4 的小块，每个小块内部包含 4×4 像素。将 0°—360°分成 8 个区间，统计每个小块内部所有像素点在 8 个方向区间的梯度方向直方图，将落到直方图每个格子里的像素方向梯度幅值进行累加。最后将所有的小块的直方图拼接到一起作为该 16×16 图像块的表达。所以 SIFT 的特征的维度为 4×4×8=128 维。SIFT 描述子由于使用梯度作为特征表达的基础，可以很好地克服光照、图像噪声的影响，被广泛应用到各种计算机视觉任务中。

---

❶ 注意：为了阅读体验，图 4-5(a)中仅画出 8×8 像素作为示意。

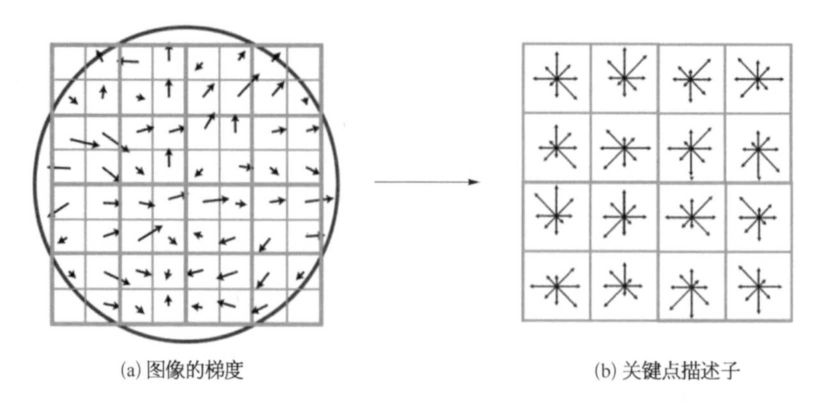

图 4-5 SIFT 描述子示意图

局部二值模式(local binary pattern，LBP)**描述子** 一种用来描述图像局部纹理特征的算子。在原始的 LBP 算子中，给定一个特征点，以该点为中心取一个 3×3 小的图像块。然后以图像块中心像素的灰度值为阈值，将相邻的 8 个像素的灰度值进行量化：若周围像素值大于中心像素值，则对应像素点位置的值被标记为 1，反之为 0。这样，中心像素点周围的 8 个点经比较可产生 8 位二进制数。通常将该二进制数变成十进制(0 到 255 的 256 个数字)，作为中心像素点的 LBP 值(图 4-6)。进一步，为表达整张图像，可以将整张图像均匀划分成 $m \times m$ 个子区域(例如 10×10)，在每个子区域基于每个像素的 LBP 值得到一个 256 维的统计直方图，并将该直方图归一化。最后将所有子区域的直方图进行拼接来表达整张图像。在原始的 LBP 特征基础上，研究者提出了一系列的改进，例如：圆形 LBP 算子、LBP 旋转不变模式、LBP 等价模式等。这些改进进一步提升了 LBP 特征的表达能力。需要强调的是 LBP 是图像纹理特征的一种刻画，它具有旋转不变性和灰度不变性等显著优点。这些特征在人脸识别和纹理分类中展现出了优异的性能。

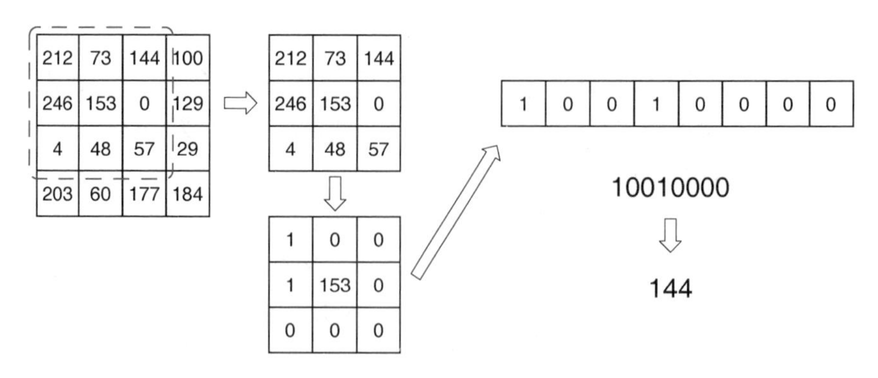

图 4-6 LBP 描述子示意图

4.3.2.4　视觉字典的构建

在自然语言处理中，字典是预先定义好的，但是在计算机视觉中情况则复杂得多。例如给定一个 16×16 大小的图像块，颜色分布有$(256^3)^{16\times16}$种可能，导致图像块的颜色特征空间极其巨大。如果用这种特征作为字典去描述，一方面内存开销极其巨大，另外一方面特征之间相似度非常高时，无法有效地刻画它们之间的相似度。为了刻画特征之间的相似度并降低数据表达的维度，研究人员提出使用 k 均值(k-means)技术对图像的局部特征做聚类(clustering)：属于同一个类的特征彼此相似，将每一类特征的中心作为字典(codebook/dictionary)来进行特征的表达。即给定一个视觉词汇，它距离字典中的某个词汇最近，则认为该视觉词汇对应视觉字典中的那个词汇。通常习惯将 k 均值聚类的个数取为 2 的整数次幂，如 2^n，$n \in \{9, 10, 11, 12, \cdots\}$ 等。k 均值聚类的算法实现如下：

1) 初始化 k 个聚类中心。例如，可以随机选取 k 个样本作为初始聚类中心。

2) 对于特征集合中每个样本，计算它到所有 k 个聚类中心的距离，并将其分到距离最小的聚类中心所对应的簇中。

3) 针对每个类别，计算属于该簇的所有样本的均值，并把该均值作为该簇的聚类中心。

4) 重复步骤 2)和 3)直到收敛(每个样本的类别不变化或者最小误差无变化等)。

在实际任务中，如果一个图像数据集非常大，每个图像中局部特征的个数又非常多，则由于内存限制通常无法使用所有的特征进行聚类。为解决该问题，可以随机采样一些特征进行聚类得到视觉字典。另外，需要注意，k 均值方法得到的是局部最优解，其结果受初始中心的选择影响(图 4-7)。

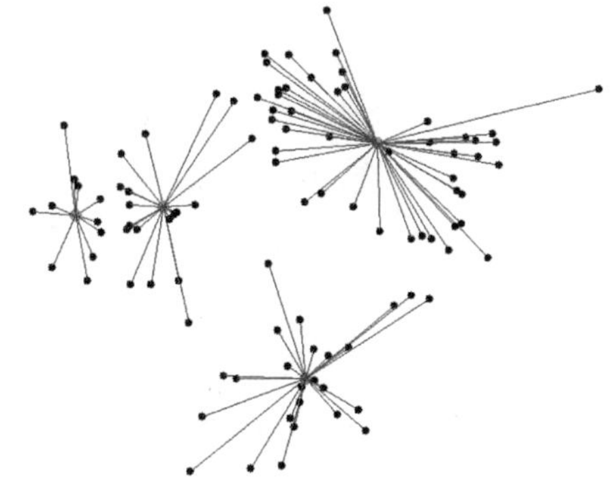

(a) 以最左边4个点作为初始中心的聚类结果

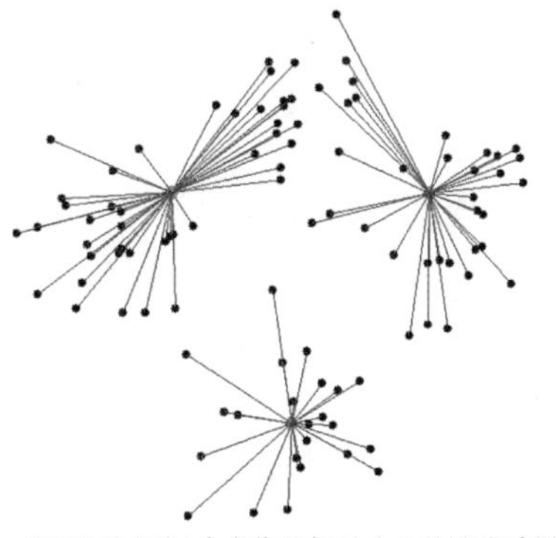

(b) 以最右边4个点作为初始中心的聚类结果

图 4-7　k 均值得到的是一组局部最优解，初始点的选择影响 k 均值结果

4.3.2.5 基于直方图的图像表达

在得到视觉词汇对应的字典之后，给定一张图像，对于该图像的一个特征，根据该特征到字典中所有词汇的距离，可以得知该点属于哪一类。这样就可以得到该图像在字典下的频率直方图，进而能够以该频率直方图作为图像的表达。通常为了克服图像尺寸的影响，需要将直方图进行归一化，即除以该图像中所有特征点的个数。

4.3.3 基于空间金字塔匹配模型的图像表达

经典的视觉词袋模型在每张图像统计字典中词汇出现的频率直方图。由于该直方图是基于整张图像的，因此丢失了图像特征的空间分布信息。为了解决该问题，研究者提出了空间金字塔匹配（spatial pyramid matching，SPM）模型[15]。如图 4-8 所示，该模型将图像在水平和垂直方向划分为逐渐精细的网格，并在每个网格内部统计频率直方图。最后将所有的直方图乘以一个相应的权重后进行拼接，用来表达该图像。因此 SPM 可以更好地表达图像，在图像分类中取得更加优异的性能。具体的 SPM 将图像分为 L 层的表达（通常 L 取 2）。假定 k 均值聚类中心的个数为 k，将所有特征量化为 k 个特征类型，则具体的基于 SPM 的图像表达如下：

1）在第 0 层，在整张图像上统计特征直方图，得到一个具有 k 格的直方图 H^0。

2）在第 l 层，在水平和竖直方向将图像均匀划分为 $2^l \times 2^l$ 个子区域。然后在每个子区域统计直方图。即第 l 层的直方图分别为 H_1^l；…；$H_{2^l \times 2^l}^l$，每个直方图也具有 k 格。

3）将第 l 层的直方图乘以该层对应的权重 $w_l = 1/(2^{L-l+1})$，$l = 1, 2, \cdots$，其中 L 代表最大层数，l 代表当前层。特别地，第 0 层权重 $w_0 = 1/2^L$。

4）将所有的直方图按照层数由高到低进行拼接，用来表达该图像。拼接结果是一个具有 $k\sum_{l=0}^{L} 4^l = k\frac{1}{3}(4^{L+1}-1)$ 格的直方图，也可以理解为得到一个该长度的特征向量来表达该图像。

SPM 在物体分类和场景分类中均取得优异的性能。例如在场景分类中，通常太阳在图像的上部分、海水在图像的中间部分、沙滩在图像的下部分。因此 SPM 可以很好地刻画特征在空间中的分布。在实际的物体识别应用中，有时候考虑到水平方向的对称性，对于高层的特征，不再进行精细划分，而只是将图像按照 1×1、2×2、3×1 的方式进行划分。

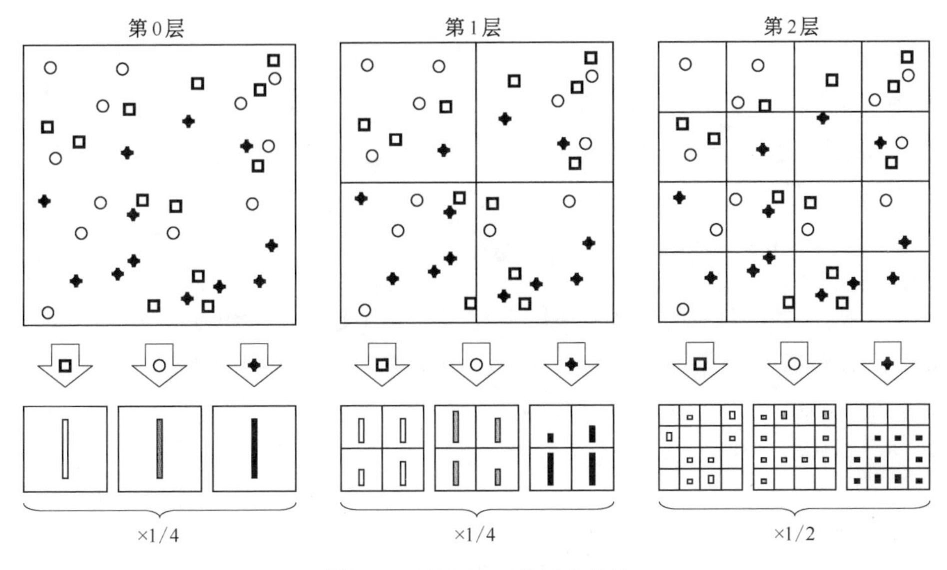

图 4-8　基于 SPM 的图像表达

4.3.4　基于压缩感知的图像表达

在经典的视觉词袋模型中，利用 k 均值方法构建视觉字典，其潜在含义为将落到一个类中的特征认为是属于同一个视觉字典中的词汇的变体。而实际的某个图像特征可能与多个字典中的词汇都很靠近。如果只用一个字典中的词汇去近似该特征，会造成信息的损失，该损失被称为特征量化损失。为了避免特征量化损失，研究者提出用压缩感知[compressed sensing，又被称为稀疏编码(sparse coding)]来进行字典的学习和特征的编码[16]（图 4-9）。

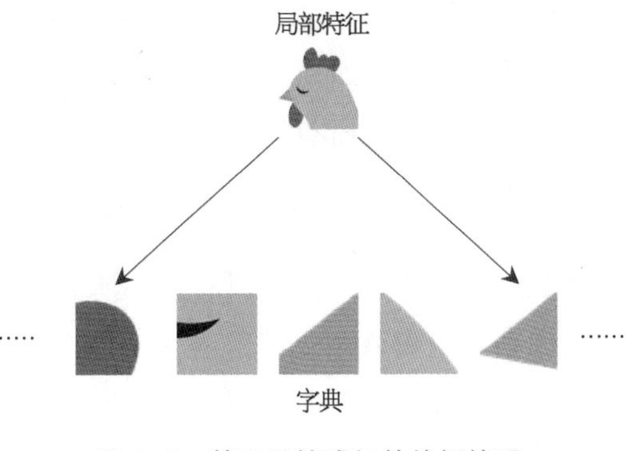

图 4-9　基于压缩感知的特征编码

记 $\boldsymbol{x}_i \in \mathbb{R}^{d\times1}$ 为第 i 个图像特征，假定总计有 N 个特征。记字典为 $\boldsymbol{U}=[\boldsymbol{u}_1, \cdots, \boldsymbol{u}_k] \in \mathbb{R}^{d\times k}$。在 k 均值中，一个特征只用字典

中的距离最近的一个词汇去近似，假定 $\boldsymbol{x}_i$ 对应于第 j 个类，用 C_j 代表属于第 j 个类的样本的集合，那么 k 均值的目标函数可以定义如下

$$\min_{\boldsymbol{U}} \sum_{j} \sum_{\boldsymbol{x}_i \in C_j} \| \boldsymbol{x}_i - \boldsymbol{u}_j \|_2^2 = \sum_{i} \| \boldsymbol{x}_i - \boldsymbol{U}\boldsymbol{v}_i \|^2 \tag{4-1}$$

其中 v_i 的第 j 个元素为 1，其他元素为 0。

如前所述，一个特征可以和多个字典中的元素比较像。因此可以用多个字典中的元素的线性组合来近似一个特征

$$\boldsymbol{x}_i = \boldsymbol{U}\boldsymbol{v}_i + \boldsymbol{e}_i \tag{4-2}$$

其中 $\boldsymbol{e}_i$ 是该特征对应的量化误差。量化误差越小越好。为了强调字典中元素的显著性，期待一个特征只与字典中有限个元素相关，因此可对重建系数添加稀疏约束，通常用 L1 范数，即一个向量中所有元素的绝对值相加求和。因此将字典学习和特征量化的目标函数重写为

$$\min_{\boldsymbol{U},\boldsymbol{V}} \sum_{i} (\| \boldsymbol{x}_i - \boldsymbol{U}\boldsymbol{v}_i \|_2^2 + \lambda \| \boldsymbol{v}_i \|_1) = \| \boldsymbol{X} - \boldsymbol{U}\boldsymbol{V} \|_2^2 + \lambda \| \boldsymbol{V} \|_1 \tag{4-3}$$

$$\text{s.t.} \quad \| \boldsymbol{u}_j \|_2 = 1$$

其中 $\boldsymbol{X} = [\boldsymbol{x}_1, \cdots, \boldsymbol{x}_N]$，$\boldsymbol{V} = [\boldsymbol{v}_1, \cdots, \boldsymbol{v}_N]$，约束 $\| \boldsymbol{u}_j \|_2 = 1$ 可以避免优化的解是无意义的(否则可以任意将系数缩小一个尺度，对应字典放大一个尺度，该目标函数可以不断变小，有时约束也使用 $\| \boldsymbol{u}_j \|_2 \leqslant C, \ \forall j = 1, \cdots, k$)。由于式(4-3)是非凸的，在实际的优化过程中，通常分步优化字典和重建系数。在优化单个变量的时候，目标函数都是凸的，都有最优解。在基于压缩感知的特征量化中，一个特征被编码成一个稀疏的系数。常采用最大化特征池化(max pooling)和 SPM 相结合的方式进行图像的表达。对于 SPM 的某一层的某个子区域(假定 l 代表 SPM 的第 l 层、j 代表该层的第 j 个图像子区域，假定该区域有 m 个特征)，将所有的特征对应的重建系数拼接构成一个矩阵，记该矩阵为 $\boldsymbol{V}_j^l \in \mathbb{R}^{k \times m}$，最大化特征池化将所有特征的对应维度取最大值来表示该区域

$$\boldsymbol{F}_j^l = \max[\boldsymbol{V}_j^l, \text{`row'}] \tag{4-4}$$

其中 $\boldsymbol{F}_j^l \in \mathbb{R}^{k \times 1}$。然后将所有层的所有子区域的特征拼接成一个向量来表达该图像。基于压缩感知的图像表达在场景分类和物体识别中都取得了优异的性能。在此基础上，有更多的特征编码算法，例如 LLC[17]、FV[18]、KSC[19] 等被引入，并进一步提升了图像表达的能力。

4.3.5　基于高斯混合模型的图像特征编码

除了压缩感知外，fisher vector(FV)[18]编码也是另外一种常用的且性能优异的特征编码方式。给定属于同一张图像 I 的一组局部特征 $X=(x_1, \cdots, x_N)$，例如 SIFT 特征，其中每个特征的维度是 D 维。假定 $\Theta=(\mu_k, \Sigma_k, \pi_k: k=1, \cdots, K)$ 是为拟合 X 分布的高斯混合模型(Gaussian mixture model)的参数。

$$p(x_i \mid \Theta)=\sum_k \pi_{ik} N(x_i \mid \mu_k, \Sigma_k) \tag{4-5}$$

因此希望

$$\max \sum_i \log(p(x_i \mid \Theta)) \tag{4-6}$$

则样本 x_i 对应于第 k 个高斯表达的权重为

$$\pi_{ik}=\frac{\exp\left[-\frac{1}{2}(x_i-\mu_k)^{\mathrm{T}} \Sigma_k^{-1}(x_i-\mu_k)\right]}{\sum_{t=1}^{K} \exp\left[-\frac{1}{2}(x_i-\mu_t)^{\mathrm{T}} \Sigma_k^{-1}(x_i-\mu_t)\right]} \tag{4-7}$$

对于第 k 个高斯，其均值和方差分别为

$$u_{jk}=\frac{1}{N\sqrt{\pi_k}} \sum_{i=1}^{N} \pi_{ik} \frac{x_{ji}-\mu_{jk}}{\sigma_{jk}} \tag{4-8}$$

$$v_{jk}=\frac{1}{N\sqrt{2\pi_k}} \sum_{i=1}^{N} \pi_{ik}\left[\left(\frac{x_{ji}-\mu_{jk}}{\sigma_{jk}}\right)^2-1\right] \tag{4-9}$$

其中 $j=1, 2, \cdots, D$ 用来索引特征向量的维度。则对于该图像的 FV 表达为

$$\Phi(I)=\begin{bmatrix} \vdots \\ \boldsymbol{u}_k \\ \vdots \\ \boldsymbol{v}_k \\ \vdots \end{bmatrix} \tag{4-10}$$

4.4　基于支持向量机的图像分类

支持向量机(support vector machine, SVM)是一类基于监督学习(supervised learning)的数据分类模型,可用于数据的二分类。其原理是通过最大化分类间隔来构建分类平面。其在图像分类、视频分类等模式识别(pattern recognition)任务中被广泛应用。

4.4.1　面向线性可分数据的支持向量机分类

对于一组线性可分的数据(图 4-10),分类面 H_3 会把数据错误地分类,而对于分类面 H_2,如果数据存在噪声则极容易被它分错。相比之下,分类面 H_1 可以很好地容忍噪声对数据进行分类。因此,当数据线性可分时,可以通过最大化分类硬间隔(hard margin)来构建对噪声容忍度最大的分类面。

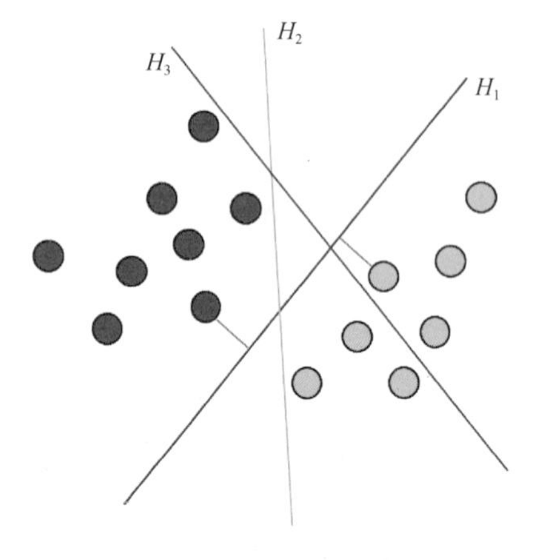

图 4-10　SVM 示意图

4.4.1.1　最大化硬间隔的线性可分类支持向量机

给定一个包含 n 个样本的二分类数据集：$\{(\boldsymbol{x}_1, y_1), (\boldsymbol{x}_2, y_2), \cdots, (\boldsymbol{x}_n, y_n)\}$,其中 $\boldsymbol{x}_i$ 为第 i 个样本,[1] $y_i \in \{+1, -1\}$ 是 $\boldsymbol{x}_i$ 的标签：$y_i = +1$ 表示 $\boldsymbol{x}_i$

[1] 实际情况中可能为数据点本身或者从原始数据抽取的特征向量。

属于正类，$y_i=-1$ 表示 $\boldsymbol{x}_i$ 属于负类。

为将两类数据最好地分开,需要构造一个最优的分类面 $\boldsymbol{x}^{\mathrm{T}}\boldsymbol{w}+b=0$，使得该分类面对应的分离两类数据的两个超平面之间的距离最大。对应的两个平面之间的距离被称为间隔(margin,图 4-11)。

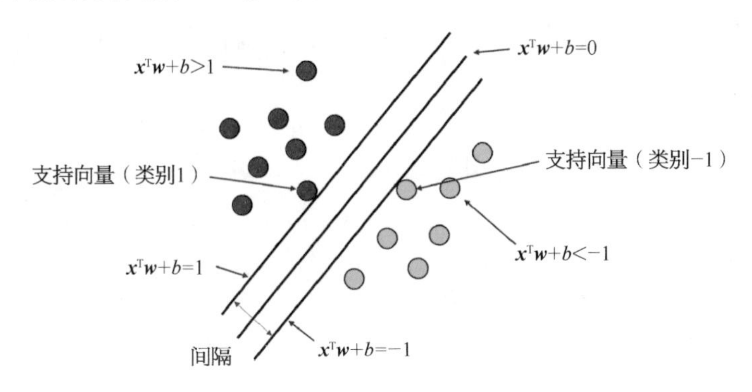

图 4-11　最大化硬间隔的线性 SVM

如果分类面能够正确将两类数据分类,则应满足

$$\begin{cases}\boldsymbol{x}_i^{\mathrm{T}}\boldsymbol{w}+b\geqslant+1, & y_i=+1\\ \boldsymbol{x}_i^{\mathrm{T}}\boldsymbol{w}+b\leqslant-1, & y_i=-1\end{cases}\tag{4-11}$$

记两个分类面之间的间隔为 ρ,根据两个平面之间距离的计算公式,可以得到

$$\text{margin}=\rho=\frac{2}{\|\boldsymbol{w}\|}\tag{4-12}$$

而目标是使 ρ 最大,等价于使 ρ^2 最大

$$\max_{\boldsymbol{w},b}\rho\Leftrightarrow\max_{\boldsymbol{w},b}\rho^2\Leftrightarrow\min_{\boldsymbol{w},b}\frac{1}{2}\|\boldsymbol{w}\|^2\tag{4-13}$$

因此可以得到最大化硬间隔的支持向量机的目标函数

$$\min_{\boldsymbol{w},b}J(\boldsymbol{w})=\min_{\boldsymbol{w},b}\frac{1}{2}\|\boldsymbol{w}\|^2\tag{4-14}$$

$$\text{s.t.}\quad y_i(\boldsymbol{x}_i^{\mathrm{T}}\boldsymbol{w}+b)\geqslant1,\quad i=1,2,\cdots,n$$

式(4-14)所述问题为原始问题(primal problem)。

在数据线性可分的情况下,训练集中距离分离超平面最近的点被称为支持向量(support vector)。如图 4-11 所示,支持向量满足

$$y_i(\boldsymbol{x}_i^{\mathrm{T}}\boldsymbol{w}+b)=1\tag{4-15}$$

即所有位于超平面 $\boldsymbol{x}^{\mathrm{T}}\boldsymbol{w}+b=1$ 或 $\boldsymbol{x}^{\mathrm{T}}\boldsymbol{w}+b=-1$ 上的点。

需要强调的是在最大化硬间隔的线性可分类 SVM 中，只有支持向量决定超平面的选取。移动或者删除非支持向量并不影响超平面的优化。即支持向量对模型起着决定性的作用，这也是“支持向量机”名称的由来。

4.4.1.2 最大化硬间隔的线性可分类支持向量机的对偶问题

为求解式(4-14)中的 $\boldsymbol{w}$ 和 b，可应用拉格朗日乘子法构造拉格朗日函数(Lagrange function)，再通过求解其对偶问题(dual problem)得到原始问题的最优解。

首先，引进拉格朗日乘子(Lagrange multiplier) $\alpha_i \geqslant 0$, $i=1, 2, \cdots, n$，则可构造如下拉格朗日函数

$$L(\boldsymbol{w}, b, \alpha)=\frac{1}{2}\|\boldsymbol{w}\|^2-\sum_{i=1}^{n}\alpha_i[y_i(\boldsymbol{x}_i^{\mathrm{T}}\boldsymbol{w}+b)-1] \tag{4-16}$$

根据拉格朗日对偶性，式(4-14)所述原始问题的对偶问题是

$$\max_{\alpha}\min_{\boldsymbol{w}, b}L(\boldsymbol{w}, b, \alpha) \tag{4-17}$$

为了求得对偶问题的解，需要先求 $L(\boldsymbol{w}, b, \alpha)$ 对 $\boldsymbol{w}$ 和 b 的极小，再求对 α 的极大：

1) 通过 $\min\limits_{\boldsymbol{w}, b}L(\boldsymbol{w}, b, \alpha)$ 优化 $\boldsymbol{w}$ 和 b。对拉格朗日函数求导并令导数为 0

$$\nabla_{\boldsymbol{w}}L(\boldsymbol{w}, b, \alpha)=\boldsymbol{w}-\sum_{i=1}^{n}\alpha_i y_i\boldsymbol{x}_i=0\Rightarrow\boldsymbol{w}=\sum_{i=1}^{n}\alpha_i y_i\boldsymbol{x}_i \tag{4-18}$$

$$\nabla_{b}L(\boldsymbol{w}, b, \alpha)=-\sum_{i=1}^{n}\alpha_i y_i=0\Rightarrow\sum_{i=1}^{n}\alpha_i y_i=0 \tag{4-19}$$

组合式(4-16)到(4-19)可得

$$\min_{\boldsymbol{w}, b}L(\boldsymbol{w}, b, \alpha)=-\frac{1}{2}\sum_{i=1}^{n}\sum_{j=1}^{n}\alpha_i\alpha_j y_i y_j\boldsymbol{x}_i^{\mathrm{T}}\boldsymbol{x}_j+\sum_{i=1}^{n}\alpha_i \tag{4-20}$$

2) 优化 $\min\limits_{\boldsymbol{w}, b}L(\boldsymbol{w}, b, \alpha)$ 对 α 的极大值。等价于式(4-20)对 α 求极大，也等价于式(4-20)取负数后对 α 求极小

$$\min_{\alpha}\frac{1}{2}\sum_{i=1}^{n}\sum_{j=1}^{n}\alpha_i\alpha_j y_i y_j\boldsymbol{x}_i^{\mathrm{T}}\boldsymbol{x}_j-\sum_{i=1}^{n}\alpha_i \tag{4-21}$$

同时满足约束条件

$$\begin{aligned}&\sum_{i=1}^{n}\alpha_i y_i=0,\\&\alpha_i\geqslant 0,\quad i=1, 2, \cdots, n\end{aligned} \tag{4-22}$$

至此，得到了原始最优化问题式(4-14)对应的对偶最优化问题式(4-21)和(4-22)。

由 Slater 条件知，因为原始优化问题的目标函数和不等式约束条件都是凸函数，并且该不等式约束是严格可行的，所以存在 $\hat{\boldsymbol{w}}$、$\hat{b}$、$\hat{\alpha}$，使得 $\hat{\boldsymbol{w}}$、$\hat{b}$ 是原始问题的解且 $\hat{\alpha}$ 是对偶问题的解。这意味着求解原始最优化问题式(4-13)可以转换为求解对偶最优化问题式(4-21)和(4-22)。

而优化问题式(4-21)和(4-22)对应于二次规划问题，可以利用通用的算法，例如序列最小优化(sequential minimal optimation, SMO)算法，进行求解。

通过式(4-21)和(4-22)求得最优 $\hat{\alpha}$ 后，可根据式(4-18)求得最优 $\hat{\boldsymbol{w}}$

$$\hat{\boldsymbol{w}}=\sum_{i=1}^{n}\hat{\alpha}_i y_i \boldsymbol{x}_i \tag{4-23}$$

因为至少存在一个 $\hat{\alpha}_j>0$（若不存在即 $\hat{\alpha}$ 全为 0，则 $\hat{\boldsymbol{w}}=0$，即 margin $=\frac{2}{\|\hat{\boldsymbol{w}}\|}=\infty$，显然不成立），根据库恩-塔克条件［Karush-Kuhn-Tucker condition (KKT 条件)］

$$\begin{cases}\text{乘子非负：}\alpha_i\geqslant 0, & i=1,2,\cdots,n\\ \text{约束条件：}y_i(\boldsymbol{x}_i^{\mathrm{T}}\boldsymbol{w}+b)-1\geqslant 0, & i=1,2,\cdots,n\\ \text{互补条件：}\alpha_i[y_i(\boldsymbol{x}_i^{\mathrm{T}}\boldsymbol{w}+b)-1]=0, & i=1,2,\cdots,n\end{cases} \tag{4-24}$$

至少存在一个 j，使得 $y_j(\boldsymbol{x}_j^{\mathrm{T}}\hat{\boldsymbol{w}}+\hat{b})-1=0$，即可求得最优 $\hat{b}$

$$\hat{b}=\frac{1}{y_j}-\boldsymbol{x}_j^{\mathrm{T}}\hat{\boldsymbol{w}}=y_j-\boldsymbol{x}_j^{\mathrm{T}}\hat{\boldsymbol{w}}=y_j-\sum_{i=1}^{n}\hat{\alpha}_i y_i \boldsymbol{x}_j^{\mathrm{T}}\boldsymbol{x}_i \tag{4-25}$$

至此，可得到对于最大化硬间隔的线性可分类 SVM 对应的分离超平面为

$$\sum_{i=1}^{n}\hat{\alpha}_i y_i \boldsymbol{x}^{\mathrm{T}}\boldsymbol{x}_i+\hat{b}=0 \tag{4-26}$$

其对应的分类决策函数为

$$f(x)=\operatorname{sign}\left(\sum_{i=1}^{n}\hat{\alpha}_i y_i \boldsymbol{x}^{\mathrm{T}}\boldsymbol{x}_i+\hat{b}\right) \tag{4-27}$$

4.4.1.3　最大化软间隔的线性可分类支持向量机

最大化硬间隔的线性可分类 SVM 假定训练数据是严格线性可分的，即存在一个超平面能完全将两类数据分开。但在现实任务中，这个假设往往不成立，

如图 4-12 所示。对此，可以采用允许 SVM 在少量样本上分错，即将之前的硬间隔最大化条件放宽来解决。为此引入软间隔(soft margin)概念，允许少量样本不满足硬间隔的约束

$$y_i(\boldsymbol{x}_i^{\mathrm{T}}\boldsymbol{w}+b)<1 \tag{4-28}$$

为了让不满足硬间隔约束的样本点尽量少，可以通过在目标函数式(4-14)引入对这些样本点的惩罚项。通常采用铰链损失(hinge loss) $l_{\text{hinge}}(z)=\max(0,1-z)$。即满足约束条件的样本点损失为 0，其他样本点的损失为$(1-z)$

$$\min_{\boldsymbol{w},b}\frac{1}{2}\|\boldsymbol{w}\|^2+C\sum_{i=1}^{n}\max[0,1-y_i(\boldsymbol{x}_i^{\mathrm{T}}\boldsymbol{w}+b)] \tag{4-29}$$

其中 $C>0$ 为惩罚因子(penalty term)，越小对误分类样本惩罚越小，越大对误分类样本惩罚越大；$C=0$ 时等价于硬间隔优化。

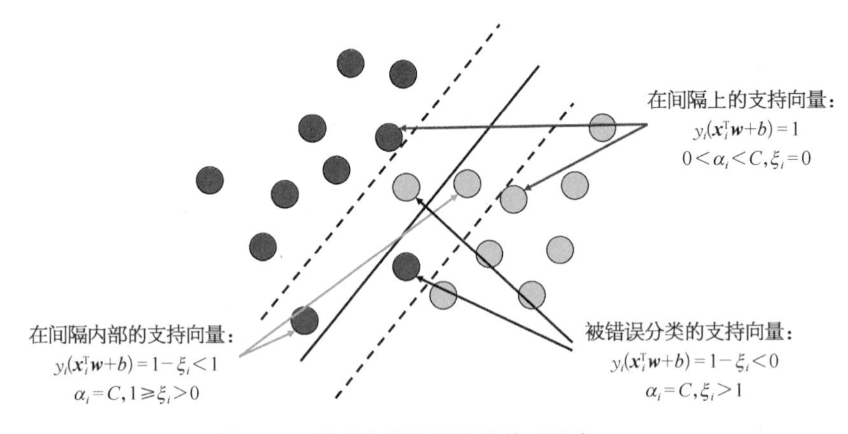

图 4-12 最大化软间隔的线性可分类 SVM

通过引入松弛变量(slack variable) $\xi_i\geqslant 0$，式(4-29)可重写为

$$\min_{\boldsymbol{w},b,\xi}\frac{1}{2}\|\boldsymbol{w}\|^2+C\sum_{i=1}^{n}\xi_i \tag{4-30}$$

$$\text{s.t.}\quad y_i(\boldsymbol{x}_i^{\mathrm{T}}\boldsymbol{w}+b)\geqslant 1-\xi_i,$$

$$\xi_i\geqslant 0,\quad i=1,2,\cdots,n$$

式(4-30)所述问题即最大化软间隔的线性可分类 SVM。

4.4.1.4 最大化软间隔的线性可分类支持向量机的对偶问题

与最大化硬间隔的线性可分类 SVM 相类似，对于式(4-30)的优化可通过

引入拉格朗日乘子，将其转换为对偶问题进行求解。式(4-30)对应的拉格朗日函数为

$$L(\boldsymbol{w}, \boldsymbol{b}, \xi, \alpha, \beta) = \frac{1}{2}\|w\|^2 + C\sum_{i=1}^{n}\xi_i - \sum_{i=1}^{n}\alpha_i[y_i(\boldsymbol{x}_i^{\mathrm{T}}\boldsymbol{w}+b)-1+\xi_i] - \sum_{i=1}^{n}\beta_i\xi_i \tag{4-31}$$

可通过先求 $L(\boldsymbol{w}, \boldsymbol{b}, \xi, \alpha, \beta)$ 对 $\boldsymbol{w}$、$\boldsymbol{b}$ 和 ξ 的极小，再求对 α 和 β 的极大来优化式(4-31)：

1) 求 $\min\limits_{\boldsymbol{w},\boldsymbol{b},\xi} L(\boldsymbol{w}, \boldsymbol{b}, \xi, \alpha, \beta)$。令 $L(\boldsymbol{w}, \boldsymbol{b}, \xi, \alpha, \beta)$ 分别对 $\boldsymbol{W}$、b 和 ξ 的偏导为 0，可得

$$\boldsymbol{w} = \sum_{i=1}^{n}\alpha_i y_i \boldsymbol{x}_i \tag{4-32}$$

$$\sum_{i=1}^{n}\alpha_i y_i = 0 \tag{4-33}$$

$$C = \alpha_i + \beta_i \tag{4-34}$$

将式(4-32)至(4-34)代入式(4-31)，然后通过类似式(4-20)的推导，可得

$$\min_{\boldsymbol{w},\boldsymbol{b},\xi} L(\boldsymbol{w}, \boldsymbol{b}, \xi, \alpha, \beta) = -\frac{1}{2}\sum_{i=1}^{n}\sum_{j=1}^{n}\alpha_i\alpha_j y_i y_j \boldsymbol{x}_i^{\mathrm{T}}\boldsymbol{x}_j + \sum_{i=1}^{n}\alpha_i \tag{4-35}$$

需要注意的是式(4-35)中，β 已经被消掉。

2) 求 $\min\limits_{\boldsymbol{w},\boldsymbol{b},\xi} L(\boldsymbol{w}, \boldsymbol{b}, \xi, \alpha, \beta)$ 对 α 的极大。式(4-35)对 α 求极大，等价于其取负数后对 α 求极小

$$\min_{\alpha}\frac{1}{2}\sum_{i=1}^{n}\sum_{j=1}^{n}\alpha_i\alpha_j y_i y_j \boldsymbol{x}_i^{\mathrm{T}}\boldsymbol{x}_j - \sum_{i=1}^{n}\alpha_i \tag{4-36}$$

同时满足约束条件

$$\begin{gathered}\sum_{i=1}^{n}\alpha_i y_i = 0, \\ 0 \leqslant \alpha_i \leqslant C, \quad i = 1, 2 \cdots, n\end{gathered} \tag{4-37}$$

然后可通过通用的二次规划求解方法或者 SMO 算法求得最优的 $\hat{\alpha}$，并得到最优的 $\hat{\boldsymbol{w}}$

$$\hat{\boldsymbol{w}} = \sum_{i=1}^{n}\hat{\alpha}_i y_i \boldsymbol{x}_i \tag{4-38}$$

再根据 KKT 条件

$$\begin{cases}\text{乘子非负：}\alpha_i \geqslant 0,\ \beta_i \geqslant 0(i=1,\ 2,\ \cdots\ n,\text{下同})\\ \text{约束条件：}y_i(\boldsymbol{x}_i^{\mathrm{T}}\boldsymbol{w}+b)-1 \geqslant \xi_i\\ \text{互补条件：}\alpha_i[y_i(\boldsymbol{x}_i^{\mathrm{T}}\boldsymbol{w}+b)-1+\xi_i]=0,\ \beta_i\xi_i=0\end{cases} \tag{4-39}$$

可求得整个软间隔 SVM 的解

$$\hat{\boldsymbol{w}}=\sum_{i\in SV}\hat{\alpha}_i y_i \boldsymbol{x}_i \tag{4-40}$$

$$\hat{b}=y_j-\sum_{i\in SV}\hat{\alpha}_i y_i \boldsymbol{x}_j^{\mathrm{T}}\boldsymbol{x}_i \tag{4-41}$$

其中 j 需满足 $0<\hat{\alpha}_j<C$，SV 指支持向量的集合。

4.4.2　面向非线性可分数据的支持向量机分类

对于非线性分类问题，可通过核函数的技巧使用非线性 SVM 来解决。其核心思想是使用一个变换将原始空间的数据映射到新的高维空间（例如更高维甚至无穷维的空间），然后在新空间里用线性方法从训练数据中学习得到模型（图 4-13）。

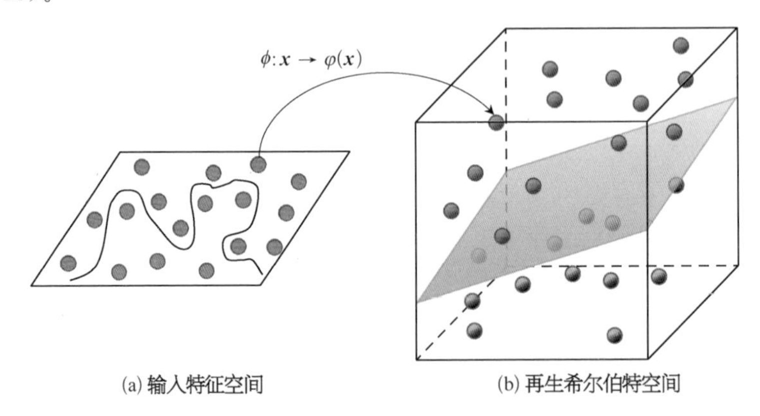

图 4-13　将原始空间中非线性可分的数据映射到高维空间实现线性可分

尽管在理论上可以将非线性可分问题变换为线性可分问题，然而实际中很难获得相应的映射函数，或者相应的映射函数是无穷维的。因此可采用核函数的方式来实现 SVM 对线性不可分的数据的分类。定义核函数如下：

设 $\mathcal{X}$ 是输入空间（欧氏空间 $\mathbb{R}^n$ 的子集或离散集合），又设 $\mathcal{H}$ 是特征空间[再生核希尔伯特空间(reproducing kernel Hilbert space, RKHS)],如果存在一个 $\mathcal{X}$ 到 $\mathcal{H}$ 的映射 $\phi(\boldsymbol{x}): \mathcal{X} \to \mathcal{H}$ 使得对所有 $\boldsymbol{x}, \boldsymbol{z} \in \mathcal{X}$,函数 $K(\boldsymbol{x}, \boldsymbol{z})$ 满足条件 $K(\boldsymbol{x}, \boldsymbol{z}) = \phi(\boldsymbol{x}) \cdot \phi(\boldsymbol{z})$,则称 $K(\boldsymbol{x}, \boldsymbol{z})$ 为核函数、$\phi(\boldsymbol{x})$ 为映射函数,$\phi(\boldsymbol{x}) \cdot \phi(\boldsymbol{z})$ 为 $\phi(\boldsymbol{x})$ 和 $\phi(\boldsymbol{z})$ 的内积。

通常所说的核函数是正定核函数。一个核函数为正定核的充要条件如下:设 $\mathcal{X} \subset \mathbb{R}^n$,$K(\boldsymbol{x}, \boldsymbol{z})$ 是定义在 $\mathcal{X} \times \mathcal{X}$ 上的对称函数,如果对任意的 $\boldsymbol{x}_i \in \mathcal{X}$,$i = 1, 2, \cdots, m$,$K(\boldsymbol{x}, \boldsymbol{z})$ 对应的 Gram 矩阵 $\boldsymbol{K} = [K(\boldsymbol{x}_i, \boldsymbol{x}_j)]_{m \times m}$ 是半正定矩阵,则 $K(\boldsymbol{x}, \boldsymbol{z})$ 是正定核。

这样无需显式地定义映射 $\phi(\boldsymbol{x})$,仅通过定义核函数,在新的特征空间利用 SVM 实现对非线性可分数据的分类。具体地,只需将线性 SVM 中的内积换成核函数即可。下面简述非线性 SVM 学习算法:

1) 选取适当的核函数 $K(\boldsymbol{x}, \boldsymbol{z})$ 和适当的参数 C,构造最优化问题

$$\min_{\alpha} \frac{1}{2} \sum_{i=1}^{n} \sum_{j=1}^{n} \alpha_i \alpha_j y_i y_j K(\boldsymbol{x}_i, \boldsymbol{x}_j) - \sum_{i=1}^{n} \alpha_i \tag{4-42}$$

$$\text{s.t.} \quad \sum_{i=1}^{n} \alpha_i y_i = 0,$$

$$0 \leqslant \alpha_i \leqslant C, \ i = 1, 2, \cdots, n$$

2) 利用现成的二次规划问题求解算法或者 SMO 算法求得最优解 $\hat{\boldsymbol{\alpha}}$。

3) 选择 $\hat{\boldsymbol{\alpha}}$ 的一个满足 $0 < \hat{\alpha}_j < C$ 的分量 $\hat{\alpha}_j$,计算

$$\hat{b} = y_j - \sum_{i \in SV} \hat{\alpha}_i y_i K(\boldsymbol{x}_j, \boldsymbol{x}_i) \tag{4-43}$$

4) 构造决策函数

$$f(x) = \operatorname{sign}\left(\sum_{i \in SV} \hat{\alpha}_i y_i K(\boldsymbol{x}_j, \boldsymbol{x}_i) + \hat{b}\right) \tag{4-44}$$

一些常用的核函数如下:

多项式核函数(polynomial kernel function)

$$K(\boldsymbol{x}, \boldsymbol{z}) = (\boldsymbol{x} \cdot \boldsymbol{z} + 1)^p \tag{4-45}$$

高斯核函数[Gaussian kernel function,也被称为 radial basis function (RBF)]

$$K(\boldsymbol{x}, \boldsymbol{z}) = \exp\left(-\frac{\|\boldsymbol{x} - \boldsymbol{z}\|^2}{2\sigma^2}\right) \tag{4-46}$$

4.4.3　基于支持向量机的多分类实现

一个包含 M 类的多分类任务的定义如下：给定含 N 个训练样本的集合 $X=\{(\boldsymbol{x}_1, y_1), \cdots, (\boldsymbol{x}_N, y_N)\}$，其中向量 $\boldsymbol{x}_n \in \mathbb{R}^d$ 为维度为 d 的特征，其对应的类标签为 $y_n \in \{1, 2, \cdots, M\}$，$n=1, \cdots, N$。

前文所述的 SVM 都是针对二分类任务的，为实现基于 SVM 的多分类，可通过如下几种方式实现：

修改 SVM 的目标函数使其适应多分类任务　在这个目标函数中，通过构造 M 个二类的决策函数，其中第 m 个函数为 $\boldsymbol{w}_m^{\mathrm{T}}\phi(\boldsymbol{x}_t)+b_m$，将第 m 类和其余类分开。其目标函数如下

$$\min_{\boldsymbol{w}, \boldsymbol{b}, \xi} \frac{1}{2}\boldsymbol{w}_m^{\mathrm{T}}\boldsymbol{w}_m + C\sum_{t=1}^{N}\sum_{m\neq y_t}\xi_t^m \tag{4-47}$$

$$\text{s.t.}\quad \boldsymbol{w}_{y_t}^{\mathrm{T}}\phi(\boldsymbol{x}_t)+b_{y_t} \geqslant \boldsymbol{w}_m^{\mathrm{T}}\phi(\boldsymbol{x}_t)+b_m+2-\xi_t^m,$$

$$\xi_t^m \geqslant 0,\ t=1, \cdots, N,\ m\in\{1, \cdots, M\}\backslash y_t$$

该问题的对偶问题可以参考文献[20,21]，通过优化该问题，可以得到对应的 M 个决策函数。最终的分类决策函数

$$f(x)=\arg\max_{m\in\{1, \cdots, M\}}[\boldsymbol{w}_m^{\mathrm{T}}\phi(\boldsymbol{x})+b_m] \tag{4-48}$$

一对多法(one-versus-rest /one-against-rest)　在训练时依次把某个类别的样本归为一类，其他剩余的样本归为另一类。然后构造 M 个二分类 SVM。分类时将未知样本分为具有最大分类函数值对应的类别。

一对一法(one-versus-one/one-against-one)　对任意两类样本训练一个 SVM。总计训练 $M(M-1)/2$ 个支持向量机。测试时，将未知类别样本分为得票最多的类别。

层次分类法(hierarchical-SVM)　将所有类别先分成两个子类并训练对应的 SVM，再将每个子类进一步划分成两个次级子类并训练对应次级子类的 SVM，如此循环，直到得到一个单独的类别为止。测试时根据相应的 SVM 的分类结果对测试样本的类别进行预测。

4.4.4　基于视觉词袋模型和支持向量机的图像分类

基于视觉词袋模型和 SVM 的图像分类包含两个阶段：

训练阶段　给定训练样本，提取特征，并学习字典。利用学习到的字典进行图像的表达。基于训练集每张图像的标签和图像的表达训练 SVM 分类器。

测试阶段　给定一张图像，提取特征。利用训练集得到的字典表达对该测试样本进行表达。并将图像特征输入训练好的 SVM 进行图像的分类，预测该测试样本的标签。

图 4-14 展示了基于视觉词袋模型和 SVM 的图像分类的训练和测试的过程。

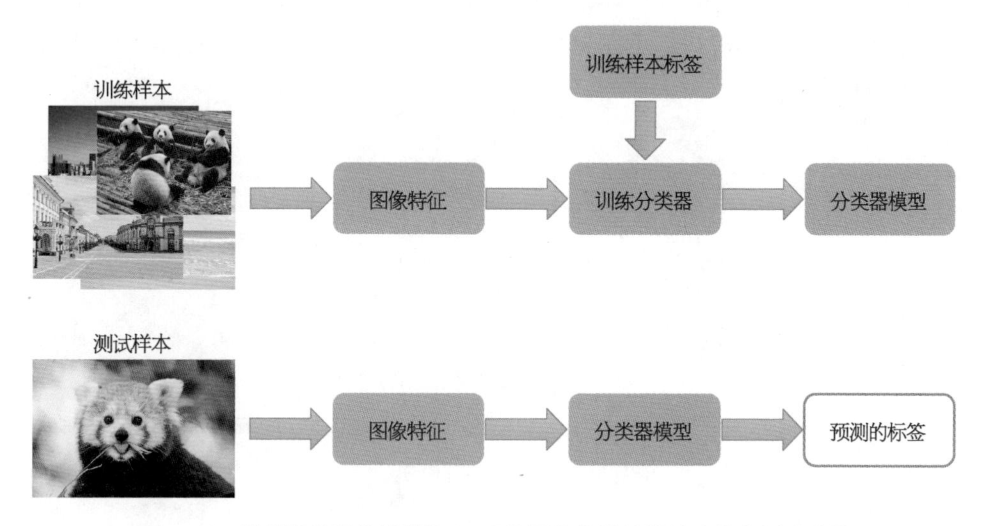

图 4-14　基于视觉词袋模型和 SVM 的图像分类的训练阶段和测试阶段

4.5　基于自编码器的图像表达

2006 年，图灵奖获得者辛顿（G. Hinton）教授在《科学》（*Science*）周刊发表论文[22]，利用深度自编码器对图像进行特征提取并取得了巨大成功，掀起了新一轮基于深度学习的 AI 浪潮。深度自编码器可通过多层全连接神经网络（也被称为多层感知机）构造编码器和解码器，从而学习到能够刻画数据本质的特征。早期的自编码器直接以原始图像像素作为输入，利用全连接神经网络构造编码器和解码器。如今，研究者通常采用卷积神经网络和反卷积神经网络构建编码器。基于卷积神经网络的自编码器已经成为计算机视觉领域广泛采用的技术。本节将重点介绍多层感知机、自编码器，以及自编码器的一种常用变体——降噪自编码器。

4.5.1　多层感知机

神经元是构成一个神经网络的基本单元。给定一个神经元，假定它的输入 $\boldsymbol{x}\in\mathbb{R}^n$、输出 $h_{w,b}(\boldsymbol{x})=f(\boldsymbol{w}^{\mathrm{T}}\boldsymbol{x}+b)=f\left(\sum_{i=1}^{n}w_i x_i+b\right)$，其中 $\boldsymbol{w}$ 和 b 是卷积核的权重(weight)和偏置(bias)，经过网络的训练得到；$f:\mathbb{R}\rightarrow\mathbb{R}$ 是一个非线性函数，被称为激活函数，其作用在于为线性映射添加非线性，从而使神经网络有能力拟合任意函数。

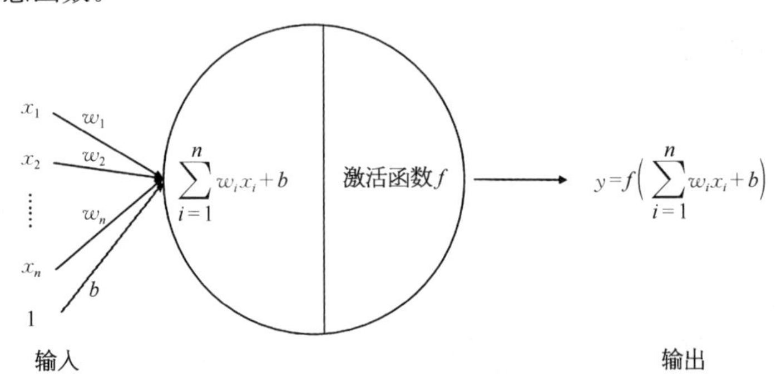

图 4-15　单个的神经元结构

激活函数的选择有很多，例如 sigmoid 函数、tanh 函数、ReLU 函数、ELU 函数等，它们的曲线见图 4-16。

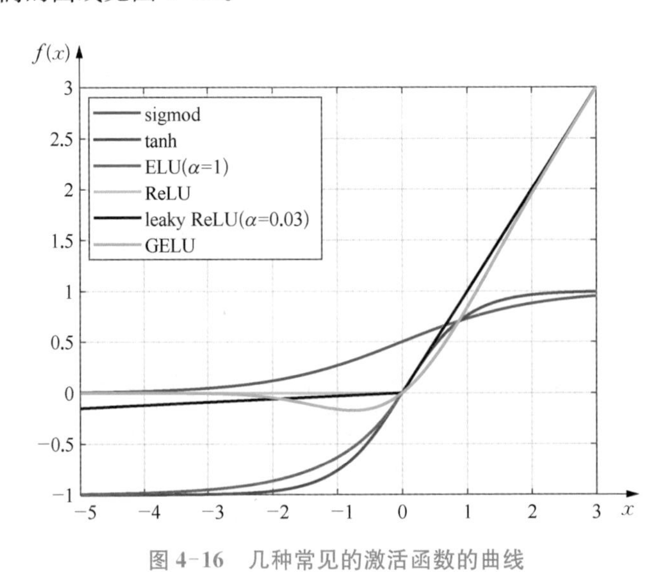

图 4-16　几种常见的激活函数的曲线

S 型(sigmoid)函数　该函数因将$(-\infty, +\infty)$上的输入映射到$(0, 1)$,天然地适合逻辑回归,并且符合神经解剖学中的神经元静息/激活的电位状态,成为最早的神经网络激活函数之一(其良好的数学性质令其在许多学科中都有应用)。然而,sigmoid 函数作为激活函数具有一定的缺陷,当其输入绝对值很大(输出接近 0 或 1)时,导数接近于 0。这个缺陷使得在基于梯度反向传播的神经网络优化中,后一层传导至前一层的梯度值很小,导致神经网络优化困难。

$$f(x)=\frac{1}{1+\mathrm{e}^{-x}} \tag{4-49}$$

双曲正切(tanh)函数　将输入映射到$(-1, 1)$之间,其性质与缺陷都同 sigmoid 函数类似,也存在优化困难的问题。

$$f(x)=\tanh(x)=\frac{\mathrm{e}^{x}-\mathrm{e}^{-x}}{\mathrm{e}^{x}+\mathrm{e}^{-x}} \tag{4-50}$$

修正线性单元(rectified linear unit, ReLU)函数　在提出后该函数即显示出显著的优越性。其大于 0 的部分的导数为 1,可以很好地解决梯度反向传播中数值过小的问题。同时,小于 0 的部分输出为 0,这使得很多神经元的输出相应为 0,增加了网络的稀疏性。

$$f(x)=\max(0, x) \tag{4-51}$$

泄漏修正线性单元(leaky ReLU)函数　该函数与 ReLU 类似,但为解决小于 0 的部分梯度为 0 的问题,它将小于 0 的部分乘以一个较小的系数 α(通常取 0.01),以此加速优化。

$$f(x)=\begin{cases}\alpha x, & x<0\\ x, & x\geqslant 0\end{cases} \tag{4-52}$$

指数线性单元(exponential linear unit, ELU)函数　该函数是在小于零的部分引入指数函数,可以使得优化加快。其中参数 α 通常取 1。

$$f(x)=\begin{cases}\alpha(\mathrm{e}^{x}-1), & x\leqslant 0\\ x, & x>0\end{cases} \tag{4-53}$$

高斯误差线性单元(Gaussian error linear unit, GELU)函数　在 Bert[23] 和 GPT[24] 等自然语言处理模型中常用的一种激活函数。其形式为 $x\Phi(x)$, $x\Phi(x)$ 为高斯累计分布函数,对于一个正态分布 $X\sim\mathcal{N}(0, 1)$

$$f(x)=x\Phi(x)=xP(X\leqslant x)=\frac{x}{2}\left(1+\operatorname{erf}\frac{x}{\sqrt{2}}\right) \tag{4-54}$$

除此之外，还有很多其他形式的激活函数，如 randomized leaky rectified linear units（RReLU）、parametric rectified linear unit（PReLU）、softplus、swish 等。其中，ReLU 函数由于形式简单且在大多数任务中都表现较好，是最常选取的一个激活函数。实际应用中，还应当根据具体需求和网络优化情况选择合适的激活函数。

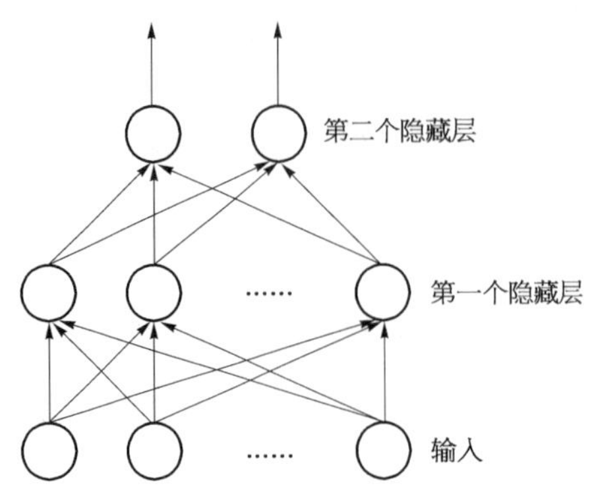

图 4-17　多层神经网络一个简单示例

包括输入层、多个隐藏层和输出层（图中未画出），输出层神经元的数量通常根据任务确定。如 0 到 9 的数字分类任务，输出层包含 10 个神经元，每个神经元输出代表属于该类的概率。

将多个神经元按照层链接，即一层包含多个并列的神经元，所有神经元的输出作为下一层每个神经元的输入，这样就构成一个具有分层结构的神经网络。通常一个多层的神经网络被称为多层感知机（multi-layer perceptron，MLP），如图 4-17 所示。可以通过约束神经网络的输出与期待的输出真值（ground truth）之间的损失最小来优化神经网络。

4.5.2　自编码器

自编码器（auto encoder，AE）是一类无监督的神经网络。它包含编码器（encoder）和解码器（decoder）两个部分（图 4-18）。编码器将输入通过一个神经网络映射为特征，解码器则将特征映射为与输入相等的输出。通过最小化输入与输出之间的误差，可以优化整个神经网络。

记编码器和解码器分别为 f_{enc}、f_{dec}，输入为 $\boldsymbol{x}$，整个神经网络的参数为 $\boldsymbol{W}$，自编码器的目标函数可以写为

$$\min_{\boldsymbol{W}} \| f_{\text{dec}}(f_{\text{enc}}(\boldsymbol{x})) - \boldsymbol{x} \|_2 + \lambda R(\boldsymbol{W}) \tag{4-55}$$

其中 $R(\boldsymbol{W})$ 是对参数的正则化约束，如最小化 $\|\boldsymbol{W}\|_F^2$（F 范数的平方）等。通过反向传播算法可以无监督地优化参数。[1] 编码器-解码器结构是一种框架设计，

[1] 反向传播和梯度下降是神经网络优化的基础，直观地形容可理解为，通过链式法则求误差（损失函数）对于神经网络所有参数的梯度（反向传播），然后将各参数的值减去对应梯度与一个较小系数的乘积，即沿梯度反方向微小地移动（梯度下降），在大量数据样上重复求误差—反向传播—梯度下降过程实现神经网络优化。

具体的选择可以采用多层感知机、卷积神经网络或其他神经网络结构。

在推理阶段，将图像输入编码器就得到了可以对该图像进行表达的特征向量。这个特征可以用于后续的任务，例如接续前文介绍的 SVM 实现图像分类。自编码器结构是一种非常经典的设计，它的输入和目标值都是原图像，无需人工标注，因而能在无监督条件下实现模型优化。在大规模数据集上进行的优化，使得编码器提取的图像特征通常在图像分类任务上的表现显著优于手动设计特征。

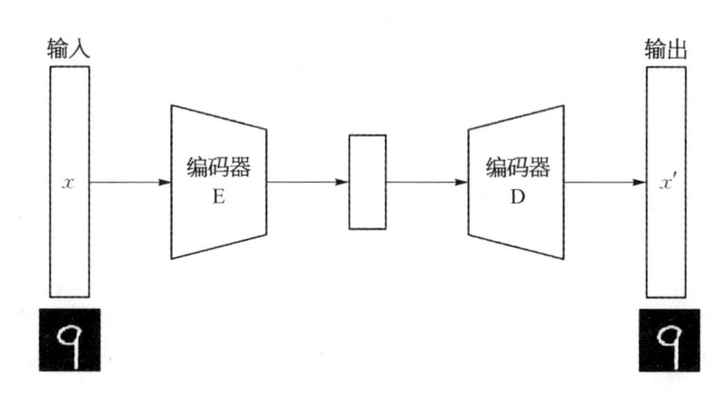

图 4-18　自编码器结构

4.5.3　降噪自编码器

与香草[1]自编码器相比，降噪自编码器（denosing autoencoder）在输入信号中添加噪声，对加噪后的信号进行编码和解码，期望输出与原始未添加噪声的输入相同，从而令神经网络能够去除信号噪声，相应地编码器所提取的特征则更加鲁棒（图 4-19）。记编码器和解码器分别为 f_{enc}、f_{dec}，输入及添加噪声后的输入分别为 $\boldsymbol{x}$、$\tilde{\boldsymbol{x}}$，神经网络的参数为 $\boldsymbol{W}$，则自编码器的目标函数可以写为

$$\min_{\boldsymbol{W}} \| f_{\text{dec}}(f_{\text{enc}}(\tilde{\boldsymbol{x}})) - \boldsymbol{x} \|_2 + \lambda R(\boldsymbol{W}) \tag{4-56}$$

优化方法与自编码器类似。

[1] 香草（vanilla）通常指某物最初或最基础的原型版本。

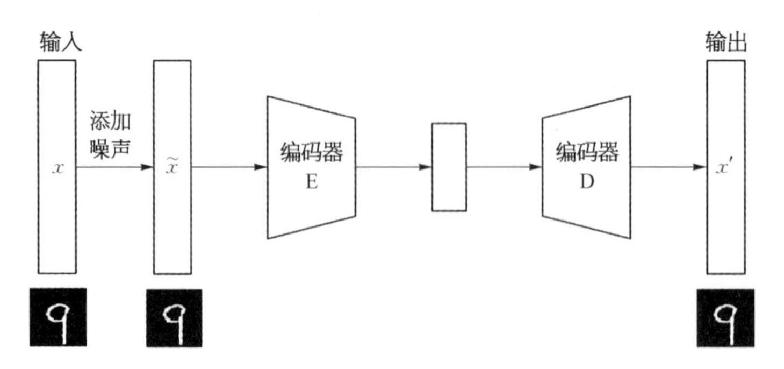

图 4-19 降噪自编码器结构

4.6 基于卷积神经网络的图像分类

随着神经网络的兴起，基于手动特征（如词袋）的模型逐渐被基于卷积神经网络（convolutional neural network，CNN）或其他机器学习范式的模型取代。相比于手动提取特征，基于学习（learning-based）的方法能够自动地提取特征，进而获得更优的表现。CNN 通常主要由多个卷积层（convolution layer）和池化层（pooling layer）堆叠而成，能够作用在一张图像上，从中提取具有表达性的特征并完成图像分类等任务。本节主要就 CNN 的组件、CNN 的训练和代表性的图像分类网络这 3 个方面进行介绍。

4.6.1 卷积神经网络的组件

4.6.1.1 卷积层

CNN 的核心是卷积层，它能够对特定的预测问题（如图像分类问题）进行建模，针对训练数据集学习大量的卷积核（convolution kernel），使其能够在输入图像的任何位置检测到高度特定的模式。因此，这些卷积核也常常被看作“模板”。[1]

特定类别的图像之间往往具有高度相似的特征，通常这是显而易见的，否则

[1] 卷积的概念和作用可参阅第 2 章图像空间滤波，与传统的滤波不同的是，CNN 中的卷积核参数通过在大规模数据集上训练得到。

人们也不会将其认为是同一类。例如在不同的图像中，猫的头部形状、纹理等都有相似的结构特征。在经过大量的数据训练后，这些“模板”学习到怎样识别一只猫的局部特征，从而能应用到一个新的样本中进行类别的预测。

对于一个标准的二维卷积操作，可以用下列的步骤来表示：① 对于一个输出位置 $\boldsymbol{p}_0$，定义它的感受野尺寸（同卷积核尺寸）为一个局部窗 $\mathcal{R}$; ② 在窗 $\mathcal{R}$ 中对输入特征进行加权求和。即对于输出特征图 $\boldsymbol{y}$ 中的每个位置 $\boldsymbol{p}_0$

$$\boldsymbol{y}(\boldsymbol{p}_0)=\sum_{\boldsymbol{p}_n\in\mathcal{R}}\boldsymbol{w}(\boldsymbol{p}_n)\boldsymbol{x}(\boldsymbol{p}_0+\boldsymbol{p}_n) \tag{4-57}$$

一个简单的卷积操作的例子如图 4-20 所示，在一个尺寸为 5×5 的图像中使用尺寸为 3×3 的卷积核，将其进行滑动，依次以卷积核参数为权重求和，就得到了卷积后在每个位置的特征值。

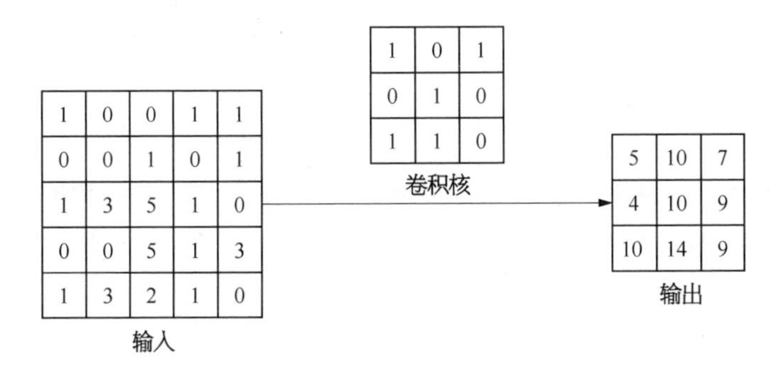

图 4-20　使用 3×3 卷积核在图像上执行卷积操作示例

4.6.1.2　池化层

使用卷积获得特征的目的是用于图像分类。理论上，能够直接使用提取得到的特征进行分类，但是在实际操作中，这可能会带来巨大的时间和空间开销。例如，假设输入图像的尺寸为 1×224×224，通过卷积抽取 256 个特征，当使用尺寸为 3×3 的卷积核进行操作时，输出的向量维度为 256×(224－3＋1)×(224－3＋1)＝12 616 704，由此带来的开销是巨大的，并且也使得网络容易过拟合。

为了解决这个问题，通常使用局部的统计信息代替卷积后得到的特征。例如可以一定的步长间隔，计算局部区域上的特征平均值（或最大值），以较少的数值表示一定区域的统计信息，达到特征降维和减少计算量的效果，也在一定程度上抑制过拟合。这个提取统计信息的操作被称为池化(pooling)。如果使用局部区域的平均值,则被称为平均池化(average pooling);如果使用局部区域的最大值,则被称为最大池化(max pooling)。

图 4-21 展示了最大池化操作的过程和得到的结果,在尺寸为 4×4 的特征图上使用 2×2 大小的核进行最大池化操作。

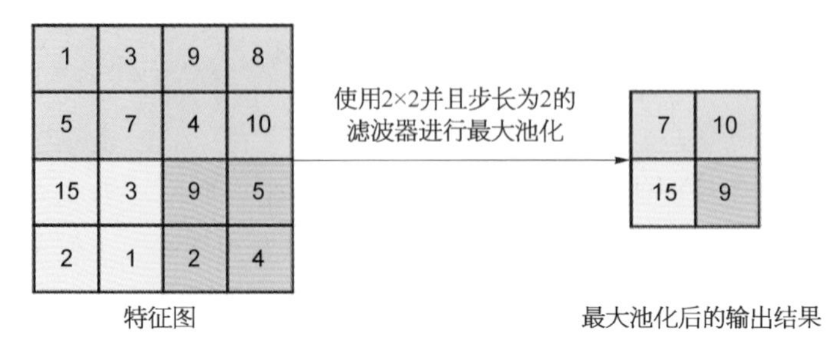

图 4-21 最大池化操作示例

4.6.1.3 批归一化层

神经网络的学习往往需要大量的数据,如果每次都把全体数据集加载进模型计算损失并进行优化,计算量会很大,内存开销较多。并且,加载全体数据只优化一次神经网络参数,整体时间开销也非常大。而如果每次只加载单一样本进入模型训练,则完成一次全体数据集的优化所需步数太多,且每步的优化方向与全局最优方向差异较大。因此批[batch,也称小批量(min-batch)]训练方式配合随机梯度下降技术在神经网络学习过程中被大量应用。批指的是从全部样本中取出一部分数据,每次将一批数据输入神经网络计算损失并优化参数。由于全体数据集分成多批次对网络进行多次优化,大幅加快网络参数优化速度,同时又能解决内存开销过大的问题。

批学习策略在带来显著收益的同时也具有一定副作用。机器学习理论基于一条重要假设:数据的独立同分布(independent identically distributed, IID)[1]假设。该假设指训练数据应当与测试数据满足相同分布,这样通过训练数据获得的模型才能够较好地泛化到测试集。而批学习也应当遵守该假设,即不同批的数据应当满足相同分布,但实际情况中显然是不可能的。因此在每步批学习后,神经网络参数的数据分布都会由于该批数据分布的变化而变化。因为

---

[1] “独立同分布”在一些教材和论文中也常用 i.i.d.或 iid 缩写。

神经网络的层级架构，前几层神经网络参数的更新所造成的输出值的微小改变会在后面被不断放大，每层网络的参数更新都会影响到网络中的其他层，所以批学习策略容易导致神经网络训练的稳定性很差，显著影响网络参数优化表现和收敛速度。

批归一化(batch normalization, BN)[25]指通过将特征归一化至同一分布以解决上述问题。它通常以类似激活函数层、卷积层、全连接层、池化层的层形式出现，并置于卷积层之后或之前，被称为 BN 层。BN 层对于其输入的特征进行归一化处理之后输入一下层，其归一化参数通常随神经网络其他参数一起优化。

为了详细解释 BN 的具体做法，假设神经网络中传递的特征张量如图 4-22 所示，数据维度为$[N, C, H, W]$，[1] 其中 N 代表批的大小(一批中样本的个数)，C 代表特征的通道数，(H, W)代表特征的高和宽，图中除 BN 外还有其他的归一化方式，主要区别在于输入的选择，对于数据的处理方法是相同的。设归一化层的输入为 $B=\{x_1, \cdots, x_m\}$，总共 m 个数值，归一化层的可学习参数为 γ、β，归一化方法如下

$$\mu_B=\frac{1}{m}\sum_{i=1}^{m}x_i \tag{4-58}$$

$$\sigma_B^2=\frac{1}{m}\sum_{i=1}^{m}(x_i-\mu_B)^2 \tag{4-59}$$

$$\hat{x}_i=\frac{x_i-\mu_B}{\sqrt{\sigma_B^2+\delta}} \tag{4-60}$$

$$y_i=\gamma\hat{x}_i+\beta \tag{4-61}$$

其中 μ_B 是均值，σ_B^2 是方差。BN 的具体操作为沿着通道计算每批的 μ 和 σ^2 进行归一化处理，之后加入缩放和平移变量 γ 和 β 这两个可学习参数，得到输出 y_i。注意上述处理是在单个特征通道内进行(C 维度上)，不同通道具有不同的 γ 和 β。类似地，其他归一方法在图 4-22 所示的蓝色区域内进行，具有独立的 γ 和 β。

BN 除了能够显著增加训练稳定性和加快收敛速度、缓解梯度爆炸和梯度消失问题，还具有一定的正则化作用提高网络泛化能力。可学习参数 γ、β 将数据缩放和平移至与下一层网络参数相适应的分布。

---

[1] 为了表示方便，图中合并了 H 和 W 维度。

除了 BN 以外，常见的数据归一化方法还有 3 种，分别是层归一化（layer normalization[26]，LN）、实例归一化（instance normalization[27]，IN）、组归一化（group normalization[28]，GN）。它们之间的区别如图 4-22 所示，BN 在各通道（C）内对整个批和空间维度（N，H，W）做归一化，LN 在批中各样本内对特征通道和空间维度（C，H，W）做归一化，IN 在单个样本单个通道内在空间维度（H，W）上做归一化，GN 在单个样本内将通道分组做归一化。其中，BN 常用于 CNN 的训练，LN 常用于循环神经网络，IN 常用于图像的风格迁移任务，GN 则常用于显存开销较大必须使用较小批尺寸的任务场景中，如图像分割任务。

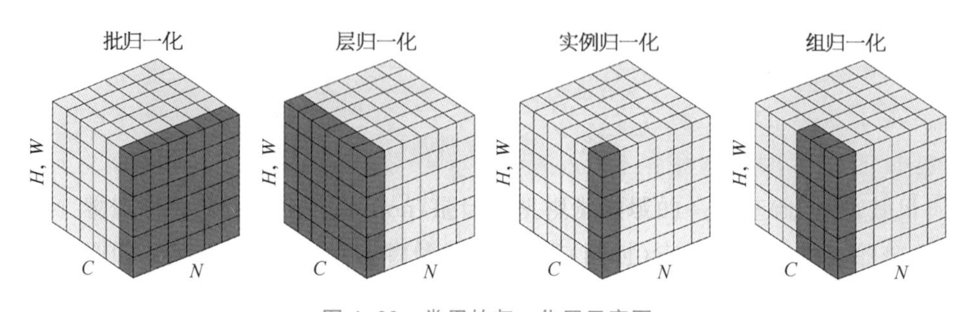

图 4-22　常用的归一化层示意图

其中蓝色区域表示归一化进行的范围。（图片引自[28]）

4.6.1.4　激活层

前文中介绍了多层感知机中的多种神经网络的激活函数。卷积神经网络中的激活层的原理和作用与其基本相同，最常用的选择是 ReLU 函数及其变体。sigmoid 和 tanh 等激活函数的主要问题在于其输入绝对值较大时陷入饱和（saturate）状态而梯度接近于 0，无法将梯度反向传播至前序网络层导致梯度消失。ReLU 范式的激活函数在正半轴导数始终为 1，既降低了计算量，又能有效地避免梯度消失，加速神经网络训练。

以 AlexNet[29] 为例，图 4-23 为分别使用 ReLU 和 tanh 函数在 CIFAR-10 数据集上达到 25％的训练误差时所需要的轮次（epoch，使用数据集全部样本进行一次优化），可以看到使用 ReLU 函数的训练效率约为使用 tanh 函数的 6 倍。

4.6.1.5　全连接层

全连接层[fully connected layer（FC layer），又叫稠密层（dense layer）]如图 4-24所示，其输入为 $1\times1\times C_i$ 的特征，输出为 $1\times1\times C_o$ 的特征，其中 C_i 和

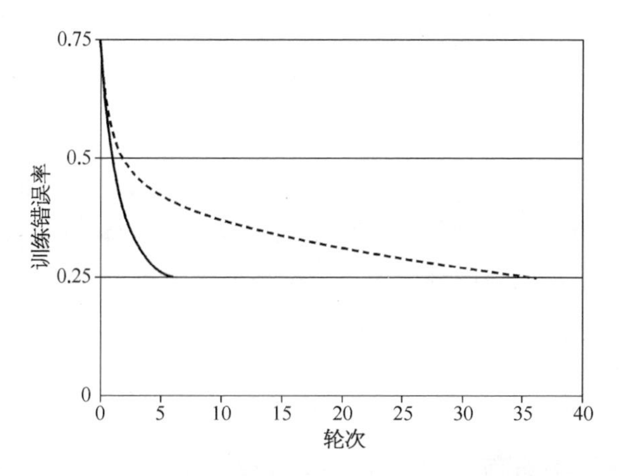

图 4-23　ReLU 函数(实线)和 tanh 函数(虚线)的收敛曲线对比

C_o 分别为输入特征和输出特征的通道数。全连接层由 C_o 个神经元组合而成，每个神经元的输入为所有特征通道，直观地看所有输入和输出均通过系数一一相连，全连接层的名称由此而来。在 CNN 构架中，全连接层通常置于网络结尾的位置，其主要作用是将具有空间信息的特征压缩成表达整张图像的特征，从而进行最终的分类。数学上，全连接层就是矩阵乘法，进行特征空间的变换。另外，如果使用多个全连接层并结合激活函数一起使用，理论上可以拟合任意的非线性变换，也等价于前文中介绍的多层感知机。

以图像分类任务为例，设输入为一幅 3×32×32 尺寸的图像 $\boldsymbol{x}$，可将其变形并视为一个 3 072 维特征向量，任务为 10 分类，此时映射函数为 $\boldsymbol{y}=\boldsymbol{W}\boldsymbol{x}$，其中矩阵 $\boldsymbol{W}\in\mathbb{R}^{10\times 3\,072}$（全连接层参数）由学习得到。

在非卷积的经典神经网络(多层感知机)中，所有网络层都是全连接层和激活层。而在 CNN 中，全连接层通常根据任务在个别位置上出现。全连接层的主要缺陷是其参数量巨大，在图 4-24 示例中，仅一层就具有 3 072×10＝30 720 个参数，其内存和时间开销巨大。卷积层的出现解决了这一问题，例如从任意大小图像中提取 10 通道的特征，仅需要 10 个 $s\times s$ 大小的卷积核，总参数量 $10\times s^2\times 3$，即便使用较大的 7×7 卷积核，也只有不到 1 500 个参数。另外，卷积操作天然适用于并行计算，使得神经网络框架向更深发展

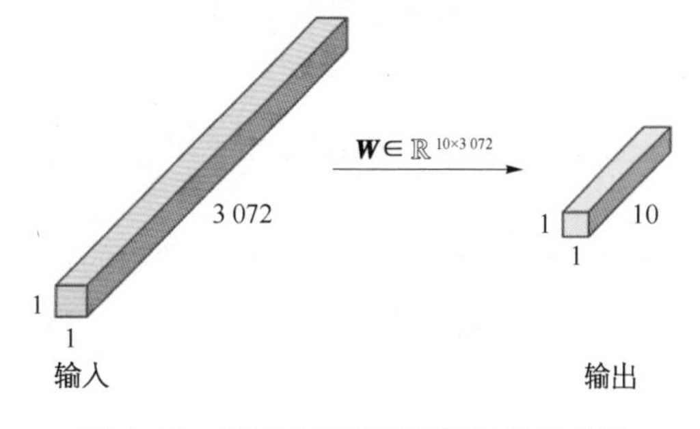

图 4-24　基于全连接层的图像分类示例

成为可能。

4.6.2 神经网络的训练

神经网络的训练是通过预测结果与真值间的误差反向推导梯度并优化神经网络参数的过程。本节将围绕图像分类网络训练中较为核心的损失函数、正则化、softmax 分类等概念展开介绍。

4.6.2.1 损失函数

对于图像分类任务而言，神经网络可以被视为学习一个从输入图像到类别标签的映射。为了能够优化映射中的参数权重，首先需要定义一个函数来量化评估神经网络学习得有多“好”，并为参数优化提供方向，这个函数通常被称为损失函数(loss function)。

给定训练数据集 $(\boldsymbol{x}_i, y_i)_{i=1}^N$，其中 $\boldsymbol{x}_i$ 是图像，y_i 是标签，N 是样本数量，那么在这个训练集上整体的损失函数的可以表达为

$$L(\boldsymbol{W})=\frac{1}{N}\sum_i l_i(f(\boldsymbol{x}_i; \boldsymbol{W}), y_i) \tag{4-62}$$

其中 $\boldsymbol{W}$ 为待优化的神经网络参数，$f(\boldsymbol{x}_i; \boldsymbol{W})$ 为样本 $\boldsymbol{x}_i$ 输入神经网络得到的输出，l_i 为一个定义网络输出和标签间距离的函数，如方差等。不难发现，损失函数 L 是关于 $\boldsymbol{W}$ 的函数，而求 L 对 $\boldsymbol{W}$ 的导数即可得到优化 $\boldsymbol{W}$ 的参考方向和幅值。

4.6.2.2 正则化

通过最小化损失函数，能够优化得到更好的网络参数 $\boldsymbol{W}$。然而在实际中，为了防止模型的过拟合[1]，通常需要加入一个正则项，以防止模型在训练数据上拟合得过好，但在验证集上的准确度不足(即泛化性能差)。加入正则项之后的损失函数为

$$L(\boldsymbol{W})=\frac{1}{N}\sum_i l_i(f(\boldsymbol{x}_i; \boldsymbol{W}), y_i)+\lambda R(\boldsymbol{W}) \tag{4-63}$$

其中 λ 是正则项的权重参数。常用的正则项有 L2 正则和 L1 正则，L2 正则指的是对网络参数的 L2 约束：$R(\boldsymbol{W})=\|\boldsymbol{W}\|_2$，L1 正则是对网络参数的 L1 约束：

---

[1] 过拟合的具体解释可以参考 https://en.wikipedia.org/wiki/Overfitting。

$R(\boldsymbol{W})=\|\boldsymbol{W}\|_1$。

除了增加参数正则化之外还可以采用其他网络正则化手段来帮助神经网络的学习。通常使用的手段包括 dropout、BN 等。

dropout 最早由辛顿在 AlexNet[29] 中提出，通过在神经网络训练过程中按照一定的暂退概率(dropout rate)随机关闭一部分神经元，达到防止模型过拟合的目的(图 4-25)。辛顿认为通过阻止特征检测器(神经元)的共同作用可以防止神经网络模型过度依赖于某些局部特征，以此提高神经网络的泛化性能。需要注意的是，dropout 只作用于模型的训练阶段中，在测试时模型依然是保持完整的，dropout 并不会减少模型的参数。为了保证数值稳定，在训练时通常会对没有被关闭的神经元权值进行重调节(rescale)，重调节率(rescale rate)一般表示为

$$\text{rescale rate}=\frac{1}{1-\text{dropout rate}} \tag{4-64}$$

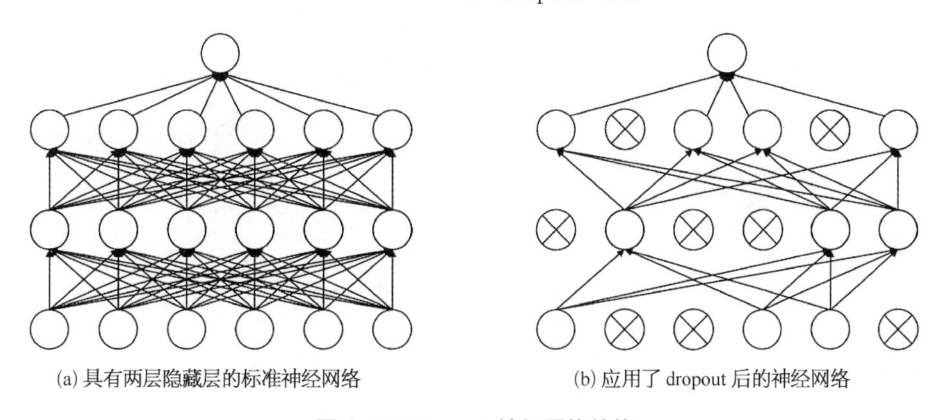
(a) 具有两层隐藏层的标准神经网络　(b) 应用了 dropout 后的神经网络

图 4-25　dropout 神经网络结构

具体地，考虑一个有 L 层隐藏层的神经网络，$l\in\{1, \cdots, L\}$ 表示网络隐藏层的索引。定义 $\boldsymbol{y}^{(l)}$ 为第 l 层的输出向量 ($\boldsymbol{y}^{(0)}=\boldsymbol{x}$ 表示输入图像)。则一个标准神经元和应用了 dropout 的神经元如图 4-26 所示。其中，对于隐藏层 $l(l\in\{0, \cdots, L-1\})$ 中的神经元 i，设其他线性函数的权重和偏置参数为 $\boldsymbol{w}_i^{(l)}$ 和 $b_i^{(l)}$，标准神经元操作为

$$z_i^{(l+1)}=\boldsymbol{w}_i^{(l+1)}\boldsymbol{y}^l+b_i^{(l+1)} \tag{4-65}$$

$$y_i^{(l+1)}=f(z_i^{(l+1)}) \tag{4-66}$$

应用 dropout 的神经元操作则为

$$r_j^{(l)}\sim \text{Bernoulli}(p) \tag{4-67}$$

$$\widetilde{\boldsymbol{y}}^{(l)}=\boldsymbol{r}^{(l)} * \boldsymbol{y}^{(l)} \tag{4-68}$$

$$z_i^{(l+1)}=\frac{1}{p}\boldsymbol{w}_i^{(l+1)}\widetilde{\boldsymbol{y}}^{(l)}+b_i^{(l+1)} \tag{4-69}$$

$$y_i^{(l+1)}=f(z_i^{(l+1)}) \tag{4-70}$$

式(4-68)中的 $*$ 表示元素乘法，$\boldsymbol{r}^{(l)}$ 表示由独立伯努利随机变量 $r_j^{(l)}$ 组成的向量，每个变量 $r_j^{(l)}=1$ 的概率为 p，该向量被采样并与 l 层的输出 $\boldsymbol{y}^{(l)}$ 进行元素相乘来生成部分关闭的输出 $\widetilde{\boldsymbol{y}}^{(l)}$，并送入 $l+1$ 层中的神经元 i。应用了 dropout 的神经网络在训练时，损失函数的导数通过未关闭的神经元构成的子网络反向传播。

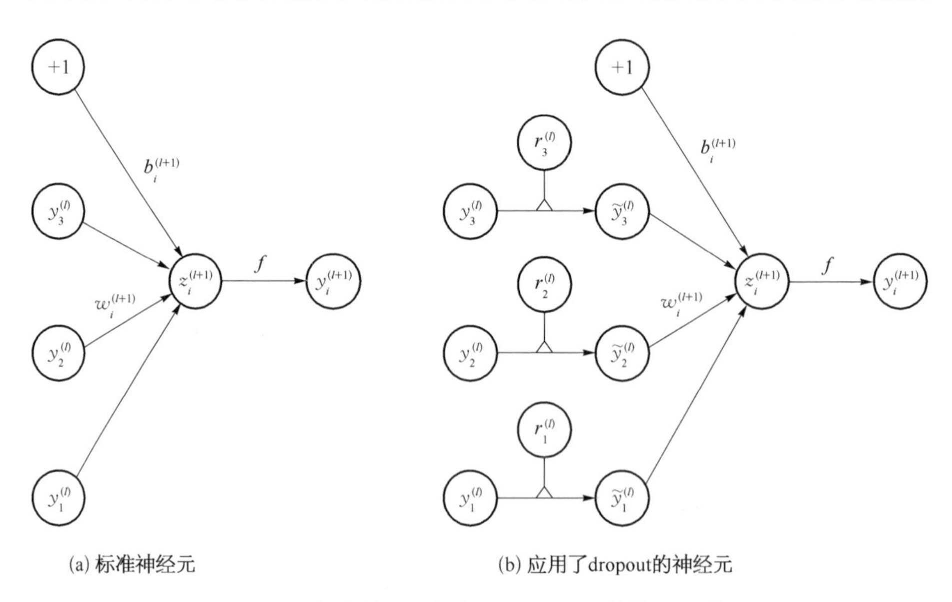

图 4-26　标准神经元与应用了 dropout 的神经元对比

(图片引自[30])

4.6.2.3　softmax 及交叉熵分类损失函数

在图像分类任务中，神经网络输出一个与类别总数等长度的向量，向量中的每个元素对应一个类别，元素的值越大，表示神经网络任务认为图像属于该类别的概率越大。为了使神经网络的输出能够表示这种概率，通常使用软最大值(softmax)函数对网络输出进行后处理。设向量 $\boldsymbol{s}=f(\boldsymbol{x}_i;\boldsymbol{W})$ 为神经网络 $\boldsymbol{W}$ 处理图像 $\boldsymbol{x}_i$ 得到的输出，记 $\boldsymbol{s}$ 的第 j 个元素为 s_j，softmax 表示了分类结果 $Y=c$ 的概率

$$P(Y=c \mid \boldsymbol{X}=\boldsymbol{x}_i)=\frac{\mathrm{e}^{s_c}}{\sum_j \mathrm{e}^{s_j}} \tag{4-71}$$

具体过程如图 4-27 所示。

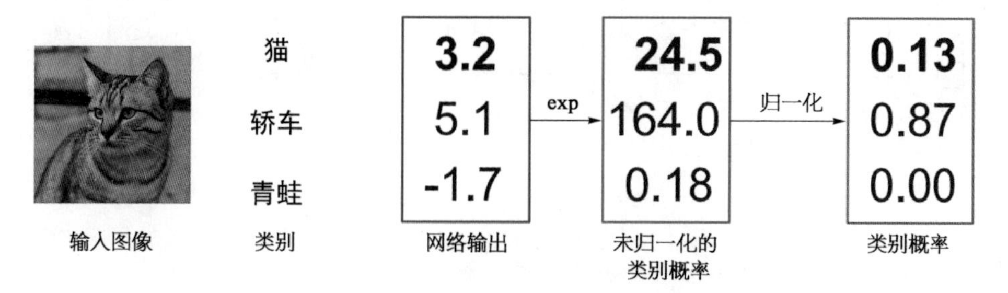

图 4-27　基于 softmax 函数的图像分类概率形式表达

softmax 的输出是归一化的概率，即所有类的概率之和为 1。在此基础上，通常可以采用交叉熵(cross entropy)等损失函数衡量网络分类的准确度，从而对网络中的参数进行端到端的优化。通过端到端的优化可以使得网络学到基于当前的网络结构和分类度量下对本任务最优的特征。

交叉熵损失函数可以表示为

$$L(\boldsymbol{W})=-\frac{1}{N}\sum_{i=1}^{N}\sum_{c=1}^{C} y_{ic}\log\left(\frac{\mathrm{e}^{s_c}}{\sum_{j=1}^{C}\mathrm{e}^{s_j}}\right) \tag{4-72}$$

其中 N 是批的大小(batch size)，C 是类别的个数，y_{ic} 在第 i 个样本的类别 c 为真值时为 1、否则为 0。

4.6.3　代表性图像分类卷积神经网络

自从 2012 年起，基于卷积操作的图像分类网络由于其显著优越的性能逐渐替代了基于手动特征的图像分类方法。接下来本节将介绍一些代表性的网络框架，包括 AlexNet、VGGNet、ResNet、DenseNet 等。

4.6.3.1　AlexNet

AlexNet[29] 于 2012 年被提出，并夺得 2012 年 ILSVRC 图像分类比赛的冠军且性能远超第二名，被许多人认为是开启了深度学习时代的里程碑式工作，其网络结构如图 4-28 所示。

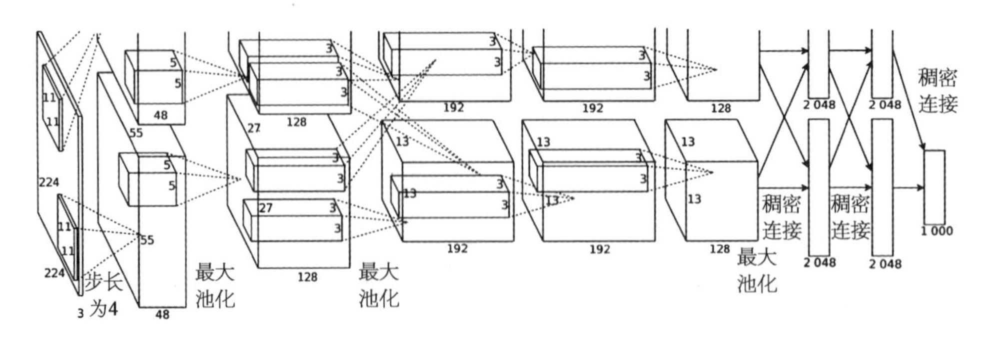

图 4-28　AlexNet 网络结构图

AlexNet 使用了两个 GPU，一个 GPU 运行上半部分、另一个运行下半部分，GPU 仅在特定的层进行通信。(图片引自[29])

AlexNet 主要使用了如下几个方法来提升性能：

使用 ReLU 激活函数　AlexNet 使用 ReLU 激活函数来替代 tanh 或 sigmoid 函数。如前文所述，ReLU 函数能够有效地避免梯度消失的情况，同时，由于 ReLU 在大于 0 的时候导数始终为 1，这降低了计算量，这些优势使得使用 ReLU 函数能够更快地使模型收敛。

使用多 GPU 训练　当 AlexNet 在 GTX 580 GPU 上进行训练时，单个 GPU 仅有 3 GB 的存储，这限制了网络训练的最大尺寸。因此 AlexNet 采取模型并行的策略，使用两个 GPU 并行，在每个 GPU 中放置一半的神经元并且 GPU 仅在特定的层进行通信，大大加快了训练速度。

局部响应归一化　AlexNet 使用局部响应归一化(local response normalization, LRN)来提升泛化能力。不过，在其后的 VGGNet[31] 工作中提到使用 LRN 在 VGGNet 中没有提升性能，且增加内存开销和计算时间。另外，批归一化操作(batch normalization, BN)[25] 在大量实践中证明了有效性，所以 LRN 技术此后已经很少被应用，感兴趣的读者可以参考文献[29]。

重叠池化　通常，一般的池化在两个相邻的窗口部分是不重叠的。具体地，使用 $z \times z$ 的窗口进行池化时，如果设置步长 $s = z$ 就得到一般的池化操作；如果设置 $s < z$，就得到重叠的池化操作。在 AlexNet 中，设置 $s = 2$ 和 $z = 3$，实验显示相比于 $s = 2$ 和 $z = 2$ 的设置，top-1 和 top-5 误差分别减小了 0.4%和 0.3%。

数据增强　为了避免过拟合，AlexNet 使用了两种数据增强的策略。第一种是随机裁剪，即从训练集尺寸为 256×256 的图像中随机提取 224×224 的图像块和它们的水平翻转版本，这使得训练数据规模增大了 2 048 倍[$2 \times (256-224)^2 = 2\,048$]。在测试阶段，网络通过提取 5 个 224×224 的图像块(4 个角和中心）和它们的水平翻转来做最终的标签预测（共使用 10 个图像块），预测结果为 10 个图像块的网络 softmax 层输出的平均。第二种是在 RGB 空间内对图像颜色进行随机微小抖动，即颜色空间中的数据增强。

dropout　前文中介绍了 dropout 具有提高网络泛化性能的能力，AlexNet 在图 4-28 中的前两个全连接层（稠密层）使用了 dropout 操作。

4.6.3.2　VGGNet

2014 年，牛津大学视觉几何组（Visual Geometry Group）提出视觉几何组网络（Visual Geometry Group network，VGGNet）[31]，并获得了 ILSVRC 2014 年比赛分类项目的第二名。

与 AlexNet 相比，VGGNet 使用了更深的卷积层和更小的卷积核，其网络结构如图 4-29 所示。相比于 AlexNet，VGGNet 主要有两点改进：① VGGNet

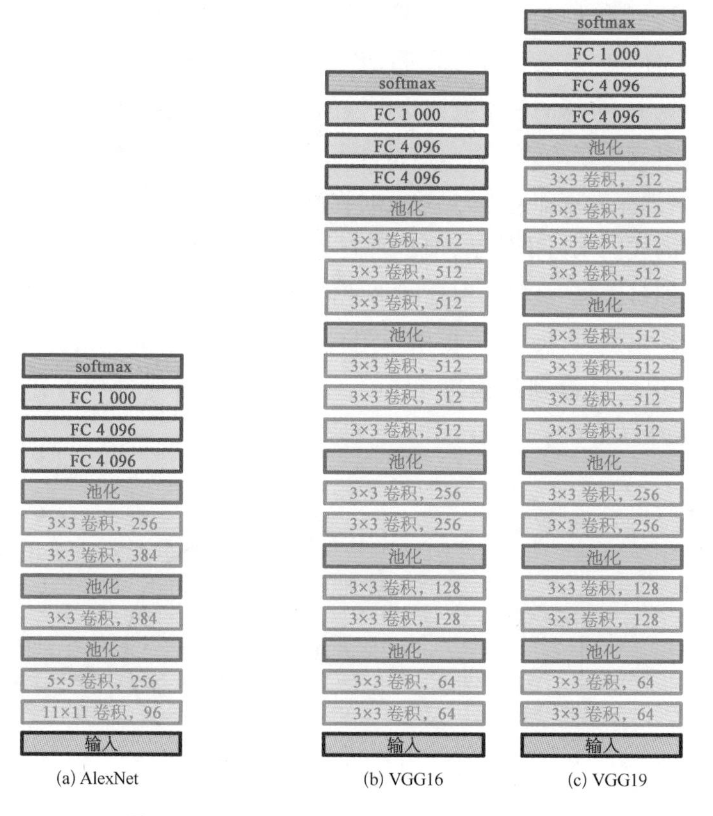

图 4-29　AlexNet 和 VGGNet 网络结构图比较

（图片引自[32]）

将 8 层的 AlexNet 网络加深到 16～19 层，实验也显示了当神经网络层数加深时分类的准确度会更高；② 采用连续的小卷积核（如 3×3）来代替大卷积核（11×11）。VGGNet 认为使用 3 个 3×3 的卷积核能够代替一个 7×7 卷积核，使用 2 个 3×3 的卷积核能够代替一个 5×5 卷积核。在保证网络感受野相同的情况下减少网络参数。

最终，VGGNet 仅使用 3×3 的卷积核和 2×2 的最大池化来搭建网络。VGGNet 采用与 AlexNet 相似的训练策略。其中，VGG19 相比 VGG16 性能略有提升，但显存开销更大，在实际部署中可根据不同需求进行选择。

4.6.3.3　ResNet

残差神经网络（residual network，ResNet）[33] 由当时在微软亚洲研究院工作的何恺明等人提出，他们通过使用残差块结构堆叠了 152 层的 CNN，包揽了 ILSVRC 2015 年和 COCO 2015 年竞赛的图像分类和目标检测赛道全部冠军。

ResNet 的理念来源于如下思考：堆叠更多层对于 CNN 究竟有何正面与负面影响。直觉上，更深的模型应该比更浅的模型具有更强大的表达能力（因为有更多的参数组成更复杂的映射），但是许多实验结果表明在网络的深度超过一定范围后，网络越深表现却越差，显然此时提高网络深度带来了一些副作用。尽管这些副作用的成因未讨论清楚，但是否有办法避免堆叠更多的层给网络整体带来副作用？即每添加一层后，保证网络的性能至少不会更差。

基于上述出发点，ResNet 提出使用残差连接代替普通连接。对于输入 $\boldsymbol{x}$，经过两层卷积之后得到的输出 $H(\boldsymbol{x})=F(\boldsymbol{x})$，然后通过残差连接，输出为 $H(\boldsymbol{x})=F(\boldsymbol{x})+\boldsymbol{x}$（图 4-30）。

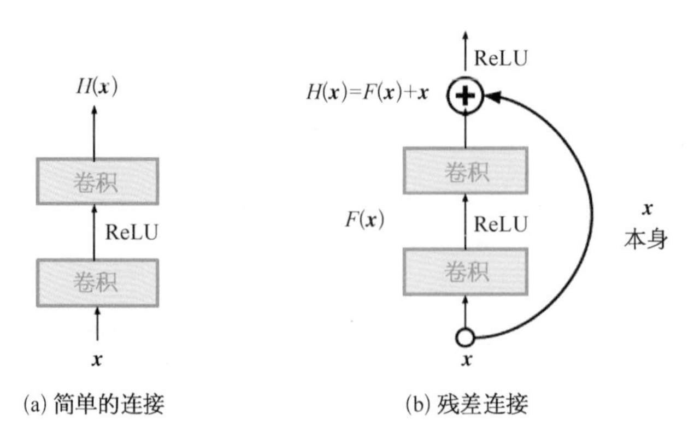

图 4-30　标准的卷积连接和残差连接

这种简单的残差设计使得神经网络变得较为容易优化，原本较深的难以优化的卷积层，在极端情况下 $F(\boldsymbol{x})$ 逼近于 0（考虑正则化作用），此时残差卷积退化为恒等映射 $H(\boldsymbol{x})=\boldsymbol{x}$，因此可以避免梯度消失的问题。因此，采用残差连接的 ResNet 将深度增加到 152 层时仍然取得了非常好的性能，其本质是极大地降低了优化难度，节省了原本花费在优化网络框架和参数配置上的成本。

表 4-1 显示了 ResNet 不同深度的网络配置。在实际训练过程中采用了如下技巧，具体的细节可以参考文献[33]：

1）在每个卷积层后面使用 BN 技术。

2）网络权重采用 Xavier 初始化方法。

3）使用随机梯度下降＋动量（SGD momentum）的优化方法。

4）初始学习率设置为 0.1，在每次验证集误差停滞的时候除以 10。

表 4-1 ResNet 网络具体结构参数

层名称	输出尺寸	18 层	34 层	50 层	101 层	152 层
Conv1	112×112	7×7，64，步长为 2				
Conv2_x	56×56	3×3 最大池化，步长为 2				
		$\begin{bmatrix}3\times3,64\\3\times3,64\end{bmatrix}\times2$	$\begin{bmatrix}3\times3,64\\3\times3,64\end{bmatrix}\times3$	$\begin{bmatrix}1\times1,64\\3\times3,64\\1\times1,256\end{bmatrix}\times3$	$\begin{bmatrix}1\times1,64\\3\times3,64\\1\times1,256\end{bmatrix}\times3$	$\begin{bmatrix}1\times1,64\\3\times3,64\\1\times1,256\end{bmatrix}\times3$
Conv3_x	28×28	$\begin{bmatrix}3\times3,128\\3\times3,128\end{bmatrix}\times2$	$\begin{bmatrix}3\times3,128\\3\times3,128\end{bmatrix}\times4$	$\begin{bmatrix}1\times1,128\\3\times3,128\\1\times1,512\end{bmatrix}\times4$	$\begin{bmatrix}1\times1,128\\3\times3,128\\1\times1,512\end{bmatrix}\times4$	$\begin{bmatrix}1\times1,128\\3\times3,128\\1\times1,512\end{bmatrix}\times8$
Conv4_x	14×14	$\begin{bmatrix}3\times3,256\\3\times3,256\end{bmatrix}\times2$	$\begin{bmatrix}3\times3,256\\3\times3,256\end{bmatrix}\times6$	$\begin{bmatrix}1\times1,256\\3\times3,256\\1\times1,1\,024\end{bmatrix}\times6$	$\begin{bmatrix}1\times1,256\\3\times3,256\\1\times1,1\,024\end{bmatrix}\times23$	$\begin{bmatrix}1\times1,256\\3\times3,256\\1\times1,1\,024\end{bmatrix}\times36$
Conv5_x	7×7	$\begin{bmatrix}3\times3,512\\3\times3,512\end{bmatrix}\times2$	$\begin{bmatrix}3\times3,512\\3\times3,512\end{bmatrix}\times3$	$\begin{bmatrix}1\times1,512\\3\times3,512\\1\times1,2\,048\end{bmatrix}\times3$	$\begin{bmatrix}1\times1,512\\3\times3,512\\1\times1,2\,048\end{bmatrix}\times3$	$\begin{bmatrix}1\times1,512\\3\times3,512\\1\times1,2\,048\end{bmatrix}\times3$
	1×1	平均池化，1 000 维 FC，softmax				
每秒浮点运算次数（FLOPs）		1.8×10^9	3.6×10^9	3.8×10^9	7.6×10^9	11.3×10^9

注：数据引自[33]。

4.6.3.4 DenseNet

ResNet 证明了相邻层之间的残差连接使得深度模型更容易优化。黄高等人延续这种思路，于 2017 年提出稠密连接卷积网络（densely connected convolutional network, DenseNet）[34]。该网络使用了一种相比 ResNet 更加密集的网络各层连接机制，网络中的每层都直接接受并级联其前面所有层的输出。

为了复用每层输出，提升网络效率，DenseNet 选择将来自不同层的输出拼接在一起作为下一层的输出，而非 ResNet 中的元素相加的方式（图 4-31）。在 ResNet 中，第 l 层的输出为 $\boldsymbol{x}_l = H_l(\boldsymbol{x}_{l-1}) + \boldsymbol{x}_{l-1}$，DenseNet 将之前所有层的输出拼接在一起，为 $\boldsymbol{x}_l = H_l([\boldsymbol{x}_0, \boldsymbol{x}_1, \cdots, \boldsymbol{x}_{l-1}])$。CNN 一般会逐步降低特征图的大小，而 DenseNet 中的密集连接方式又要始终保持特征图大小的一致。并且，不断拼接特征又使得特征通道数不断增大。为了解决这一问题，DenseNet 网络分为稠密块和过渡层组合的结构（表 4-2）。其中，仅在稠密块中保持特征图大小一致并使用上述密集连接方式进行连接，而在稠密块之间使用过渡层进行池化和 1×1 卷积，降低特征图大小和通道数，提取重要特征，节约计算资源。

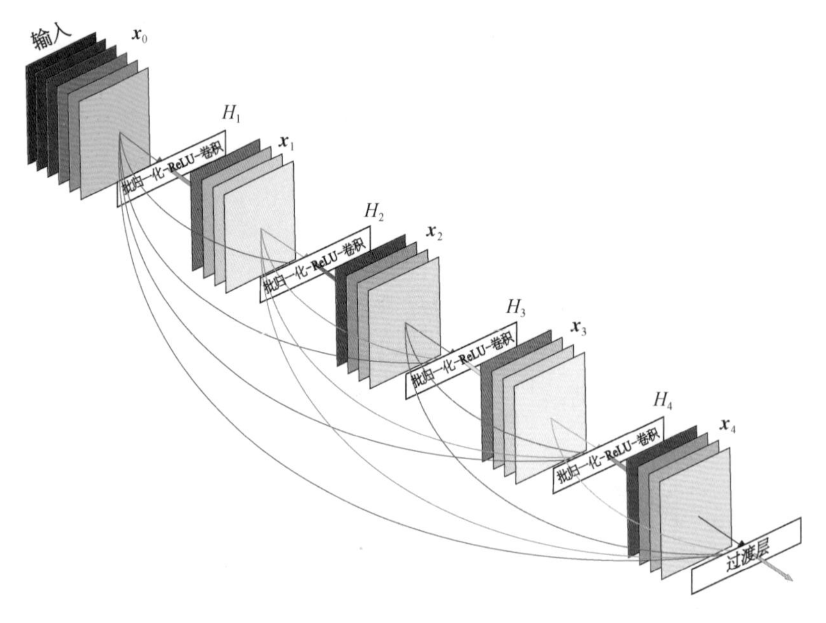

图 4-31 DenseNet 网络结构示意图

（图片引自[34]）

表 4-2　DenseNet 网络具体结构参数

层	输出尺寸	DenseNet121 ($k=32$)	DenseNet169 ($k=32$)	DenseNet201 ($k=32$)	DenseNet161 ($k=48$)
卷积	112×112	7×7 卷积，步长 2			
池化	56×56	3×3 最大池化，步长 2			
稠密块(1)	56×56	[1×1 卷积; 3×3 卷积]×6	[1×1 卷积; 3×3 卷积]×6	[1×1 卷积; 3×3 卷积]×6	[1×1 卷积; 3×3 卷积]×6
过渡层(1)	56×56	1×1 卷积			
	28×28	2×2 平均池化，步长 2			
稠密块(2)	28×28	[1×1 卷积; 3×3 卷积]×12	[1×1 卷积; 3×3 卷积]×12	[1×1 卷积; 3×3 卷积]×12	[1×1 卷积; 3×3 卷积]×12
过渡层(2)	28×28	1×1 卷积			
	14×14	2×2 平均池化，步长 2			
稠密块(3)	14×14	[1×1 卷积; 3×3 卷积]×24	[1×1 卷积; 3×3 卷积]×32	[1×1 卷积; 3×3 卷积]×48	[1×1 卷积; 3×3 卷积]×36
过渡层(3)	14×14	1×1 卷积			
	7×7	2×2 平均池化，步长 2			
稠密块(4)	7×7	[1×1 卷积; 3×3 卷积]×16	[1×1 卷积; 3×3 卷积]×32	[1×1 卷积; 3×3 卷积]×32	[1×1 卷积; 3×3 卷积]×24
分类层	1×1	7×7 全局平均池化			
		1 000 维全连接层，softmax			

注：数据引自[34]。

4.6.3.5　ResNeXt

在增加神经网络的深度之外，何恺明等人分析了神经网络这样一种设计范式，即拆分-变换-合并的模式。以内积为例，如图 4-32 所示，内积神经元的输出为 $\sum_{i=1}^{D} w_i x_i$，其中 $\boldsymbol{x}=[x_1, x_2, \cdots, x_D]$ 是输入的 D 维向量，w_i 是该内积神经元的通道 i 的权重。那么该操作可以看作 3 个步骤。① 拆分：将输入向量 $\boldsymbol{x}$ 拆分

为多个低维信息 x_i；② 变换：对每个低维信息进行变换 w_ix_i；③ 合并：对变换之后的信息求和进行合并。

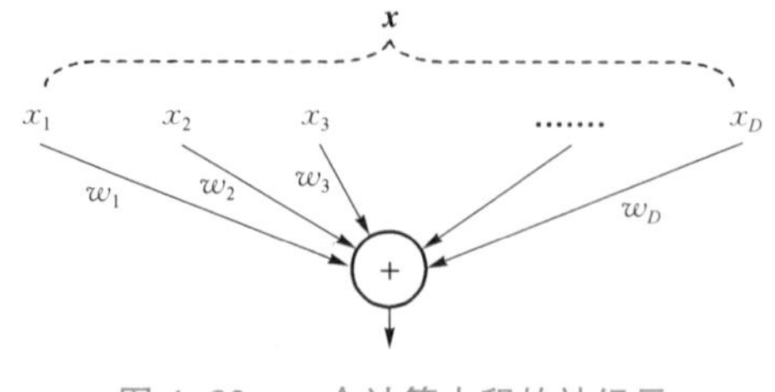

图 4-32 一个计算内积的神经元

（图片引自[35]）

聚合残差网络(residual network next, ResNeXt)[35]借鉴上述分析，将神经网络每一层变换同样视为拆分-变换-合并的模式，即 $F(\boldsymbol{x})=\sum_{i=1}^{C}T_i(\boldsymbol{x})$，其中 T_i 应在更低的通道维度内对输入 $\boldsymbol{x}$ 进行变换，而 C 与上文的 D 类似，是控制变换数量的基数。通过这种设计模式，ResNeXt 将 ResNet 中单条线路加残差的连接方式，拆分成多条线路加残差的连接方式(图 4-33)，使得 ResNeXt 在参数量和计算量不显著增加的前提下提升了网络性能。

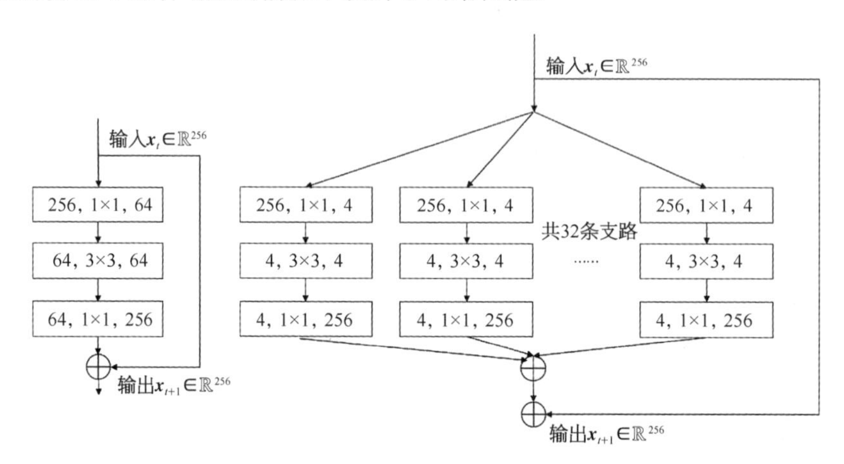

图 4-33 ResNet 模块和 ResNeXt 模块

4.6.3.6 SENet

压缩和激励网络(squeeze-and-excitation network, SENet)[36]是一种代表性的引入注意力机制的 CNN，取得 ILSVR 2017 年分类竞赛的冠军。其网络模块如图 4-34 所示，通过学习得到各通道的权重，赋予特征不同通道不同的“注意力”。

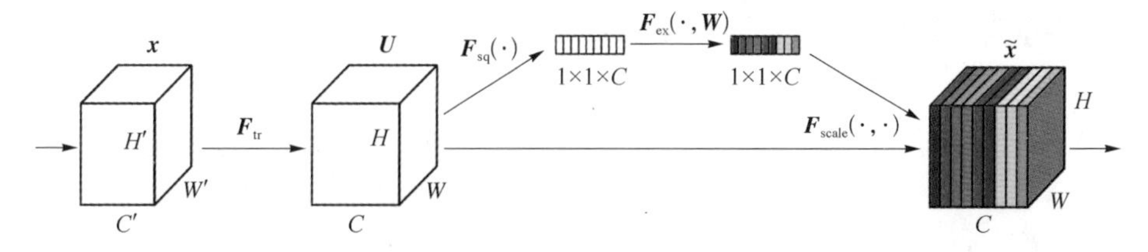

图 4-34　SENet 模块

对于一个给定的变换 F_{tr}：$\boldsymbol{x} \to \boldsymbol{U}$，$x \in \mathbb{R}^{H' \times W' \times C'}$，$\boldsymbol{U} \in \mathbb{R}^{H \times W \times C}$，(如一系列卷积)，特征 $\boldsymbol{U}$ 首先经过一个压缩模块 $\boldsymbol{F}_{sq}$，得到一个 $1 \times 1 \times C$ 的特征，再经过一个激励(excitation)操作 $\boldsymbol{F}_{ex}$ (其参数为 W)，得到 $1 \times 1 \times C$ 的注意力，将该注意力与特征 $\boldsymbol{U}$ 逐通道相乘 ($\boldsymbol{F}_{scale}$)，得到新的特征 $\tilde{\boldsymbol{x}}$。(图片引自[36])

4.6.3.7　RepLKNet

大多数卷积神经网络架构使用较小的卷积核，如 1×1、3×3、5×5 的卷积核，更关注拓展网络的深度。这是由于在理论感受野相同时，小卷积核的深层网络的计算量要远小于大卷积核的计算量。并且 ResNet 的残差连接技术的出现，解决了深层网络难以优化的问题，令小卷积核神经网络得以飞速发展。

然而，ResNet 使用残差连接克服深层网络的优化问题的同时，也潜在地减小网络的有效深度，导致有效感受野并不大。图 4-35 表明，增大 ResNet 的深度并不能有效提升感受野范围，而浅层的大尺度卷积网络则可以得到非常大的感受野。重参数化大卷积核神经网络(reparameterized large kernel network，RepLKNet)[37]的设计者认为使用大卷积核仍然是最可靠的增大感受野的方式，并且通过优化策略能够避免增加过多计算量。

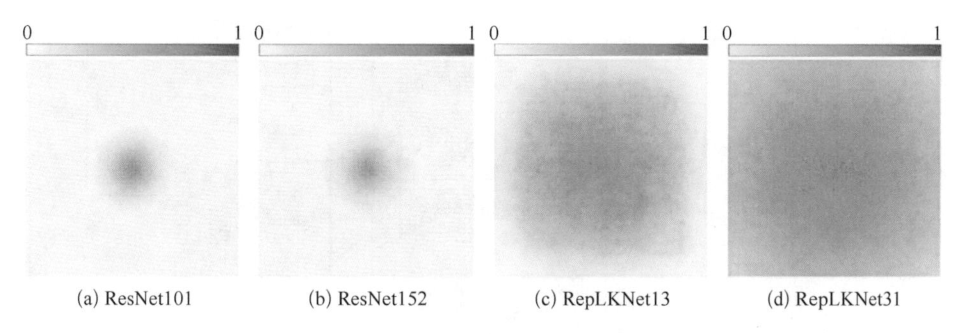

图 4-35　ResNet 和 RepLKNet 感受野大小对比

(图片引自[37])

RepLKNet 网络结构如图 4-36 所示，为了解决大核卷积与一些其他问题，使用了如下策略：

深度可分离网络（depth-wise separable convolution） 深度可分离卷积最早在 Xeption[38] 中被提出，RepLKNet 使用深度可分离卷积策略提升网络的计算效率。该策略分为逐通道卷积和逐点卷积两步。首先进行逐通道卷积，定义与前层特征通道数相同的卷积核，每个卷积核仅关注前层特征的一个通道，在空间维度（高和宽）上进行卷积操作。逐通道卷积完毕后进行逐点卷积，根据输出所需通道数使用多个 1×1 卷积核进行卷积操作，输出对应通道数的特征张量（图 4-37）。

残差连接 RepLKNet 同样使用了残差连接帮助训练，使其仍保有残差网络的优势，如可变的深度和感受野、避免梯度爆炸和梯度消失等。

重参数化 简单地将卷积核尺度从 9×9 提升到 13×13 会降低网络性能。为了进一步捕捉不同尺度的信息，网络在训练时与大核卷积并行添加一个 3×3 或 5×5 的小卷积，并在经过 BN 层后将它们的输出相加。训练完成后，将小卷积通过重参数化等价合并到大核卷积中，保证性能稳定提升。

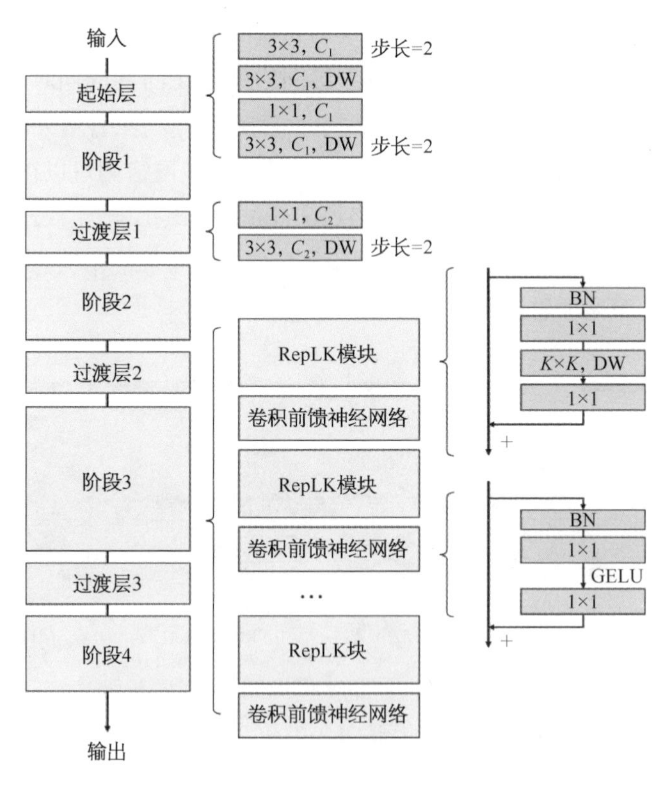

图 4-36 RepLKNet 网络结构

DW 是深度可分离卷积，C_1、C_2 是通道数。（图片引自[37]）

下游任务　在实验中发现,当继续增大卷积核对图像分类准确率不再有大幅度提升时,却对图像分割等下游任务的性能依然有很大提升。RepKLNet 的作者认为这种现象是由于图像分类任务可以仅根据小感受野网络提供的纹理信息完成,而下游任务则更加依赖于大感受野提取的形状信息。

4.6.3.8　MobileNet

在计算资源有限的场景下(如手机、平板等设备)部署神经网络要求小模型和低计算开销。对此,研究者提出了一种轻量级神经网络构建方法——可部署到移动端的网络(MobileNet)[39],其核心是将标准卷积替换为深度可分离卷积(depthwise separable convolution),其参数量和计算开销远低于标准卷积。

设输入的特征图尺寸为 $H \times W \times M$,通过一个标准的卷积层可以输出一个尺寸为 $H \times W \times N$ 的特征图(假设使用了 same-padding 设置)。其中 H 和 W 分别表示特征图高和宽,M 是输入通道,N 是输出通道。输入和输出之间的标准卷积核滤波器的尺寸为 $D_K \times D_K \times M \times N$[图 4-37(a)]。标准卷积操作的计算开销:$D_K \cdot D_K \cdot M \cdot N \cdot H \cdot W$。

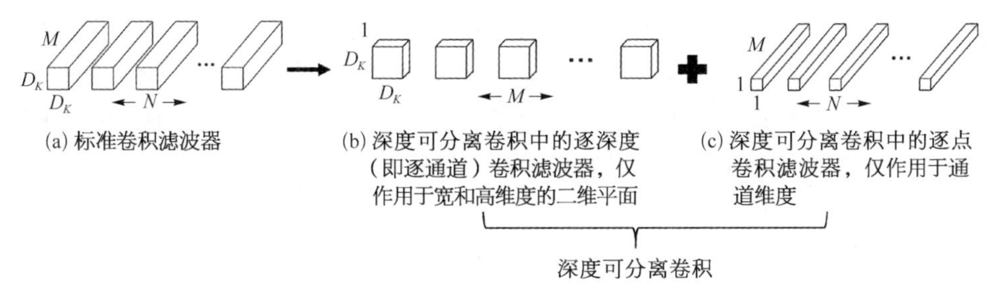

图 4-37　标准卷积与深度可分离卷积中的不同滤波器

(图片引自[39])

深度可分离卷积由逐深度卷积(depthwise convolution)和逐点卷积(pointwise convolution)组成。首先,逐深度卷积的一个卷积核仅作用于单个通道上,仅在宽和高维度的二维平面上工作,执行操作后得到尺寸为 $H \times W \times M$ 的输出。然后进行逐点卷积操作,即应用 N 个 1×1 卷积核在前序输出上,获得尺寸为 $H \times W \times N$ 的特征图。在这两步中用到的卷积核滤波器的尺寸分别为 $D_K \times D_K \times 1 \times M$ 和 $1 \times 1 \times M \times N$[图 4-37(b)和(c)]。因此深度可分离卷积有着如下的计算开销:$D_K \cdot D_K \cdot M \cdot H \cdot W + M \cdot N \cdot H \cdot W$。通过比较二者的计算开销可得

$$\frac{D_K \cdot D_K \cdot M \cdot H \cdot W + M \cdot N \cdot H \cdot W}{D_K \cdot D_K \cdot M \cdot N \cdot H \cdot W} = \frac{1}{N} + \frac{1}{D_K^2} \tag{4-73}$$

如果使用卷积核尺寸为 3×3 的深度可分离卷积，其计算开销约为标准卷积的 1/9 到 1/8。

4.6.3.9 ShuffleNet

跨组信息交换网络(ShuffleNet)[40]同样是一种针对移动端的有限资源达到高精度的分类网络。在既有研究中的深度可分离卷积(如 Xeption[38]、MobleNet[39])和分组卷积(group convolution，如 ResNeXt[35])都可以理解为通过限制通道维度内交互实现计算效率与网络性能间的权衡。在此基础上，ShuffleNet 提出将这些策略泛化为统一的形式——通道交换(channel shuffle)。

与分组卷积相比，通道交换策略实现了组间的信息交换，如图 4-38 所示。如果所有的特征通道被分为 g 组、每组通道数量为 n，在通道位置变换时，新的组从原来的每个组各取一个通道，则经过变换后特征的组数为 n、每组通道数为 g。这样每个新组就接收到了原来不同组的特征信息，能够基于更加全面的特征进行分析和推理。以分组卷积的形式看，深度可分离卷积可以视为通道交换策略在 $g=C\ (n=1)$、GConv1 使用 $D_k \times D_k$ 卷积核、GConv2 使用 1×1 卷积核时的特殊形式，所以 ShuffleNet 放宽了此限制，在网络层的设计上具有更高的自由度，能够更加极限地追求计算效率或更好地在效率与网络性能间权衡。

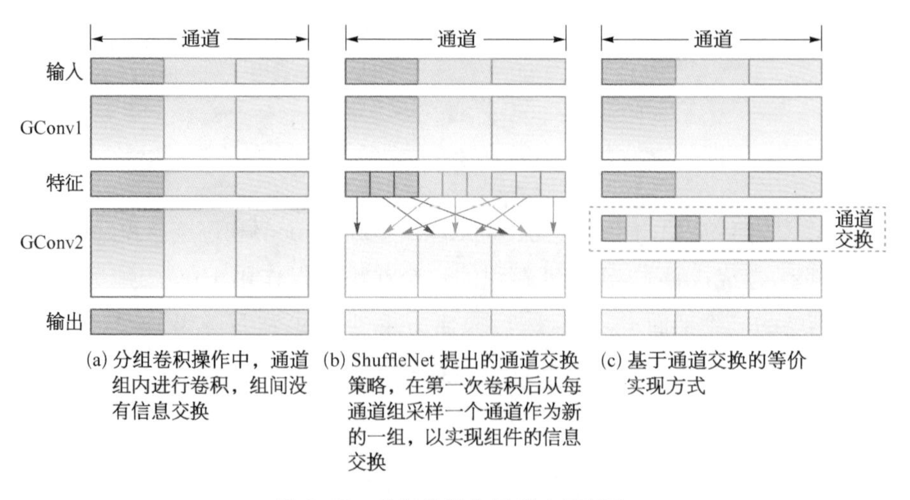

(a) 分组卷积操作中，通道组内进行卷积，组间没有信息交换 (b) ShuffleNet 提出的通道交换策略，在第一次卷积后从每通道组采样一个通道作为新的一组，以实现组件的信息交换 (c) 基于通道交换的等价实现方式

图 4-38 分组卷积与通道交换策略

(图片引自[40])

基于 ShuffleNet 理念构建残差卷积单元(图 4-39),能够几乎不增加开销快速部署具有通道交换的改进 MobileNet。图 4-39(a)为 MobileNet 中的基于深度可分离卷积的残差卷积单元[39];图 4-39(b)中 ShuffleNet 将 1×1 卷积(逐点卷积)视为 1×1 分组卷积,在通道变换后执行逐深度卷积,并且借鉴了 Xeption 的做法在逐深度卷积之后不使用激活函数;图 4-39(c)则为步长为 2 的 ShuffleNet 残差卷积单元。基于自定义的 Shuffle 单元,可以构造不同的神经网络架构,实验表明在不同的设置下,能够在相似的计算效率下实现比 MobileNet 更优的性能,或在持平的性能下实现更高的计算效率。

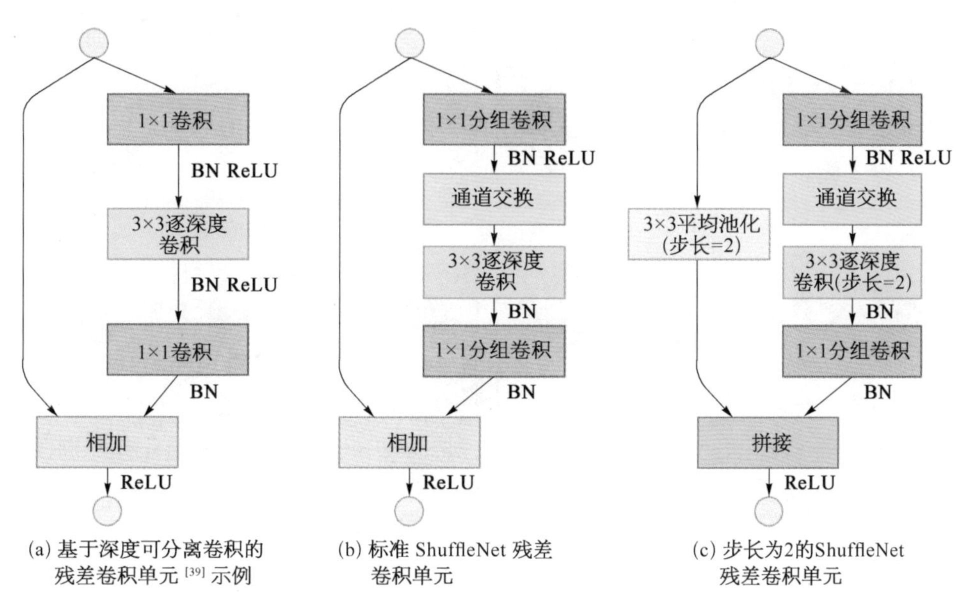

(a) 基于深度可分离卷积的残差卷积单元[39]示例　(b) 标准 ShuffleNet 残差卷积单元　(c) 步长为2的ShuffleNet残差卷积单元

图 4-39　基于 ShuffleNet 构建残差卷积单元

(图片引自[40])

4.7　基于胶囊网络的图像分类

2017 年,辛顿和他的团队提出了一种名为胶囊(capsule)的全新神经网络结构[41]。他们认为 CNN 范式存在一个明显缺陷,即 CNN 仅仅关注某一对象的各个组件是否存在,而忽略了组件的朝向和空间上的相对位置关系。例如 CNN 在识别人脸时,仅仅关注人脸的各个组件,即眼睛、鼻子、嘴巴等是否存在,而并不在意各组件之间的相对位置关系(图 4-40)。这是由于 CNN 使用卷积层提取图像中各个区域的特征,而后使用最大池化或后续卷积层将其认为包含组件信息的特征将向后传递,但并不包括组件之间的空间关系。

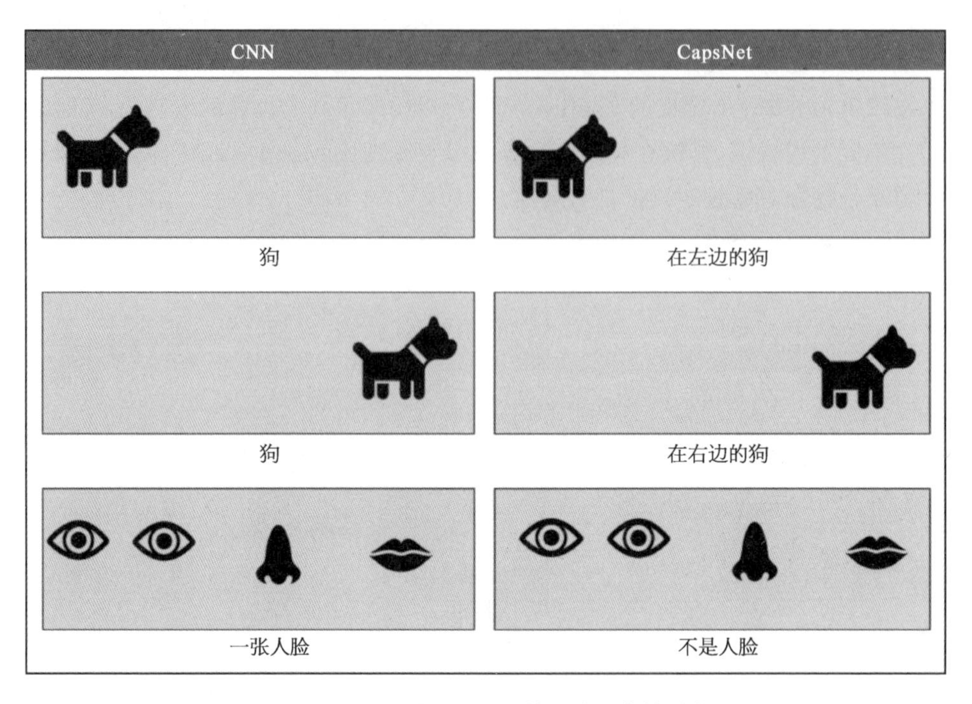

图 4-40 CNN 和 CapsNet 的平移不变性对比

(图片引自[42])

4.7.1 CapsNet

以人体图像为例,辛顿等人认为从不同视角拍摄人体时图像变化很大,但人体的各个组件之间的相对位置关系不会改变。因此不应当定义每个组件相对于相机的位置,而应当让神经网络在学习时构建出组件与整体之间的层次空间关系,如首先定义眼睛和嘴巴相对于人脸的位置关系,而后定义人脸相对于人的位置关系,从而有层次地构建出一个完整的人。在转换视角时,只需知道某一组件与相机的相对位置,即可知道人的各个组件与相机的相对位置。此时以图 4-40 为输入进行人脸识别时,网络即可根据眼睛、鼻子、嘴巴的位置来分别推断出可能对应的 4 个人脸的位置,当这 4 个组件预测的人脸信息相差很大时,不认为存在真实的人脸，从而解决 CNN 忽视空间位置关系导致的误判问题。

CNN 本质上是追求不变性(invariance)的网络，而胶囊网络(capsule network, CapsNet)则是追求同变性(equivariance)的网络。不变性是指某物体的抽象表达不随物体变化而变化。同变性是指物体的抽象表达与物体等价变化。如将人脸进行平移、旋转、缩放等操作，CNN 都将识别出它是人脸，而 CapsNet 在识别人脸之余，还同时表达出它的变化信息。

基于上述认识，辛顿等人认为应当使用向量代替标量储存信息，提出胶囊神经网络。胶囊对输入的特征进行一系列运算，其计算结果以向量形式被胶囊封装。胶囊将检测出组件的概率以向量长度的形式进行编码，将组件的特征以向量指向的方向进行编码，因此当该组件在图像中进行移动或旋转等变化时，其向量长度保持不变，但向量方向发生相应改变。

以一个检测人脸的胶囊为例，假设胶囊认为它所覆盖的范围内存在人脸的概率为 0.99，它将输出长度为 0.99 的向量。如果使人脸在该范围内移动或者旋转，胶囊输出的向量将在空间上旋转，表示其检测出的人脸状态发生了改变，但长度仍然保持 0.99，表明它认为该范围存在人脸的概率不变。

接下来将介绍胶囊内部的计算过程。首先回顾一下神经元的计算步骤：① 从前层各个神经元接受标量输入；② 对标量加权并求和；③ 对求和后的标量进行非线性变换。胶囊参考了这些计算过程，设计了向量版的步骤：① 将前层各胶囊输入的向量使用一个矩阵 $\boldsymbol{W}$ 变换为新向量；② 对新向量加权求和；③ 对求和结果向量进行非线性变换。

输入矩阵 W 实际上矩阵 $\boldsymbol{W}$ 可以视为前层各个小组件与后一层的组件的空间位置变换。例如检测人脸的胶囊接收来自前层的 3 个检测眼睛、嘴巴和鼻子的胶囊的输出，这 3 个胶囊输出 3 个向量分别表示这 3 个组件的状态。接着，检测人脸的胶囊将 3 个向量乘以矩阵 $\boldsymbol{W}$，得到新的向量。$\boldsymbol{W}$ 编码了眼睛等组件和整个人脸的空间关系，因此得到的新向量本质上是根据各个组件分别预测的人脸的信息。如果这 3 个组件预测的人脸向量方向相似且模长之和较长，则人脸存在。

加权求和与动态路由算法 卷积中的加权权重由反向传播决定，而 CapsNet 的权重由动态路由算法确定。动态路由算法是训练 CapsNet 的核心算法。它决定了前一层的胶囊如何将其输出向量分配给后一层胶囊。与聚类过程类似，当一次迭代组合出后一层的向量特征时，每个前一层输入的向量将动态调整它的分配权重，将其向量更多分配给与它更接近的后一层特征。对于前一层中的任一胶囊，它与所有高层胶囊的权重之和为 1，因此 CapsNet 使用 softmax 来计算权重。

将经过 softmax 计算之前的权重记为 $\boldsymbol{b}$，并将 $\boldsymbol{b}$ 初始化为 0，将经过 softmax 计算后的权重记为 $\boldsymbol{c}$，因此初始化时权重 $\boldsymbol{c}$ 相同。动态路由算法步骤如下：

1) $\boldsymbol{c}_i = \mathrm{softmax}(\boldsymbol{b}_i)$

2) $\boldsymbol{s}_j = \sum_i c_{ij}\boldsymbol{u}_{j|i}$

3) $\boldsymbol{v}_j = \mathrm{act}(\boldsymbol{s}_j)$

4) $b_{ij} = b_{ij} + \boldsymbol{u}_{j|i} \cdot \boldsymbol{v}_j$

其中 i 为前一层各胶囊索引，j 为当前高层胶囊索引，$\boldsymbol{u}_{j|i}$ 是前一层胶囊 i 的输出乘以 j 的权重矩阵 $\boldsymbol{W}_{ij}$ 之后得到的向量，act(·)是前文提到的向量的非线性变换函数。通过将上述步骤迭代 r 次，得到最终的权重 c，并计算当前高层胶囊的输出向量。迭代次数 r 可根据实验情况设置，辛顿等人在 MNIST 分类任务上将其设计为 3 次。

向量的非线性变换 为了对向量进行非线性变换作为激活函数，并使得它的模长小于 1，辛顿等人使用如下函数

$$\boldsymbol{v} = \frac{\|\boldsymbol{s}\|^2}{1+\|\boldsymbol{s}\|^2}\frac{\boldsymbol{s}}{\|\boldsymbol{s}\|} \tag{4-74}$$

其中 $\boldsymbol{s}$ 是激活前向量，$\boldsymbol{v}$ 是激活后向量。

以 3 层 CapsNet 为例，图 4-41 展示了它在 MNIST 数据集上的工作方式。首先使用 256 个 9×9 卷积核，得到 256 通道的局部特征。而后使用 32 组每组 8 个 9×9 卷积核，得到 6×6×8×32 的向量特征图，达到将标量特征转为长度为 8 的向量特征的目的。将长度为 8 的 6×6×32 个向量特征作为胶囊的输入，传入用于 10 个检测数字的胶囊中，也就是图中的 DigitCaps，图中的矩阵 $\boldsymbol{W}$ 便是储存前层组件和数字空间关系的输入矩阵，并应用动态路由算法，最终得到 10 个 16 维向量特征，向量长度表示分别检出 10 个数字的概率，方向储存了空间信息。

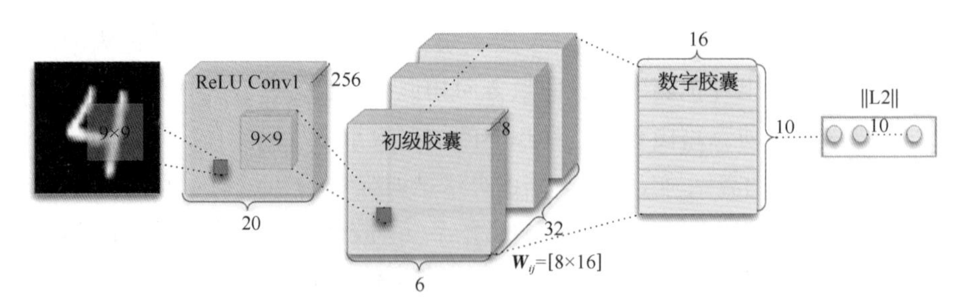

图 4-41 一个简单的 3 层 CapsNet

(图片引自[41])

由于 CapsNet 允许多个类同时存在，因此不使用传统分类任务的交叉熵损失，而是使用类似支持向量机的损失函数

$$L_k = T_k \max(0, m^+ - \| \boldsymbol{v}_k \|)^2 + \lambda(1 - T_k)\max(0, \| \boldsymbol{v}_k \| - m^-)^2 \tag{4-75}$$

其中 k 表示类别，T_k 指示当前类别是否存在，m^+ 为惩罚假阳性的上界，m^- 为惩罚假阴性的下界，λ 是调整两部分的权重。

除了正确的分类之外，CapsNet 还应该有能力从最终的向量特征重构出原图像。重构部分网络如图 4-42 所示，取某一个数字的 16 维向量特征，经过 3 层全连接神经网络，得到 28×28 的重构图像，并计算与输入原图像的重构损失。CapsNet 中使用 0.005 的重构损失权重，表明分类损失占主导地位。

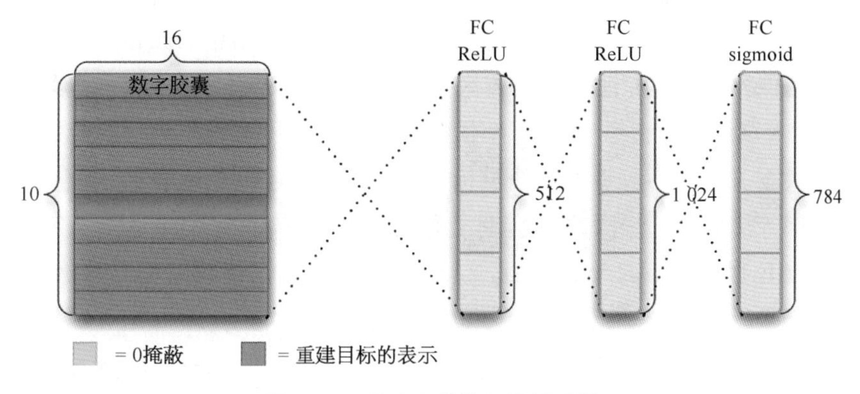

图 4-42 数字向量特征的解码器

（图片引自[41]）

4.7.2 堆叠胶囊自编码器

堆叠胶囊自编码器（stacked capsule autoencoders，SCAE）[43]在 SVHN 和 MNIST 数据集的无监督分类任务上达到了当时的最佳性能。SCAE 分为组件胶囊自编码器（part capsule autoencoder，PCAE）和对象胶囊自编码器（object capsule autoencoder，OCAE）两部分。

在介绍两部分自编码器之前，首先介绍使用 Set Transformer[44]的星座胶囊自编码器（constellation capsule autoencoder，CCAE）。Set Transformer 是一种具有置换不变性的编码器。CCAE 使用二维坐标点集作为输入，每个坐标点视

为一个组件胶囊。不同于 CapsNet，每个对象胶囊的特征向量包含如下信息：一维存在概率；一个 3×3 的对象-观察者关系矩阵，记录了对象相对于观察视角的仿射变换信息。每个对象胶囊使用其独有的 MLP 网络，预测组成它的组件，预测出的组件特征包含如下信息：一维条件概率，表示当对象存在时该组件的存在概率；一个标准差；一个 3×3 的对象-组件矩阵，记录了组件相对于对象的仿射变换信息。CCAE 使用高斯混合模型建模所有输入点，混合模型中的各个独立高斯分布的权重，由对象-观察者关系矩阵和对象-组件关系矩阵的乘积给出。最后通过优化高斯混合模型的最大似然，来达到无监督分割集群的目的。

在 CCAE 中将一个二维坐标点视为一个组件。但一张图像中的真实组件包含更多信息。于是使用 PCAE 负责将图像分解为不同组件，每个组件胶囊储存 6 维空间位姿信息、一维存在概率和一个特征向量。这些组件胶囊的信息由编码器得到。除此之外，PCAE 的解码器负责学习每个组件的图像模板，从而利用这些图像模板重建原图像。具体来说，网络使用一个输入为组件胶囊特征的 MLP，输入该组件的图像模板，这个模板比输入图像小，并多一个通道数表示被遮挡的关系。将组件胶囊的图像模板经过它的 6 维空间位姿变换，结合遮挡和存在概率等信息，并通过与原图像计算似然概率的方法进行优化。

OCAE 则与 CCAE 十分类似。尝试将组件胶囊自编码器输出的组件组合成数量更少的对象，也就是将图 4-43 中的圆柱、长方体等组件，组合成树木、房屋等对象。OCAE 将各组件的位姿、特征和图像模板作为输入，与 CCAE 不同

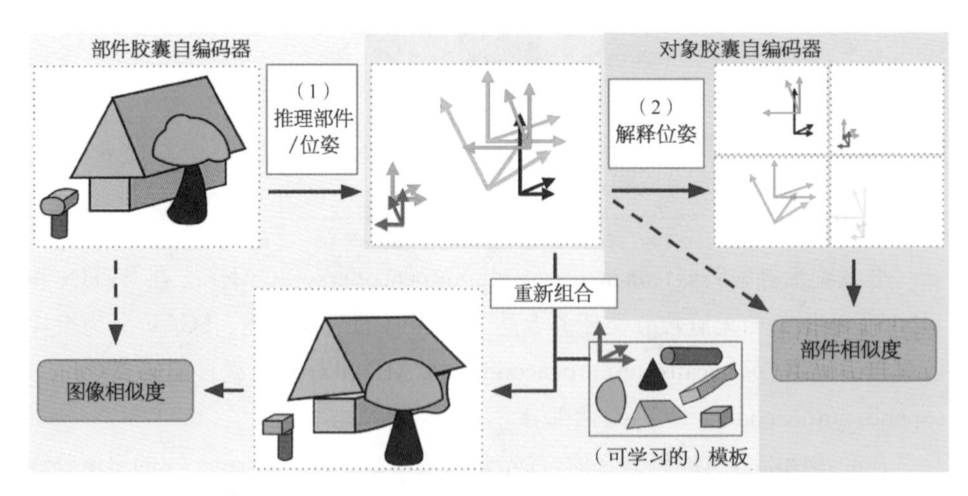

图 4-43　SCAE 的两个部分

(图片引自[43])

的是，OCAE 将组件胶囊的存在概率作为输入，这是为了使 Set Transformer 的注意力平衡机制不去考虑缺失点，同时用于衡量组件胶囊的对数似然。OCAE 的每个对象胶囊将对所有组件胶囊的位姿进行预测，最终，OCAE 通过优化组件胶囊位姿的最大似然估计进行训练。

4.8　基于 Transformer 的图像分类

计算机视觉领域中，CNN 逐渐成为主流模型，而在自然语言处理（natural language processing, NLP）领域，Transformer 结构由于其高并行性，成为序列建模任务中的主流模型。随着越来越高效结构的产生，视觉任务也逐渐与 NLP 任务融合统一，利用 Transformer 来处理视觉任务获得了越来越多的关注。本节将从 NLP 任务中的 Transformer 出发，介绍计算机视觉领域中的相关模型。

4.8.1　自然语言处理中的 Transformer

在传统的机器翻译任务中通常采用 RNN、LSTM 等结合注意力的序列模型，序列模型会依照序列顺序或反序处理输入中的单个单词，如“This→is→a→book”。这类模型虽然在训练中可以取得不错的性能，但其序列化的特性使后续的单词依赖前一单词的映射输出，这导致该类模型难以并行，较长的句子需要更长的训练和推理时间；同时长句易导致梯度消失或梯度爆炸，模型难以捕捉远距离的单词间的依赖关系。

不难发现，上述缺点源自序列化模型的序列化特点，因此 Transformer[45] 摒弃序列化设计，在网络中使用注意力机制来构建时空序列中的关系。

Transformer 的整体结构是一个编码器-解码器结构（图 4-44）。给定一个句子（每个单词已转换为一个词嵌入向量），编码器对输入的词向量计算特征，解码器则利用得到的特征，进一步加工得到最终的输出。其中多个词向量是同时进行编码操作的，同时利用注意力机制模拟两两词向量之间的相关性，这样的设计大大提升了网络的并行度与性能。

Transformer 的编码器由多个编码模块组成，每一个编码模块包含一个多头注意力层（multi-head attention）和前向传播层（feed forward）；解码器同样由多个解码组成，每一个解码模块包含了注意力层，编码器-解码器间的多头注意力层（encoder-decoder multi-head attention）和前向传播层。接下来依次介绍其中相关的网络层。

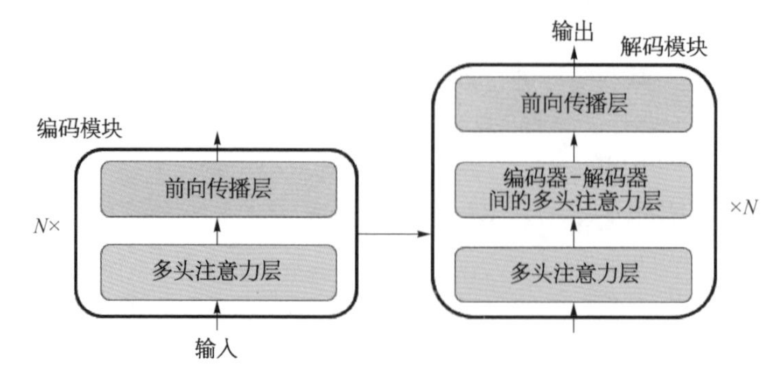

图 4-44　Transformer 的整体结构

N×/×N 表示相同结构重复了 N 次。

4.8.1.1　注意力层

Transformer 网络中最基础的注意力层如图 4-45 所示。给定一组词嵌入向量或者特征向量，每个向量经由 3 组不同的权重矩阵，分别得到查询（query，q）、键（key，k）及值（value，v）。堆叠组内所有词的 q、k、v，得到矩阵 $\boldsymbol{Q}$、$\boldsymbol{K}$、$\boldsymbol{V}$。$\boldsymbol{Q}$ 与 $\boldsymbol{K}^{\mathrm{T}}$ 做矩阵乘法并除以 $\sqrt{d_k}$（k 的长度）后，在每行内应用 softmax 激活

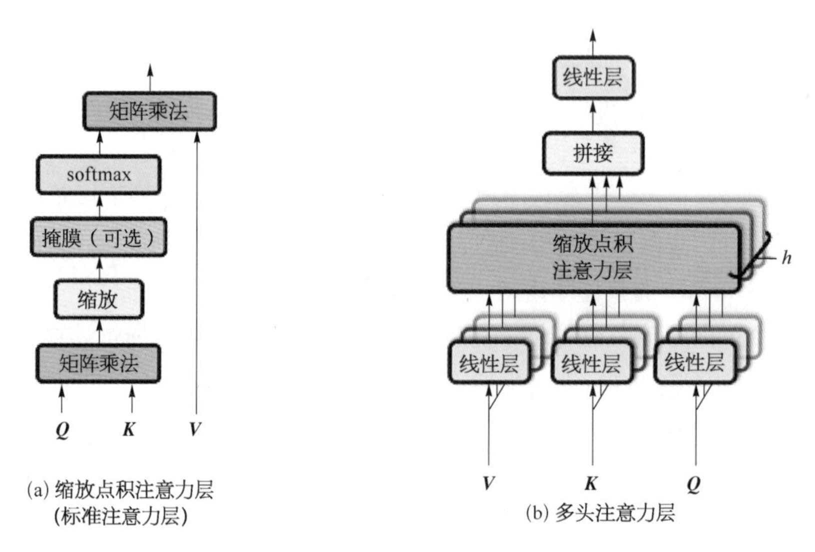

图 4-45　Transformer 中的标准注意力层和多头注意力层

h 表示多头注意力层中的注意力头个数。

函数，该结果表达了 $\boldsymbol{V}$ 中的每行特征不同的权重或是重要程度。将权重与 $\boldsymbol{V}$ 相乘并做归一化，得到一组新的特征向量

$$\text{Attention}(\boldsymbol{Q}, \boldsymbol{K}, \boldsymbol{V}) = \text{softmax}\left(\frac{\boldsymbol{Q}\boldsymbol{K}^{\mathrm{T}}}{\sqrt{d_k}}\right)\boldsymbol{V} \tag{4-76}$$

大多数 Transformer 设计并联多个注意力层以提升网络的容量，这种注意力层被称为多头注意力层（multi-head attention），如图 4-45（b）所示。此外，为了避免梯度消失的问题，通常也额外加入类似 ResNet 的残差设计来提高训练的稳定性。

4.8.1.2　前向传播层

经由多层注意力重新加权组合的特征向量，输入前向传播层。前向传播层（feedforward layer）是一个简单的全连接-ReLU-全连接单元

$$\text{FFN}(\boldsymbol{x}) = \max(0, \boldsymbol{W}_1\boldsymbol{x} + \boldsymbol{b}_1)\boldsymbol{W}_2 + \boldsymbol{b}_2 \tag{4-77}$$

4.8.1.3　编码解码器间的注意力层

编码器与解码器之间有一个额外的注意力层，与上述注意力层不同的是，$\boldsymbol{Q}$ 来自前一层解码器，$\boldsymbol{K}$、$\boldsymbol{V}$ 来自同层编码器，用于建模编码器与解码器之间的关系。堆叠编码与解码器得到完整的 Transformer 的网络后，可以通过有监督的训练算法来更新网络的参数。

2017 年，谷歌提出的 Transformer 构架[45]在 NLP 任务中取得了巨大的成功。随后 NLP 领域又出现了多个重要进展，如 BERT[23]、GPT-3[24]等都获得了长足的进步。鉴于 Transformer 的优异性能，计算机视觉领域研究者将其引入计算机视觉任务。下节将介绍几种典型的基于 Transformer 的图像分类算法，如 ViT[46]、Swin Transformer[47]、DeepNet[48]等。

4.8.2　基于 Transformer 的图像分类

4.8.2.1　ViT

自然语言中单词或字是天然的独立单位，将 Transformer 应用在视觉领域的一个挑战在于如何将图像转化为多个相对独立的单位。视觉 Transformer (vision Transformer，ViT)[46]将图像切分成多个图像块，每个图像块展开为一维向量并做线性映射，与一个表示位置的编码拼接后作为网络的输入(图 4-46)。除此以外，在 0 号位置额外加入一个可学习的令牌(token)用于表示类别。ViT 采用标准的 Transformer 编码器，包含 L 个编码模块。第 L 个编码模块输出的 0 号令牌，经过一个 MLP 得到最终的分类结果。

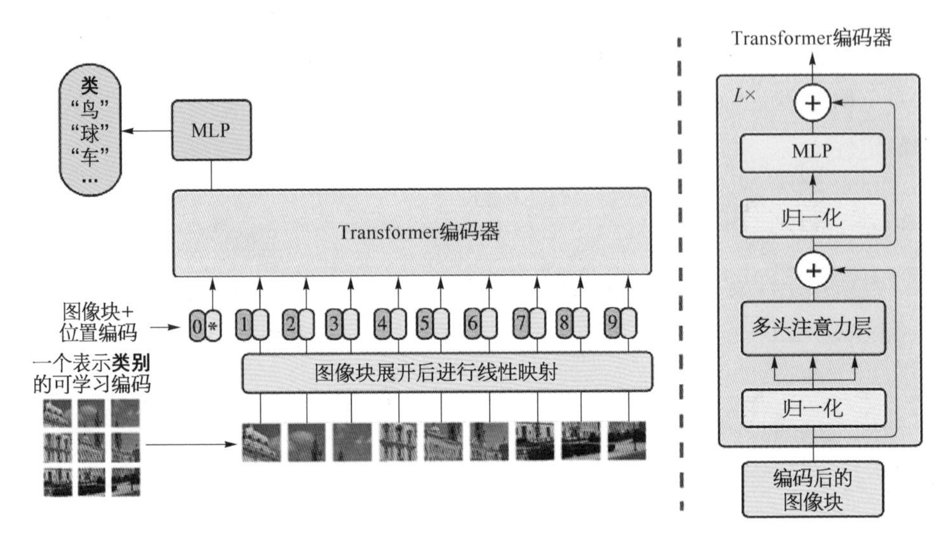

图 4-46 ViT 网络构架示意图

$L\times$表示相同结构重复了 L 次。(图片引自[46])

与 Transformer 相比，CNN 卷积的操作具有平移不变性、局部性等有利于图像分类的先验，但是缺乏远距离图像块信息之间的关联能力。Transformer 基于注意力机制，完全不具备这样的先验，因此在中等大小的数据集上(如 ImageNet)训练时，Transformer 模型的精度通常落后于 CNN。然而，ViT 在更大的数据集上训练后，可以从大量的数据中学到类似 CNN 的先验。其后再针对中小数据集进行微调，ViT 建模远距离信息关系的优势体现出来，其性能则通常超过 CNN。另外，在不同分辨率的数据集上微调时，研究者并没有调整每个图像块的大小，而是调整图像块数目，来保证网络中的感受野大小信息不变。

研究者也额外对比了融合 CNN 的混合模型，即采用 ResNet 中提取的特征来替代原始图像块，保持其余网络结构不变。对比结果显示在训练轮数(epoch)较少的时候，混合模型可以取得更优的效果，而在轮数较多的时候，ViT 仍然给出了更优的结果。

4.8.2.2　Swin Transformer

作用于 NLP 的 Trasnformer 只需要处理固定的尺度(即单词),而在计算机视觉的任务中,图像中的物体尺度变化往往很大。且由于在计算机视觉任务中,需要处理的是二维的图像块,这使得普通的 Transformer 的计算量大幅提升。使用滑动窗口的视觉 Transformer(sliding window Transformer, Swin Transformer)[47]中通过金字塔(图 4-47)及局部计算的方式来缓解上述问题。

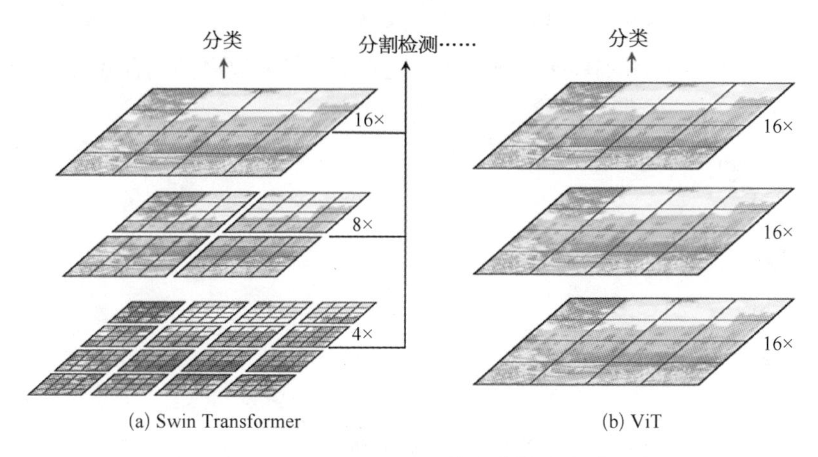

图 4-47　Swin Transformer 的金字塔式设计思路

(图片引自[47])

Swin Transformer 的网络结构如图 4-48 所示,网络总体分为 4 个阶段。在第一阶段,给定输入图像,采用类似 ViT 的算法,将图像分成同等大小的图像块输入网络;在第二至第四阶段,将相邻的图像块进行合并(patch merging),使得

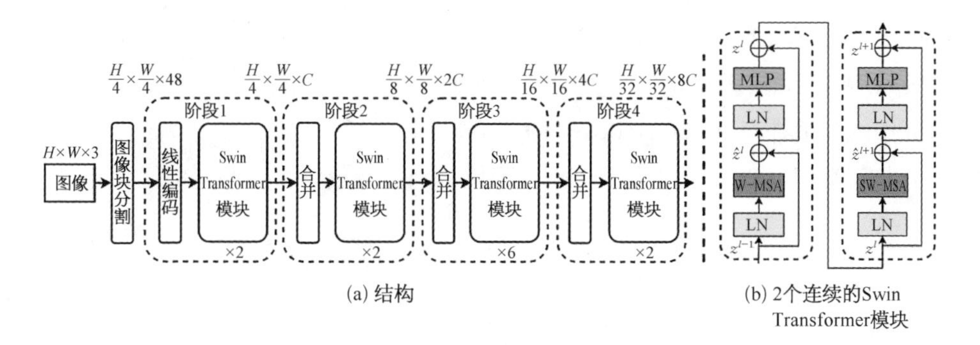

图 4-48　Swin Transformer 的网络结构

H、W 为图像的高度和宽度,C 为预定义的通道数,z^l 表示第 l 层特征。(图片引自[47])

空间维度减半，同时加深网络的特征维度，直至最顶层。如此，Swin Transformer 在深层会拥有更大的感受野。之后可根据下游任务为分类、分割或检测选择不同的网络头。Swin transformer 中的层进式设计可以理解为将 CNN 的设计思路引入 Transformer 网络中，它在多个下游任务中取得了领先的成绩。

4.8.2.3 DeepNet

近年来随着 Transformer 模型的参数量不断增加，模型的性能得到了显著的提升，但同时训练的不稳定性限制了模型深度的增加，在 2022 年微软研究院提出一个 1 000 层的模型 DeepNet[48]之前，绝大多数模型的深度不到 200 层（图 4-49）。

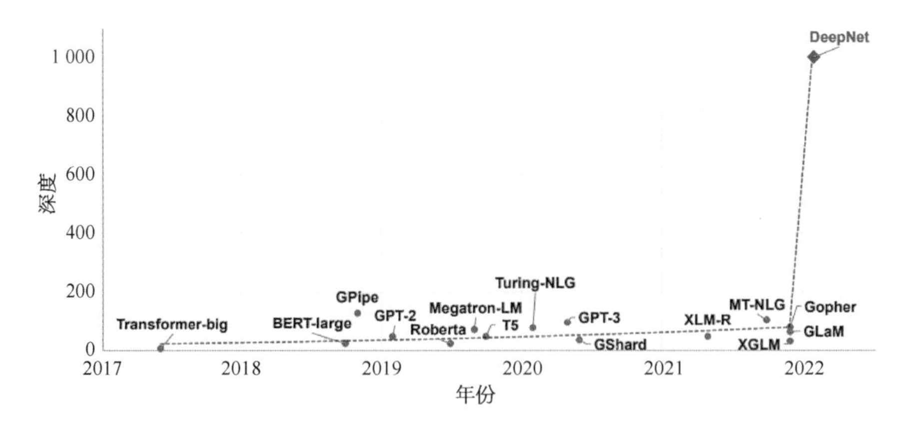

图 4-49 DeepNet 的深度与其他 Transformer 模型的深度的比较

（图片引自[48]）

DeepNet 的作者认为 Transfomer 的训练不稳定性主要与层归一化（layer normalization，LN）有关，在此之前，Transformer 模型使用的 LN 层有先归一化（Pre-LN）[45]和后归一化（Post-LN）[45]两种，二者结构如图 4-50 所示。以残差单元中的前馈神经网络（feedforward neural network，FFN）部分为例（注意力部分与其类似），Post-LN 和 Pre-LN 可以分别表示成

$$\boldsymbol{x}_{l+1}=\mathrm{norm}(\boldsymbol{x}_l+\mathrm{FFN}(\boldsymbol{x}_l)) \tag{4-78}$$

$$\boldsymbol{x}_{l+1}=\boldsymbol{x}_l+\mathrm{FFN}(\mathrm{norm}(\boldsymbol{x}_l)) \tag{4-79}$$

在既有研究中[49,50]，研究者发现采用 Pre-LN 进行训练更加稳健但性能逊于 Post-LN，可能是由于深层的梯度远小于浅层的梯度。Post-LN 性能较好但

训练不稳定，容易在训练初期陷入假局部最优。DeepNet 的作者在实验中发现通过合适的参数初始化和训练预热策略可以避免该问题，进而证明了之前一些研究猜测的 Post-LN 的深层梯度大于浅层梯度并非导致该问题的原因，反而是 Post-LN 取得较好性能的关键。

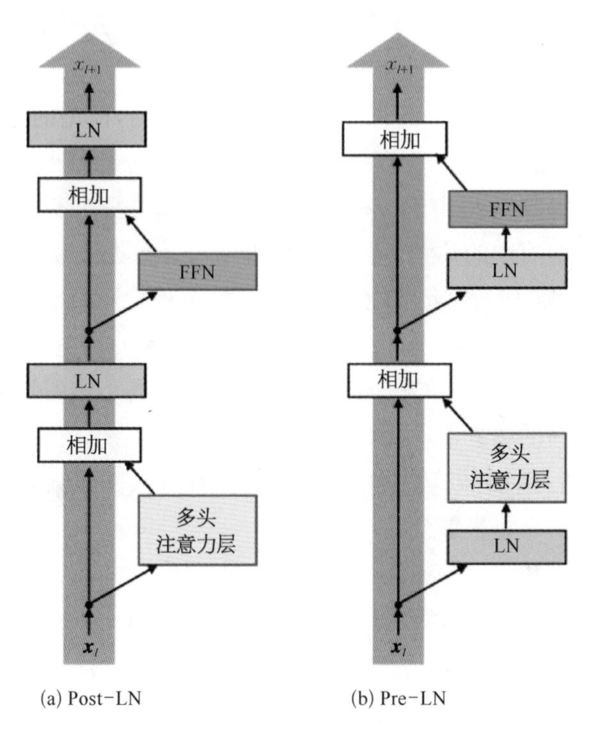

图 4-50　Transformer 中常用的两种层归一化

（图片引自[49]）

为了同时实现 Post-LN 的高性能并避免其训练不稳定的弊端，DeepNet 的作者在给出较优的参数初始化和训练预热方案以外，提出了一种新的 LN 方法 DeepNorm

$$\boldsymbol{x}_{l+1} = \text{norm}(\boldsymbol{x}_l \times \alpha + G_l(\boldsymbol{x}_l, \boldsymbol{\theta}_l)) \tag{4-80}$$

其中 α 是一个常数，$G_l(\boldsymbol{x}_l, \boldsymbol{\theta}_l)$ 是第 l 层 Transformer 的结构，且 $\boldsymbol{\theta}_l$ 受另一参数 β 缩放控制[式(4-80)中未体现 β]。DeepNet 给出了不同 Transformer 设计下较优的 α 和 β 方案。

根据数学分析和实验结果，上述设计能够避免网络浅层在使用 Post-LN 时常见的、网络浅层参数早期优化幅度过大而陷入假局部最优的弊端，进而可以堆叠更多层实现更深的 Transformer 网络。在基于 BLEU 分数作为评价指标的多个数据集和任务中，DeepNet 均实现了当时的最优表现，如使用 1 000 层 DeepNet 模型在 OPUS-100 测试集上达到 32.1 BLEU 分数；使用 200 层 DeepNet 与当时最优工作 M2M-100[51] 在多个多语言翻译数据集上进行测试，平均成绩超过 M2M-100 5 个 BLEU，且参数量只有 M2M-100 的 1/4 左右。

4.8.2.4 CLIP

对比语言-图像预训练(contrastive language-image pretraining, CLIP)[9] 是 OpenAI 团队在 2021 年提出的一种将图像与文本相关联的多模态模型，它的提出旨在改善深度学习中的几大问题：① 深度学习是数据驱动的，但是标注数据的成本非常昂贵，以 ImageNet 数据集为例，22 000 种类别合计超过 1 400 万张的图像标注需要超过 25 000 人；② 数据集的有限类别使得绝大多数模型的泛化性很差，通常模型只能在少数几个特定的数据集上取得不错的效果，但如果有新任务需要迁移到新的场景下，比如识别未见过的新的类别，就需要模型从头开始训练而无法只进行微调，极端条件下，如果直接从开放的数据集下选取样本，这些模型得到的效果将是很糟糕的。

将图像和文本相关联的想法曾在一些工作中被提出，但并没有取得很好的效果。而 CLIP 开发组拥有巨大的算力资源，从网络上选取了 4 亿幅图像及其对应的描述文字作为数据集，在 256 块 V100 GPU 上进行了 12 天时间的训练，并且没有使用任何预训练初始参数。

具体而言，CLIP 将图像通过 ResNet 或 ViT 网络框架、文字通过 Transformer 模型分别进行特征提取。将获取的两组特征使用线性映射统一到相同的空间维度中，之后计算它们之间的余弦相似度。采用对比学习的方式约束对应图像文字的特征相似度趋于 1，其余的趋于 0(图 4-51)。以批尺寸(batch size)为 N 的图像和文本输入为例，一共有 N^2 种图像文本的组合，其中只有 N 种为正确的组合(正样本)，剩余 N^2-N 种为错误配对(负样本)，因此需要令 N 对正确组合的相似度最大化，同时使得剩余组合的相似度最小化。值得注意的是，这种对比学习的性能与负样本的个数有很大的关系，为了让模型取得更好的性能，通常需要海量的负样本。在 CLIP 工作中，批尺寸取了惊人的 32 768。

CLIP 由于基于海量训练样本，可以提升零样本学习的模型性能，在预测未知类别的迁移任务中体现出显著的优越性。具体做法是先将图像数据经过预训练网络提取图像特征，再将单个单词形式的类别标签替换为“a photo of a [object]”这种指示性的文本(其中“object”指类别的名称),❶ 然后经过网络提取文本特征,从而计算两者的相似度。相似度越高代表被分成该类的概率越大。其网络整体结构如图 4-51 所示,预测结果如图 4-52 所示。CLIP 在各个数据集上都取得了很好的效果(图 4-53),在 ImageNet 数据集上,使用 CLIP 预训练模型的零样本学习的 top-1 分类准确率能达到 76.2%,甚至优于全监督的 ResNet50 网络的性能。

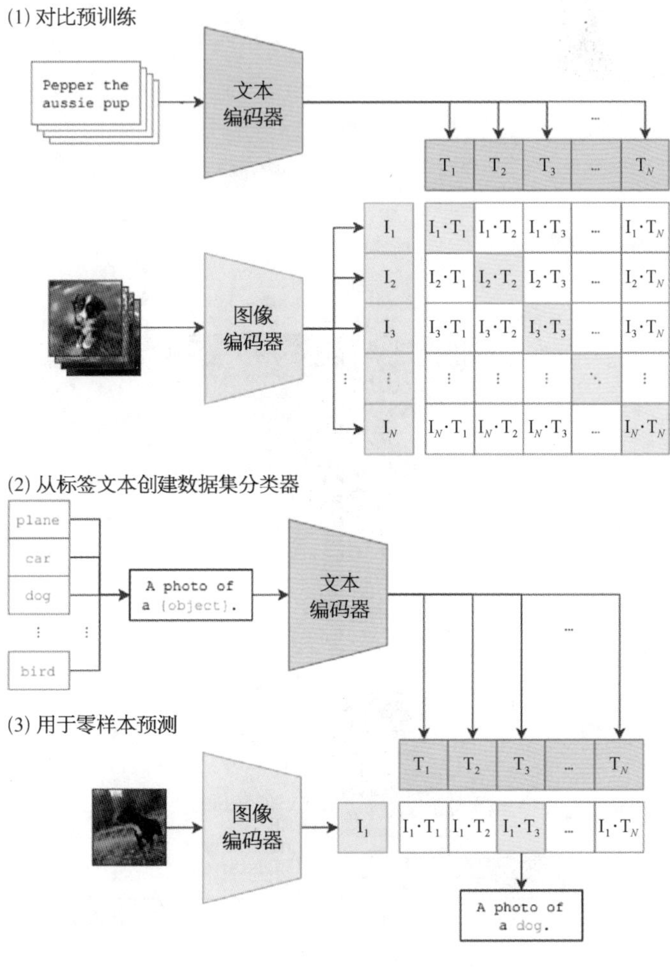

图 4-51　CLIP 的网络结构

T 和 I 分别是文本编码器和图像编码器输出的特征。(图片引自[9])

---

❶ CLIP 训练阶段的文本数据是完整的语句,而分类数据集的类别标签是单词形式,为了解决输入端的差异,需要将标签转换为描述性语句以使 CLIP 可以正常工作。

FOOD101

guacamole (90.1%) Ranked 1 out of 101 labels

✓ a photo of **guacamole**, a type of food.

× a photo of **ceviche**, a type of food.

× a photo of **edamame**, a type of food.

× a photo of **tuna tartare**, a type of food.

× a photo of **hummus**, a type of food.

图 4-52 CLIP 的预测结果

（图片引自[9]）

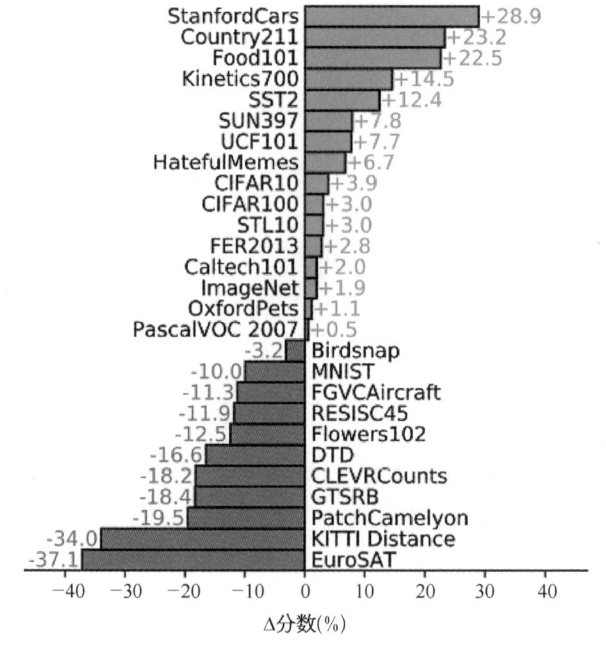

图 4-53 零样本学习的 CLIP 与全监督的 ResNet50 在 27 个数据集上的性能比较

（图片引自[9]）

4.9　本章小结

本章介绍了基于传统手动特征的图像分类和基于深度学习的图像分类。基于手动特征的图像分类通过手动设计的鲁棒的图像特征，进行图像的表达，再搭配相应的分类器进行图像的分类；基于深度学习的图像分类通过图像表达和分类器联合学习，进行端到端的学习。

其中 CNN、CapsNet，以及基于 Transformer 的神经网络是常见的基于深度学习的图像分类网络。在 CNN 中，网络的深度和宽度是受关注度最高的问题。增加深度会增大感受野，但会提高基于梯度反向传播的神经网络优化的难度，而 ResNet 中的跳层连接(skip connection)形式的残差设计可以有效地解决梯度消失的问题，从而使得增加深度成为可能。此外近年来，相关研究[37]也发现 ResNet 中实际有效的感受野有限，因而大卷积核的神经网络设计也开始逐渐引起关注。类似地，也有研究表明 ResNet 可以等效为大量不同深度的神经网络的并联，而那些很深的神经网络对实际分类的性能的贡献很小[52]，这也间接说明引入更多大的感受野对于神经网络的必要性。

而 Transformer 通过注意力机制，可以更好地关注全局信息。近期出现大量精心设计的 Transformer 的结构有效地提升了图像分类的性能。此外，在图像分类中，现有的方法都是对图像的类别标签进行 one-hot 编码，并不能有效刻画类别之间的关系。而 CLIP[9] 可以有效地将图像特征和类别的语义特征进行关联，从而极大地提升了长尾分布及零样本识别等多种场景下的图像分类任务的性能。这也为未来图像分类的研究提供了新的思路。

参考文献

[1] RUSSAKOVSKY O, DENG J, SU H, et al. ImageNet large scale visual recognition challenge. International Journal of Computer Vision, 2015, 115(3): 211-252[2023-09-01]. http://dx.doi.org/10.1007/s11263-015-0816-y.
[2] KRIZHEVSKY A, HINTON G. Learning multiple layers of features from tiny images. Handbook of Systemic Autoimmue Diseases, 2009, 1(4).
[3] KHOSLA A, JAYADEVAPRAKASH N, YAO B, et al. Novel dataset for fine-

grained image categorization: Stanford dogs//Proceedings CVPR Workshop on Fine-Grained Visual Categorization. 2011.
[4] WELINDER P, BRANSON S, MITA T, et al. Caltech-UCSD Birds 200: CNS-TR-2010-001. California Institute of Technology, 2011.
[5] VAN HORN G, MAC AODHA O, SONG Y, et al. The inaturalist species classification and detection dataset//Proceedings of the IEEE Conference on Computer Vision and Pattern Recognition. 2018: 8769-8778.
[6] LIN T Y, MAIRE M, BELONGIE S, et al. Microsoft COCO: Common objects in context//European Conference on Computer Vision. 2014: 740-755.
[7] CHUA T S, TANG J, HONG R, et al. NUS-WIDE: A real-world web image database from national university of singapore//Proceedings of the ACM International Conference on Image and Video Retrieval. 2009: 1-9.
[8] LI W, WANG L, LI W, et al. Webvision database: Visual learning and understanding from web data. arXiv preprint arXiv:1708.02862, 2017.
[9] RADFORD A, KIM J W, HALLACY C, et al. Learning transferable visual models from natural language supervision//International Conference on Machine Learning. 2021: 8748-8763.
[10] SIVIC J, ZISSERMAN A. Video Google: A text retrieval approach to object matching in videos//Proceedings Ninth IEEE International Conference on Computer Vision. 2003: 1470-1470.
[11] LOWE D G. Distinctive image features from scale-invariant keypoints. International Journal of Computer Vision, 2004, 60(2): 91-110.
[12] DALAL N, TRIGGS B. Histograms of oriented gradients for human detection//2005 IEEE Computer Society Conference on Computer Vision and Pattern Recognition. 2005: 886-893.
[13] BAY H, TUYTELAARS T, GOOL L V. SURF: Speeded up robust features//European Conference on Computer Vision. 2006: 404-417.
[14] OJALA T, PIETIKAINEN M, HARWOOD D. Performance evaluation of texture measures with classification based on Kullback discrimination of distributions//Proceedings of 12th international conference on pattern recognition. 1994: 582-585.
[15] LAZEBNIK S, SCHMID C, PONCE J. Beyond bags of features: Spatial pyramid matching for recognizing natural scene categories//2006 IEEE Computer Society Conference on Computer vision and pattern recognition. 2006: 2169-2178.
[16] CANDES E J, ROMBERG J K, TAO T. Stable signal recovery from incomplete and inaccurate measurements. Communications on Pure and Applied Mathematics: A Journal Issued by the Courant Institute of Mathematical Sciences, 2006, 59(8): 1207-1223.
[17] WANG J, YANG J, YU K, et al. Locality-constrained linear coding for image classification//2010 IEEE Computer Society Conference on Computer Vision and

Pattern Recognition. 2010：3360-3367.

[18] SÁNCHEZ J，PERRONNIN F，MENSINK T，et al. Image classification with the fisher vector：Theory and practice. International Journal of Computer Vision，2013，105(3)：222-245.

[19] YANG J，LIU H，SUN F，et al. Tactile sequence classification using joint kernel sparse coding//2015 International Joint Conference on Neural Networks. 2015：1-6.

[20] WESTON J，WATKINS C. Multi-class support vector machines. Technical Report CSD-TR-98-04，1998.

[21] WESTON J，WATKINS C. Support vector machines for multi-class pattern recognition//Esann 1999，7th European Symposium on Artificial Netural Networks. 1999：219-224.

[22] HINTON G E，SALAKHUTDINOV R R. Reducing the dimensionality of data with neural networks. Science，2006，313(5786)：504-507.

[23] DEVLIN J，CHANG M W，LEE K，et al. BERT：Pre-training of deep bidirectional transformers for language understanding. arXiv preprint arXiv:1810.04805，2018.

[24] BROWN T，MANN B，RYDER N，et al. Language models are few-shot learners. Advances in Neural Information Processing Systems，2020，33：1877-1901.

[25] IOFFE S，SZEGEDY C. Batch normalization：Accelerating deep network training by reducing internal covariate shift//International conference on machine learning. 2015：448-456.

[26] BA J L，KIROS J R，HINTON G E. Layer normalization. arXiv preprint arXiv:1607.06450，2016.

[27] ULYANOV D，VEDALDI A，LEMPITSKY V. Instance normalization：The missing ingredient for fast stylization. arXiv preprint arXiv:1607.08022，2016.

[28] WU Y，HE K. Group normalization//Proceedings of the European Conference on Computer Vision. 2018：3-19.

[29] KRIZHEVSKY A，SUTSKEVER I，HINTON G E. ImageNet classification with deep convolutional neural networks. Advances in Neural Information Processing Systems，2012，25：1097-1105.

[30] SRIVASTAVA N，HINTON G，KRIZHEVSKY A，et al. Dropout：A simple way to prevent neural networks from overfitting. The Journal of Machine Learning Research，2014，15(1)：1929-1958.

[31] SIMONYAN K，ZISSERMAN A. Very deep convolutional networks for large-scale image recognition. arXiv preprint arXiv:1409.1556，2014.

[32] FEIFEI L，RANJAY K，DANFEI X. Lecture 9：CNN architectures，stanford. 2020 [2023-09-01].http://cs231n.stanford.edu/slides/2020/lecture_9.pdf.

[33] HE K，ZHANG X，REN S，et al. Deep residual learning for image recognition//Proceedings of the IEEE Conference on Computer Vision and Pattern Recognition. 2016：770-778.

[34] HUANG G，LIU Z，VAN DER MAATEN L，et al. Densely connected convolutional

networks//Proceedings of the IEEE Conference on Computer Vision and Pattern Recognition. 2017：4700-4708.

[35] XIE S，GIRSHICK R，DOLLÁR P，et al. Aggregated residual transformations for deep neural networks//Proceedings of the IEEE Conference on Computer Vision and Pattern Recognition. 2017：1492-1500.

[36] HU J，SHEN L，SUN G. Squeeze-and-excitation networks//Proceedings of the IEEE Conference on Computer Vision and Pattern Recognition. 2018：7132-7141.

[37] DING X，ZHANG X，ZHOU Y，et al. Scaling up your kernels to 31×31：Revisiting large kernel design in CNNs. arXiv preprint arXiv：2203.06717，2022.

[38] CHOLLET F. Xception：Deep learning with depthwise separable convolutions//Proceedings of the IEEE Conference on Computer Vision and Pattern Recognition. 2017：1251-1258.

[39] HOWARD A G，ZHU M，CHEN B，et al. MobileNets：Efficient convolutional neural networks for mobile vision applications. arXiv preprint arXiv：1704.04861，2017.

[40] ZHANG X，ZHOU X，LIN M，et al. ShuffleNet：An extremely efficient convolutional neural network for mobile devices//Proceedings of the IEEE Conference on Computer Vision and Pattern Recognition. 2018：6848-6856.

[41] SABOUR S，FROSST N，HINTON G E. Dynamic routing between capsules. Advances in Neural Information Processing Systems，2017，30.

[42] TRAN M，VO-HO V K，QUINN K，et al. CapsNet for medical image segmentation. arXiv preprint arXiv：2203.08948，2022.

[43] KOSIOREK A，SABOUR S，TEH Y W，et al. Stacked capsule autoencoders. Advances in Neural Information Processing Systems，2019，32.

[44] LEE J，LEE Y，KIM J，et al. Set transformer：A framework for attention-based permutation-invariant neural networks//International Conference on Machine Learning. 2019：3744-3753.

[45] VASWANI A，SHAZEER N，PARMAR N，et al. Attention is all you need//Advances in Neural Information Processing Systems. 2017：5998-6008.

[46] DOSOVITSKIY A，BEYER L，KOLESNIKOV A，et al. An image is worth 16×16 words：Transformers for image recognition at scale. arXiv preprint arXiv：2010.11929，2020.

[47] LIU Z，LIN Y，CAO Y，et al. Swin transformer：Hierarchical vision transformer using shifted windows//Proceedings of the IEEE/CVF International Conference on Computer Vision. 2021：10012-10022.

[48] WANG H，MA S，DONG L，et al. DeepNet：Scaling transformers to 1000 layers. arXiv preprint arXiv：2203.00555，2022.

[49] XIONG R，YANG Y，HE D，et al. On layer normalization in the transformer architecture//International Conference on Machine Learning. 2020：10524-10533.

[50] WANG Q，LI B，XIAO T，et al. Learning deep transformer models for machine

translation. arXiv preprint arXiv:1906.01787, 2019.

[51] FAN A, BHOSALE S, SCHWENK H, et al. Beyond english-centric multilingual machine translation. Journal of Machine Learning Research, 2021, 22(107): 1-48.

[52] VEIT A, WILBER M, BELONGIE S. Residual networks are exponential ensembles of relatively shallow networks. arXiv preprint arXiv:1605.06431, 2016, 1(2): 3.

第5章

图像中目标检测

5.1 引言

目标检测(object detection)通常指在图像中用边界框(bounding box)定位出特定类别的物体(图 5-1)。目标检测包括对特定对象的物体检测,例如人脸检测、行人检测、文字检测等,也包含通用的物体检测,比如检测多种常见的物体。目标检测算法具有单独提取出图像中给定类别的物体实例的能力,这使其成为许多计算机视觉应用的上游算法。例如,在人脸识别任务中,需要先检测人脸,然后再进行人脸识别;在行人重识别中,需要先对行人进行检测,然后再判断不同摄像头中的两个行人框内的人是否对应同一人。

图 5-1　目标检测任务示例

图像经过检测模型推理后,输出多个边界框指示感兴趣目标的位置。

在真实场景中，目标检测面临着物体尺度跨度大、光照条件差异大、物体遮挡严重、类别分布不均衡等诸多挑战（图 5-2），它们极大限制了目标检测的性能。为了增强目标检测模型对不同尺度、光照、视角的建模能力，一方面要增加

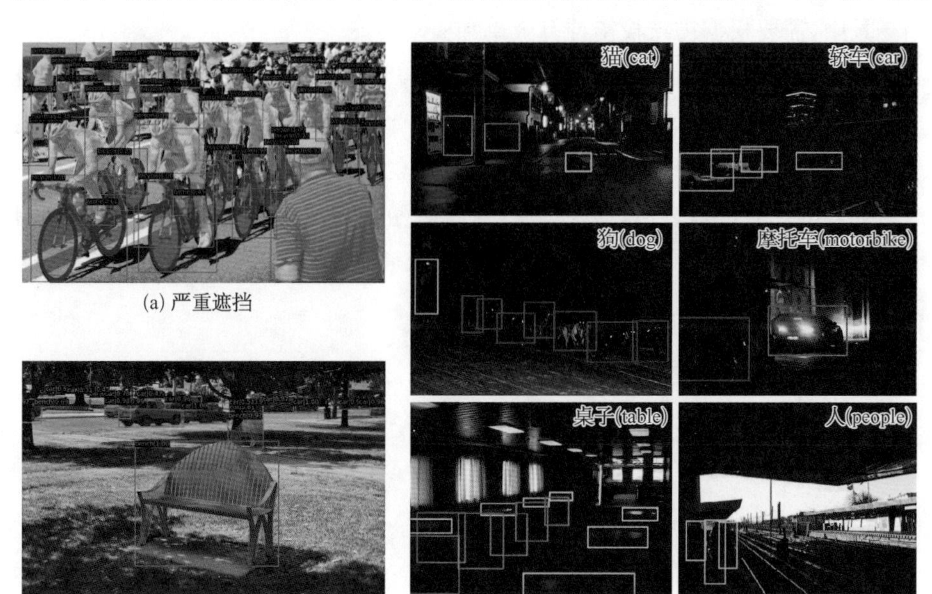

(a) 严重遮挡

(b) 小目标检测

(c) 低光照条件下的目标检测

(d) 数据分布不均衡

图 5-2　目标检测的主要挑战

（图片引自[1-3]）

训练样本的多样性，另一方面要提高模型的性能，例如增加神经网络的宽度和深度。然而，大模型必然增加推理阶段的耗时，降低计算效率。但目标检测通常作为其他视觉任务的前序任务，无法接受过多的计算效率损失。因此，在实际的应用场景中，需要根据需求权衡计算效率和检测性能。

在目标检测任务中，对物体位置的描述通常基于矩形边界框。最常用的水平方向的矩形边界框的表达方式有两种：一种是对角点的坐标，另一种是中心点及框的高和宽。在一些任务中物体是倾斜的，因此需要利用旋转的矩形边界框对物体的位置进行表达，即在中心点、高、宽的基础上增加一个旋转角，从而建模物体的方向并获得更加紧致的边界框。或者通过描述物体宽边上两点的坐标，以及物体的高度来表达(图 5-3)。

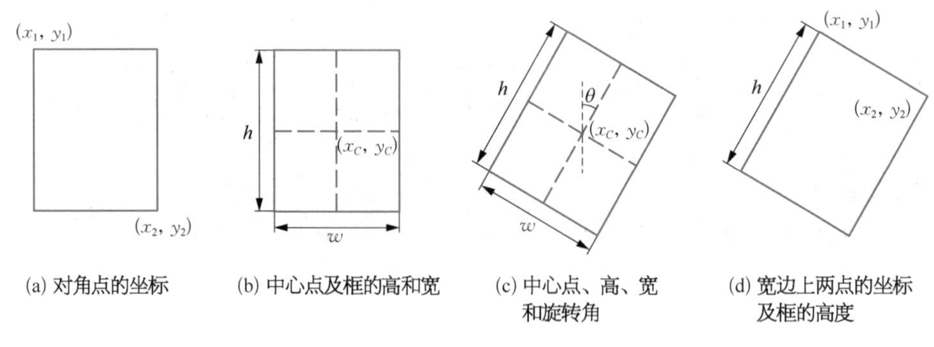

(a) 对角点的坐标 (b) 中心点及框的高和宽 (c) 中心点、高、宽和旋转角 (d) 宽边上两点的坐标及框的高度

图 5-3 边界框的 4 种表达方式

目标检测的输出为边界框及边界框中物体的类别。通常，边界框的产生方式有两种：一种按照预设规则产生候选边界框，然后对冗余候选进行排除，对正确的候选边界框进行分类和位置校正，基于此种思路的目标检测算法通常被称为两阶段目标检测算法；另一种是基于给定图像的特征直接进行边界框位置的回归及其所属类别的分类，基于这种思路的目标检测算法通常被称为单阶段目标检测算法。

目标检测常用的数据集包括 PASCAL visual object classes challenge(PASCAL VOC)[4]、Karlsruhe Institute of Technology and Toyota Technological Institute (KITTI)[5]、Microsoft common objects in context(MSCOCO)[6]、ImageNet[7,8]、a dataset for large vocabulary instance segmentation(LVIS)[9]等。

PASCAL VOC 2012 包含 20 个目标类别，包括飞机、自行车、船、公共汽车、轿车、摩托车、火车、瓶子、椅子、餐桌、盆栽、沙发、电视/显示器、鸟、猫、牛、狗、马、羊、人。该数据集中的每张图像都有像素级的分割标注、边界框标注和类别标注。它已被广泛用作目标检测、语义分割和分类任务的基准(图 5-4)。

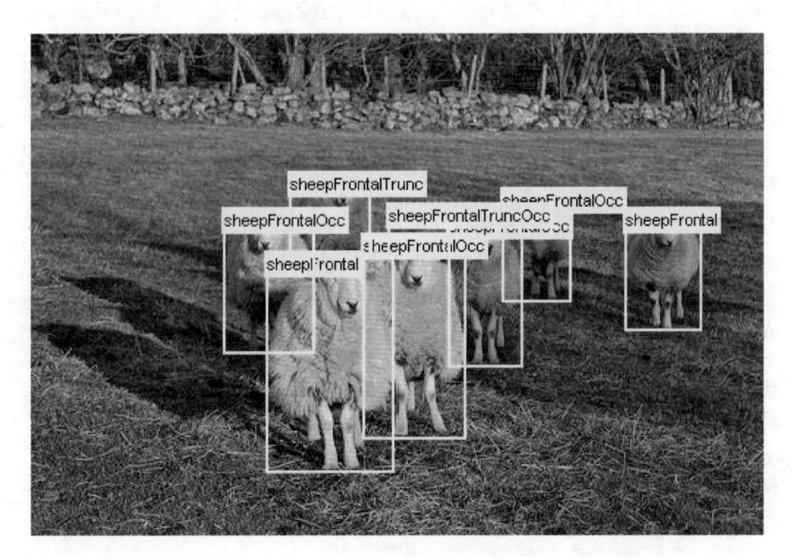

图 5-4　PASCAL VOC 数据集

(图片引自[4])

KITTI　移动机器人和自动驾驶场景常用的物体检测数据集(图 5-5)。它使用多种传感器记录了数小时交通场景的数据，包括高分辨率 RGB 图像、灰度立体摄像机拍摄的视频、三维激光扫描仪得到的激光雷达数据。KITTI 既可以用于二维的目标检测，也可以用于三维的目标检测。KITTI 目标检测数据集包含 7 481 张训练图像、7 518 张测试图像，以及相应的点云数据，共计 80 256 个标注目标。

图 5-5　KITTI 数据集

(图片引自[5])

MSCOCO　一个大规模的目标检测数据集(图 5-6)，包含 91 个类别的约 328 000 张图像。此外，它也被用于关键点检测和分割等任务。

ImageNet　除了用于分类外，也可以用于物体的检测。以 ImageNet Large Scale Visual Recognition Challenge 2017 为例，其检测任务包含 1 000 个类别的

图 5-6　MSCOCO 数据集中部分数据样例

（图片引自[6]）

目标定位(object localization)、200 个类别的目标检测，以及 30 个类别的视频中的目标检测（图 5-7）。

LVIS　Facebook(现更名为 Meta)公司 Facebook AI Research(FAIR)部门发布的一个大规模细粒度词汇级标记数据集。该数据集针对超过 1 000 类物体进行了约 200 万个高质量的实例分割标注，包含约 164 000 张图像。与其他目标检测数据集不同，该数据集类别特别多，但有些类别的实例特别少。因此该数据集上数据具有明显的长尾分布[long-tailed distribution，图 5-2(d)]特征。它可同时用于目标检测及实例分割。图 5-8 展示了该数据集的标注样例。

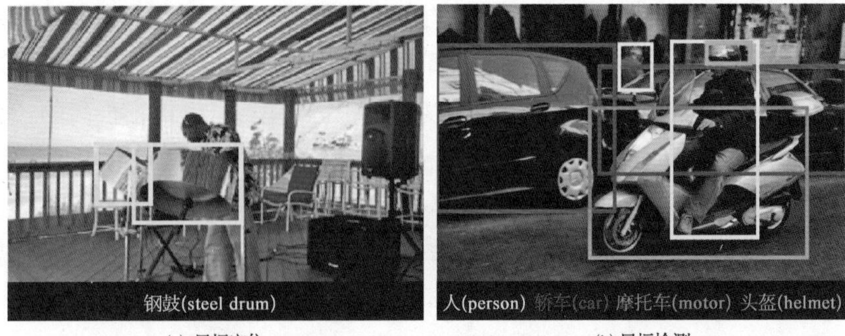

(a) 目标定位　　　　(b) 目标检测

(c) 视频中的目标检测

图 5-7　2017 年 ImageNet 大规模目标识别挑战赛

（图片引自[8]）

图 5-8　LVIS 数据集上的标注样例

该数据集存在大量遮挡以及物体尺度的变化，此外有些目标非常小；同时该数据集目标种类多且存在长尾分布，因此在该数据集上的目标检测非常具有挑战性。（图片引自[9]）

在目标检测中，通常经过检测后会有大量的目标边界框，这些边界框很多都是冗余的，需要去除。一般采用**非极大值抑制**(non-maximum suppression, NMS)算法来去除。NMS 算法去除那些置信度不是很高，并且与置信度很高的边界框具有非常高的交并比(intersection over union, IOU)的框。其中 IOU 定义为两个边界框相交部分的面积除以两个边界框合并总面积(合并总面积指两个框各自面积之和减去它们相交部分的面积)。NMS 算法的流程如下：

1) 对于某待检测类别，给定一张图像经过目标检测算法输出的对应的该类的候选框及其对应的属于该类别的置信度 s_1, s_2, …。

2) 按照属于该检测类别的从小到大的置信度将所有候选框按照排序，记排序后的候选框为 r_1, r_2, …。

3) 迭代所有 $i \in \{1, 2, 3, \cdots\}$, $j \in \{i+1, i+2, \cdots\}$，如果 r_i 和 r_j $(j > i)$ 的交并比 $\mathrm{IOU}(r_i, r_j) > \tau$ (τ 为预先设定的 IOU 阈值，如 0.9、0.8、0.5 等)，则去除 r_j。

图 5-9 展示了一个典型非极大值抑制的过程和结果。通过对每一类对应的边界框使用 NMS 算法，可以去除属于该类的冗余框。然而，非极大值抑制对于重叠的物体可能造成漏检的情况，对此，研究者提出**软阈值非极大值抑制**(soft-NMS)[10]。在 NMS 中，如果 r_i 和 r_j $(j > i)$ 的交并比 $\mathrm{IOU}(r_i, r_j) > \tau$，则去除 r_j。而在软阈值 NMS 中，不直接去除 r_j，而是将 r_j 对应的置信度进行衰减

$$s_j = s_j \mathrm{e}^{-\frac{\mathrm{IOU}(r_i, r_j)2}{\sigma}} \tag{5-1}$$

图 5-9　NMS 后的输出(红色框)

按照修改后的规则对所有候选框进行迭代后，移除更新后的置信度 s_j 小于阈值的候选框。这样，那些真实的物体候选框即使在有所重叠的情况下，因更新后仍具有相对较高的置信度，得以保留下来。图 5-10 展示了 NMS 和软阈值 NMS 的结果对比。

图 5-10　NMS 结果(蓝色框)和软阈值 NMS 结果(红色框)对比图

软阈值 NMS 可以较好地保持那些有重叠的物体。(图片引自[10])

从图像的表达的方法上分类，目标检测模型可以分为基于手动特征的目标检测和基于神经网络(包括 CNN 和 Transformer)的目标检测。下面将以此为线索，介绍相关典型算法。

5.2　基于手动特征的目标检测

由于目标检测的输出是边界框的位置和边界框中目标对应的类别，所以一个朴素的思路是首先产生边界框，然后对边界框中区域做特征表达，最后对边界框中特征分类来判断边界框中的内容是否为物体以及所属的类别。早期的边界框的产生是通过滑动窗口(sliding window)，即对一张图像，在每个位置产生数个不同大小、形状的矩形框作为目标候选框，然后通过分类来判断候选框中的物体是否为目标物体。由于速度在目标检测中非常关键，因此快速地进行候选框的特征提取以及对候选框进行特征分类至关重要。在速度提升方面的一个典型工作是 P. Viola 和 M. Jones 提出的基于 Haar-like 特征和 AdaBoost 算法的人脸检测算法[11]。在目标检测中由于很多物体是非刚性物体，存在形变等情况，如何进行鲁棒的图像表达决定了检测的精度性能。可变形组件模型(deformable part-based model, DPM)[12]可以显著提升对形变物体的适应性，对包括行人在内的非刚体目标具有非常好的检测性能。接下来将对这两种典型的传统目标检测算法进行介绍。

5.2.1 Viola-Jones 人脸检测算法

Viola-Jones 人脸检测[13]可以实现高精度、高速度的人脸检测。其核心设计在于通过 Haar-like 特征对人脸特征进行快速表达，通过级联的分类器和 AdaBoost 算法对负样本框高效过滤。

5.2.1.1 基于 Haar-like 特征的区域表达

哈尔样式(Haar-like)特征的命名源于哈尔小波变换。C. P. Papageorgiou 等人首先提出使用哈尔小波变换替代图像像素以减少分类器计算量[14]。P. Viola 和 M. Jones 在这个工作的启发下，提出了 Haar-like 特征[11,13]。计算 Haar-like 特征的主要思想是给定窗口中两个相邻的矩形框，计算每个矩形框中像素和，并将两个矩形框像素和之间的差值作为特征值。根据图像中不同位置的差值作为分类器输入进行图像分类。在人脸图像中，存在多个灰度明暗变化的区域，例如，眼部和脸颊的像素亮度差异较大(通常人眼区域较暗，而脸部区域较亮)。在一个典型的 Haar-like 特征中，两个矩形框中的一个覆盖在眼睛上，另一个覆盖在脸颊上，这样算出的特征值具有区别人脸的能力。此外鼻子区域和脸庞区域、眼睛区域和额头区域等对比也非常明显。因此 Haar-like 特征可以较好地刻画人脸。图 5-11 展示了 3 个类型的 Haar-like 特征，其中每一大类特征由矩形框个数决定。在 2 个矩形框和 3 个矩形框的情况下，根据矩形框的相对位置，每一大类还可以继续划分成两小类(横向或纵向)。

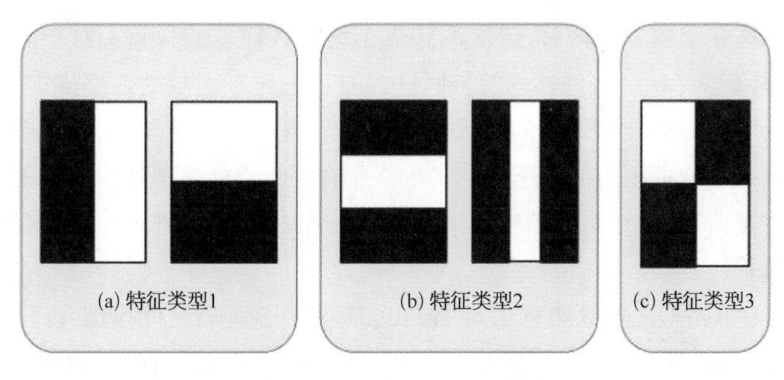

图 5-11 3类 Haar-like 特征

(图片引自[15])

由于 Haar-like 特征的数量非常大,如何快速地计算 Haar-like 特征是目标检测非常关心的一个问题。对此,P. Viola 和 M. Jones 提出利用积分图对 Haar-like 特征快速计算。积分图利用动态规划的思想,将原图中每一个位置和原图左上顶点所围成的矩形内的像素和存在一个表中。这样原图中每一个子区域的像素和都可以通过查表,配合简单的加减法快速计算。例如,在图 5-12 中如果需要计算区域 D 的像素和,由于已经在积分图中存储了位置 1、2、3、4 与左上顶点所围成的区域的像素和,因此 D 区域的像素和可以通过 $(4+1)-(2+3)$ 来计算,无需再累加 D 区域中所有像素。

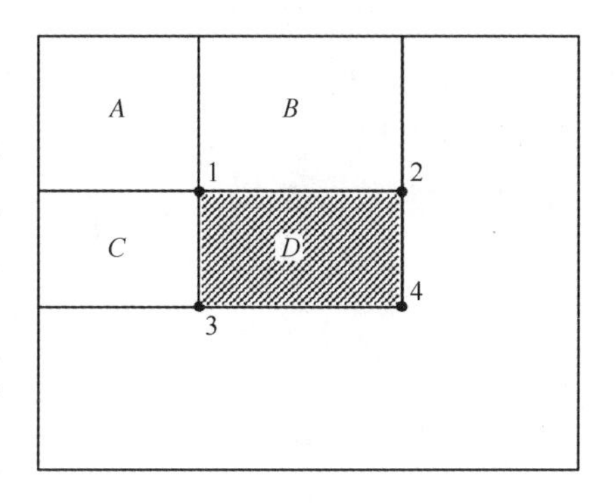

图 5-12 积分图计算 Haar-like 特征示例

(图片引自[11])

5.2.1.2 基于 AdaBoost 的人脸分类器

由于 Haar-like 特征数量过多,例如在一个 24×24 像素的窗口中,能够得到 162 336 个可能的 Haar-like 特征,使用所有特征进行分类决策将导致计算量过大无法接受。P. Viola 和 M. Jones 推断只有极少一部分特征能够对最终目标分类结果产生有效的影响(在实验中也得到了证明),他们提出使用自适应增强(adaptive boasting, AdaBoost)算法的变体来寻找这些少数有效特征。

AdaBoost 算法[16]使用多个弱分类器(weak classifier)预测分类结果,并通过加权组合这些弱分类器得到一个强分类器(strong classifier)。具体而言,AdaBoost

算法每训练一个弱分类器后，依次调整数据集中各样本的权重。对于简单的数据样本，降低其在下一个弱分类器训练中的权重；对于困难的数据样本，则提高其在下一个弱分类器训练中的权重。通过该策略，整个过程后期训练得到的弱分类器更擅长处理困难的数据样本。最终所有弱分类器根据加权投票策略组成一个强分类器，其中在整个训练集上全局误差相对较低的弱分类器具有相对较高的权重。

Viola-Jones 人脸检测算法对 AdaBoost 算法进行了一些调整以同时实现 Haar-like 特征和弱分类器的优选。在一轮 Boosting 训练过程中，训练所有基于单一 Haar-like 特征的弱分类器，计算每个分类器在整个数据集上的总体误差。选择出误差最小的弱分类器及其对应的 Haar-like 特征，然后根据该最优弱分类器在每个数据样本上的误差，更新所有数据样本的权重。使用更新后的数据样本权重，进行下一轮 Boosting 过程，并选择出下一个弱分类器及其 Haar-like 特征，并再次更新全体数据样本权重。依此类推，总共进行 T 轮 Boosting，得到 T 个弱分类器及其 Haar-like 特征。最终通过 T 个弱分类器加权平均构建强分类器。具体地：

1）给定数据集 (x_1, y_1), …, (x_n, y_n)，其中 $y_i=0$、1 分别对应于负样本和正样本。

2）初始化训练数据权值 $w_{1,i}=\frac{1}{2m}$、$\frac{1}{2l}$ 分别对应于 $y_i=0$、1，其中 m 和 l 分别为负样本和正样本的个数。

3）对于 $t=1$, …, T，执行：

（1）归一化权值，$w_{t,i} \leftarrow \frac{w_{t,i}}{\sum_{j=1}^{n} w_{t,j}}$。

（2）选择最优弱分类器及其误差

$$\epsilon_t=\min_{f,p,\theta}\sum_i w_i \mid h(x_i, f, p, \theta)-y_i \mid \tag{5-2}$$

其中 $h(x, f, p, \theta)$ 为弱分类器，f 为 Haar-like 特征，p 为极性（分类器不等式方向），θ 为阈值。

（3）定义 $h_t(x)=h(x, f_t, p_t, \theta_t)$，其中 f_t、p_t、θ_t 为最小误差 ϵ_t 对应的参数。

（4）更新权值

$$w_{t+1,i}=w_{t,i}\beta_t^{1-e_i} \tag{5-3}$$

其中 x_i 样本分类正确时 $e_i=0$，反之 $e_i=1$，且 $\beta_t=\frac{\epsilon_t}{1-\epsilon_t}$。

4）构建最终的强分类器

$$C(x)=\begin{cases}1, & \sum_{t=1}^{T}\alpha_t h_t(x)\geqslant\frac{1}{2}\sum_{t=1}^{T}\alpha_t \\ 0, & \text{其他情况}\end{cases} \tag{5-4}$$

其中 $\alpha_t=\log\frac{1}{\beta_t}$。

相关工作[13]中的实验显示，通过该策略选择出的前 200 个特征即可在 MIT+CMU 数据集（作为测试集）上实现 95%的召回率，误检率 1/14 084，处理 384×288 像素的图像仅需要 0.7 秒。尽管该指标在工作发表的 2004 年前后已非常优秀，但是仍然无法满足大多数实际任务的需求。在该框架下，检测器性能与特征数量紧密相关，无法在保持计算效率的同时继续提高性能，或者在保持性能的前提下继续提高计算效率，因此，P. Viola 与 M. Jones 进一步利用级联分类器方法提升效率。

5.2.1.3　级联分类器

级联分类器的思路建立在两个客观事实上：① 人脸区域在图像中所占比例非常小。例如级联分类器中统计了 MIT+CMU 数据集，总共 7 500 万个子窗口，但只包含 507 个人脸。② 分类器通过调整阈值可以在召回率和准确率之间相互权衡。如果使用第 5.2.1.2 节所述的 200 个弱分类器（200 个 Haar-like 特征）组成一个强分类器进行人脸检测时，每个子窗口都将运行 200 次弱分类器。但是假设能够构建一个简单的强分类器（例如只使用两个特征），它的召回率达到足够高（例如 100%），准确率可以较差（50%），在 7 500 万个子窗口中将检出约 1 000 个认为包含人脸的子窗口，其中 507 个真正包含人脸，其他为误判，这样即可通过两个特征的计算，排除掉绝大多数的子窗口。接着对于第一个分类器输出的约 1 000 个阳性子窗口，继续使用更多分类器排除其中假阳性样本。因为在早期就排除掉绝大多数子窗口，整张图像平均处理时间将大幅减少。这就是级联分类器的底层逻辑。

级联分类器的每一层级为一个使用较少特征的强分类器，通过调整阈值使其拥有高召回率但对准确率要求相对低。通过前一层级分类器的子窗口将交给下一层级分类器继续判别，以排除其中的假阳性。依此类推，直到子窗口通过所有层级分类器，才被认为包含人脸。级联分类器的设计和训练需要考虑 3 个超参数：① 层级（强分类器）数量；② 每一层级中弱分类器的数量；③ 每层级强分类器的阈值。同时优化这 3 个参数并在计算效率和检测性能间进行权衡非常困难，因此 P. Viola 与 M. Jones 提出了一个简单训练框架。考虑每层级分类器的任务都是排除掉不含人脸但通过了前一层级分类器的假阳性子窗口，即降低误判率，但又不可避免地降低了召回率。因此，将希望达到的召回率和准确率总体目标，经验性地分解为每一层级的误判率降低的最小目标和一个召回率损失的最大容忍度。对于每一层级强分类器，不断地增加特征数量直到该层级在召回率损失最大容忍度内实现误判率降低目标。对于整体而言，不断地增加强分类器个数，使得整个级联分类器达到整体召回率和准确率目标。

总而言之，级联分类器是针对正负样本显著不均衡情况的巧妙设计。相关论文[14]中构建了 38 层的级联分类器，其中前 5 层的特征数量分别为 1、10、25、25 和 50。所有层级共使用 6 061 个特征，但在 MIT＋CMU 数据集上平均每个子窗口仅使用 10 个特征，即绝大多数子窗口在第二个层级之前即被判定为不包含人脸。使用 700 MHz 奔腾三处理器检测一张 384×288 像素图像的平均时间为 0.067 秒，其效率为当时同等性能其他方法的 15～600 倍。

5.2.2 基于 DPM 的目标检测

可变形组件模型（deformable part-based model, DPM）[17]是一种组件模型，这类模型综合各部分组件和整体的信息来判定对象属于的类别，组件之间通过类似弹簧的部件来连接。DPM 概念诞生较早，但在很长一段时间内并未展现出具有竞争力的性能，直到 P. Felzenszwalb 等人将 DPM 与方向梯度直方图（histogram of oriented gradient, HOG）特征和隐式 SVM（latent support vector machine, LSVM）相结合，并在 2007 至 2009 年的 Pascal VOC 挑战的检测算法排名中连续夺冠，才得到广泛的传播和使用。

DPM 是 Dalal-Triggs 检测器[18]的扩展和改进。Dalal-Triggs 检测器使用 HOG 特征和单一滤波器进行目标检测，并采用线性 SVM 进行模型训练。DPM 模型则由一个根滤波器、多个组件滤波器和一个表示组件与根之间相对位置关系的空间模型组成弹簧形变模型（图 5-13），并提出 LSVM 方法对模型进行训练。根滤波器用于粗糙尺度特征来响应物体整体信息，组件滤波器用于细节尺度特征以响应物体组件信息，空间模型表示了组件中心置于相对锚点不同位置时的损失函数。例如，检测对象为行人时，根滤波器用来检测整个人体，而组件滤波器则用来检测人体各部位(头、肩、腿等)特征，空间模型量化该弹簧形变模型与理想模型间的变化程度。基于 DPM 的算法对于目标的姿态、尺度变化以及非刚性形变具有很强的鲁棒性。

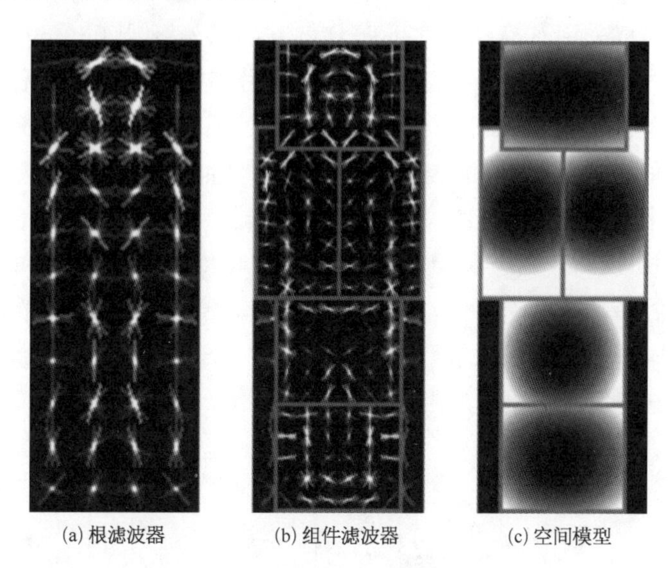

图 5-13　DPM 算法组件

滤波器的亮度指示组件在具体方向上的权重，空间模型亮度表示组件中心到锚点相对距离的损失函数。(图片引自[17])

5.2.2.1　DPM 特征提取：改进的 HOG 特征

DPM 本质是一组用于处理图像特征的线性滤波器，尽管图像特征对模型性能有着至关重要的影响，但 DPM 本身与具体的图像特征提取方法是无关的。在 DPM 作者的论文中，使用了改进的 HOG 特征[19]。原始的 HOG 特征过程如下：

1) 对原图像进行 Gamma 校正。

2) 计算每个像素的梯度强度和方向。

3) 将图像每 8×8 像素分到一个单元(cell)中。例如，一张 128×64 像素的图像分成 16×8 个单元。

4) 对每个单元求其梯度方向直方图(无符号梯度方向直方图)。通常取 9 个方向(特征)，也就是每 180°/9＝20°分到一个方向，方向大小按照梯度幅值加权。最后归一化直方图。

5) 每 2×2 个单元合成一个块(block)，并对块内部特征进行归一化。

6）将所有的块特征进行拼接，用来表达图像。一张 128×64 像素的图像共有 15×7 块，所以总的特征有 15×7×36=3 780 维。

改进后的 HOG 特征取消了原 HOG 中的块，只保留了单元，但归一化处理则在当前单元与其周围的 4 个单元所组成的区域中进行。在 HOG 算法中，计算梯度方向可以采用有符号(0—360°)梯度方向或无符号(0—180°)梯度方向。实践表明一些目标适合使用有符号梯度方向，另一些则适合使用无符号梯度方向。DPM 作为面向通用目标的检测方法，采用了有符号梯度和无符号梯度相结合的策略。但是，在增加特征表示能力的同时，特征向量维度大幅增加，一个 8×8 单元的特征维数达到(18+9)×4=108 维。DPM 采用了一种降维策略：对于无符号梯度，将 4×9=36 维特征视为一个 4×9 矩阵，对每行和每列进行加和操作，生成 4+9=13 个特征，得到 13 维特征向量；对于 18×4 个有符号梯度方向，每行求和得到 18 维向量。组合产生 13+18=31 维特征向量。上述改进的 HOG 特征提取流程如图 5-14 所示。

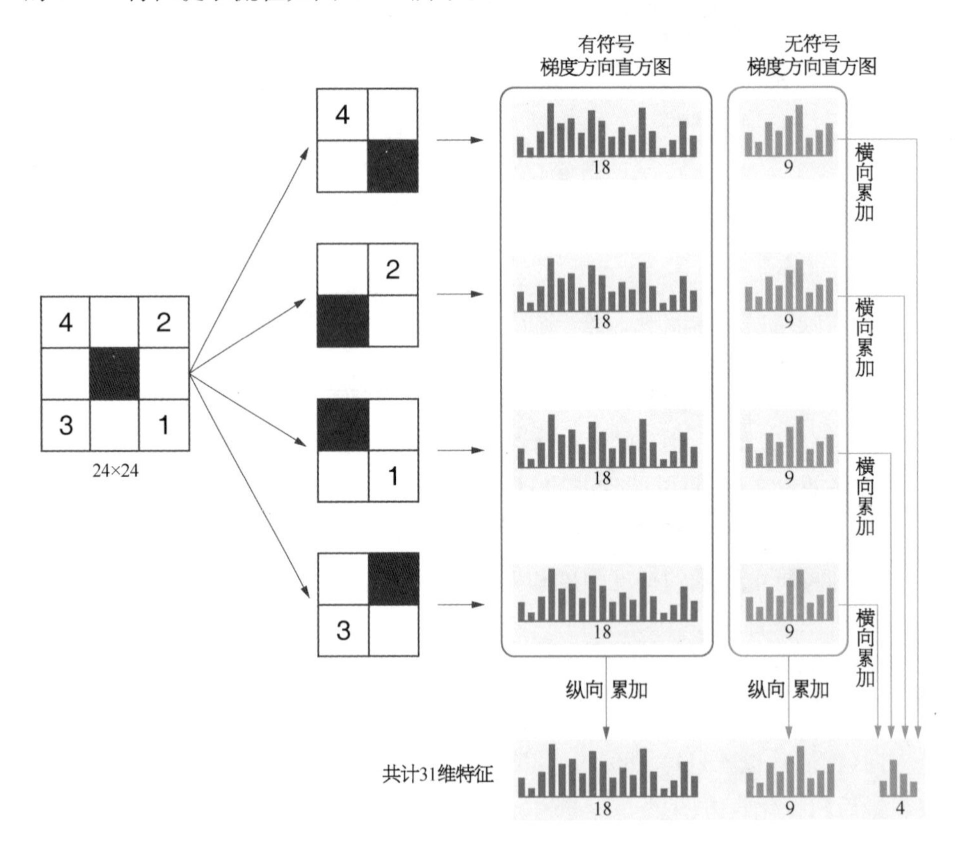

图 5-14 DPM 采用的改进 HOG 特征

5.2.2.2　DPM 前向推理过程

DPM 模型的工作原理是将一组线性滤波器作用于图像特征并得到滤波器响应,得到检测任务中的分数(score)。对于一种具有 n 个组件的物体,基本的 DPM 模型是一个$(n+2)$元组 $(F_0, P_1, P_2, \cdots, P_n, b)$。其中 F_0 为根滤波器,P_i 是第 i 个组件的模型,b 是偏置项。进一步地,P_i 是一个 3 元组 (F_i, v_i, d_i),其中 F_i 是第 i 个组件的线性滤波器,v_i 是一个二维向量,表示该组件在根滤波器中的锚点,d_i 是一个四维向量,作为一个二次函数的参数,是组件中心位置与锚点的相对偏差的损失函数。

在该框架下,一个假设存在的物体可以用特征金字塔中的位置表示,包括笛卡儿空间坐标(x, y)和尺度空间层级 l,即 $z=(p_0, p_1, \cdots, p_n)$,其中 p_i 是第 i 个组件 $p_i=(x_i, y_i, l_i)$。特别地,对于特征尺度,DPM 方法指定组件特征计算应当在根特征的两倍分辨率下进行,直观地讲即要求组件特征比根特征更加精细。在 z 处的一个假设物体的分数(存在物体的置信度)为所有滤波器响应之和,减去各组件偏移锚点的损失,再加上偏置项

$$\text{score}(p_0, \cdots, p_n)=\sum_{i=0}^{n} F' \cdot \phi(H, p_i)-\sum_{i=1}^{n} d_i \cdot \phi_{\mathrm{d}}(\mathrm{d}x_i, \mathrm{d}y_i)+b \tag{5-5}$$

其中 F'为转换为一维向量形式的线性滤波器 $F_0, F_1, \cdots, F_n$(即滤波器权重逐行拼接);设滤波器窗口大小为 $h\times w$,则 $\phi(H, p_i)$ 为从特征金字塔 H 以 p_i 位置为中心的 $h\times w$ 子窗口内的局部特征,同样转换为一维向量形式;F'与 $\phi(H, p_i)$ 同为维度为 $hw\times 1$ 的向量,$F'\cdot\phi(H, p_i)$ 为二者进行内积操作。式(5-5)的第二项

$$\phi_{\mathrm{d}}(\mathrm{d}x_i, \mathrm{d}y_i)=(\mathrm{d}x_i, \mathrm{d}y_i, \mathrm{d}x_i^2, \mathrm{d}y_i^2) \tag{5-6}$$

$$(\mathrm{d}x_i, \mathrm{d}y_i)=(x_i, y_i)-(2(x_0, y_0)+v_i) \tag{5-7}$$

$(\mathrm{d}x_i, \mathrm{d}y_i)$ 为 p_i 到锚点的偏移量,因 (x_0, y_0) 所在尺度的分辨率为 $(\mathrm{d}x_i, \mathrm{d}y_i)$ 的 1/2 故乘以 2,$d_i\cdot\phi_d(\mathrm{d}x_i, \mathrm{d}y_i)$ 则为一个二元二次函数。式(5-5)中的偏置项 b 用于混合多个模型时,模型间数值可比较。

在此基础上,令

$$\beta=(F'_0, \cdots, F'_n, d_1, \cdots, d_n, b) \tag{5-8}$$

$$\psi(H, z) = (\phi(H, p_0), \cdots, \phi(H, p_n), -\phi_d(\mathrm{d}x_1, \mathrm{d}y_1), \cdots, -\phi_d(\mathrm{d}x_n, \mathrm{d}y_n), 1) \tag{5-9}$$

则

$$\mathrm{score}(z) = \beta \cdot \psi(H, z) \tag{5-10}$$

这种线性分类器形式使得 DPM 的参数能够在隐式支持向量机(latent support vector machin, LSVM)的框架下进行训练，训练方法在第 5.2.2.3 节中介绍，本节继续介绍在假定具有训练好的参数 β 下如何完成物体检测。

根据式(5-5)，在同一根位置 p_0 下，不同组件位置 $p_1, \cdots, p_n$ 将产生不同的分数，因此定义一个根位置的分数

$$\mathrm{score}(p_0) = \max_{p_1, \cdots, p_n} \mathrm{score}(p_0, p_1, \cdots, p_n) \tag{5-11}$$

即所有组件位置产生的最大分数为该根位置的分数。此时即可将 $\mathrm{score}(p_0)$视为一个检测器沿特征金字塔以滑动窗口方式进行物体检测。不难发现score(p_0)的计算复杂度为 $O(k^n)$，其中 n 为组件个数，k 为单个组件可能位置的数量。DPM 通过动态规划和广义距离变换[20]，将计算复杂度降至 $O(nk)$，具体细节此处不做展开。

最后，考虑由于物体形状、姿态和视角导致的差异性，如从正面和侧面观察自行车，轮子的形状及相对于根位置的位置都具有巨大差异，DPM 实际是多个基本模型的混合，即 $M = (M_1, \cdots, M_m)$，用于描述一类物体常见的几种姿态。其中每个分量模型 M_c 都是前文所述的一个基本 DPM 模型。记 $z = (c, p_0, p_{1c}, \cdots, p_{nc}) = (c, z')$，混合模型输出的第 c 个分量 $M(z) = M_c(z')$。令

$$\beta = (\beta_1, \cdots, \beta_m) \tag{5-12}$$

$$\psi(H, z) = (0, 0, \cdots, \psi(H, z'), 0, \cdots, 0) \tag{5-13}$$

则 $\beta \cdot \psi(H, z) = \beta_c \cdot \psi(H, z')$。不难发现这等价于独立使用各分量模型计算结果，而实际前向推理过程也是如此实现的，这种表示方式主要用于模型训练过程。到此为止，DPM 模型的框架已经介绍完毕，图 5-15 展示了单个尺度下单个模型计算物体检测响应分数的过程。

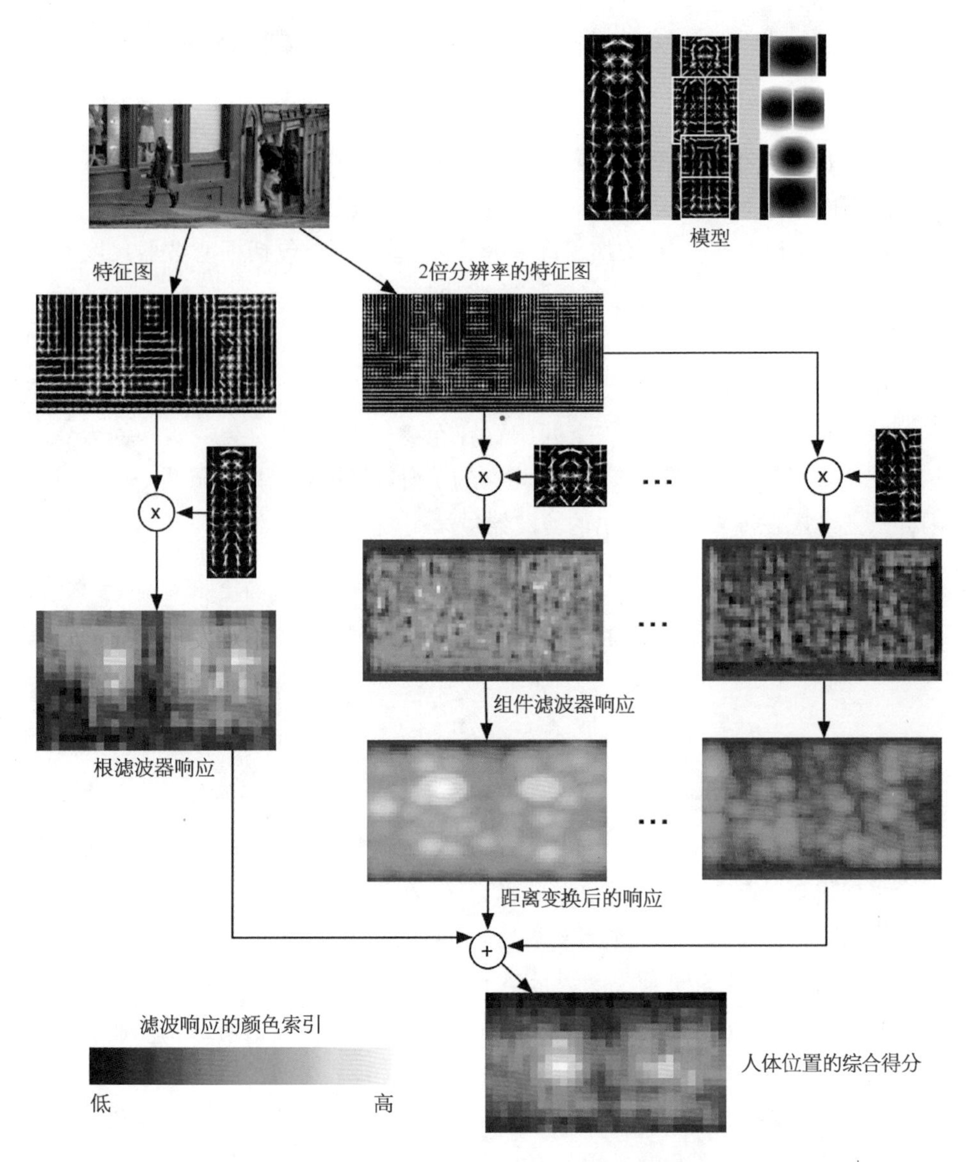

图 5-15　DPM 在单个尺度下的推理过程

从特征金字塔中选择分辨率为 2 倍关系的两个尺度特征，粗糙的特征输入根滤波器，精细的特征输入组件滤波器。组件滤波器响应通过距离变换后与根滤波器响应相加，得到所有位置上的分数。图中展示了"头部"和"右肩"组件滤波器响应和距离变换响应，能够观察到"头部"组件滤波器在检测过程中发挥着更多的判别作用以及它的作用方式。最终的分数在人体出现的位置给出了良好的高响应。(图片引自[12])

5.2.2.3　LSVM 训练框架

如前文所述，DPM 是 Dalal-Triggs 检测器的扩展和改进。Dalal-Triggs 检

测器使用单一线性滤波器，在所有尺度特征上运行该滤波器以检测物体

$$f_{\beta}(x)=\beta\cdot\Phi(x) \tag{5-14}$$

因此在具有近似理想标注的物体边界框时，物体检测可以转化为图像分类问题，使用标准的线性 SVM 方法训练。

然而在 DPM 方法中，增加了许多缺乏标注的参数，包括根滤波器尺度空间坐标 l_0，模型分量 M_c 中的 c，组件滤波器的特征空间坐标 $(p_1, \cdots, p_n)$，$p_i=(x_i, y_i, l_i)$。[1]

尽管在标注中无法确定特征尺度、模型分量和各组件的信息，但是根据标注框可知在正样本图像中，参数空间中存在至少一组参数 $z=(x_0, y_0, l_0, c, p_1, \cdots, p_n)$ 使得分类器在该组参数定义的子窗口上计算结果为阳性 $(y=+1)$，因此只需考虑在 z 空间中输出的滤波器最大响应

$$f_{\beta}(x)=\max_{z\in Z(x)}\beta\cdot\Phi(x, z) \tag{5-15}$$

它的损失函数与线性 SVM 具有相同的形式

$$L_D(\beta)=\frac{1}{2}\|\beta\|^2+C\sum_{i=1}^{n}\max(0, 1-y_i f_{\beta}(x_i)) \tag{5-16}$$

其中 (x_i, y_i) 为训练数据集，$y_i\in\{-1, +1\}$。

对于普通的线性 SVM[式(5-14)]，函数 f 对于 β 是线性的。其损失函数中的合页损失(hinge loss，其函数形状像合页)项 $\max(0, 1-y_i f_{\beta}(x))$ 是 0 和 $f(x)$ 的最大值。因为线性函数既是凸函数也是凹函数，多个凸函数的最大值也是一个凸函数，所以合页损失函数是一个凸函数。

对于 LSVM，f 是一组线性函数 $\beta\cdot\Phi(x, z)$ 的最大值，因此 f 对于 β 变成了凸函数。当 $y_i=-1$ 时，合页损失项 $\max(0, 1+f_{\beta}(x))$ 仍是一个凸函数；当 $y_i=1$ 时，合页损失项 $\max(0, 1-f_{\beta}(x))$ 则变为一个凸函数和一个凹函数的最大值，不具备凸性。相关论文中称 LSVM 仅具有在负样本上的半凸性(semi-convexity)。

然而，对于正样本中的一个具体的 $z_0\in Z(x)$，函数 $\beta\cdot\Phi(x, z_0)$ 仍然是线性的。所以当指定 z 的具体值时，仍然可以优化滤波器参数 β。因此在实际训练中(采用梯度下降法)，对于正样本有关键步骤

[1] 若考虑物体边界框标注的缺失情况和人工标注误差，则还有根滤波器的笛卡儿空间坐标 (x_0, y_0)。

$$z_i = \underset{z \in Z(x)}{\text{argmax}}\, \beta \cdot \Phi(x_i, z) \tag{5-17}$$

即 Z 空间的优化，将它与 β 空间中的优化交替进行，并称其为“坐标下降”(类比梯度下降)。另外对于负样本也进行了数据挖掘，集中在困难数据上进行优化。因为正样本训练的非凸性，易陷入局部最优，整体训练过程对初始化值较为敏感，优化过程较为繁琐，分为 3 个阶段：① 单独地对混合模型中各分量模型的根滤波器进行粗糙优化(等同线性 SVM)；② 将粗糙优化的根滤波器组合为混合模型，引入隐变量空间的模型分量 c 和根滤波器的定位 x_0、y_0、l_0，进一步优化根滤波器；③ 引入组件滤波器和所有隐变量进行优化。具体的训练过程中有大量重要的细节，包括模型初始化、数据处理方式等，限于篇幅书中不做详细介绍，有兴趣的读者请参考文献[12]。

有趣的是，LSVM 与 2002 年发表的弱监督学习[21]中提出的多实例支持向量机(MI-SVM)本质上是同一种方法。P. F. Felzenszwalb 等人是在 6 年后的工作[17]中独立地发表了 LSVM 方法，并在 2010 年发表的论文[12]中非常有风度地介绍了二者的联系。MI-SVM 解决的问题也许能够帮助读者更加直观地理解 LSVM。文献[21]解决的弱监督学习问题具体而言是弱标签物体检测，即一张图像的标签只体现是否包含某类物体，但不提供物体的位置信息。因此对一个滑动窗口式检测器而言，从一个正样本(包含物体的图像)或其特征裁切出许多可能的子窗口，大多数窗口输出标签−1，少数的几个窗口输出标签+1；反之，负样本裁切的所有子窗口，都应输出−1。这也许是一种从任务定义角度对 LSVM 或 MI-SVM 的损失函数半凸性的直观理解。也正是由于这种情况，对于正样本，SVM 训练过程必须同时定位正样本中物体的位置(笛卡儿空间或广义的隐式空间)和优化分类器参数；对于负样本，必须进行数据挖掘，因为大多数子窗口对于分类器而言都过于简单且占用大量计算开销，并且从损失函数凸性而言，找到最难的子窗口数据(距离分类超平面最近的数据点)并进行优化，等同于该负样本中的所有滑动窗口内的数据都参与了参数优化。

5.3　基于卷积神经网络的目标检测

早期基于手动特征的目标检测主要是基于滑动窗口的策略，即对每个滑动窗口进行分类和位置的校准。其中窗口的特征表达对于分类和位置校正至关重要。随着深度学习尤其是 CNN 在图像分类任务中取得优异的性能，研究者尝试将深度学习应用于目标检测。

与图像分类中只关心图像的整体不同，目标检测关注图像中具体的目标，需要获取这一目标的位置和类别信息。目标检测的目的是定位图像中的物体并且对其进行分类，也就是说，输入图像 I，目标检测的输出结果可以写成 (b_1, c_1)，(b_2, c_2)，…，其中 $b_i \in \mathbb{R}^4$ 描述了物体的位置和边界，$c_i \in \mathcal{Y}$ 表示物体的类别。在一张图像中仅存在一个目标时，可将其看作一个多任务问题：一个任务是对包围物体的边界框参数进行回归，另一个任务是对边界框中的物体进行分类。然而，在实际情况中，一张图像通常会出现多个物体，如此就变成了对图像中不定数目的物体进行回归和分类的问题，因此每张图像需要输出不同的输出结果的数量，无法直接使用简单的多任务学习来实现。

早期的基于深度学习的目标检测算法将深度学习技术与基于手动特征的目标候选区域(region proposal，也被称为候选框)检测技术衔接，在每个候选框中利用 CNN 提取特征并进行候选框类别的判定和候选框位置的校准，判别候选框中是否存在感兴趣物体，并输出修正后的精细化的物体边界框[22]。随后的研究在此基础上改进，利用 CNN 实现目标候选区域检测，从而形成了端到端的目标检测框架[23]。

这类先提取候选框，后在候选框中检测物体信息并修正边界框的方法，通常被称为**两阶段的目标检测算法**(two-stage object detection)，代表性的方法有 R-CNN[22]、Fast R-CNN[23]、Faster R-CNN[24]、Mask R-CNN[25]等。随后也出现了一些**单阶段的目标检测算法**(single-stage object detection)，此类方法利用单一神经网络在下采样网格的所有位置输出物体的置信度、类别和边界框信息。这类算法的代表性工作有 YOLO[26]、RetinaNet[27]、SSD[28]等。两类方法各有优劣，总体而言，单阶段方法的计算效率较高更适用于实时任务，而双阶段方法的性能更加优秀但计算速度相对较慢。但是，随着新的框架不断产生和已有框架的快速迭代，单阶段方法的性能在不断提升，双阶段方法也能实现高计算效率。从事开发工作时可以根据硬件配置和任务的具体要求选择合适的框架。

在基于深度学习的目标检测中，通常把初始的候选框(参考框)称为**锚点**(anchor)或锚框。根据是否需要锚点，目标检测方法也可以分为**基于锚点**(anchor-based)和**无锚点**(anchor-free)两类。早期的检测框架无论两阶段还是单阶段都是基于锚点的。锚点或锚框信息主要包括边界框宽高的先验，通常是预先根据数据集标注信息进行统计和聚类得到，网络输出的边界框实际上是相对于锚点中心和宽、高的修正值。然而，锚点方法是数据相关的，它的大小和宽高比在数据分布发生变化时容易失效。于是近年来无锚点目标检测算法逐渐成为目标检测领域内研究热点，现有工作表明无锚点方法在速度和准确率上与基于锚点的方法相比，同样具有良好的表现和发展潜力。

本节将分别介绍两阶段目标检测、单阶段目标检测，以及无锚点的一些代表性目标检测算法。

5.3.1　两阶段目标检测算法

5.3.1.1　R-CNN

区域卷积神经网络（region-based CNN，R-CNN）[22]首次将 CNN 引入目标检测领域，大大提升了目标检测的准确度，是两阶段目标检测算法的开山之作。随后的 Fast R-CNN[23]、Faster R-CNN[24]及其他很多变体都是对 R-CNN 框架的改进。

R-CNN 的框架如图 5-16 所示，它主要分为 4 个步骤：

1）给定一张图像，使用选择搜索（selective search，SS）[29]方式生成候选区域（region proposal）或感兴趣区域（regions of interest，ROI）。SS 在 CPU 上几秒内能够产生大约 2 000 个候选区域。

2）对每一个候选区域使用 CNN 进行特征提取。

3）将每一个区域得到的特征输入到具体类别的 SVM 分类器，判别这个候选区域的物体是否属于该类。

4）将每一个区域得到的特征输入到回归器中，对候选框的位置进行修正。

R-CNN 以清晰明了的框架实现了图像中物体类别和具体位置的输出，且

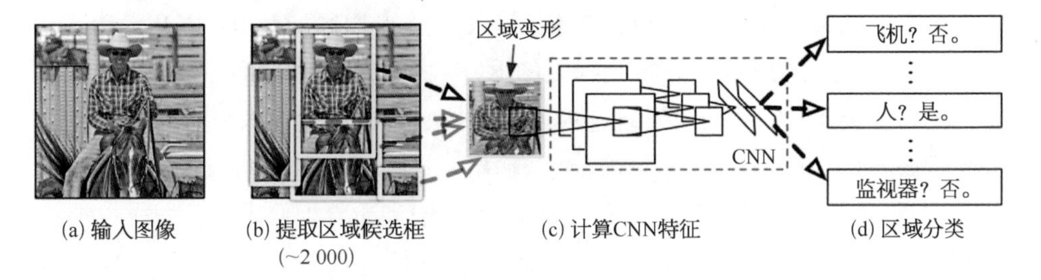

图 5-16　R-CNN 网络框架

（图片引自[22]）

性能在提出时十分优异，但仍存在一些显著的问题：若 SS 提供了约 2 000 个候选区域，R-CNN 框架需要对每个候选区域运行一次后续 CNN，仅单张图像就需要做大约 2 000 次独立的卷积运算。为了解决该问题，R. Girshick 等人于次年提出了 Fast R-CNN[23]方法。

5.3.1.2 Fast R-CNN

R-CNN 中的主要计算开销在于对每个候选框进行特征提取，快速区域卷积神经网络(Fast R-CNN)[23]则先从图像提取深度特征，然后根据候选区域直接裁切区域内深度特征，等同于所有候选区域共享特征提取部分的运算，巧妙地解决了特征提取的时间开销问题。Fast-RCNN 框架如图 5-17 所示。由于它是 R-CNN 的快速版本，因此命名为“快速”R-CNN。

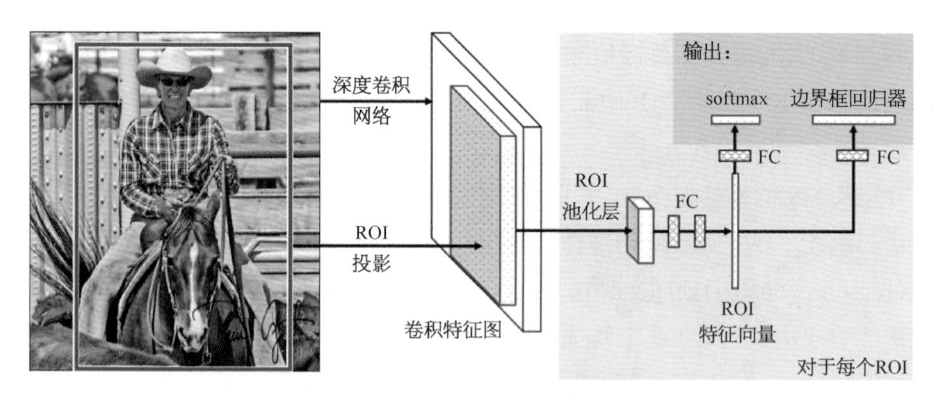

图 5-17 Fast R-CNN 网络框架

(图片引自[23])

Fast R-CNN 中所有候选区域共享同一个特征提取网络，它的主要实现方式是：① 在大规模数据集图像分类任务上预训练一个图像分类 CNN；② 将预训练的分类网络的最后一个最大池化层，改成感兴趣区域池化(ROI pooling)层，ROI 池化层能够接收 SS 方式提供的 ROI，将其投影到深度特征上输出固定长度的特征向量；③ 特征向量通过数个全连接层后再分别输入 softmax 层和边界框回归器(bounding box regression)，输出候选框的类别(包括 K 类感兴趣物体和背景，共 $K+1$ 类，其中 K 是目标类别总数)和边界框修正值。

ROI 池化 将图像中的 ROI 投影到深度特征上，因为深度特征经过了多次下采样，原图像中 $H \times W$ 的区域转换为较小的 $h \times w$ 大小窗口。窗口经过量化并划分为 $n \times n$ (如 7×7)的网格，然后在每个网格中执行最大池化(max pooling)操作,最终输出固定 $c \times n \times n$ 长度特征(c 是特征通道数),如图 5-18 所示。

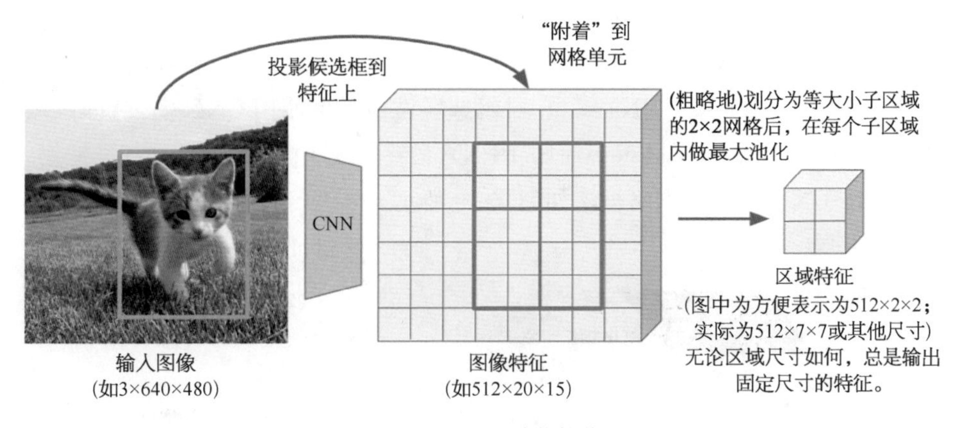

图 5-18　ROI 池化操作

(图片引自[30])

损失函数　Fast R-CNN 的损失函数包含分类损失和边界框回归损失。定义 K 是物体的类别数目,$u \in \{0, 1, \cdots, K\}$ 是类别标注。其中 $u=0$ 表示背景类,$p=(p_0, \cdots, p_K)$ 是网络输出的在 $K+1$ 类别上的预测概率分布,$v=(v_x, v_y, v_w, v_h)$ 为真实边界框标注相对于物体候选框的偏移量真值(即 t^u 的真值),$t^u=(t_x^u, t_y^u, t_w^u, t_h^u)$ 是网络输出的边界框偏移。Fast-RCNN 损失函数如下

$$\mathcal{L}(p, u, t^u, v)=\mathcal{L}_{\mathrm{cls}}(p, u)+\lambda[u \geqslant 1]\mathcal{L}_{\mathrm{box}}(t^u, v) \tag{5-18}$$

其中 $[u \geqslant 1]$ 表示对于背景类不计算边界框回归损失,λ 为控制两个损失函数比重的超参数,$\mathcal{L}_{\mathrm{cls}}$ 是分类损失函数,其对应为真值类别 u 的对数损失

$$\mathcal{L}_{\mathrm{cls}}(p, u)=-\log p_u \tag{5-19}$$

边界框回归损失函数

$$\mathcal{L}_{\mathrm{box}}(t^u, v)=\sum_{i \in\{x, y, w, h\}} L_1^{\mathrm{smooth}}(t_i^u-v_i) \tag{5-20}$$

边界框回归损失函数中使用了平滑 L1 损失(smooth L1 loss),使其对异常点不过分敏感

$$L_1^{\mathrm{smooth}}(x)=\begin{cases}0.5x^2, & \text{若 } |x|<1 \\ |x|-0.5, & \text{其他情况}\end{cases} \tag{5-21}$$

5.3.1.3　Faster R-CNN

Fast R-CNN 使用共享的卷积网络提取 ROI 区域的特征，但是候选区域仍使用了只能运行在 CPU 上的 SS 方法。为了进一步加速，研究者提出了“更快的”R-CNN(Faster R-CNN)[24]，它对候选区域检测也使用 CNN 实现，即区域提议网络(region proposal network, RPN)，最终实现了端到端的全 CNN 框架。Faster R-CNN 的整体网络框架如图 5-19 所示。

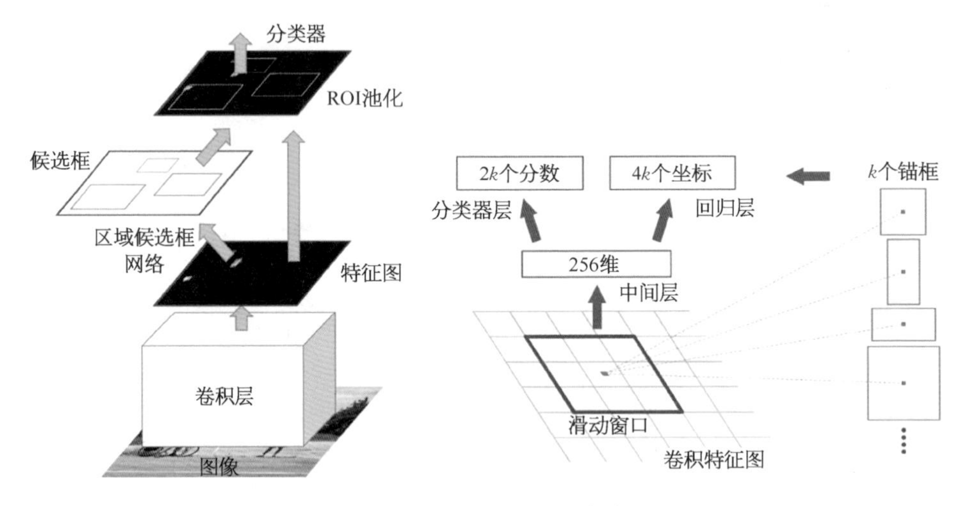

图 5-19　Faster R-CNN 框架

(图片引自[24])

与 Fast R-CNN 相比，Faster R-CNN 主要包括 RPN 和一些其他针对性的改进，它仍然需要在大规模图像分类任务上预训练一个 CNN，使用该网络输出的深度特征训练 RPN，使其能够输出候选区域框。由于物体检测任务中，物体的面积(尺度)和宽高比在类别和实例间存在巨大差异，为了使得 RPN 能够以较少的参数输出足够鲁棒的候选区域，Faster R-CNN 提出锚框的概念。锚框是一组预设的参考边界框，可以通过手动设计或标注数据聚类得到，Faster R-CNN 中有 3 个不同尺度和 3 个不同宽高比的共 9 个参考边界框。RPN 则在每个位置输出(2+4)×9 长度的结果，其中 9 是锚框的数量，2 表示在该位置具体某个锚框是否具有 ROI 的二分类，4 为实际 ROI 与参考锚框间的修正值。使用 RPN 输出 ROI 并基于候选框从特征图中进行 ROI 池化和分类，输出物体类别，实现目标检测。

Faster R-CNN 框架包括 3 个主要组件：① 提取深度特征的主干网络；

② RPN；③ ROI 分类网络。从图 5-19 中可以看到，RPN 和 ROI 分类网络共享主干网络输出的中间特征，且不难想象 RPN 和 ROI 分类网络的训练依赖于良好训练的主干网络，三者之间逻辑有先后，无法采用简单的端到端训练方法。因此提出相应的分段式训练方法，具体细节不做展开，感兴趣的读者可以参考文献[24]和相关开源代码。

Faster R-CNN 的损失函数与 Fast R-CNN 的损失函数类似，具体如下

$$\mathcal{L}(\{p_i\},\{t_i\})=\frac{1}{N_{\text{cls}}}\sum_i \mathcal{L}_{\text{cls}}(p_i,p_i^*)+\frac{\lambda}{N_{\text{reg}}}\sum_i p_i^* \mathcal{L}_{\text{reg}}(t_i,t_i^*) \tag{5-22}$$

其中 i 是锚框序号；p_i 表示锚框 i 是一个物体的概率；p_i^* 表示真实值，如果锚框是正样本，$p_i^*=1$，否则 $p_i^*=0$；t_i 和 t_i^* 分别表示预测的框相对于某一个正锚点(positive anchor)的边界框偏移的预测值和真实值；分类损失 $\mathcal{L}_{\text{cls}}$ 是标准的交叉熵损失；回归损失 $\mathcal{L}_{\text{reg}}$ 采用平滑 L1 损失；N_{cls} 和 N_{reg} 为两个损失分量的归一化参数；λ 为控制两个损失权重的超参数，在 Faster R-CNN 开源实现中，$N_{\text{cls}}=256$(取批尺寸大小)，$N_{\text{reg}}=2\,400$(取参与计算的锚框总个数)，$\lambda=10$。

5.3.1.4　Mask R-CNN

与 Faster R-CNN 相比，掩码区域卷积神经网络(Mask R-CNN)[25]将目标检测扩展到了实例分割。实例分割是对每个物体实例进一步做像素级别分割(图 5-20)。在 Faster R-CNN 的基础上，Mask R-CNN 以并行的方式添加了第三条支路，用于预测物体的掩膜，掩膜分支采用了一个较小的全卷积网络。

感兴趣区域对齐(ROI align)　在 Mask R-CNN 中，一个非常重要的操作为 ROI 对齐，由于逐像素分割需要更精细化的特征对齐，所以 Mask R-CNN 改进了 ROI 池化，提出了 ROI 对齐，以修复由 ROI 池化中的 ROI 边界在特征图上的量化所引起的位置未对准。对于特征的子窗口裁切，不再采用坐标取整的量化操作，而是计算浮点数位置，并使用双线性插值来采样特征，其计算过程如图 5-21 所示。虚线网格代表主干网络提取的特征，实线代表 ROI(图中 ROI 为一个 2×2 网格)，ROI 每个格子中的 4 个圆点为 4 个采样点。ROI 对齐方法通过双线性插值计算每个采样点的值，然后通过最大池化操作得到 ROI 格子的值。整个过程未进行任何量化操作。另外，ROI 的每个格子也可以仅包含 1 个采样点，只做双线性插值不需再进行池化，Mask R-CNN 原论文公开代码也是这样实现的[25]。

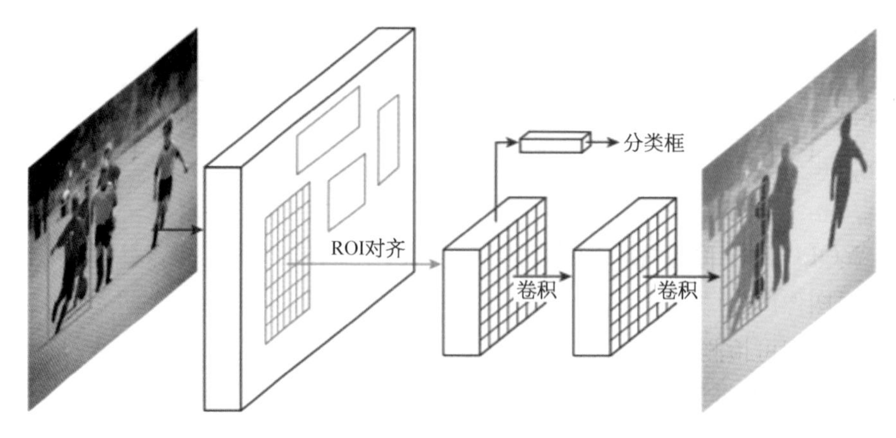

图 5-20 Mask R-CNN 框架

（图片引自[25]）

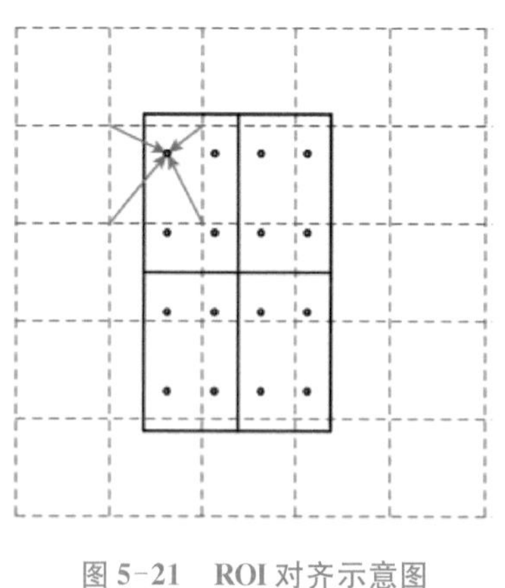

图 5-21 ROI 对齐示意图

（图片引自[25]）

损失函数 Mask R-CNN 的损失函数由分类损失、回归损失和掩膜损失组成，$\mathcal{L}=\mathcal{L}_{\mathrm{cls}}+\mathcal{L}_{\mathrm{reg}}+\mathcal{L}_{\mathrm{mask}}$。其中分类损失和回归损失与 Faster R-CNN 中相同，掩膜分支对于每个 ROI 有 Km^2 维的输出，即编码了分辨率为 $m\times m$ 的特征图的 K 个二值化掩膜，表示 K 类。因此，$\mathcal{L}_{\mathrm{mask}}$ 被定义为平均的二值交叉熵损失（binary cross-entropy loss）

$$\mathcal{L}_{\mathrm{mask}}=-\frac{1}{m^2}\sum_{1\leqslant i,\ j\leqslant m}[y_{ij}\log\hat{y}_{ij}^k+(1-y_{ij})\log(1-\hat{y}_{ij}^k)] \quad (5\text{-}23)$$

其中 y_{ij} 和 $\hat{y}_{ij}^k$ 分别表示 $m\times m$ 区域中$(i,\ j)$单元的掩膜标签和网络掩膜分支对于类别 k 的预测。

5.3.2 单阶段目标检测算法

两阶段目标检测算法先预测可能存在物体的候选区域，也可以看作先做前景和背景的分类，然后对于这些候选前景区域做物体分类并微调边界框的位置。单阶段目标检测算法跳过了预测物体候选区域的阶段，直接从图像中预测检测的结果。由于省略了一个阶段，通常单阶段目标检测算法更快更简单，但是性能一般不如两阶段目标检测算法，下面介绍一些典型的单阶段目标检测算法。

5.3.2.1　YOLO

YOLO[26]全称为“you only look once”(你只看一次)。相比于两阶段方法需要看图像两次(并不符合人类直觉)，YOLO 的作者认为人类在观察图像时，扫视一遍即可检测出图像中的所有物体。而 YOLO 方法也如同其名，从图像出发，直接在一个下采样网格上输出结果，每个网格点上的结果包括物体置信度、类别和边界框的锚框相对表示。

具体而言，YOLO 将输入图像划分为 $S \times S$ 的网格，如果物体的中心落入网格单元中，则该网格单元负责检测该物体。对于每个网格，网络预测 B 个边界框和置信分数，以及物体属于特定类别的概率(图 5-22)。边界框由一个元组 (x, y, h, w) 表示，其中 (x, y) 为物体中心相对网格点的偏移，(h, w) 为边界框相对于锚框的相对宽高。置信分数表示该位置存在一个感兴趣物体的概率，定义为 $\mathrm{Pr(object)} \times \mathrm{IOU}_{\mathrm{pred}}^{\mathrm{truth}}$，即附近存在物体时锚框和真值边界框的 IOU。物体分类则是常用的 one-hot 向量形式。YOLO 在 $S \times S$ 网格的每个格点上仅预测一个物体，B 的值为锚框的数量。因此一幅图像最多检测 $S \times S$ 个物体，输出 $S \times S \times B$ 个边界框，每个框具有 1 个置信度得分和 4 个边界框修正值，B 个框共享 K 分类概率。因此网络输出为 $S \times S \times (5B + K)$ 的张量。

YOLO 的损失函数包括边界预测损失和物体分类损失，其形式如下

$$
\begin{aligned}
&\lambda_{\mathrm{coord}} \sum_{i=0}^{S^2} \sum_{j=0}^{B} \mathbb{1}_{ij}^{\mathrm{obj}} [(x_i - \hat{x}_i)^2 + (y_i - \hat{y}_i)^2] \\
&+ \lambda_{\mathrm{coord}} \sum_{i=0}^{S^2} \sum_{j=0}^{B} \mathbb{1}_{ij}^{\mathrm{obj}} \left[(\sqrt{w_i} - \sqrt{\hat{w}_i})^2 + (\sqrt{h_i} - \sqrt{\hat{h}_i})^2\right] \\
&+ \sum_{i=0}^{S^2} \sum_{j=0}^{B} \mathbb{1}_{ij}^{\mathrm{obj}} (C_i - \hat{C}_i)^2 \\
&+ \lambda_{\mathrm{noobj}} \sum_{i=0}^{S^2} \sum_{j=0}^{B} \mathbb{1}_{ij}^{\mathrm{noobj}} (C_i - \hat{C}_i)^2 \\
&+ \sum_{i=0}^{S^2} \mathbb{1}_{i}^{\mathrm{obj}} \sum_{c \in \mathrm{classes}} (p_i(c) - \hat{p}_i(c))^2
\end{aligned}
\tag{5-24}
$$

其中 $\mathbb{1}_{ij}^{\text{obj}}$ 表示在格子 i 中第 j 个锚框存在物体，$\mathbb{1}_{ij}^{\text{noobj}}$ 则是在 (i, j) 处不存在物体，$p_i(c)$ 和 $\hat{p}_i(c)$ 分别表示格子 i 包含一个类别 $c \in$ classes 的物体时预测的类别分数及对应真值，C_i 和 $\hat{C}_i$ 分别表示格子 i 的预测置信度及真值，λ_{coord} 和 λ_{noobj} 为控制损失分量的权重超参数，YOLO 实现中分别设置为 5 和 0.5。

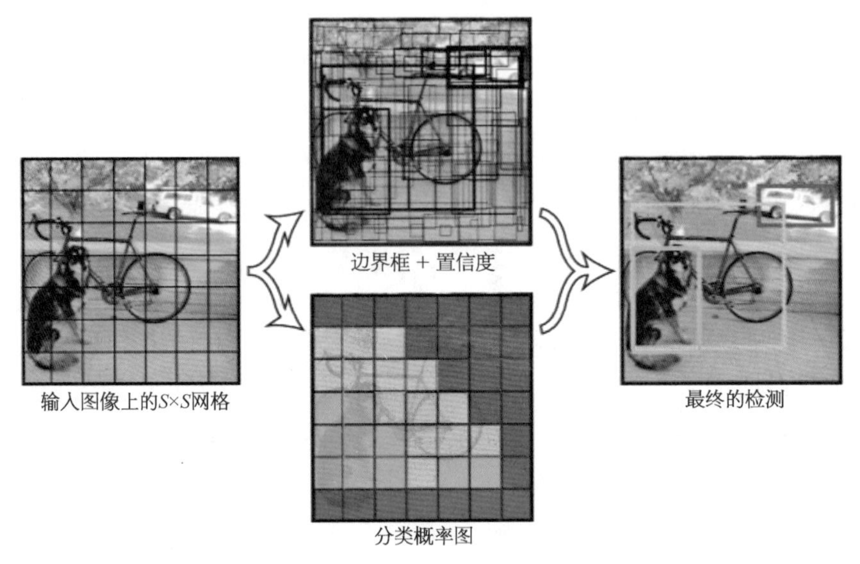

图 5-22　YOLO 模型框架

(图片引自[26])

在 YOLO 的基础上进一步扩展，之后研究者又相继提出了 YOLO9000、YOLOv3、YOLOv4、YOLOv5 等一系列工作，在主干网络与训练、多尺度输出、锚框设置、优化方法等方面进行了多项改进，感兴趣的读者可以参考文献[31—34]。

5.3.2.2　RetinaNet

RetinaNet[27] 也是单阶段目标检测模型，其核心贡献是提出了焦点损失函数——用于解决训练正负样本显著不均衡对单阶段目标检测器产生严重影响的问题。

焦点损失(focal loss)**函数**　单阶段目标检测器本质上是一个滑动窗口式检测器，将包含物体的窗口视为正样本，反之视为负样本。在绝大多数实际场景下，图像中仅包含数个物体，绝大多数窗口均为不包含物体的背景(负样本)，正负样本间存在极大的不平衡。研究者认为单阶段的目标检测准确性能弱于两阶段的主要原因即负样本主导了网络的训练。在两阶段的检测器中，由于第一步先对正负样本进行分类，第二阶段训练中不会出现这个问题。此外，在较少的正样本中，绝大多数为较容易识别的样本，少数难以被正确检测的样本[简称困难样本(hard case)]使用标准损失函数进行训练难以取得较好的效果。因此，研究者提出了焦点损失函数，旨在自适应地为各样本分配不同的权重，借此解决正负样本、难易样本不均衡导致的问题。

对于一个二分类问题，一个标准的交叉熵损失为

$$\mathrm{CE}(p,\ y)=\begin{cases}-\log(p), & \text{若 } y=1\\ -\log(1-p), & \text{其他情况}\end{cases} \tag{5-25}$$

其中 $y\in\{0,\ 1\}$ 为物体是否为某类别的真值，$p\in[0,\ 1]$ 是模型预测的类别概率。为了符号简便，定义 p_t

$$p_t=\begin{cases}p, & \text{若 } y=1\\ 1-p, & \text{其他情况}\end{cases} \tag{5-26}$$

因此，可以重写 $\mathrm{CE}(p,\ y)=\mathrm{CE}(p_t)=-\log(p_t)$。如图 5-23 所示，CE 损失是图中的蓝色线(最顶端的曲线)。

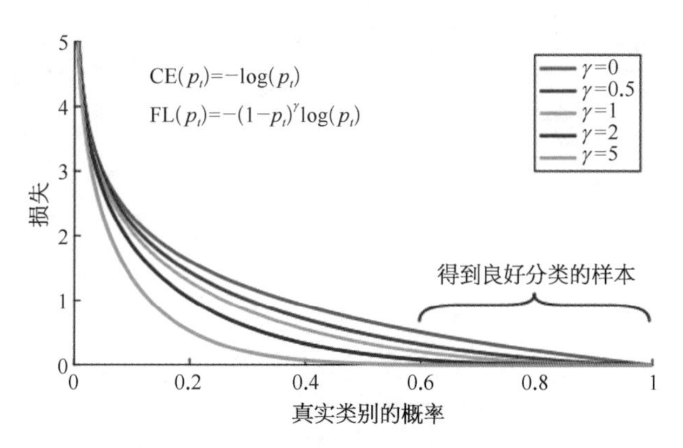

图 5-23　焦点损失函数曲线

(图片引自[27])

在标准的二分类问题上进行扩展，一种普遍用于解决类别不均衡问题的损失函数为均衡的交叉熵损失(balanced cross entropy)，它引入了一个均衡因子 $\alpha\in[0,\ 1]$。一般情况下，α 可以被设置为类别数量的倒数，或者将它看作超参数来进行交叉验证。为了符号方便，定义 α_t 可以和定义 p_t 的方式一致。因此，α-均衡的交叉熵损失可以写为

$$\mathrm{CE}(p_t)=-\alpha_t\log(p_t) \tag{5-27}$$

可以看到 α-均衡的交叉熵损失考虑了正负样本的不均衡性，但是没有考虑简单样本和困难样本的区别。为了对简单样本权重进行衰减，焦点损失定义了一个调制项 $(1-p_t)^\gamma$

$$\mathrm{FL}(p_t)=-(1-p_t)^\gamma\log(p_t) \tag{5-28}$$

其中 γ 为超参数，图 5-23 显示了不同 γ 取值的焦点损失函数曲线。可以看出，焦点损失函数在样本已被较好地分类时，损失值较小，在困难样本上其相对值较大。此外，焦点损失的实际实现中也结合了 α-均衡

$$\mathrm{FL}(p_t)=-\alpha_t(1-p_t)^\gamma\log(p_t) \tag{5-29}$$

网络框架 RetinaNet 网络框架如图 5-24 所示。RetinaNet 的主干网络为一个特征金字塔网络(feature pyramid network, FPN)。FPN 由 ResNet 改造而来，ResNet 有 5 个卷积块，第 i 个层级的最后的输出 C_i 分辨率是输入图像的 $\frac{1}{2^i}$。

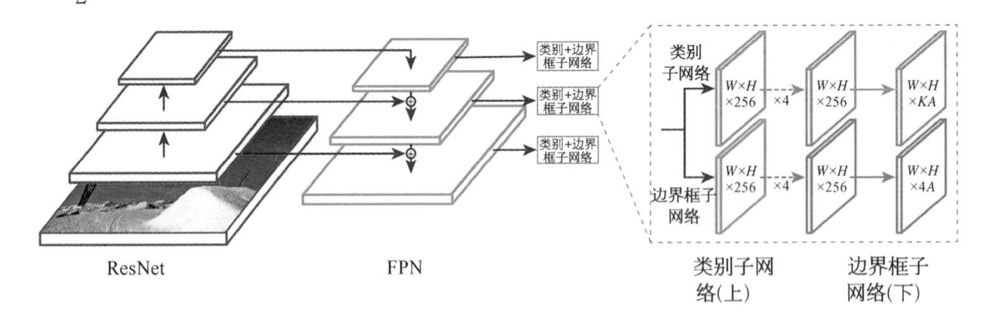

图 5-24 RetinaNet 的网络结构

它在 ResNet 的基础上使用了 FPN 来提取多尺度特征。在 FPN 的后面连接了两个子网络，一个用来分类，另一个用来回归物体边界框。(图片引自[27])

RetinaNet 使用从 P_3 到 P_7 的特征金字塔，其中 P_3 到 P_5 从相应的 ResNet 的 C_3 到 C_5 的阶段计算而来，P_6 是 C_5 经过卷积核为 3×3、步长为 2 的卷积而来，并且 P_7 是 P_6 经由 ReLU 和卷积核为 3×3、步长为 2 的卷积而来。在 P_3 到 P_7 每一层设置 $A=9$ 个锚框，锚框面积分别对应 32^2 到 512^2 像素。每一层使用 3 个宽高比{1∶2, 1∶1, 2∶1}，并在每个宽高比上增为 $2^{1/3}$ 倍和 $2^{2/3}$ 倍尺寸锚框。FPN 之后连接两个子网络，均为多个 3×3 卷积层的叠加。由于需要对每个锚框分为 K 类，分类子网络的输出通道数为 KA。由于需要对每个锚框进行边界精调，回归子网络的输出通道数为 $4A$，所有层的子网络共享参数。实验

显示了 RetinaNet 在保持单阶段目标检测速度的同时提升了准确度。

5.3.3　无锚框的目标检测算法

无锚框的目标检测算法由于去除了锚框，需要用其他形式来描述物体的空间信息。现有研究主要有两类不同的无锚框检测方法：一类是先检测物体上的特定关键点，然后通过聚合操作得到每个实例，被称为自底向上的范式；另一类用物体的中心点描述一个实例的空间位置，并以中心点为基础进行边界框的预测，被称为自顶向下的范式。本节将简要介绍几种典型的无锚框目标检测算法。

5.3.3.1　CornerNet

作为自底向上的范式的代表，角点网络(CornerNet)[35]使用单个 CNN 预测图像中所有物体边界框的对角点及对应的嵌入向量，并以嵌入向量的相似度为依据对角点进行匹配以构成实例(图 5-25)。通过以关键点回归的方式进行目标检测，CenterNet 摆脱了对预设边界框的依赖，因此省去与锚框相关的超参设置。而基于锚框的检测方法性能往往对这些参数较为敏感。同时，CornerNet 关注到物体边界框的角点往往不会落在物体上，因此提出了一个角点池化层来帮助网络更好地定位角点。

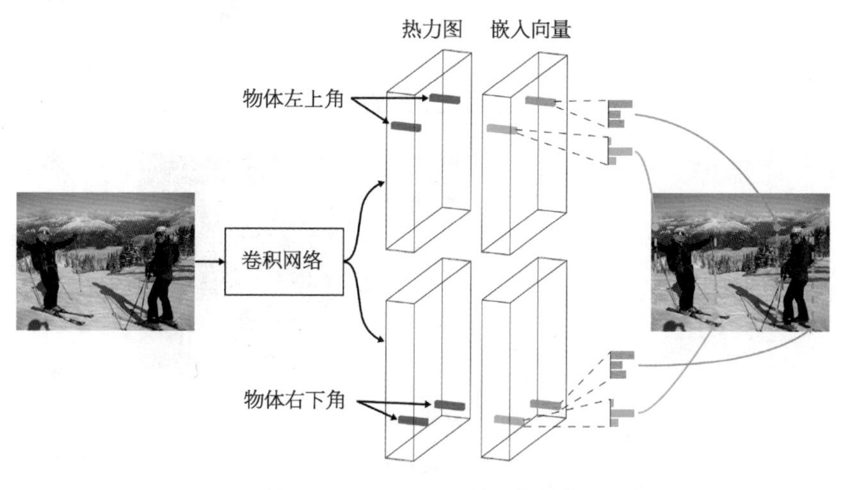

图 5-25　CornerNet 的网络结构

CornerNet 先检测出物体边界框的对角点，并回归嵌入向量，通过嵌入向量匹配物体实测的左上角与右下角。网络训练时，会约束属于同一物体的对角点输出高相似度的嵌入向量。(图片引自[35])

5.3.3.2　ExtremeNet

ExtremeNet[36]同样是一个自底向上的无锚框检测方法。与 CornerNet[35]通过回归对角点来建模边界框的做法不同，ExtremeNet 通过检测对象的 4 个极值点(最顶部、最左侧、最底部、最右侧)进行目标的定位(图 5-26)。这些极值点是落在物体上的，因此能够提供更好的位置信息。为了从预测出的所有极值点中聚合出实例，ExtremeNet 为每个类别输出一幅热力图来预测物体的中心。对于 4 组极值点的所有组合，当且仅当 4 个极值点的几何中心在中心热力图上的得分高于预设阈值时才认为检测到一个物体实例。

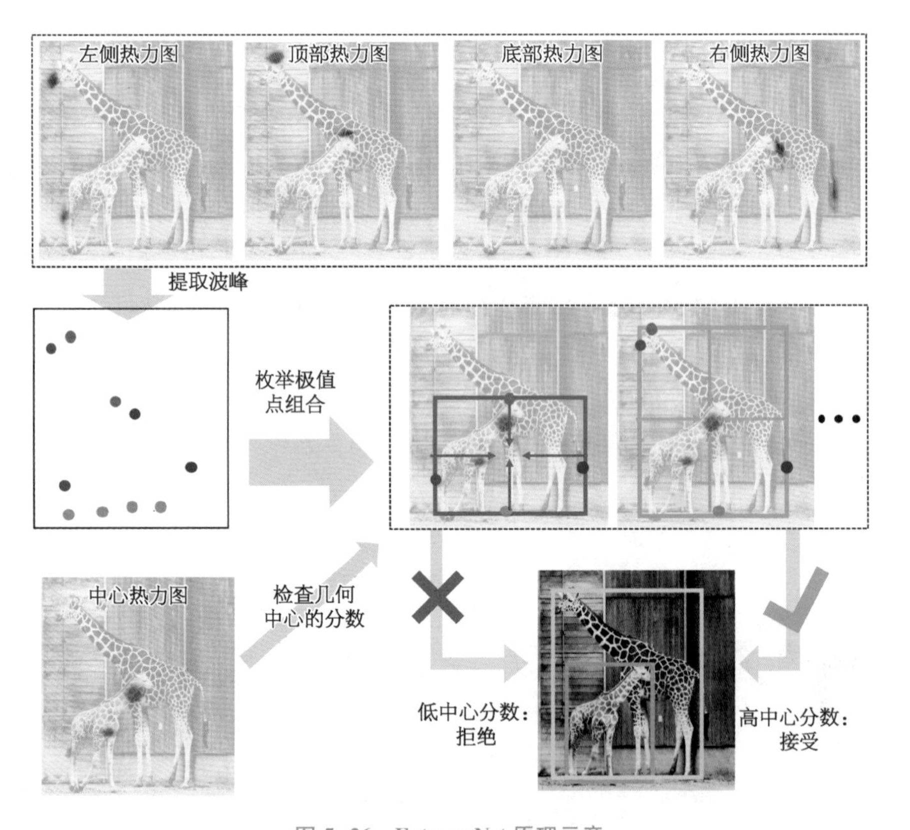

图 5-26　ExtremeNet 原理示意

ExtremeNet 预测每个类别的 4 个极值点的热力图(第一行)和一个中心热力图(左下)，然后枚举 4 个极值点热力图的峰值(左中)的组合，并计算每种组合下边界框(右中)的几何中心。当且仅当其几何中心在中心热力图中具有高响应时，才认为检测到一个物体实例(右下)。(图片引自[36])

5.3.3.3　CenterNet

上述的 CornerNet[35] 和 ExtremeNet[36] 虽然摆脱了对预设锚框的依赖，但是其匹配或聚合操作需要枚举关键点的所有组合，复杂度较高。相比之下，自顶向下的方法在简洁性上则略胜一筹。

中心点网络(CenterNet)[37] 将深度特征图上每个网格点视为一个边界框中心[图 5-27(b)]，并在每个中心位置直接预测边界框的尺寸。这种方式既省去了设定锚框尺寸所需的超参，又能预测最多与深度特征图分辨率相等数量的边界数，同样适用于密集目标的检测。同时，由于 CenterNet 不依赖于 IOU 来分配正例，而是直接将物体中心的像素点视为正例，不存在冗余的预测，可以进一步省略 NMS 操作[图 5-27(a)]。

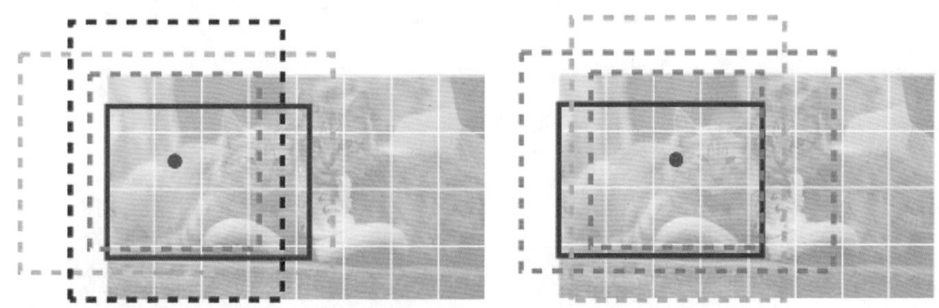

(a) 基于标准锚点的检测：与物体的重叠 IOU > 0.7 的锚点被视为正例，重叠 IOU < 0.3 的锚点为负例，其余被忽略

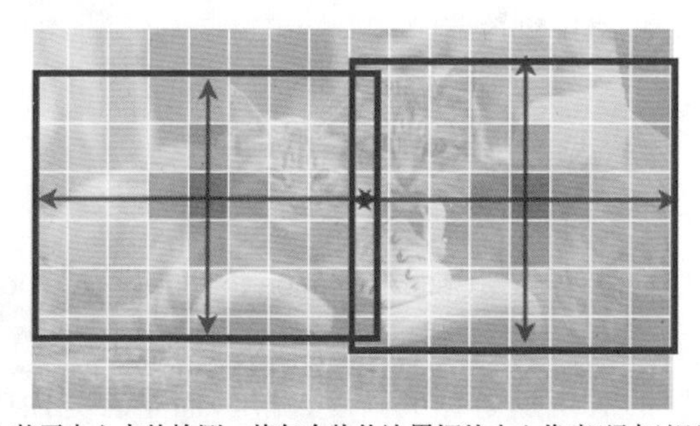

(b) 基于中心点的检测：将每个物体边界框的中心像素(绿色)视为正例。附近其他点视为负例。在中心位置直接回归物体尺寸

图 5-27　基于锚点的检测器和 CenterNet[37] 中的中心点检测器的对比

5.3.3.4　FCOS

与 CenterNet[37] 类似，全卷积单阶段目标检测(fully convolutional one-stage

object detection, FCOS)[38]也是一个自顶向下的无锚框单阶段目标检测器，将特征图上的像素点作为隐式锚点并以此为中心来回归边界框。不同的是，FCOS没有采用热力图回归的方式进行中心点回归，而是使用逐像素的多分类损失对物体中心进行约束(图 5-28)。同时，在正例的分配上，考虑到前背景面积的不均衡，FCOS将物体中心的一片局部区域都视作正例，因此仍然需要NMS来抑制冗余预测。同时，为了进一步抑制离物体中心较远的点被预测为正例，FCOS增加了一条中心度(centerness)预测支路，用于对分类支路的输出进行放缩，以削弱远离物体中心的正例对模型性能的影响。

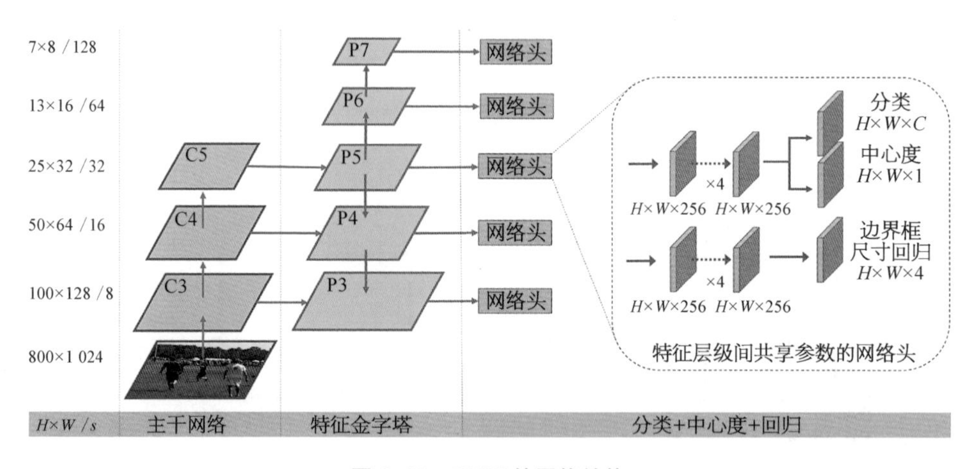

图 5-28　FCOS 的网络结构

其中 C3、C4 和 C5 表示主干网络的特征图，P3 到 P7 是用于最终预测的特征金字塔层级，$s=8, 16, \cdots, 128$ 是该级别的特征图的下采样率。(图片引自[38])

5.3.3.5　RepPoints

目标检测的点集表示(point set representation for object detection, RepPoints)[39]在边界框的回归方式上做出了创新。不同于其他自顶向下的方法，RepPoints没有直接回归边界框的对角点坐标或高度、宽度，而是首先回归一组代表性点(representative points)，然后通过取这些点的外接框(或辅以可学习的缩放系数)来间接地得到边界框的预测(图 5-29)。同时，由于该方法使用可变形卷积(deformable convolution)从这些代表性点处提取特征来进行分类和回归，因此这些代表性点可以仅使用来自边界框和物体类别的真实标注以弱监督的方式来学习。该方法的作者认为这些代表性点指示了物体的空间范围和语义上重要的局部区域，因此带来了定位和识别性能的提升。

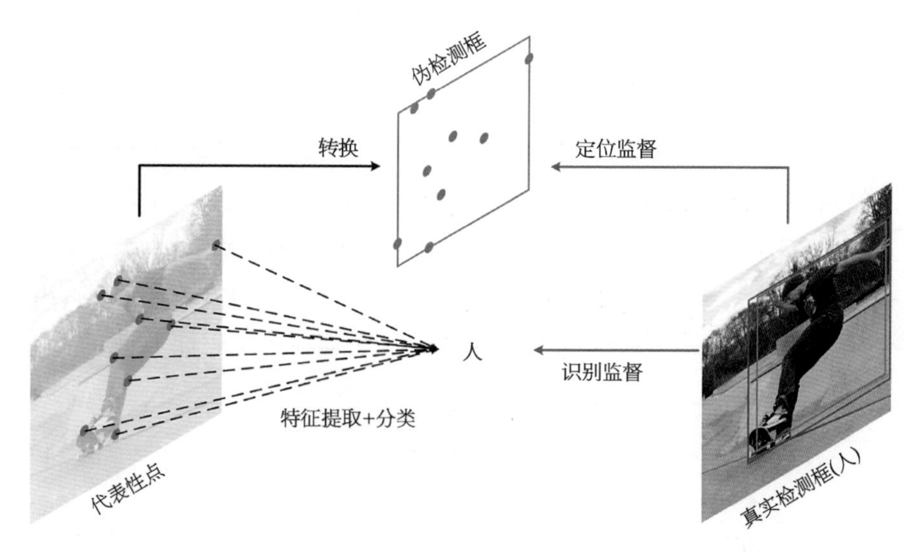

图 5-29　RepPoints 采用一种新颖的方式来表示物体的边界框

边界框由一组点组成，这些点指示物体的空间范围和语义上重要的局部区域。这种表示是通过来自边界框和物体类别的标注以弱监督的方式来学习的。(图片引自[39])

5.4　基于 Transformer 的目标检测

Transformer 在图像分类任务中取得突破后，也在物体检测中取得了进展。基于 Transformer 的目标检测不仅在网络中加入自注意力层，还将基于 Transformer 的物体检测任务转变为集合预测任务或序列预测任务，这与之前基于区域的 CNN 的物体检测框架有较大区别。与基于区域的 CNN 的物体检测相比，基于 Transformer 的目标检测不需要做繁杂的后处理，端到端的性质更强，因而可以更方便地与检测、分割、追踪等任务相结合。下面介绍两个基于 Transformer 的典型目标检测算法。

5.4.1　DETR

基于 Transformer 的物体检测(detection with transformer，DETR)[40]首次将 Transformer 应用到目标检测。如图 5-30 所示，DETR 通过 CNN 提取特征后，将特征展开(flatten)后加入位置编码送入 Transformer 编码器中。Transformer

编码器由多层自注意力层组成，能够建模全局的上下文关系。CNN 提取到的特征经过 Transformer 编码器后得到增强。

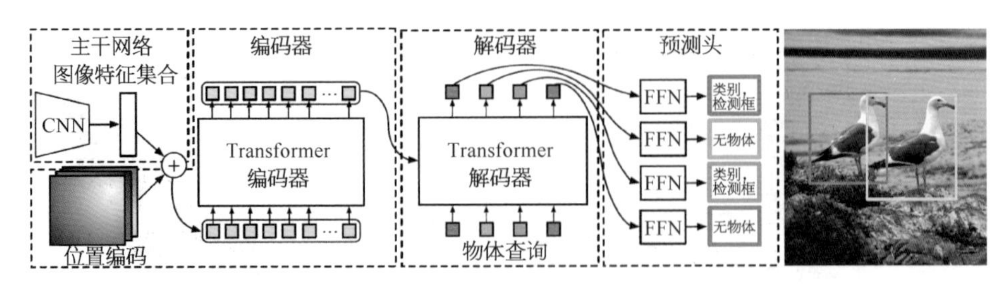

图 5-30 DETR 的整体结构

(图片引自[40])

Transformer 解码器的输入包括训练前随机初始化的物体查询(object query)及 Transformer 编码器强化的特征。物体查询是可以学习的嵌入特征，与图像的内容无关。DETR 相关论文中发现学习到的物体查询对位置具有倾向性，可以看作是稀疏的可学习的锚点。在每一层解码器层中，每一个物体查询首先与其他查询进行自注意力操作，再与编码器输出的特征进行互注意力操作，得到的特征作为物体查询再送到下一层解码器层中，最终 FFN 将物体查询映射为检测结果。DETR 中 Transformer 的结构如图 5-31 所示。

DETR 将目标检测看作集合预测的问题。具体来说，DETR 通过二分图匹配，寻找和次序无关的预测与真实标签之间的最佳匹配，为每一个预测分配真实标签。匹配由分类和定位损失作为评价标准。由于注意力操作更加有利于得到全局信息，DETR 相比于 Faster R-CNN 这种基于区域的检测更有利于检测大物体，对小物体的检测性能则相对较差。由于 DETR 将目标检测看作集合预测问题，使用稀疏的物体查询做预测，从而避免了基于区域检测的大量冗余预测，所以不需要 NMS 等后续处理，因而 DETR 在训练和测试的过程中行为更为一致，端到端的性质更强。

DETR 需要大量的训练时间才能收敛。后续的可变形的(deformable) DETR[41] 和条件(conditional)DETR[42] 在 DETR 的基础上做出了改进，减少了模型收敛需要的训练时间。

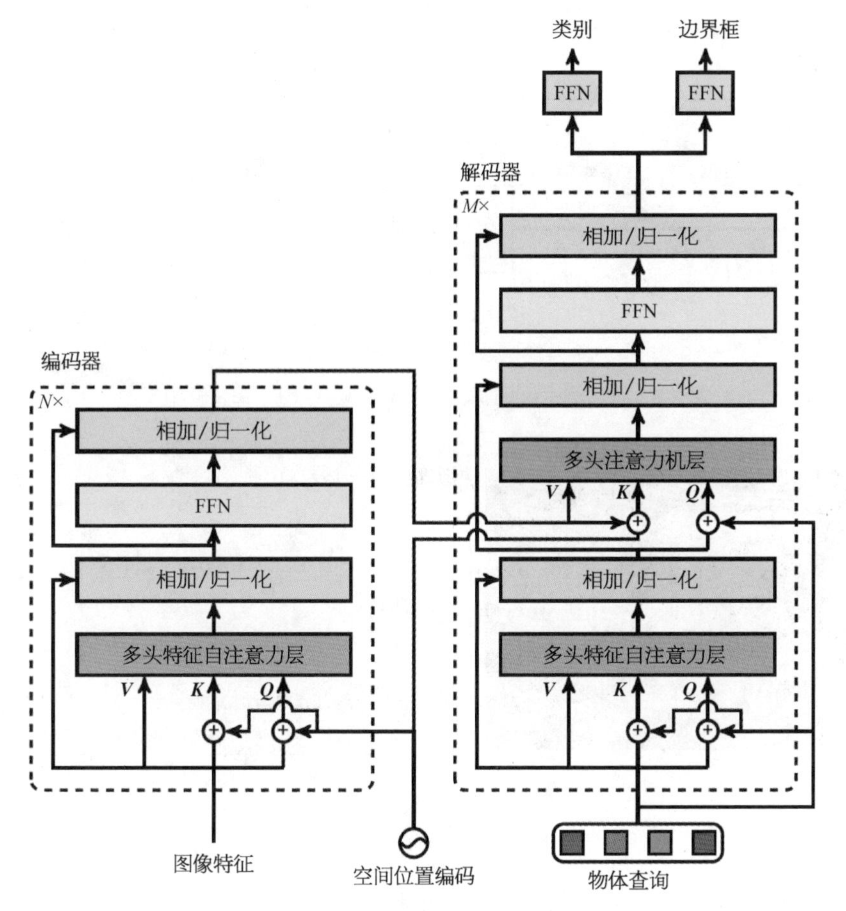

图 5-31　DETR 中 Transformer 的结构

N×、M×分别表示相同结构重复了 N、M 次。(图片引自[40])

5.4.2　Pix2seq

从像素到序列(Pix2seq)[43]在 DETR 的基础上提出。与 DETR 不同的是，Pix2seq 将目标检测转变为序列预测任务，统一了计算机视觉与 NLP 的表示方式，能更方便接入 NLP 的系统中。Pix2seq 的框架如图 5-32 所示。

为了能通过序列表示检测框，Pix2seq 首先需要对检测框的坐标进行量化，这样才能用有限的令牌(token)表示。量化后的结果与类别令牌拼接在一起就能够表示一个检测框。此外，还需要对不同物体产生的词元定义顺序。图 5-33 中定义了 3 种排序方式，分别是随机排序、根据面积排序，以及到原点的距离排序。

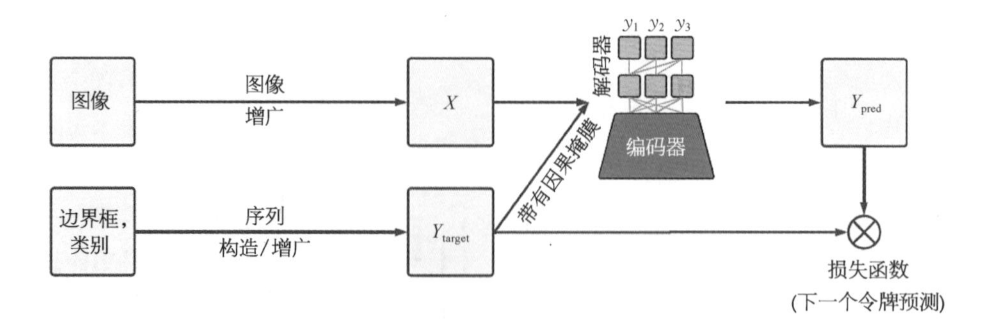

图 5-32　Pix2seq 框架

X 表示输入，Y_{pred} 表示预测标签，Y_{target} 表示真实标签。（图片引自[43]）

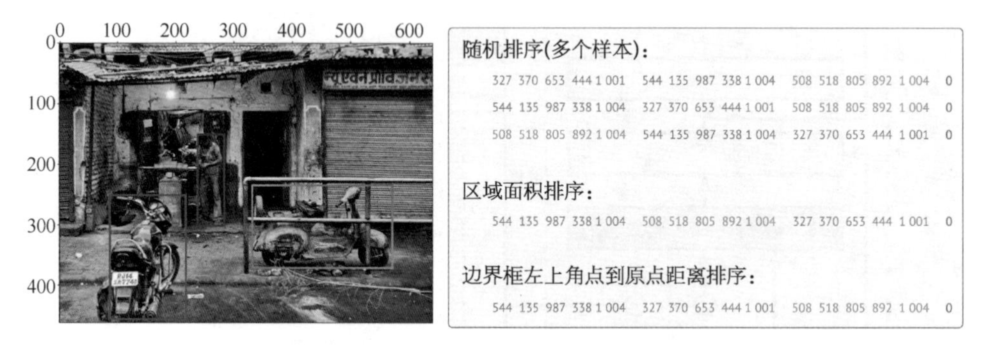

图 5-33　Pix2seq 中序列的构造

（图片引自[43]）

Pix2seq 网络通过自回归的方式输出框序列（图 5-32）。在训练阶段，解码器根据当前令牌之前的真实标注令牌和经过编码器增强的图像特征每次输出一个令牌。在测试阶段，解码器根据之前预测的令牌和经过编码器增强的图像特征每次输出一个令牌，当解码器遇到结束（end）令牌时，预测结束。第一个令牌根据开始（start）令牌进行预测。在实验过程中，研究人员发现网络容易输出结束（end）令牌导致召回率不够，提出在 Pix2seq 中对序列进行数据增强来提高召回率。如图 5-34 所示，Pix2seq 在真实框周围产生与真实框 IOU 较高的噪声框以及其他位置的随机噪声框，产生对应这些噪声框的合成噪声令牌，扩充序列的长度，这样便可以提高召回率（图 5-35）。此外 Pix2seq 还将令牌像暂退操作（dropout）一样随机丢掉一部分，以增加网络输出的鲁棒性。图 5-35 中，黄色的为增加的假的仿真噪声令牌，对于这些令牌，网络需要将坐标预测为 n/a，类别预测为“噪声”，在推理阶段将预测为“噪声”的标签替换为令牌相似度最高的真实物体类别标签。

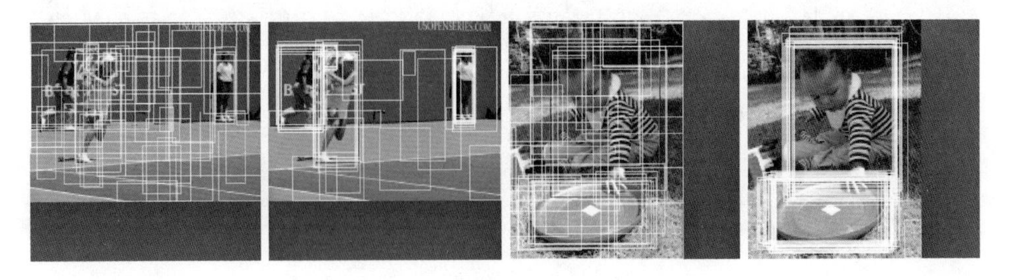

图 5-34　Pix2seq 中图像的增强

(图片引自[43])

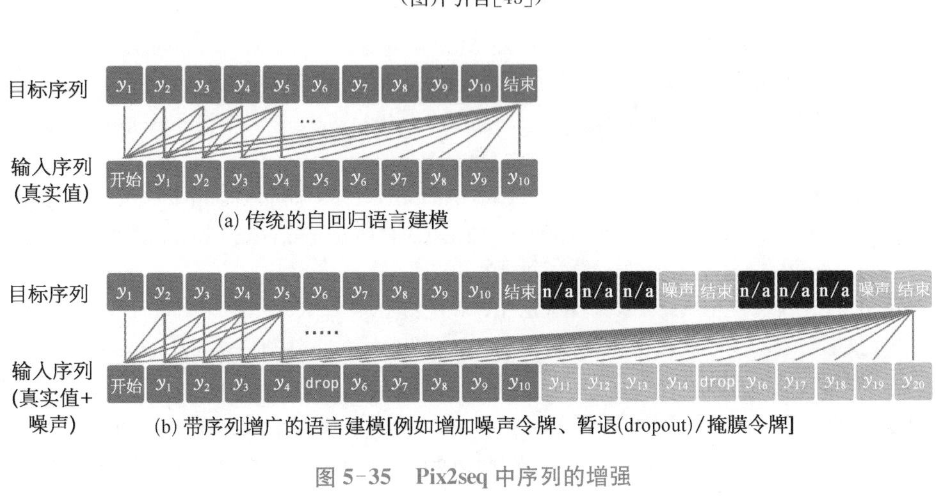

图 5-35　Pix2seq 中序列的增强

(图片引自[43])

5.5　本章小结

对于目标检测而言,提高算法的精度和提升速度是两个核心问题。本章回顾了几种典型的基于传统手动设计特征的和基于深度学习的目标检测算法。在基于深度学习的目标检测算法中,经典的两阶段算法先选取相应的候选框,然后对候选框进行分类及目标位置的回归,可以获取很高的定位精度。然而,尽管有效筛除无关候选框可以极大地提升算法的速度,面对许多实际应用其计算效率仍然无法满足需要。对此,研究者提出了单阶段目标检测算法,以获得实时的目标检测性能。在单阶段检测算法中,早期的算法要预设锚点的位置和目标边界框的尺寸,近年来研究者开始探索无锚点的目标检测,例如通过直接回归目标框的中心点、角点、语义点等关键点位置来进行目标检测，并取得了优异的性能。除 CNN 外，近年来 Transformer 也被用于目标检测，并取得了优异的性能。如何有效地表达尺度变化的目标，以及设计快速的检测算法依旧是目标检测领域的重要方向。

参考文献

[1] CHEN K, WANG J, PANG J, et al. MMDetection: Open MMLab detection toolbox and benchmark. arXiv preprint arXiv:1906.07155, 2019.

[2] LOH Y P, CHAN C S. Getting to know low-light images with the exclusively dark dataset. Computer Vision and Image Understanding, 2019, 178: 30-42.

[3] WANG T, ZHU Y, ZHAO C, et al. Adaptive class suppression loss for long-tail object detection//Proceedings of the IEEE/CVF Conference on Computer Vision and Pattern Recognition. 2021: 3103-3112.

[4] EVERINGHAM M, VAN GOOL L, WILLIAMS C K I, et al. The pascal visual object classes (VOC) challenge. International Journal of Computer Vision, 2010, 88(2): 303-338.

[5] GEIGER A, LENZ P, URTASUN R. Are we ready for autonomous driving? The KITTI vision benchmark suite//Conference on Computer Vision and Pattern Recognition. 2012.

[6] LIN T Y, MAIRE M, BELONGIE S, et al. Microsoft COCO: Common objects in context//European Conference on Computer Vision. 2014: 740-755.

[7] RUSSAKOVSKY O, DENG J, HUANG Z, et al. Detecting avocados to zucchinis: what have we done, and where are we going? //International Conference on Computer Vision. 2013.

[8] RUSSAKOVSKY O, DENG J, SU H, et al. ImageNet large scale visual recognition challenge. International Journal of Computer Vision, 2015, 115(3): 211-252.

[9] GUPTA A, DOLLAR P, GIRSHICK R. LVIS: A dataset for large vocabulary instance segmentation//Proceedings of the IEEE/CVF Conference on Computer Vision and Pattern Recognition. 2019: 5356-5364.

[10] BODLA N, SINGH B, CHELLAPPA R, et al. Soft-NMS-improving object detection with one line of code//Proceedings of the IEEE International Conference on Computer Vision. 2017: 5561-5569.

[11] VIOLA P, JONES M. Rapid object detection using a boosted cascade of simple features//Proceedings of the 2001 IEEE Computer Society Conference on Computer Vision and Pattern Recognition. 2001.

[12] FELZENSZWALB P F, GIRSHICK R B, MCALLESTER D, et al. Object detection with discriminatively trained part-based models. IEEE Transactions on Pattern Analysis and Machine Intelligence, 2010, 32(9): 1627-1645.

[13] VIOLA P, JONES M J. Robust real-time face detection. International Journal of Computer Vision, 2004, 57(2): 137-154.

[14] PAPAGEORGIOU C P, OREN M, POGGIO T. A general framework for object detection//Sixth International Conference on Computer Vision (IEEE Cat. No. 98CH36271). 1998: 555-562.

[15] FISCHER J, SEITZ D, VERL A. Face detection using 3-D time-of-flight and colour cameras//ISR 2010 (41st International Symposium on Robotics) and ROBOTIK 2010 (6th German Conference on Robotics). 2010: 1-5.

[16] FREUND Y, SCHAPIRE R E. A decision-theoretic generalization of on-line learning and an application to boosting. Journal of Computer and System Sciences, 1997, 55(1): 119-139.

[17] FELZENSZWALB P F, MCALLESTER D P, RAMANAN D. A discriminatively trained, multiscale, deformable part model//2008 IEEE Conference on Computer Vision and Pattern Recognition. 2008: 1-8.

[18] DALAL N, TRIGGS B. Histograms of oriented gradients for human detection//2005 IEEE Computer Society Conference on Computer Vision and Pattern Recognition. 2005: 886-893.

[19] FREEMAN W T, ROTH M. Orientation histograms for hand gesture recognition// International Workshop on Automatic Face and Gesture Recognition. 1995: 296-301.

[20] FELZENSZWALB P F, HUTTENLOCHER D P. Distance transforms of sampled functions. Theory of Computing, 2012, 8(1): 415-428.

[21] ANDREWS S, TSOCHANTARIDIS I, HOFMANN T. Support vector machines for multiple-instance learning. Advances in Neural Information Processing Systems, 2002, 15.

[22] GIRSHICK R, DONAHUE J, DARRELL T, et al. Rich feature hierarchies for accurate object detection and semantic segmentation//Proceedings of the IEEE Conference on Computer Vision and Pattern Recognition. 2014: 580-587.

[23] GIRSHICK R. Fast R-CNN//Proceedings of the IEEE International Conference on Computer Vision. 2015: 1440-1448.

[24] REN S, HE K, GIRSHICK R, et al. Faster R-CNN: Towards real-time object detection with region proposal networks. arXiv preprint arXiv:1506.01497, 2015.

[25] HE K, GKIOXARI G, DOLLÁR P, et al. Mask R-CNN//Proceedings of the IEEE International Conference on Computer Vision. 2017: 2961-2969.

[26] REDMON J, DIVVALA S, GIRSHICK R, et al. You only look once: Unified, real-time object detection//Proceedings of the IEEE Conference on Computer Vision And Pattern Recognition. 2016: 779-788.

[27] LIN T Y, GOYAL P, GIRSHICK R, et al. Focal loss for dense object detection//

Proceedings of the IEEE International Conference on Computer Vision. 2017：2980-2988.

[28] LIU W, ANGUELOV D, ERHAN D, et al. SSD: Single shot multibox detector//European Conference on Computer Vision. 2016：21-37.

[29] UIJLINGS J R, VAN DE SANDE K E, GEVERS T, et al. Selective search for object recognition. International Journal of Computer Vision, 2013, 104(2)：154-171.

[30] Li F F, Krishna R, Xu D. Lecture 12：Detection and segmentation, stanford. 2020[2023-09-01].http://cs231n.stanford.edu/slides/2020/lecture_12.pdf.

[31] REDMON J, FARHADI A. YOLO9000：Better, faster, stronger//Proceedings of the IEEE Conference on Computer Vision and Pattern Recognition. 2017：7263-7271.

[32] REDMON J, FARHADI A. YOLOv3：An incremental improvement. arXiv preprint arXiv:1804.02767, 2018.

[33] BOCHKOVSKIY A, WANG C Y, LIAO H Y M. YOLOv4：Optimal speed and accuracy of object detection. arXiv preprint arXiv:2004.10934, 2020.

[34] JOCHER G, NISHIMURA K, MINEEVA T, et al. YOLOv5 code repository. 2022[2023-09-01].https://github.com/ultralytics/yolov5.

[35] LAW H, DENG J. Cornernet：Detecting objects as paired keypoints//Proceedings of the European Conference on Computer Vision. 2018：734-750.

[36] ZHOU X, ZHUO J, KRAHENBUHL P. Bottom-up object detection by grouping extreme and center points//Proceedings of the IEEE/CVF Conference on Computer Vision and Pattern Recognition. 2019：850-859.

[37] ZHOU X, WANG D, KRÄHENBÜHL P. Objects as points. arXiv preprint arXiv:1904.07850, 2019.

[38] TIAN Z, SHEN C, CHEN H, et al. FCOS：Fully convolutional one-stage object detection//Proceedings of the IEEE/CVF International Conference on Computer Vision. 2019：9627-9636.

[39] YANG Z, LIU S, HU H, et al. Reppoints：Point set representation for object detection//Proceedings of the IEEE/CVF International Conference on Computer Vision. 2019：9657-9666.

[40] CARION N, MASSA F, SYNNAEVE G, et al. End-to-end object detection with transformers//European Conference on Computer Vision. 2020：213-229.

[41] ZHU X, SU W, LU L, et al. Deformable DETR：Deformable transformers for end-to-end object detection. arXiv preprint arXiv:2010.04159, 2020.

[42] MENG D, CHEN X, FAN Z, et al. Conditional DETR for fast training convergence//Proceedings of the IEEE/CVF International Conference on Computer Vision. 2021：3651-3660.

[43] CHEN T, SAXENA S, LI L, et al. Pix2seq：A language modeling framework for object detection. arXiv preprint arXiv:2109.10852, 2021.

第6章

图像分割

6.1 引言

第4章和第5章分别介绍了图像分类和目标检测。图像分类通常为整张图像预测类别标签,缺乏物体位置的刻画;而目标检测用矩形边界框刻画图像中的物体位置,通常边界框中含有大量的背景,因此并不能精确地描述物体的轮廓。为了更精确地表示物体的轮廓,计算机视觉中引入了图像分割任务。

早期的图像分割(image segmentation)研究关注将空间上临近且语义相似的像素聚集到一起,从而形成比原始像素更有语义的区域。一个典型的图像分割的例子是前景/背景分割(foreground/background segmentation),即将每个像素分类为前景或背景。在前景/背景分割中,前景和背景是互斥的,即一个像素只属于前景或者背景。而在另外一些任务中,一个图像的前景/背景是按照一定的透明度进行复合的结果。例如在抠图(image matting)任务中,一个观察像素 I_i(i 用来索引像素的位置)由前景像素 F_i 和背景像素 B_i 按照相应的透明度 α_i 复合而成: $I_i=\alpha_i F_i+(1-\alpha)B_i$。通过透明图($alpha$ map)可以将前景图抠出来贴到其他的背景图像上,从而实现图像的编辑。

除了将语义相似的像素聚到一起,有些任务还需要关注这些像素的语义标签,这种任务通常被称为语义分割(semantic segmentation)。需要强调的是语义分割并不能区分出同一张图像中相同种类的不同个体/实例。为了把图像中给定类别的不同实例分割出来,计算机视觉引入了实例分割(instance segmentation)任务。实例分割不关心特定类别物体以外的图像内容。进一步地,如果将全图每个像素都赋予类别并且同时区分属于同一类别的不同实例,则被称为全景分割(panoptic segmentation)。图6-1展示了上述3种图像分割任务。语义分割、实例分割和全景分割需要逐像素进行语义分类，而在实际应用中，经常面临目标太小、光线太暗、前景与背景相似以及目标之间的严重遮挡等诸多困难(图 6-2)，这极大增加了语义分割在实际场景中应用的困难。为解决此类问题，就需要从数据和模型两方面共同着手，通过增加数据的多样性以及设计更加精细鲁棒的模型来提升分割的准确率。

(a) 原图

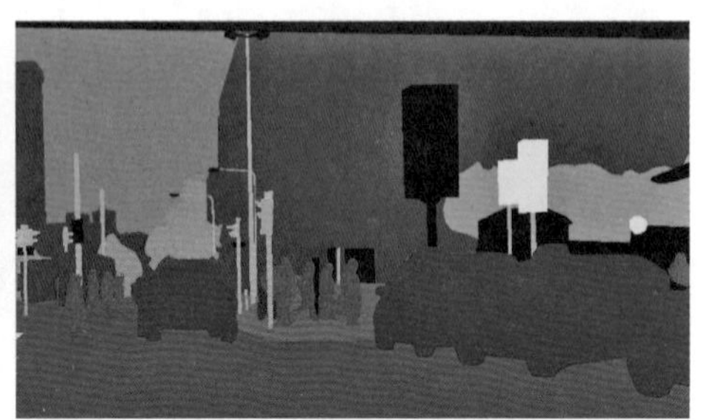

(b) 语义分割赋予全图每个像素一个类别，但不区分实例

(c) 实例分割仅分割特定类别目标区域，但区分实例，通常需要结合物体检测算法

(d) 全景分割则对全图进行分割的同时对实例进行区分

图 6-1　3 种不同的图像分割方式

(图片引自[1])

除基于 RGB 图像的分割以外，近年来，随着三维采集技术的发展，出现了很多种新颖廉价的三维扫描设备，例如三维扫描仪、LiDAR 和 RGB-D 相机(如微软的 Kinect、英特尔的 RealSense 和苹果的深度相机)等。这些设备令三维点云数据的采集变得十分方便。与传统的缺乏深度的二维图像数据相比，三维点云数据通常包含空间位置信息、颜色信息、强度信息(例如激光的反射强度)，以及时间信息等。因此，点云可以提供大量的场景和物体的几何、形状和尺度信息，且不易受光照强度变化和其他物体遮挡等影响，具有二维图像无可比拟的优势。鉴于点云数据的优势，基于点云的语义分割已经成为三维场景理解的关键技术，可应用于自动驾驶、室内导航、文化遗产的数字化重建等诸多场景。

(a) 物体小，光线暗　　(b) 遮挡严重

(c) 物体与背景严重相似（如拟态）

图 6-2　图像分割面临的挑战

本章将以图像分割的发展为脉络，介绍基于手动特征的图像分割、图像语义分割、实例分割、全景分割等算法。本章最后也将介绍点云分割的一些前沿算法。

6.2　基于手动特征的图像分割算法

早期的图像分割研究聚焦无监督的图像分割：利用手动设计的特征（包括位置、颜色、纹理等）表达像素，然后通过聚类或者图论的相关算法实现图像的分割。

6.2.1　基于图论的图像分割

基于图论的图像分割算法借助图论方法，将图像映射为带权无向图（weighted undirected graph），把像素视作节点，将图像分割问题看作图的顶点划分问题。首先，一幅待分割图像可以用如下带权无向图表示

$$G=(V,\ E) \tag{6-1}$$

其中 $V=\{v_1,\ \cdots,\ v_n\}$ 是顶点（也叫节点）的集合（n 是图像像素的个数），$E=\{e_{ij}\mid i=1\cdots,\ n;\ j=1,\ \cdots,\ n\}$ 为边的集合。图中每个节点 $v_i\in V$ 对应图像中的每个像素，每条边 $e_{ij}\in E$ 连接着一对相邻的像素，边的权值 w_{ij} 刻画了像素之间在灰度、颜色或纹理方面的非负相似度。例如可以定义相似度

$$w_{ij}=\exp\left(-\frac{\|x_i-x_j\|^2}{\sigma_{\text{texture}}^2}\right)\exp\left(-\frac{\|c_i-c_j\|^2}{\sigma_{\text{color}}^2}\right)\exp\left(-\frac{\|p_i-p_j\|^2}{\sigma_{\text{dist}}^2}\right) \tag{6-2}$$

其中 x_i、c_i 和 p_i 分别是第 i 个像素的纹理（例如以该像素为中心的图像块的局部特征）、颜色和空间坐标，σ_{texture}、σ_{color} 和 σ_{dist} 是控制各指数项权重的参数。此外定义节点 v_i 的度（degree）$d_i=\sum_j w_{ij}$。

在基于图的图像表达下，对图像的一个分割就是对图的一个剪切，被分割的每个区域对应着图中的一个子图。分割的原则是使划分后的子图在内部保持相似度最大，而子图之间的相似度保持最小。以两类分割为例，把 $G=(V,\ E)$ 分成两个子集 $(A,\ B)$，其中 $A\cup B=V$，$A\cap B=\varnothing$[1]。定义 $\text{cut}(A,\ B)$ 为两个子集节点之间的相似度

$$\text{cut}(A,\ B)=\sum_{v_i\in A,\ v_j\in B} w_{ij} \tag{6-3}$$

6.2.1.1　最小化分割

最小化分割（mincut，又被称为最小割）是式（6-3）取得最小值时对应的分割，即 A 和 B 之间相似度小

$$\min\ \text{cut}(A,\ B) \tag{6-4}$$

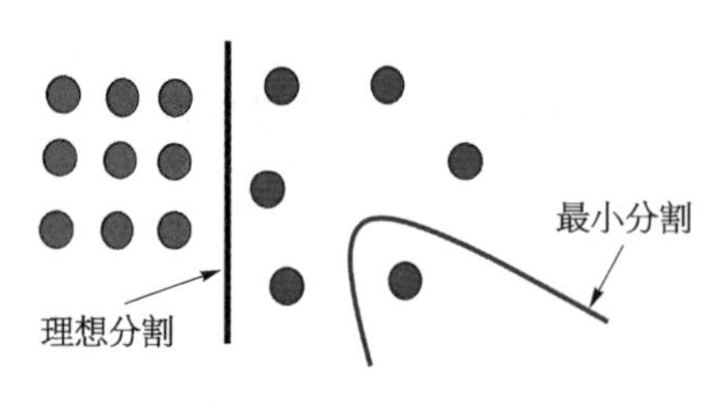

图 6-3　最小化分割导致分割不均

然而，直接机械地使用最小化分割会导致分割不均匀。如图 6-3 所示，理想的分割结果是中间直线表示的分割，但是最小化分割却切掉了最边缘的角。这很容易理解，因为从数值上考虑 $\text{cut}(A,\ B)$，当 A 或 B 仅包含一个元素时两个集合间的连接数 $|w_{ij}|$ 最

---

[1] $\varnothing$ 为空集。

少，$\sum_{v_i \in A,\ v_j \in B} w_{ij}$ 的最小值必然在这种情况下产生。这个情况被称为有偏差(bias)的最小化分割。

6.2.1.2　归一化分割

为了解决最小割结果不均匀的问题，J. Shi 和 J. Malik 等人提出了归一化分割(normalized cut, Ncut)[2]。以两类分割为例，把 $G=(V, E)$ 分成两个子集 (A, B)，其中 $A \cup B = V$，$A \cap B = \varnothing$。对于一个子图 $A \subseteq V$，定义

$$\operatorname{assoc}(A, V) = \sum_{u \in A,\ t \in V} w_{ut} \tag{6-5}$$

表示 A 到全体顶点 V 的所有连接数。归一化分割用 assoc(A)和 assoc(B)来保证分割的两个子集的平衡性，其定义如下

$$\operatorname{Ncut}(A, B) = \frac{\operatorname{cut}(A, B)}{\operatorname{assoc}(A, V)} + \frac{\operatorname{cut}(A, B)}{\operatorname{assoc}(B, V)} \tag{6-6}$$

最小化 Ncut(A, B) 既要求 cut(A, B) 尽量的小(使得 A 和 B 之间的连接尽量的少，即 A 和 B 之间相似度小)，又要求 assoc(A, V) 和 assoc(B, V) 尽量的大。由于 $A \cup B = V$，同时要求 assoc(A, V) 和 assoc(B, V) 尽量大的实际结果，是使得两个子集 A 和 B 趋于平衡。

从组内间距角度来看，定义 Nassoc(A, B)

$$\operatorname{Nassoc}(A, B) = \frac{\operatorname{assoc}(A, A)}{\operatorname{assoc}(A, V)} + \frac{\operatorname{assoc}(B, B)}{\operatorname{assoc}(B, V)} \tag{6-7}$$

Nassoc(A, B) 归一化地量度了组内顶点间连接的平均紧密程度。由于 Ncut(A, B)$=2-$Nassoc(A, B)，最小化 Ncut(A, B) 等价于最大化 Nassoc(A, B)。所以 Ncut 方法的一个良好性质是同时实现了归一化的组间距最大化和组内间距最小化。

从具体实现而言，定义相似度矩阵 $\boldsymbol{W}(i, j) = w_{ij}$；对角矩阵 $\boldsymbol{D}(i, i) = d_i$，其中 $d_i = \sum_j w_{ij}$；定义 $\boldsymbol{x}$ 为一个由 1 和 -1 构成的向量，$\boldsymbol{x} \in \mathbb{R}^n$，其中 n 为像素的个数，$\boldsymbol{x}(i) = 1$ 表示像素 $v_i \in A$，$x(i) = -1$ 表示像素 $v_i \in B$。Ncut 量度函数

$$\begin{aligned}\operatorname{Ncut}(A, B) &= \frac{\operatorname{cut}(A, B)}{\operatorname{assoc}(A, V)} + \frac{\operatorname{cut}(A, B)}{\operatorname{assoc}(B, V)} \\ &= \frac{(\mathbf{1}+\boldsymbol{x})^{\mathrm{T}}(\boldsymbol{D}-\boldsymbol{W})(\mathbf{1}+\boldsymbol{x})}{k\mathbf{1}^{\mathrm{T}}D\mathbf{1}} + \frac{(\mathbf{1}-\boldsymbol{x})^{\mathrm{T}}(\boldsymbol{D}-\boldsymbol{W})(\mathbf{1}-\boldsymbol{x})}{(1-k)\mathbf{1}^{\mathrm{T}}D\mathbf{1}}\end{aligned} \tag{6-8}$$

其中 $k=\dfrac{\sum\limits_{x_i>0}d_i}{\sum\limits_i d_i}$。令 $\boldsymbol{y}=(\boldsymbol{1}+\boldsymbol{x})-b(\boldsymbol{1}-\boldsymbol{x})$，其中 $b=\dfrac{k}{1-k}$，则有

$$\mathrm{Ncut}(x)=\frac{\boldsymbol{y}^{\mathrm{T}}(\boldsymbol{D}-\boldsymbol{W})\boldsymbol{y}}{\boldsymbol{y}^{\mathrm{T}}\boldsymbol{D}\boldsymbol{y}} \tag{6-9}$$

式(6-8)可简化为如下优化目标函数

$$\begin{aligned}&\min_{x}\mathrm{Ncut}(x)=\min_{y}\frac{\boldsymbol{y}^{\mathrm{T}}(\boldsymbol{D}-\boldsymbol{W})\boldsymbol{y}}{\boldsymbol{y}^{\mathrm{T}}\boldsymbol{D}\boldsymbol{y}}\\&\text{s.t.}\quad \boldsymbol{y}(i)\in\{1,-b\},\ \boldsymbol{y}^{\mathrm{T}}\boldsymbol{D}\boldsymbol{1}=0\end{aligned} \tag{6-10}$$

式(6-10)是一个瑞利商形式的表达式[3]，如果将 $\boldsymbol{y}$ 松弛到实数域，即可通过解一个特征值系统求其极小值

$$(\boldsymbol{D}-\boldsymbol{W})\boldsymbol{y}=\lambda\boldsymbol{y} \tag{6-11}$$

并且所求的解自动满足另一约束 $\boldsymbol{y}^{\mathrm{T}}\boldsymbol{D}\boldsymbol{1}=0$。该特征值系统的第二小特征向量即是 Ncut 算法的实数解。最后，尽管该向量不满足约束 $\boldsymbol{y}(i)\in\{1,-b\}$，但是并不妨碍提供分类依据。可以使用一个手动设定的值对其进行分割，或尝试多个等间隔的分割点，计算每个分割点的 Ncut 分数，选择最佳分割(Ncut 优化是个 NP 完全问题)。上述推导过程和相关证明较为繁琐，这里不做详细展开，有兴趣的读者请参考文献[2]。

6.2.1.3　GrabCut

图分割(graph cut)算法通过代价函数构建在全局最优的框架下，保证了分割效果。但此类问题的求解是 NP 难问题。因此微软剑桥研究院的 C. Rother 等人提出了基于迭代的图割方法，被称为 GrabCut 算法[4]。该算法使用高斯混合模型对目标和背景建模，利用了图像的 RGB 色彩信息和边界信息，通过少量的用户交互操作得到非常好的分割效果。

在 GrabCut 中，RGB 图像的前景和背景分别用一个高斯混合模型(Gaussian mixture model，GMM)来建模。两个 GMM 分别用以刻画某像素属于前景或背景的概率，每个高斯混合模型的高斯组件(Gaussian component)个数一般设为 5。接下来，利用吉布斯能量方程(Gibbs energy function)对整张图像进行全局刻画，而后迭代求取使得能量方程达到最优值的参数，作为两个 GMM 的最优参数。GMM 确定后，某像素属于前景或背景的概率就随之确定下来。

在与用户交互的过程中，GrabCut 提供两种交互方式：一种以边界框（bounding box）为辅助信息，另一种以涂写的线条（scribbled line）作为辅助信息。图 6-4 展示了边界框辅助的 GrabCut 示例，用户在开始时提供一个包围框，Grabcut 默认框中像素包含主要物体/前景，此后经过迭代图划分求解，即可返回抠出的前景结果。

图 6-4　GrabCut 的 3 个例子

用户在物体周围画一个包围框，然后物体被自动提取出来。（图片引自[4]）

6.2.2　基于聚类的图像分割

6.2.2.1　SLIC

简单线性迭代聚类（simple linear iterative clustering，SLIC）[5]是一种思想简单、实现方便的超像素❶算法，将彩色图像转化为 CIELAB 颜色空间和 XY 坐标下的 5 维特征向量，然后对 5 维特征向量构造距离度量标准，对图像像素进行局部聚类。SLIC 算法能生成紧凑、近似均匀的超像素，在运算速度、物体轮廓保持、超像素形状方面具有较高的综合评价，比较符合人们期望的分割效果（图 6-5）。

SLIC 算法的实质是将 k 均值算法用于超像素聚类。其具体实现的步骤如下：

1) 将图像转换至 CIELAB 颜色空间。

2) 初始化 K 个种子点（聚类中心），在图像上平均撒落 K 个点，K 个点均匀地占满整幅图像（其中 K 为聚类的个数）。

3) 对种子点在内一个小区域（一般为 3×3）计算每个像素点梯度值，选择值最小（最平滑）的点作为新的种子点，这一步主要是为了防止种子点落在轮廓边界上。

4) 对种子点周围 $2S \times 2S$ 的方形区域内的所有像素点计算距离度量 $D = \sqrt{d_c^2 + \left(\frac{d_s}{S}\right)^2 m^2}$，其中 d_c 为颜色空间距离，d_s 为欧氏空间距离，$S = \sqrt{\frac{N}{K}}$，N

❶　超像素（superpixel）通常是指一组拥有共同特征的像素。

是图像像素个数，m 为手动设定的常数。

5）每个像素点都可能与多个种子点计算距离度量，选择其中最小的距离度量对应的种子点作为其聚类中心。

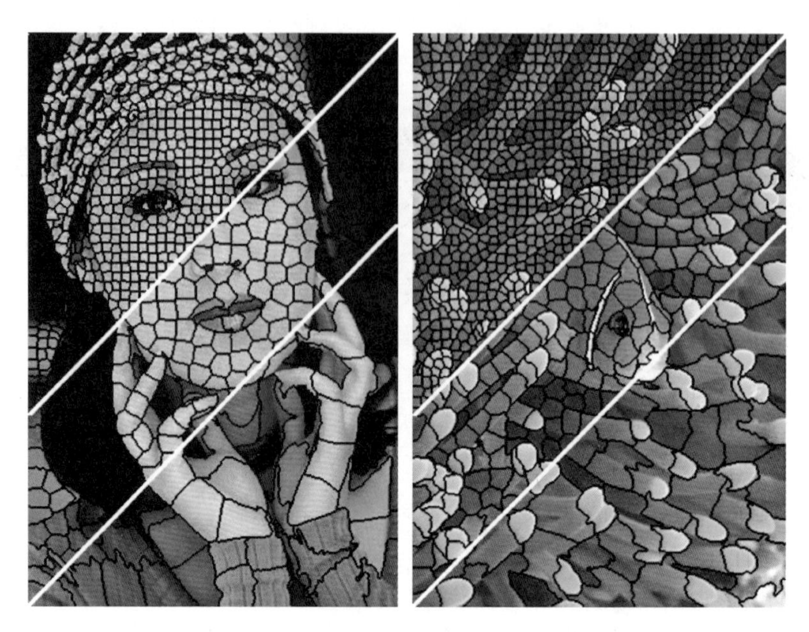

图 6-5 基于 64、256、1 024 个超像素的 SLIC 图像分割结果

（图片引自[5]）

6.2.2.2 均值漂移

均值漂移(mean shift)算法假定观测数据点是从每个概率分布中采样出来，进而通过非参数估计的方法来估计原始的概率分布。

对于给定的 n 个数据点 $\boldsymbol{x}_i \in \mathbb{R}^d$，$i=1, \cdots, n$，基于给定带宽为 h 的核函数 $K(x)$，可以用式(6-12)来近似这些数据的概率分布密度函数

$$f_K(x)=\frac{1}{nh^d}\sum_{i=1}^{n}K\left(\frac{\boldsymbol{x}-\boldsymbol{x}_i}{h}\right) \tag{6-12}$$

核函数通常可以选择高斯核函数(Gaussian kernel)

$$K(\boldsymbol{x})=(2\pi)^{-\frac{d}{2}}\exp(-\|\boldsymbol{x}\|^2) \tag{6-13}$$

均值漂移算法迭代地将所有的点汇集到估计的密度函数上距离最近的峰值位

置，从而达到聚类的效果。为找到密度最大的位置，可将式(6-12)求导

$$\nabla f_K(\boldsymbol{x})=\frac{1}{nh^{d+2}}\left[\sum_i g\left(\left\|\frac{\boldsymbol{x}-\boldsymbol{x}_i}{h}\right\|^2\right)\right]\left[\frac{\sum_i \boldsymbol{x}_i g\left(\left\|\frac{\boldsymbol{x}-\boldsymbol{x}_i}{h}\right\|^2\right)}{\sum_i g\left(\left\|\frac{\boldsymbol{x}-\boldsymbol{x}_i}{h}\right\|^2\right)}-\boldsymbol{x}\right] \tag{6-14}$$

其中 $g(\boldsymbol{x})=-K'(\boldsymbol{x})$，式(6-14)第一项为 $f_K(\boldsymbol{x})$，第二项

$$m(\boldsymbol{x})=\left[\frac{\sum_i \boldsymbol{x}_i g\left(\left\|\frac{\boldsymbol{x}-\boldsymbol{x}_i}{h}\right\|^2\right)}{\sum_i g\left(\left\|\frac{\boldsymbol{x}-\boldsymbol{x}_i}{h}\right\|^2\right)}-\boldsymbol{x}\right] \tag{6-15}$$

$m(\boldsymbol{x})$ 被称为均值漂移向量(mean shift vector)。

基于均值漂移的聚类具体实现如下：

1) 选定核函数和带宽。

2) 对任意一个点：

(1) 以该点为中心确定一个搜索窗口。

(2) 计算搜索窗口中数据密度最大的位置。

(3) 将搜索窗口移到对应密度最大的位置。

(4) 重复(2)(3)直至收敛。

3) 将所有中心距离小于给定阈值的中心合并，并将对应于同一个中心点的所有数据点归为一个类别。

一幅图像就是一个矩阵，像素点均匀分布在图像上。而图像分割是基于图像的空间分布和像素的颜色特征，因此可以采用如下方式来定义概率密度：以某像素点 $\boldsymbol{x}$ 为圆心、h 为半径，落在球内的点 $\boldsymbol{x}_i$ 与 $\boldsymbol{x}$ 的相似性应该满足如下两个规则：

1) 像素点 $\boldsymbol{x}$ 的颜色与 $\boldsymbol{x}_i$ 颜色越相近，则概率密度越高。

2) 离 $\boldsymbol{x}$ 的位置越近的像素点 $\boldsymbol{x}_i$ 对应的概率密度越高。

因此可定义

$$K_{h_\mathrm{d},h_\mathrm{c}}(\boldsymbol{x})=\frac{1}{h_\mathrm{d}^2 h_\mathrm{c}^2}K\left(\left\|\frac{\boldsymbol{x}^\mathrm{d}-\boldsymbol{x}_i^\mathrm{d}}{h_\mathrm{d}}\right\|\right)K\left(\left\|\frac{\boldsymbol{x}^\mathrm{c}-\boldsymbol{x}_i^\mathrm{c}}{h_\mathrm{c}}\right\|\right) \tag{6-16}$$

其中 h_d 和 h_c 分别对应距离和颜色的核函数带宽；$K\left(\left\|\frac{\boldsymbol{x}^\mathrm{d}-\boldsymbol{x}_i^\mathrm{d}}{h_\mathrm{d}}\right\|\right)$ 代表空间位

置的信息，距离越近，其值就越大；$K\left(\left\|\frac{\boldsymbol{x}^{c}-\boldsymbol{x}_{i}^{c}}{h_{c}}\right\|\right)$ 表示颜色信息，颜色越相似，其值越大。

基于以上核函数的定义及均值漂移算法，可以实现像素聚类，从而实现图像分割。基于均值漂移的图像聚类可以无监督地对图像像素进行分割，分割的结果可以作为超像素(superpixel)应用于其他任务。图 6-6 是均值漂移聚类效果图。

图 6-6　均值漂移聚类效果图

(图片引自[6])

6.3　语义分割

如图 6-1 所示，语义分割任务是输出一张图像中的每个像素分类标签，即逐像素的分类问题。语义分割在现实生活中有着很多的应用，可用于医疗图像的病灶分割、自动驾驶中的车道线分割，以及监测卫星图像中的土地覆盖类型分割等诸多场景。进一步地，语义分割仅需要将图像逐像素类别区分出来，而实例分割需要在此基础上确定哪些像素属于同一个物体。例如一张图像上有多只猫，语义分割将会把所有的猫分为一类，但是实例分割将会把每只猫的个体归为不同的类。

常见的语义分割数据集有常见物体语义分割的 Pascal VOC[7]，街景语义分割的 Cityscapes[8]、KITTI[9] 及 ADE 20K[10] 等。图 6-7 展示了常见的语义分割数据集中的示例图。

PASCAL VOC　由世界级的计算机视觉挑战赛 The PASCAL Visual Object Classes(VOC)提供的数据集。该数据集最重要的两个版本分别是 PASCAL VOC 2007 与 PASCAL VOC 2012。两个版本均包含 20 个目标类，VOC2007 训练集和验证集共有 422 张图像和 1 215 个被标注的分割目标，VOC2012 的训练集和验证集的图像数量分别为 1 464 和 1 449 张，共计 6 929 个分割目标。

Cityscapes　专注于对城市街景的语义理解，基于像素级别，精细标注了 5 000 张图像，并且又粗略标注了 20 000 张图像，具体的标注如图 6-7(b)所示。数据集采集自德国的 3 个季节的 50 个城市，共计 30 个类别。经人工选择的图像具有大量运动目标、多变的场景和变化的背景。

KITTI　一个用于自动驾驶场景的计算机视觉数据集。它的数据场景复杂，由来自乡村、市区、校园和公路等多种场景组成。而它的语义分割数据包含 200 张图像组成的训练集和 200 张图像组成的测试集，数据集的格式和标准与 Cityscapes 数据集相同。

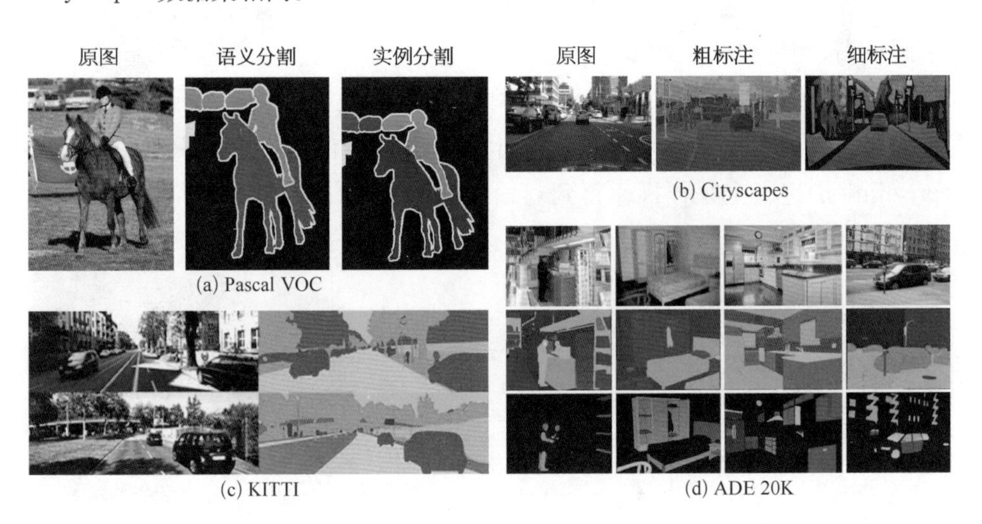

图 6-7　语义分割数据集

(图片引自[7—10])

ADE 20K 其中已标注的数据涵盖了 SUN[11]和 Places[12]数据集的场景范畴。它标注的类别不止常见的目标，更有一些小的组成部件。例如，当“门”处于室内时，它是一个目标，而当“门”处于车上时，便成为了一个部件。如图 6-7(d)所示，该数据集的目标和部件划分较为有特点，相较已有的其他数据集更加细致。该数据集包含 22 210 张图像、434 846 个分割目标和 2 639 个目标类别。每一张图像至少包含了 5 个目标，而实例数最多为 273。

早期的语义分割是基于像素聚类或图分割等方式。随着深度学习的发展，语义分割技术取得了巨大的进步，CNN 能够通过端到端的学习，来自动提取图像中的有效特征。相比于传统的基于手动特征的分割算法，CNN 极大地提升了分割的准确度。下面将介绍 FCN、U-Net、DeepLab 和 PSPNet 等 4 种经典的基于深度学习的语义分割算法。

6.3.1 FCN

全卷积网络(Fully Convolutional Network, FCN)[13]是一种较早的将 CNN 应用到语义分割任务的方法。由于语义分割本质是逐像素分类，一个简单想法是以任何一个像素为中心取图像的一个子窗口然后进行分类，将分类结果作为该像素标签。然而这么做具有极其高昂的计算开销，同时考虑到相邻像素的底层和顶层卷积特征是共享的，因此 FCN 提出将整张图像卷积，然后利用卷积的特征同时预测所有像素的类别标签。

FCN 网络结构如图 6-8 所示，基本的工作流程是将一张 RGB 图像输入网络中，经过多次的卷积和池化操作后得到特征图，然后使用转置卷积(transposed convolution)进行上采样操作得到与输入 RGB 图像同尺寸的特征图，最后对

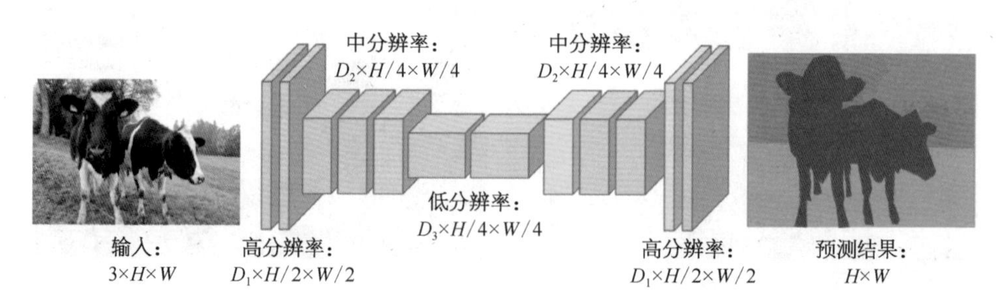

图 6-8 FCN 网络结构框架

(图片引自[13])

特征图进行逐像素的分类，并使用交叉熵(cross entropy)损失函数。由于FCN不包含全连接层，所以能够支持任意尺寸的输入图像。其引入的转置卷积层也能够在保持原始图像像素的空间位置的同时输出更精细的结果。由于FCN是比较早期的工作，尽管现在看来其性能已不够好，但是在当时很大程度超过了传统的分割方法，其后许多优秀的语义分割框架都是基于FCN改进而来的。

6.3.2 U-Net

U型网络(U-Net)[14]最初是一个针对医疗图像分割任务设计的网络框架，由于具有较好的性能，广泛应用于一般图像的语义分割任务。其网络结构如图6-9所示。与FCN相比，U-Net同样采用了编码器-解码器结构。但将编码器中每个尺度的特征都通过跳层连接与解码器中对应尺度的特征相拼接，来达到保持图像细节信息的效果。

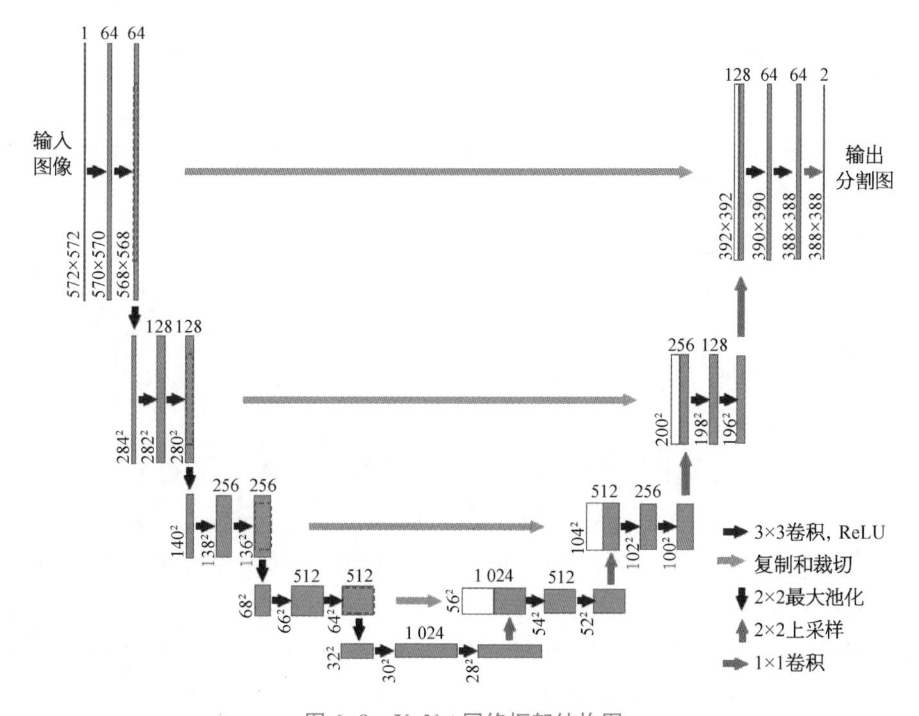

图 6-9　U-Net 网络框架结构图

图中以 32×32 的最低分辨率为例。蓝色框对应表示特征，框上方数字为通道数，左下方数字为空间尺寸，白色框表示特征复制，箭头操作的含义见说明。(图片引自[14])

图 6-9 展示了一个 U-Net 实例，其中下采样部分（左半部分）可以看作 U-Net 的编码器，上采样部分（右半部分）可以看作 U-Net 的解码器。编码器操作主要由卷积和池化组成，卷积核尺寸统一为 3×3，经过重复 4 组的卷积和池化操作之后，得到 1 024×30×30 的特征图，之后将这个特征图送入解码器。在解码器中，除了卷积之外，还有两个关键的操作：上采样（upsampling）和跳层连接。上采样的方式有两种，一种是转置卷积操作，另一种是插值操作，在 U-Net 论文中，采用相对简单的双线性插值。对于跳层连接，U-Net 使用了类似 DenseNet 的拼接操作而不是相加，如图 6-9 中的白色框，U-Net 将编码器中的特征直接复制和裁切后与解码器特征进行拼接。裁切特征的原因在于 U-Net 为了避免边界效应（boundary effect）在卷积操作中不进行任何填充（padding），导致编码器与解码器对应层级的特征尺寸不同。

U-Net 中核心设计在于使用跳层连接解决了下采样过程导致的目标边界上的细节信息损失——这对于语义的精细化分割是至关重要的，因此能够获得更好的分割精度。

6.3.3 DeepLab

在 FCN 和 U-Net 以外，DeepLab 系列也是语义分割任务中常用的框架。DeepLabv1[15]通过 CNN 和条件随机场来实现语义分割。之后，DeepLabv2[16]在 DeepLabv1 的基础上引入了 ASPP 结构来捕获不同尺寸的上下文信息。DeepLabv3[17]在 ASPP 上加入全局平均池化并使用批量归一化。DeepLabv3+语义分割模型[18]在 DeepLabv3 的基础上增加解码器模块并使用 Xception[19]主干网络。本节主要介绍 DeepLabv3+网络框架，读者可以参考具体的论文了解 DeepLab 其他版本的细节。

DeepLabv3+的网络框架如图 6-10 所示，包含空洞卷积、深度可分离卷积、空间金字塔池化、解码器等核心模块。

空洞卷积（dilated/atrous convolution） 其提出主要是为了解决语义分割神经网络中的感受野问题[20]。在 FCN 中，通过池化来缩小图像尺寸并且增大感受野，并通过上采样增大图像尺寸以进行精细化分割。然而，下采样过程不可避免地损失部分精度，但去掉池化层又会使得感受野变小，从而很难理解图像的语义。空洞卷积的主要目的，是在不使用池化层的前提下仍然能够保持感受野的大小。

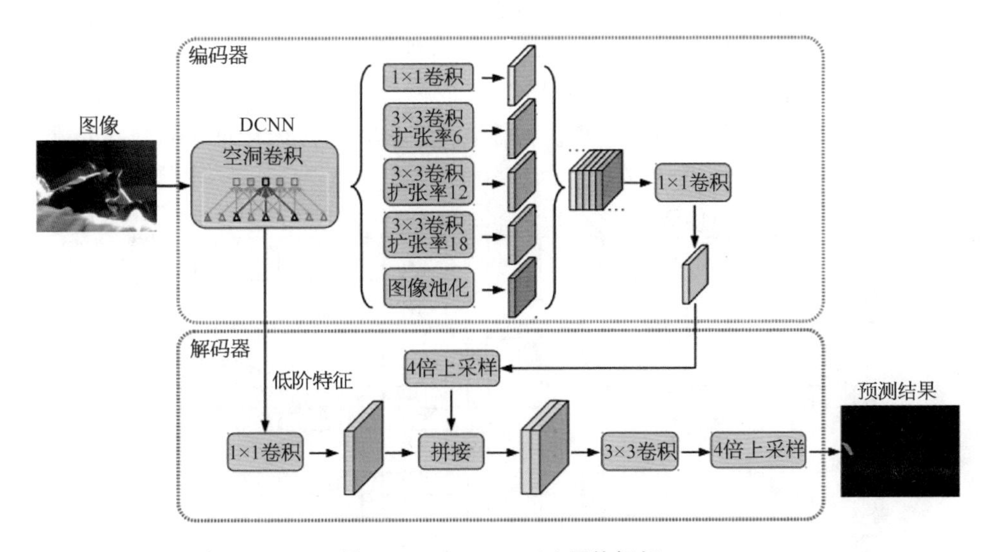

图 6-10 DeepLabv3+网络框架

它在 DeepLabv3 的基础上增加了解码器部分。(图片引自[18])

空洞卷积与标准卷积有所不同,其计算公式如下

$$\boldsymbol{y}(\boldsymbol{p}_0)=\sum_{p_n\in\mathcal{R}}\boldsymbol{w}(\boldsymbol{p}_n)\boldsymbol{x}(\boldsymbol{p}_0+d\boldsymbol{p}_n) \tag{6-17}$$

其中 $\boldsymbol{x}$ 为输入特征, $\boldsymbol{y}$ 为输出, d 表示扩张率(dilation rate), $\mathcal{R}$ 表示卷积区域, $\boldsymbol{w}$ 为卷积核。图 6-11 直观地展示了空洞卷积的工作方式及其感受野,从图中可以看出空洞卷积能够在不增加计算开销的前提下有效增加感受野。在图像分类任务中,假设常用的网络输出特征尺寸是输入图像的 1/32(输出步长=32)。对于语义分割任务,希望保持一定的空间分辨率以进行精细化分割,输出特征图的步长不超过 16(或 8),同时能够保持感受野不变。此时,通过移除最后一个(或两个)卷积的步长并且使用相应扩张率的空洞卷积即可实现。

DeepLabv3+使用了空洞可分离卷积来减少计算复杂度,空洞可分离卷积和深度可分离卷积类似,只是逐深度将卷积改成空洞版本,DeepLabv3+[18]中的实验结果表明,采用空洞可分离卷积能以更少的计算代价获得和标准卷积相似甚至更好的性能。

空洞空间金字塔池化 如图 6-11 所示,由基于空洞卷积的 DCNN 提取得到的特征被输入到 5 个并联的分支:1 个 1×1 卷积、3 个 3×3 空洞卷积(扩张率分别为 6、12、18)和 1 个图像级特征分支。其中图像级特征是对前一步输出的特征图使用全局平均池化操作,接着使用 1 个 1×1 卷积并采用双线性上采样插值得到与输入同样空间分辨率的特征图。随后，将 5 个并联分支的输出特征拼接在一起，并使用 1 个 1×1 卷积降维。这样的操作能够抓取图像的多尺度特征，被称为空洞空间金字塔池化（atrous spatial pyramid pooling，ASPP）模块。

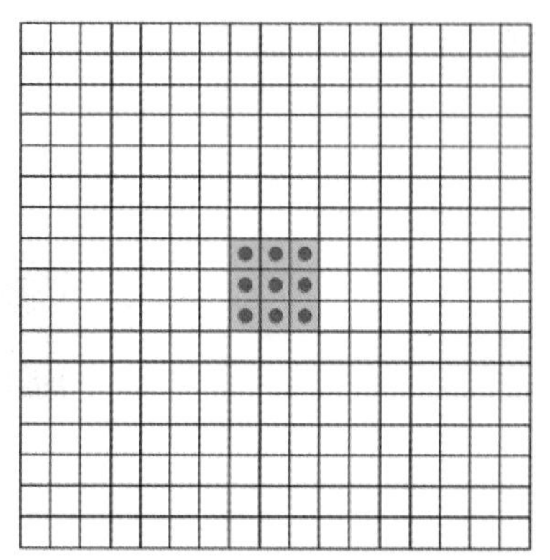

(a) 表示使用扩张率为 1 的卷积(与标准卷积等价)，像素感受野为3×3

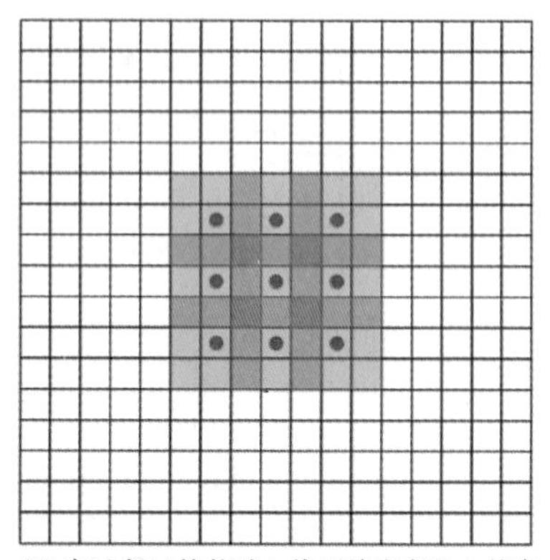

(b) 表示在(a)的基础上使用扩张率为 2 的空洞卷积，此时像素感受野为 7 × 7

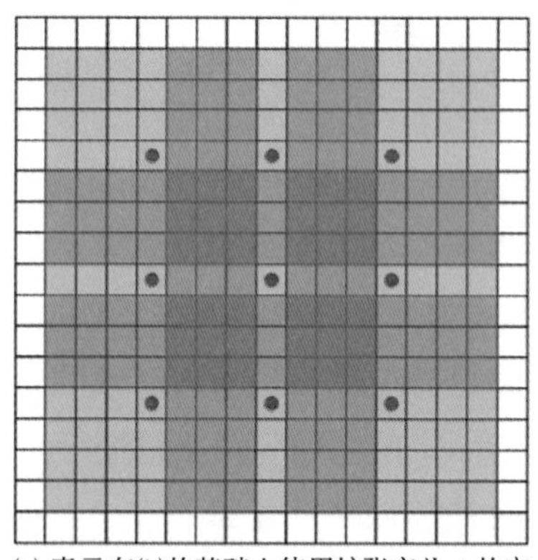

(c) 表示在(b)的基础上使用扩张率为 4 的空洞卷积，此时像素感受野为 15 × 15

图 6-11　空洞卷积示意图

（图片引自[20]）

解码器　在图 6-10 中的解码器部分，来自编码器中 ASPP 的特征首先通过双线性插值 4 倍上采样，来自 DCNN 的低阶特征经过一次 1×1 卷积，二者拼接然后使用一个 3×3 卷积和上采样操作进行最后的逐像素标签预测。解码器的思想和 U-Net（图 6-9）将底层特征拼接到高层上的方法是一致的，通过组合高阶语义特征和底层细节特征，提升图像分割在细节上的表现。

除了上述组件以外，DeepLabv3＋还使用了改进的 Xception 网络作为主干网络，具体的细节可参考文献[18]。

6.3.4　PSPNet

金字塔场景解析网络(pyramid scene parsing network，PSPNet)[21]的出发点是引入更多的上下文信息以提升精度。其整体的网络结构如图 6-12 所示。PSPNet 网络主要是针对 FCN 网络的不足在其基础上改进的。例如，当使用 FCN 网络时可能将船误分类为车，但是车在水上的概率很小，因此对一个像素进行分割时，应该同时考虑周围的像素。如图 6-12，PSPNet 首先使用预训练的 ResNet 网络提取图像特征，然后使用金字塔池化模块将特征并行地经过 4 个池化层得到不同大小的特征输出，然后对这 4 个输出分别采用卷积，并上采样到池化前的特征图的大小，最终将池化前的特征和来自金字塔池化的特征拼接在一起进行最终的逐像素语义预测。实验显示 PSPNet 的金字塔池化模块显著地提升了分割准确度。PSPNet 简单有效，因此被广泛应用于语义分割任务。

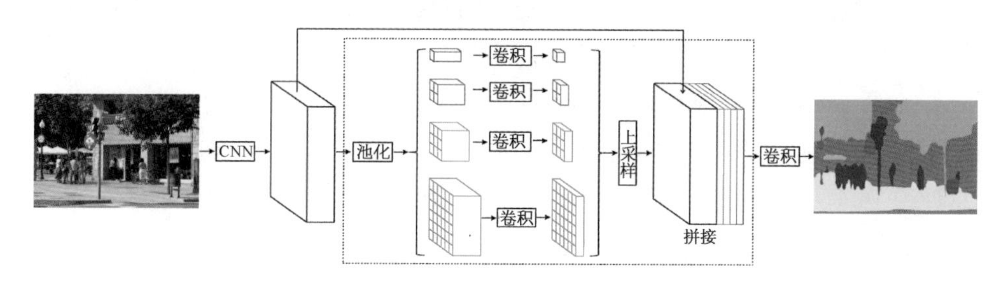

图 6-12　PSPNet 的整体网络框架

(图片引自[21])

6.4　实例分割

与语义分割不同的是，实例分割除了需要指出图像中每个像素的类别，还需要区分实例。如果两个人站在一起，语义分割会给他们打上相同的标签，而实例分割会将他们区分开。常用的实例分割数据集有 MSCOCO[22] 和 LVIS[23] 等。图 6-13 展示了这两个语义分割数据集中的部分示例。

(a) MSCOCO　　(b) LVIS

图 6-13　两种实例分割数据集

（图片引自[22,23]）

MSCOCO　由约 33 万张图像（超过 20 万张被标注）和 150 万个物体实例标注组成的大规模物体检测、实例分割、关键点检测和图像描述数据集。在数据集的 2015 版本中，训练集包含约 16.5 万张图像，验证集和测试集包含约 8.1 万张图像。数据集包含了共计 91 个类别，平均每张图像有 3.5 个类别的 7.7 个实例。仅有 20%的图像包含 1 个类别，仅有 10%的图像包含 1 个实例。MSCOCO 比以往的数据集（如 PASCAL VOC）有更大的数据量，并且有更多数量的小目标，这使其相较其他数据集更具有挑战性。

large vocabulary instance segmentation（LVIS）　一个大规模词汇实例分割数据集，对超过 1 000 类物体进行了约 200 万个高质量的实例分割标注，它包含总计约 16.4 万张图像。LVIS 具有远超过 MSCOCO 的物体类别数量，是一个具有长尾分布的大规模数据集。大量“长尾”类别只有非常少的训练样本，而大多数的模型在小样本情况下表现不佳，因此该数据集的出现也是领域内非常重要的一项新挑战。不仅如此，MSCOCO 主办方也在 2021 年开始停办比赛，转而支持 LVIS 挑战赛。

与目标检测技术类似，实例分割也可分为两阶段方法（如 Mask R-CNN[1]）和单阶段方法（如 YOLACT[24]、SOLO[25]）。两阶段实例分割先检测物体，再对检测框里的特征进行分类，实现前景/背景分割，而单阶段实例分割不需要先做检测而直接进行分割。两阶段实例分割由于需要先做检测，整个流程更长，计算速度相对较慢。此外，两阶段实例分割的性能由检测的性能所限制。单阶段实例分割通常更快，能够实时分割，但是由于没有检测排除其他实例的影响，性能通常相对较差。单阶段实例分割通常需要引入与实例相关的平移变化的计算操作，如坐标卷积、条件卷积或动态卷积。与图像分类的平移不变不同，平移变化中像素的标签与该像素的位置相关，是实例分割网络必备的能力。在两阶段实例分割中，平移变化则由 ROI 池化或 ROI 对齐的裁切操作赋予。此外，为了处理尺度不一致的问题，特征金字塔网络[26]也是单阶段实例分割网络必不可少的设计。由于双阶段实例分割所使用的特征通常分辨率较低，而单阶段不存在这样的问题，因而局部细节保持较好。下面将介绍几种典型的基于深度学习的实例分割方法。

6.4.1　Mask R-CNN

Mask R-CNN[1]是一种两阶段方法（图 6-14），第一阶段，主干网络抽取的中间特征输入候选区域网络（region proposal network，RPN），给出多个候选区域；第二阶段，按照 RPN 提供的候选区域，使用 ROI 对齐方法从中间特征裁切候选区域内的特征，传递给两个分支，第一个分支输出候选框中包含目标的置信度、类别和边界框修正（至此与 Faster R-CNN 类似），另一个分支对边界框内的像素进行前景/背景分类输出掩膜。合并两个分支的结果，即实现了对每个目标实例的分割。由于 Mask R-CNN 在第 5 章中介绍过，更多细节此处不再赘述。

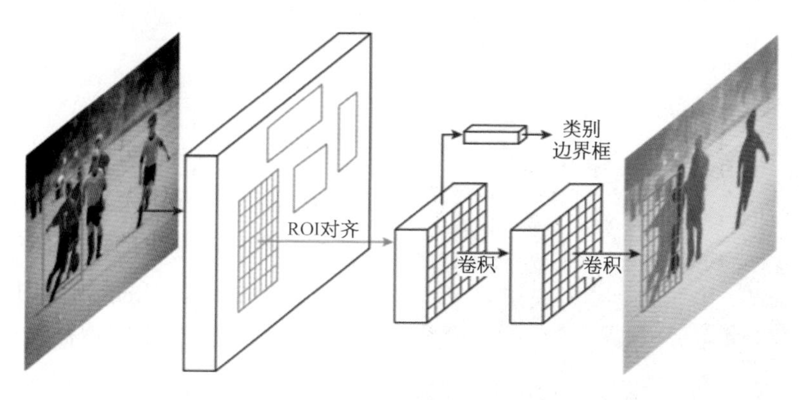

图 6-14　Mask R-CNN 网络框架

（图片引自[1]）

6.4.2　YOLACT

单阶段实例分割网络 YOLACT 全称是"you only look at coefficient"（你只关心系数）[24]，它的思想是将实例的掩膜转变为一组掩膜系数（mask coefficient）和掩膜原型（prototype）的线性组合。YOLACT 的网络结构如图 6-15 所示。首先使用 FPN 提取多尺度的中间特征，输入两个分支中：第一个分支（预测分支）输出检测目标的类别置信度和边界框偏移（至此与 RetinaNet 类似），以及一组掩膜系数；第二个分支（原型分支）使用特征金字塔中最精细的特征，经过多层卷积输出固定数量的掩膜原型。对于预测分支检测到的某一目标实例，使用预测分支同时输出的掩膜系数，与原型分支输出的掩膜原型线性组合，经过裁切和阈值化后即可得到该目标实例的掩膜。

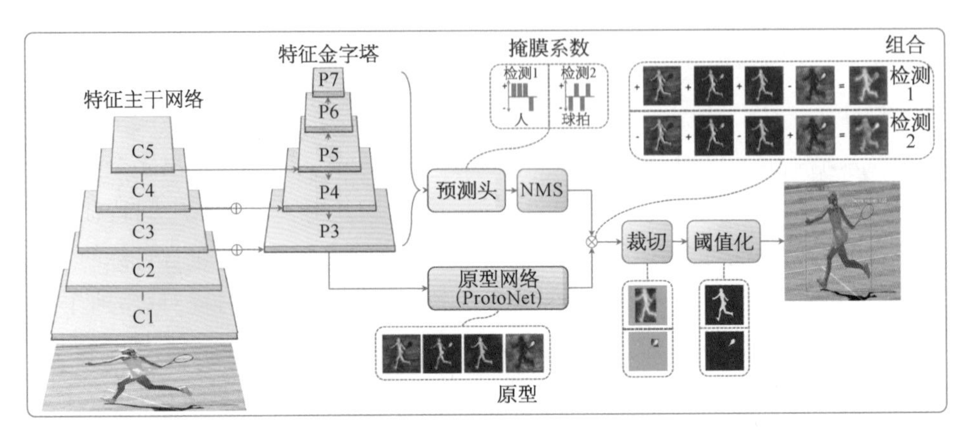

图 6-15　YOLACT 网络框架

C 表示卷积，P 表示金字塔。（图片引自[24]）

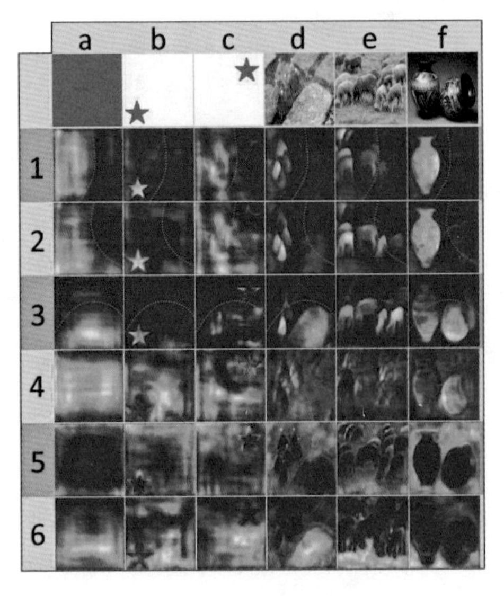

图 6-16　YOLACT 中掩膜原型的可视化

（图片引自[24]）

作为 YOLACT 核心，掩膜原型分支必须具有平移变化能力，而标准的卷积操作是平移不变的。YOLACT 的原型分支能够成功运作的原因在于“每一步卷积运算中的边缘填充操作使得神经网络获得了隐式学习平移变化的能力”[24]。图 6-16 展示了原型分支输出的 32 个掩膜原型中的 6 个在一些图像上的可视化结果。a 列图像全图为一个不变的像素值，但是 6 个掩膜原型在不同位置上输出了具有很大差异的响应。例如掩膜原型 1 和 2 在左侧响应高于右侧，3 和 6 下方高于上方。而其他图像中也可以观察到不同原型彼此的差异，以及各自在不同位置上的变化。YOLACT 利用这种能力，使得网络可以端到端地实现实例分割，避免了两阶段方法中的再池化操作。

6.4.3　SOLO

利用位置分割实例(segment objects by locations, SOLO)[25]通过枚举图像中每一处位置对应物体的掩膜实现实例分割。如图 6-17 所示，SOLO 将图像划分成 $S\times S$ 个网格，原始图像经过 FPN 抽取特征之后，输入两个分支：分类分支和掩膜分支。其中分类分支对 $S\times S$ 个网格中的每一个网格预测其语义类别。掩膜分支则输出 $H\times W\times S^2$ 大小的结果，视为 S^2 个 $H\times W$ 大小的掩膜，S^2 个掩膜与 $S\times S$ 个网格一一对应。

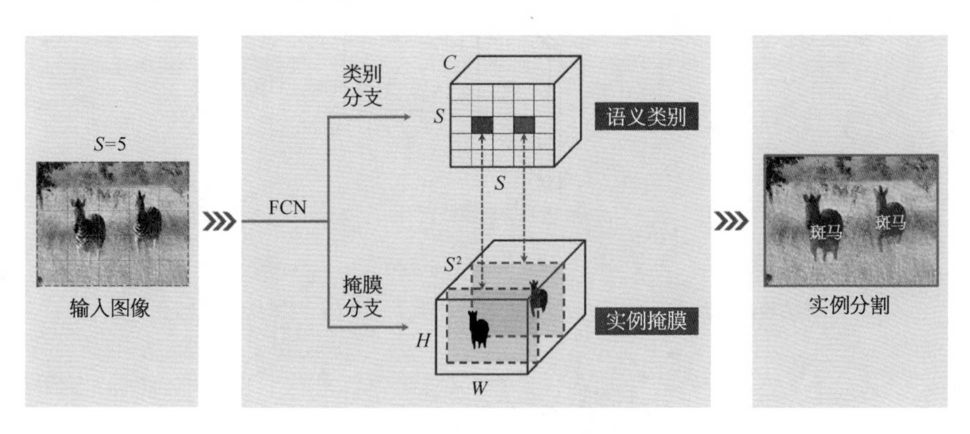

图 6-17　SOLO 网络框架

C 是类别数。(图片引自[25])

不难发现 SOLO 的一个主要问题是最多预测 S^2 个物体实例及其掩膜，因此它的框架设计是与数据集相关的。文献[25]针对 MSCOCO 数据集进行统计，98.3%的物体相距超过 30 个像素。在剩下的 1.7%的物体中，40.5%的物体的长宽比大于 1.5 倍。因而较少的网格数(5×5)便可以枚举绝大多数样本中的所有目标实例。此外，SOLO 使用了坐标卷积(CoordConv)技术[27]为卷积运算引入平移变化能力。为了减少计算量和显存，SOLO 在掩膜分支中，使用两个独立的 S 通道特征，通过两两之间相乘得到通道数为 $S\times S$ 的掩膜(图 6-18)。

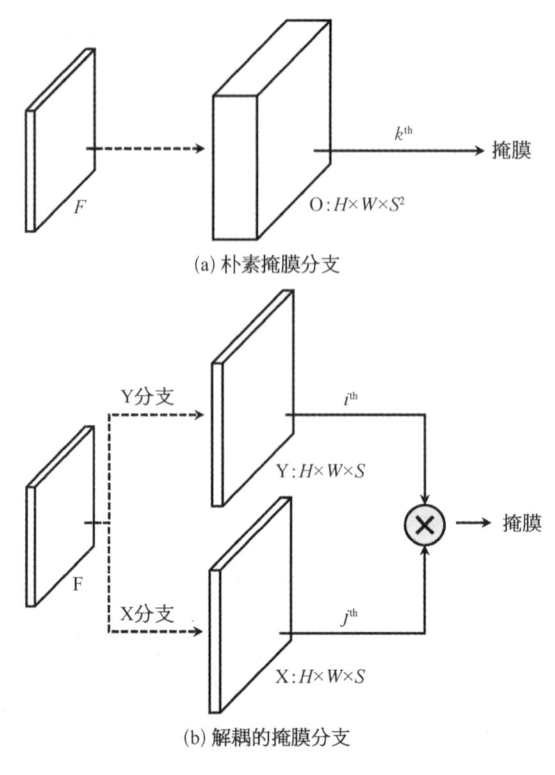

图 6-18 SOLO 掩膜分支

F 为输入特征，k^{th}、i^{th}、j^{th}表示通道索引，并且 $k=iS+j$。（图片引自[25]）

6.5 全景分割

语义分割只关注像素的类别而不区分实例，而实例分割只关注感兴趣类别且具有实例概念的目标实例，对于背景区域（如天空、地面）则不进行分割。这两种分割对于场景的理解都是不足的，因此研究者提出全景分割任务[28]。全景分割除了要对前景物体进行实例分割，还需要对不具有实例概念的背景进行语义分割。两者结合构成了对场景的全景理解。

常用的全景分割数据集有 MSCOCO Panoptic Sementation[22] 和 Cityscapes[8]。图 6-19 展示了这两个数据集用于全景分割的样例。

MSCOCO Panoptic Segmentation MSCOCO 针对全景分割任务设计的子数据集，主要由日常生活场景图像组成，共包含 32.8 万幅。其中 16.4 万幅有标注信息，12.3 万幅没有标注信息。含标注信息的数据被划分为训练集、验证集和测试集，分别含有 11.8 万、0.5 万和 4.1 万幅图像。对于全景分割任务，标注了 80 种物体类别（如人、自行车、大象）和 91 种背景类别（如玻璃、天空、马路）。标注数据中记录了图像每一个像素的分类情况。

Cityscapes　聚焦于城市道路场景下的分割任务。数据集图像由来自德国 50 个城市的不同时间的街景图组成，其中有 2 万幅粗粒度标注的图像，5 000 幅细粒度标注的图像。类别标注包括道路、人物、交通工具、建筑、自然景观、天空等。

(a) MSCOCO Panoptic Segmentation　(b) Cityscapes

图 6-19　全景分割数据集

设计合理的网络同时进行语义分割和实例分割是全景分割研究的难点，下面介绍几种具有代表性的全景分割网络算法。

6.5.1　Panoptic FPN

在之前的语义分割研究中，为了保持分割的精细程度，通常在细节尺度的特征图上进行标签预测。与之相反，两阶段的实例分割算法因为计算代价昂贵，通常在粗糙尺度或多尺度特征上进行。对于实例分割而言，很难将两者统一在一个网络内。全景特征金字塔网络(Panoptic FPN)[28]方法中实例分割和语义分割分支共享 FPN[26]输出的特征金字塔。其中使用 FPN 作为主干网络进行实例分割与 Mask-RNN 相似，因而 Panoptic FPN 主要研究如何使用 FPN 同时进行语义分割。

Panoptic FPN 指出 FPN 的解码器端十分轻量，通道数较少，与传统的语义分割网络较强的解码器端存在差异，因而不能提供足够的语义进行逐像素的分类。因此，Panoptic FPN 提出对 FPN 解码器所有层的特征通过卷积-双线性插值上采样到相同尺寸。将这些特征相加之后再进行逐像素分类完成语义分割(图 6-20)。最后以优先实例分割的方式融合两路结果，实现全景分割。FPN 通过这种方式，充分利用了已有的 FPN 网络并提升了网络能力，从而得到较高的分割性能。

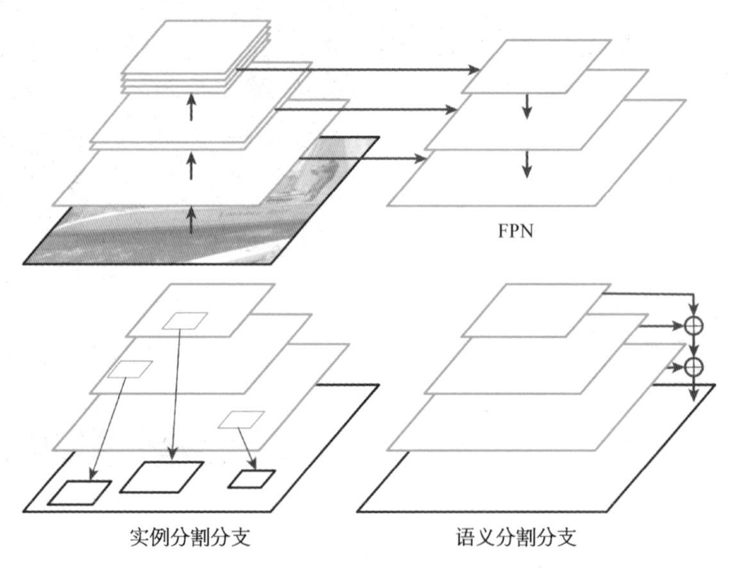

图 6-20 Panoptic FPN 网络框架

(图片引自[28])

6.5.2 UPSNet

由于语义分割和实例分割的任务属性不同，一般两个任务使用不同的网络分支来完成，因而得到的两个任务的预测结果往往是不一致的，比如在语义分割中将一个像素预测为一个类别的前景，而在实例分割中将其预测为另一个类别或者是背景。因此，UPSNet[29]提出使用专门的网络模块将二者得到的结果融合(图 6-21)。

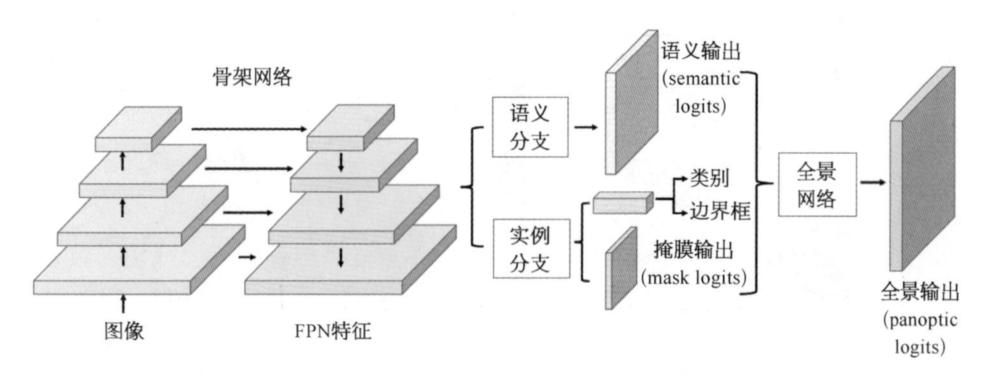

图 6-21　UPSNet 网络框架

(图片引自[29])

统一的全景分割网络(unified panoptic segmentation network，UPSNet)也使用FPN 作为主干网络。与 Panoptic FPN 类似，UPSNet 也对 FPN 各层的特征进行融合得到最终的特征进行语义分割，与 Panoptic 将各层特征相加不同，UPSNet 将各层特征拼接，并使用可形变卷积(图 6-22)。最后，使用全景融合模块融合语义分割分数值和实例掩膜分数值(图 6-23)。具体地，将语义分割中的背景分量 X_{stuff} 作为全景分割结果 Z 的前 N_{stuff} 个通道，N_{stuff} 为背景类别数。假设

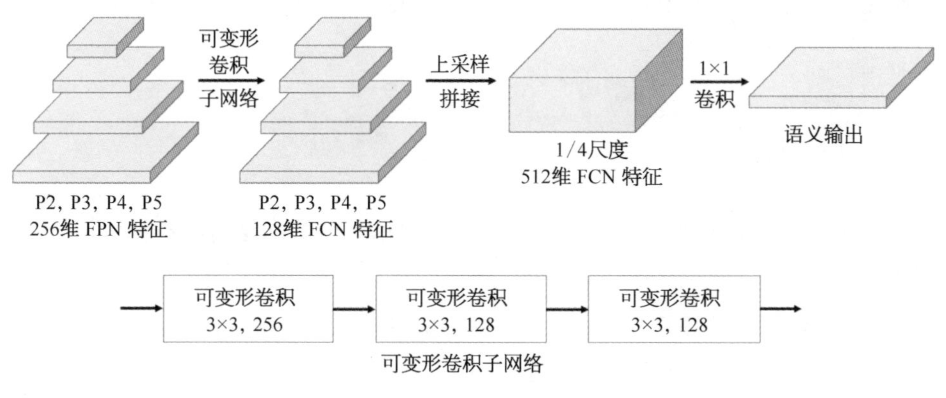

图 6-22　UPSNet 语义分割分支

(图片引自[29])

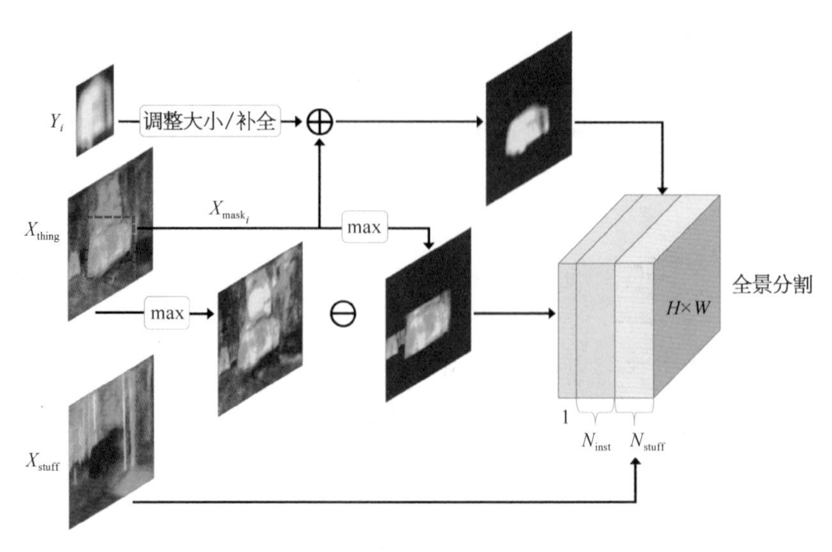

图 6-23　UPSNet 全景融合模块

（图片引自[29]）

有 N_{inst} 个物体实例被检出，Z 的 $N_{\text{stuff}}+1$ 到 $N_{\text{stuff}}+N_{\text{inst}}$ 通道为这 N_{inst} 个实例的掩膜。对于一个实例 i，将它的边界框（含掩膜）Y_i 放大并补 0 到与原图等大小，并以 Y_i 位置从语义分割前景分量 X_{thing} 对应类别通道中裁切分割数值，两者相加后，作为 Z 的第 $N_{\text{stuff}}+i$ 个通道。另外，UPSNet 额外增加了一个“未知”（unknown）类别，当某一像素在 X_{thing} 中有值大于相同位置所有实例分割值时（即在语义分割中被预测为前景，但被实例分割漏检），则被设为“未知”，$Z_{\text{unknown}}=\max(X_{\text{thing}})-\max(X_{\text{mask}})$。但请读者注意，这个方法能够在数据测试评估上提高分数，实质上是否提高模型表现请自行思考。

6.6　点云分割

点云是一组具有表示三维空间位置及其他信息的数据结构的点的集合。点云的语义分割是将三维空间中的点根据语义分割成不同的区域（或组件），相同区域的点一般拥有相同的特征。点云分割的输入为一系列点的（X，Y，Z）坐标，此外可以包括这些点的颜色信息，输出为每个点的语义分类。与规划网格形式的二维图像不同，三维点云通常具有稀疏性、无序性和无结构性。这些特点使得点云分割面临极大挑战。

常用的场景点云数据集有 ShapeNet Part[30]、PartNet[31]、S3DIS[32]、ScanNet[31]、Semantic3D[33]、SemanticKITTI[34]等(图 6-24)。

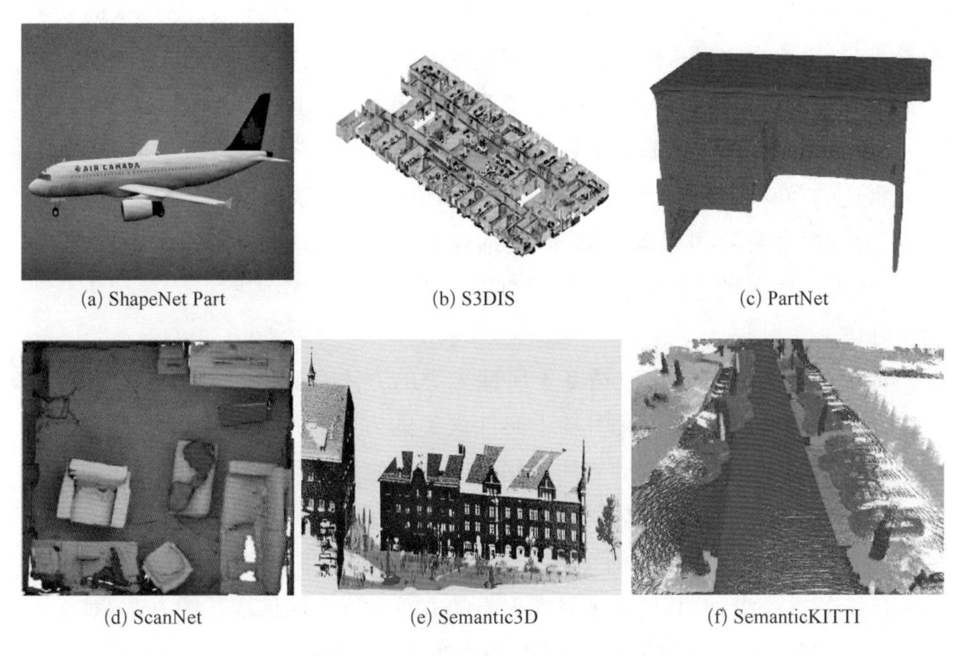

(a) ShapeNet Part　(b) S3DIS　(c) PartNet
(d) ScanNet　(e) Semantic3D　(f) SemanticKITTI

图 6-24　常用的点云分割数据集示例

ShapeNet Part[30]　从 ShapeNetCore 数据集[35]选择了 16 类并标注了语义信息标签。该数据集包含 16 881 个物体,对于分类任务,它将所有物体分为 16 类;对于分割任务,它将物体总共分为 50 个组件类别,大部分物体会被分为 2 到 5 个组件。其中每个样本平均包含 2 000 多个点,属于小数据集。该数据集中训练集包含 12 137 个物体,验证集包含 1 870 个物体,测试集包含 2 874 个物体。

Stanford 3D indoor scene(S3DIS)[32]　包含 3 栋不同建筑的 6 个区域共 271 个房间的点云数据,它们被分为 13 类。它包含超过 70 000 张 RGB 图像,以及相应的深度、表面法线、语义注释、全局图像(均采用常规和 360°等距柱状图的形式)和相机信息。这些区域包含了建筑风格和外观上不同的属性,主要包括办公、教育和展览区域,以及会议室、个人办公室、卫生间、开放空间、大堂、楼梯和走廊等。

PartNet[31]　包括 24 类物体的 26 671 个三维模型,573 585 个组件实例。样本标注了从粗糙到细粒度的多层级组件信息。

ScanNet[36]　共包含 1 513 个场景下 21 个类别对象的数据,主要为日常生活场景，如公寓、教室、厨房等。其中 1 201 个场景用于训练，312 个场景用于测试。包含二维数据和三维数据，以及相应的语义标签。

Semantic3D[33] 包含 30 组场景扫描数据，共约 40 亿个点，其场景既包括自然场景，也包含多种人造场景，如教堂、铁路、广场、村庄、足球场等。该数据集使用最先进的设备进行静态扫描，精细度大幅优于同期其他数据集。

SemanticKITTI[34] 基于 KITTI 数据集，对 KITTI 数据集中的所有序列中激光雷达的 360°视场内的所有点进行了密集的标注。该数据集包含 28 个标注类别，分为静态对象和动态对象，既包括行人、车辆等交通参与者，也包括停车场、人行道等地面设施。研发团队还对数据采集过程中用到的点云标记工具进行了开源。

传统的点云分割算法包括基于属性聚类的方法、基于模型拟合的方法，以及基于区域增长的方法。其中基于属性聚类的方法利用点云的属性特征对点云进行聚类，基于模型拟合的方法利用关于物体的原始几何形态（如平面、圆柱、圆锥等）的先验将具有相同数学表达式的点云数据分割至同一区域，而基于区域增长的方法基于预先选定种子点将周围与种子点具有相似性质的点云合并。在这些传统的方法中，尤其是基于属性聚类的方法和基于区域增长的方法，对于点云的表达尤其重要。鉴于深度学习在图像表达领域的巨大成功，深度学习也被引入到点云的表达和分割领域。接下来将介绍几种典型的点云分割方法。此外，点云是一种空间无序点集，因此可将其看作一种图（graph）数据，可以使用图卷积神经网络等相关技术进行处理。因此本部分也将介绍图卷积神经网络的相关知识。

6.6.1 用于图的卷积神经网络

在实际生产生活中，许多数据的组织形式是图（graph）。近年来获取巨大成功的 CNN 不适用于处理非欧空间下的数据。图神经网络（graph neural network，GNN）就是针对组织形式为图的数据的神经网络。根据方法特点，图神经网络领域主要有图嵌入（graph embeding）方法、图卷积神经网络（graph convolution network，GCN）等。本小节将介绍用于图的卷积神经网络。

6.6.1.1 图卷积神经网络

GCN 将 CNN 的局部性思想应用在图的数据上。在图像这种规则网格数据的卷积中，针对某个位置的卷积-激活操作由其位置的特征和以该位置为中心的邻域（即卷积核的感受野，例如 3×3）内所有特征加权求和后经过非线性激活函数输出新的特征。类似地，GCN 在做卷积时，某一节点的任一层节点特征也是由该节点本身特征，以及与该节点相连接的节点特征线性加权求和后经过非线性激活函数得到的。

具体地，定义一个无向图 $\mathcal{G}=(\boldsymbol{X}, \boldsymbol{A})$，其中 $\boldsymbol{X} \in \mathbb{R}^{N\times D}$ 是所有节点构成的特征矩阵（N 是节点个数，D 是输入特征维度），$\boldsymbol{A} \in \mathbb{R}^{N\times N}$ 是所有节点的邻接矩阵。$\boldsymbol{A}$ 描述了图的结构信息，即两个节点之间是否连接或者连接的权重是多少。定义度矩阵（degree matrix）$\boldsymbol{D}$ 为一个对角阵，$\boldsymbol{D}_{ii}=\sum_j A_{ij}$。$\boldsymbol{D}$ 刻画了每个节点的连接情况。例如若 $\boldsymbol{A}$ 是一个二值连接关系矩阵，则 $\boldsymbol{D}$ 刻画了每个节点连接的邻居节点的数量。

基于图的定义，可以定义一个朴素的图神经网络

$$\boldsymbol{H}^{(l+1)}=f(\boldsymbol{H}^{(l)}, \boldsymbol{A}) \tag{6-18}$$

其中 $\boldsymbol{H}^{(0)}=\boldsymbol{X}$ 是输入，$\boldsymbol{H}^{(L)}=\boldsymbol{Z}$ 是输出，l 是神经网络的层数，而不同的网络取决于非线性函数 $f(\cdot,\cdot)$如何选定和确定参数。基于式(6-18)可以定义一个简单的 GCN

$$f(\boldsymbol{H}^{(l)}, \boldsymbol{A})=\sigma(\boldsymbol{A}\boldsymbol{H}^{(l)}\boldsymbol{W}^{(l)}) \tag{6-19}$$

其中 $\boldsymbol{W}^{(l)}$ 是神经网络第 l 层的权重矩阵，$\sigma(\cdot)$ 是非线性激活函数（例如 ReLU）。这样的图神经网络设计需要解决如下两个潜在问题：

1) 在式(6-19)中，由于图本身的邻接矩阵可能不包含自身节点和自身节点的连接，这样会导致某一节点隐藏层的特征不包含节点自身信息，为解决该问题，通常做法是将 $\boldsymbol{A}$ 更新为其自身与一个单位矩阵的相加

$$\hat{\boldsymbol{A}}=\boldsymbol{A}+\boldsymbol{I} \tag{6-20}$$

其中 $\boldsymbol{I}$ 是一个 $N\times N$ 的单位矩阵。

2) 在式(6-19)中，输出的节点特征和与每个节点的度相关。简单理解，如果一个节点与其他节点的连接多，那么该节点的输出特征值会很大；如果一个节点与其他节点的连接少，那么该节点的输出特征值会比较小。为解决该问题，可以引入度归一化，即令 $\boldsymbol{A}=\boldsymbol{D}^{-1}\boldsymbol{A}$。然而这种归一化仅对行做了归一化，即只对节点本身的特征进行了归一化，没有考虑到邻居节点的情况，即未对邻居所传播的信息进行归一化。对此可以引入对称归一化 $\boldsymbol{A}=\boldsymbol{D}^{-\frac{1}{2}}\boldsymbol{A}\boldsymbol{D}^{-\frac{1}{2}}$。[37] 基于对称归

一化的 GCN 的某一层可以描述为

$$f(\boldsymbol{H}^{(l)},\boldsymbol{A})=\sigma(\hat{\boldsymbol{D}}^{-\frac{1}{2}}\hat{\boldsymbol{A}}\hat{\boldsymbol{D}}^{-\frac{1}{2}}\boldsymbol{H}^{(l)}\boldsymbol{W}^{(l)}) \tag{6-21}$$

此处 $\hat{\boldsymbol{A}}=\boldsymbol{A}+\boldsymbol{I}$，$\hat{\boldsymbol{D}}$ 是 $\hat{\boldsymbol{A}}$ 的度矩阵。

图 6-25 描述了一个典型的 GCN 样例及其应用。GCN 可以用于如下任务：

节点分类[37] 图神经网络的输出 $\boldsymbol{Z}$ 代表每一个节点的特征。通过对第 n 个节点的特征 $\boldsymbol{z}_n$ 添加 softmax 分类函数即可实现对该节点的分类。

图分类[38] 通过将所有节点的特征相加并使用 softmax 分类函数即可实现对整个图的分类。

节点连接关系分类[39] 对任意两个节点特征做内积后使用非线性激活函数(例如 sigmoid)可以回归两个节点的邻接关系。

半监督学习[37] 图卷积网络特征提取阶段不需要标签信息。对于 GCN 的输出特征，仅对有标注的数据添加约束，即可实现网络的监督训练。

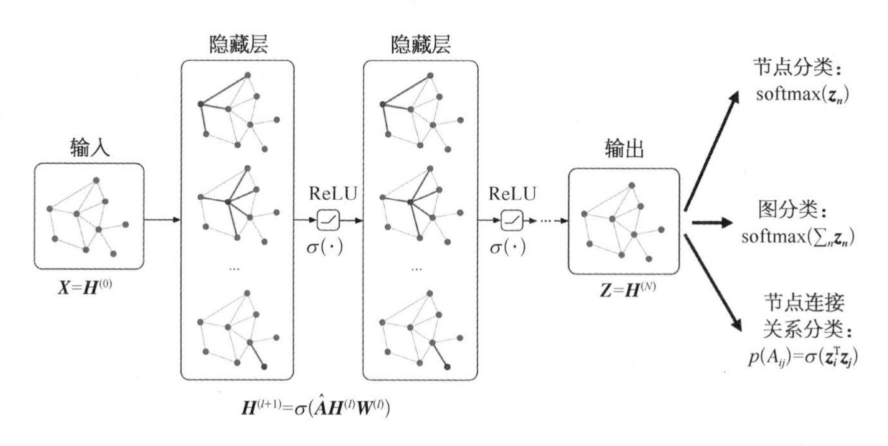

图 6-25 GCN 网络的整体网络框架

6.6.1.2 图注意力网络

注意力机制能为神经网络引入另一个维度的非线性，放大数据中重要部分的影响，在神经网络中被广泛应用。图注意力网络(graph attention network, GAT)[40]在聚合过程中使用注意力机制，整合多个模型的输出，或生成面向重要目标的随机游走。图注意力网络通过一阶邻居节点的表征来更新节点特征，且对不同邻居权重自适应分配，大大提高了图神经网络模型的表达能力。

在图卷积神经网络中[式(6-21)]，可以对每个节点用如下形式表达

$$\boldsymbol{h}_i^{(l+1)} = \sigma\left(\boldsymbol{h}_i^{(l)}\boldsymbol{W}_0^{(l)} + \sum_{j \in \mathcal{N}_i} \frac{1}{c_{ij}} \boldsymbol{h}_j^{(l)}\boldsymbol{W}_j^{(l)}\right) \tag{6-22}$$

其中 $\mathcal{N}_i$ 为节点 i 的一阶邻居节点，c_{ij} 为归一化因子（$c_{ij} = \sqrt{\boldsymbol{D}_{ii}\boldsymbol{D}_{jj}}$），也可以将其设为一个可以学习的参数。图注意力网络在图卷积神经网络上引入注意力机制。首先，对于两个节点之间的注意力定义为

$$\alpha_{ij} = \frac{\exp(\text{LeakyReLU}(\boldsymbol{a}^{\mathrm{T}}[\boldsymbol{W}\boldsymbol{h}_i \parallel \boldsymbol{W}\boldsymbol{h}_j]))}{\sum_{k \in \mathcal{N}_i} \exp(\text{LeakyReLU}(\boldsymbol{a}^{\mathrm{T}}[\boldsymbol{W}\boldsymbol{h}_i \parallel \boldsymbol{W}\boldsymbol{h}_k]))} \tag{6-23}$$ [1]

此处 $\parallel$ 为连接符号，表示将不同特征串接到一起；$\boldsymbol{a}^{\mathrm{T}}[\boldsymbol{W}\boldsymbol{h}_i \parallel \boldsymbol{W}\boldsymbol{h}_k]$ 的含义是将图的两个节点特征应用相同的矩阵进行投影后并串接到一起，然后再利用向量 $\boldsymbol{a}$ 与串接的特征做内积。基于注意力的定义可以得到神经网络的输出

$$\sigma\left(\sum_{j \in \mathcal{N}_i} \alpha_{ij} \boldsymbol{h}_j \boldsymbol{W}_j\right) \tag{6-24}$$

图 6-26 描述了图注意力网络的工作方式。在实际使用中，为了提升鲁棒性，通常会采用多头注意力机制，即计算多组注意力。对应多头注意力机制的图注意力网络的输出为

$$\Big\Vert_{k=1}^{K} \sigma\left(\sum_{j \in \mathcal{N}_i} \alpha_{ij}^{k} \boldsymbol{h}_j \boldsymbol{W}_j^{k}\right) \tag{6-25}$$

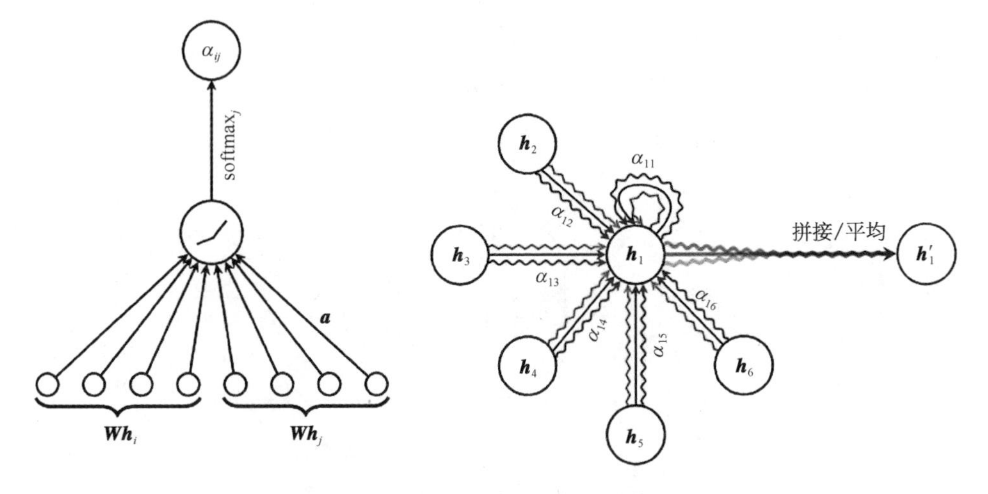

图 6-26　图注意力网络层结构

（图片引自[40]）

---

[1] 为表述简单，式(6-23)—(6-26)中忽略层的记号 l。

其中 k 为注意力头的个数。需要强调的是多头注意力应用于最后一层时，则对多头特征做均值而非拼接操作[40]

$$\sigma\left(\sum_{j\in\mathcal{N}_i}\frac{1}{K}\sum_{k=1}^{K}\alpha_{ij}^{k}\boldsymbol{h}_j\boldsymbol{W}_j^{k}\right) \tag{6-26}$$

6.6.2 基于点云的语义分割

点云是一组无序信号。对于点云的表达可以利用多层感知机对点云数据逐点提取特征然后做特征聚合，也可以将点云表达为图运用图卷积神经网络做特征提取。此外也可以将点云看成某种序列数据利用 Transformer 进行特征提取。下面将介绍几种典型的点云表达应用于语义分割的算法。

6.6.2.1 PointNet

点云网络：在点云集合上的 3D 分类分割深度学习网络（PointNet：deep learning on point sets for 3D classification and segmentation）[41]是最为经典的用于点云数据的分类、语义分割的网络。如图 6-27 所示，PointNet 的输入点云大小为 $n\times 3$，其中 n 代表点云的数量，维度 3 代表对应点的(X, Y, Z)空间坐标。点云的数据结构应该对一些空间变换比如旋转和平移具有不变性，这些操作并不影响点云的语义分割结果，因此 PointNet 利用了一个 T-Net 结构学习到的转换矩阵，将输入数据与之相乘维持网络对上述空间变换的不变性。之后再将每个点的特征经过多次 MLP 提取点云的特征。通过对点云特征进行最大

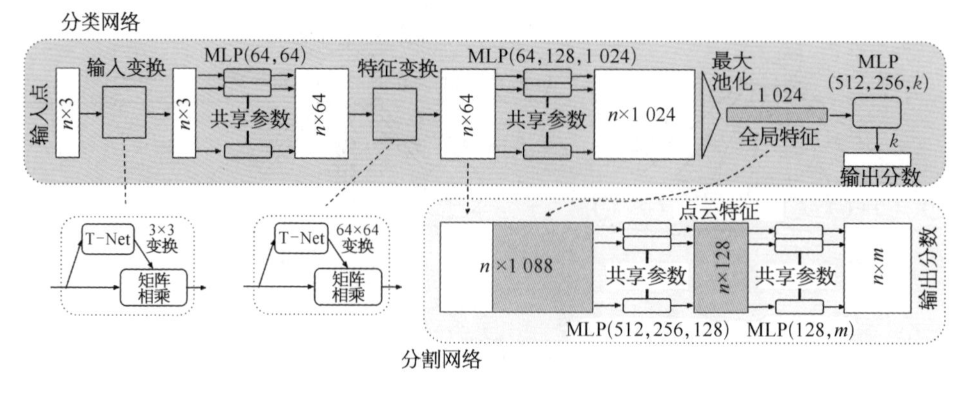

图 6-27 PointNet 网络结构

（图片引自[41]）

池化操作获取全局特征。对于分类任务,网络利用一个 MLP 输出 k 类的分类分数;对于语义分割任务,将前面各点的特征与全局特征拼接在一起后经过一个 MLP 结构获取每个点的不同语义类(m)的分类分数。

6.6.2.2　PointNet++

对于基于传统 CNN 的结构来说,特征提取一般是逐层提取不同尺度的局部特征,而不是像 PointNet 一样直接获取全局特征。点云网络++:度量空间中的点集多层级特征深度学习(PointNet++: deep hierarchical feature learning on point set in a metric space)[42]正是基于逐层获取局部特征的思想被提出的。如图 6-28 所示,PointNet++主要由 3 类组件构成:采样层(sampling)、组合层(grouping)、特征学习层(feature learning)。一般点云数据量非常大,如果对每一个点都进行特征提取,对计算量要求极高,因此需要对点云进行采样来降低计算量。PointNet++采用最远点采样策略,随机选取一个初始点,再从剩余点中选取离选中点集最远的点加入选中点集(剩余点到点集的距离为到点集中各点距离的最小值),直到选满 N 个点。组合层以 N'个点中的每个点为球心,查询其球形范围内的点与其组合。特征学习层利用 PointNet 从每组点提取一个特征向量。每次采样、组合、特征学习操作后,仅 N'个中心点及其特征被保留。重复多次该操作,实现多层级的点云特征提取,被称为点集抽象化(set abstraction)。

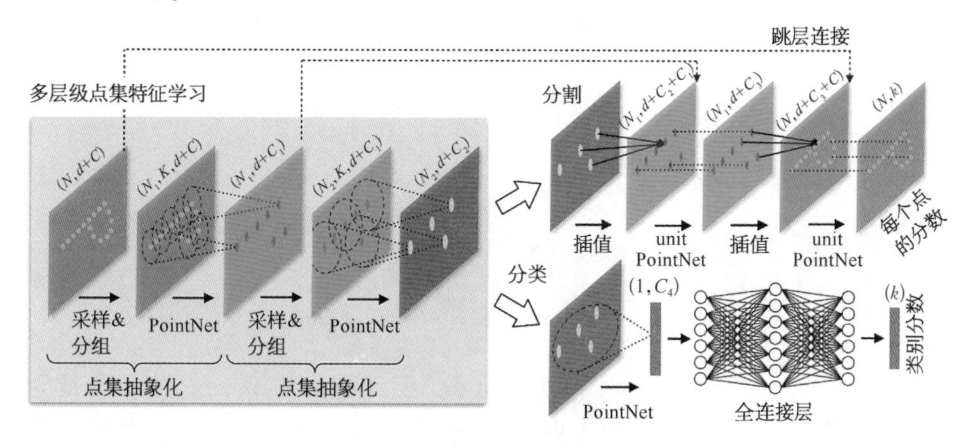

图 6-28　PointNet++网络结构

N 是原始点集的点个数,N_1、N_2 是抽象化后的点集的点个数,K 是组合层设置的每组点的个数(对于不同的组,K 是可变的),k 是类别数,C 是点的特征维度,d 是点的坐标维度,"unit PointNet"为处理单点特征的 PointNet 变体。(图片引自[42])

6.6.2.3 DGCNN

PointNet对每个点的特征进行独立地处理，PointNet++多层级地在欧氏空间领域中处理，二者均未建模点云间的关系。动态图卷积神经网络(dynamic graph CNN, DGCNN)[43]将图卷积网络引入到点云处理任务中。由于点云数据天然地缺乏拓扑信息(点之间的连接信息)，DGCNN 定义一个有向图 $\mathcal{G}=(V, E)$ 来建模点云。其中连接性 E 由每个点在特征空间中距离最小的 k 个点得到。由于神经网络中每层特征均在变化，连接性 E 也是动态变化的，因此该方法称为“动态图”。基于动态图，提出边缘卷积(EdgeConv)来建模邻居点的特征交互，使得信息能够在全体点集内流动。DGCNN 的网络结构如图 6-29 所示。对于分类任务，DGCNN 利用多层结构来提取特征，最后将不同层的特征拼接在一起，并池化后，经过一个 MLP 来预测点云的分类；对于分割任务，DGCNN 也是利用类似的结构得到 1 024 维全局特征，引入指示物体类别的向量后，与前续逐点特征拼接，在各点上运行一个 MLP 得到分割结果。

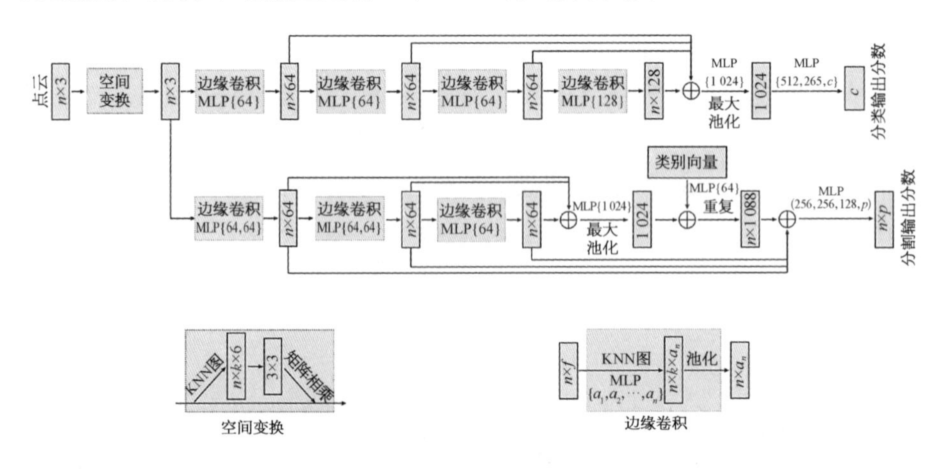

图 6-29 DGCNN 网络结构

n 为点的个数，c 为物体类别数，p 为组件类别数，⊕为拼接操作，$\{a_1, a_2, \cdots, a_n\}$ 表示 MLP 每层的神经元数。(图片引自[43])

EdgeConv 的具体操作如图 6-30 所示。对于网络的第一层，点云特征为点的(X, Y, Z)坐标，之后则为更高维空间的特征。对于点 X_i，寻找特征空间中与其最近的 k 个点$\{x_{j_{i1}}, \cdots, x_{j_{ik}}\}$，$(x_i, x_j)$构成一个边，使用函数 h_Θ 计算边缘特征 e_{ij}[图 6-30(a)]，得到所有边缘特征后，使用通道对称的聚合函数(求和或最大值)聚合 x_i 所有边的特征，得到 x_i'并更新[图 6-30(b)]。

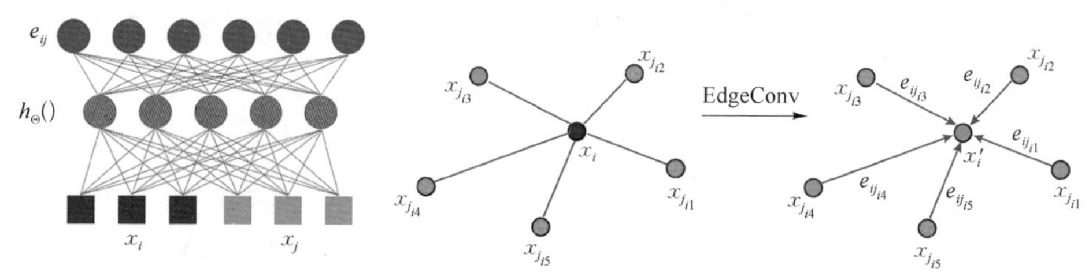

(a) 从一对匹配点 x_i 和 x_j 计算一个边缘特征 e_{ij}，h_{Θ} 为一个参数可学习的函数(图中用MLP示例)

(b) EdgeConv 的输出是通过聚合所有邻边的边缘特征得到的

图 6-30　EdgeConv 结构

(图片引自[43])

6.6.2.4　Point Transformer

Point Transformer[44] 首次将自注意力机制引入点云结构，整体采用类似 U-Net 的结构，包含 5 个编码器和 5 个解码器，编码器通过向下变换(transition down)和 Point Transformer 模块来降采样及提取特征，而解码器通过向上变换(transition up)和 Point Transformer 模块来上采样以恢复原点云的大小(图 6-31)。Transformer 的核心自注意力模块(self-attention，SA)在于对集合的操作，它对输入元素的排列顺序和数量具有不变性。因此这样的结构天然地适合处理点云数据(点云是三维空间点的无序集合)。

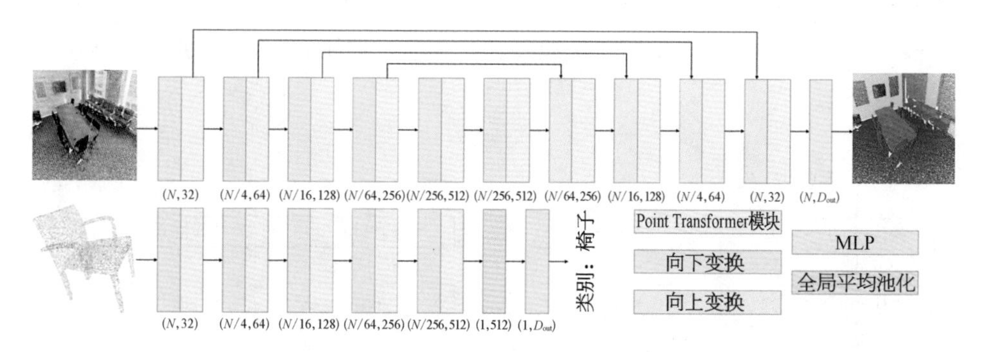

图 6-31　Point Transformer 网络结构

上方是语义分割网络，下方是分类网络。N 是点的个数，D_{out} 是输出维度。(图片引自[44])

Point Transformer 层采用了自注意力的向量形式并进行了一些改进

$$\boldsymbol{y}_i = \sum_{\boldsymbol{x}_j \in \mathcal{X}(i)} \rho(\gamma(\varphi(\boldsymbol{x}_i) - \psi(\boldsymbol{x}_j) + \delta)) \odot (\alpha(\boldsymbol{x}_j) + \delta) \tag{6-27}$$

其中 φ、ψ 和 α 均为线性变换(可以类比 Transformer 中获得查询、键和值的函数)，δ 为位置编码，γ 为用于获取 x_i、x_j 之间的注意力向量的映射，ρ 为归一化函数(如 softmax)，$\mathcal{X}(i)$ 是 x_i 的局部领域(如 k 个最邻近点)。图 6-32 为 Point Transformer 层的示意图。

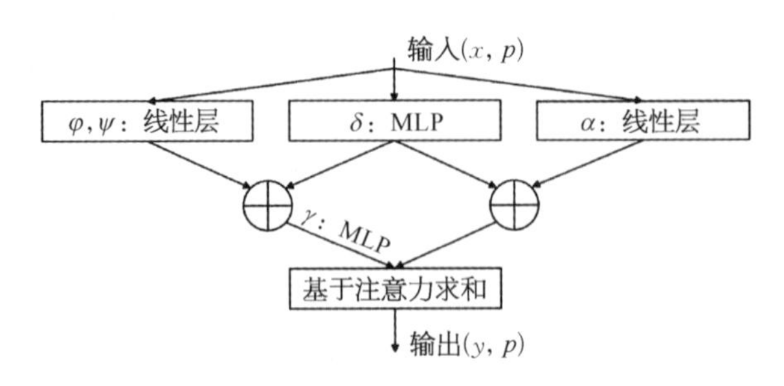

图 6-32 Point Transformer 层示意图

(图片引自[44])

图 6-33 分别展示了 Point Transformer 模块、向下变换模块和向上变换模块。Point Transformer 模块：输入的点云特征经过线性层-Point Transformer 层-线性层 3 层结构再与自身相加(即残差连接)。向下变换(Transition down)模块：使用与 PointNet++类似的最远采样策略采样基数 1/4 个点，对每个采样点 k 个最邻近点特征进行 MLP 和池化处理。向上变换(Transition up)模块：根据同级编码器向下变换模块(参考图 6-31)的 1/4 采样。使用三线性(trilinear)插值上采样至其超集后，与同级编码器特征相加。整体而言，网络的 3 种模块与 U-Net 类似。

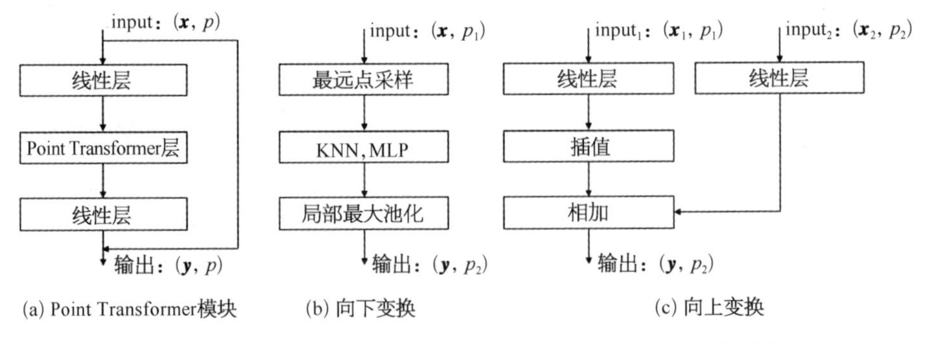

图 6-33 Point Transformer 模块、向下变换模块及向上变换模块

(图片引自[44])

6.6.2.5　Point Cloud Transformer

Point Cloud Transformer[45](PCT)是一项与 Point Transformer 几乎同期的工作中提出的点云处理框架。同样旨在将 Transformer 用于点云分类和分割任务中。其结构如图 6-34 所示。在分类任务中，点云特征输入到解码器获得最后的点云类的分数。分类任务的解码器包括两个级连的 LBRD 结构和一个线性层。在语义分割任务中，将全局的点云特征和局部的点云特征连接，再送入语义分割部分的解码器，得到各点的语义分割分数。PCT 整体上与 Point Transformer 采用了相同的设计。

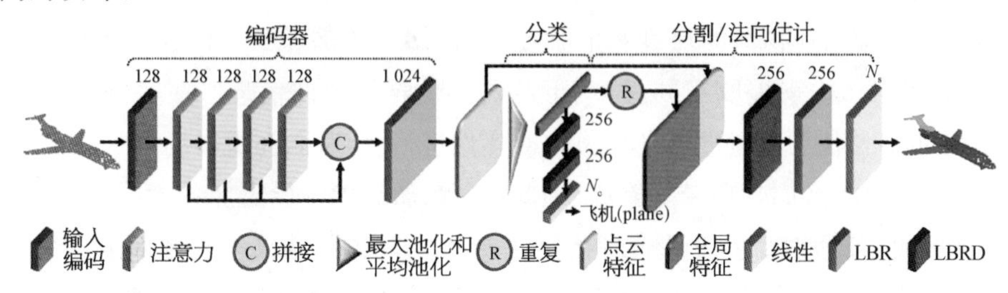

图 6-34　Point Cloud Transformer 网络结构

编码器主要包含一个输入嵌入模块(input embedding module)和 4 个堆叠的注意力模块，解码器主要包含多个线性层。在各模块上的数字表示对应的输出特征通道数，LBR 表示线性层、批归一化和 ReLU 激活函数，LBRD 表示 LBR 加 dropout 层。(图片引自[45])

与 Point Transformer 类似，PCT 使用了向量注意力，并将自注意力(self-attention, SA)模块替换为位移注意力(offset-attention, OA)模块以提升网络的性能(图 6-35)。区别在于 OA 模块将输出从 SA 特征改为了点云特征与 SA 特征的差，再输入到 LBR 模块。可以理解为将式(6-27)中矩阵减法后置的版本

$$\boldsymbol{F}_{\text{out}} = \text{OA}(\boldsymbol{F}_{\text{in}}) = \text{LBR}(\boldsymbol{F}_{\text{in}} - \boldsymbol{F}_{\text{sa}}) + \boldsymbol{F}_{\text{in}} \tag{6-28}$$

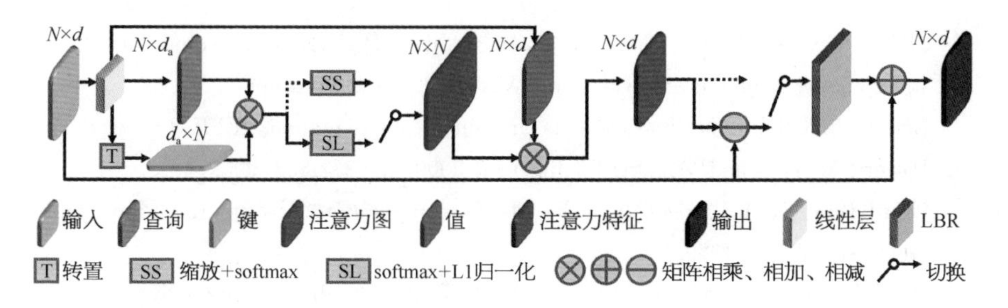

图 6-35　OA 示意图

N 为点云数据中点的个数，d 和 d_a 为点云特征或中间特征的通道数。(图片引自[45])

6.7 本章小结

本章重点介绍了图像的分割算法，包括传统的基于手动特征的图像分割算法，以及基于深度学习的图像语义分割、实例分割和全景分割。

针对基于手动特征的图像分割算法，本章介绍了基于图论的方法以及基于聚类的图像分割方法。图像的语义分割可以看成是对像素进行分类，常用的语义分割网络是基于编码器和解码器的结构。像素的分类需要像素的上下文的信息，考虑到物体的尺度和形状变化，很多基于深度学习的研究专注于设计神经网络结构来提取不同尺度、形状的感受野的图像信息。在实例分割中，两阶段的算法需要先检测物体实例再对实例进行分割；而在很多场景中，例如自动驾驶场景中，实时性要求非常高，因此近年来研究者开始更加关注单阶段的实例分割。全景分割要求设计合理的网络结构同时进行语义分割和实例分割任务，并将实例分割掩膜和语义分割掩膜合理地融合，本章介绍了两种典型的全景分割设计思路。

此外，鉴于点云是计算机视觉中一种常见的数据类型，本章也介绍了常见的基于深度学习的点云分割算法。由于点云是一种非规则数据，可以构建图对点云进行表示，并利用深度神经网络进行特征提取。近期的工作[44,45]也提出利用 Transformer 的注意力机制来刻画点云特征，可以有效地提升点云分割的性能。

参考文献

[1] HE K, GKIOXARI G, DOLLÁR P, et al. Mask R-CNN//Proceedings of the IEEE International Conference on Computer Vision. 2017: 2961-2969.

[2] SHI J, MALIK J. Normalized cuts and image segmentation. IEEE Transactions on Pattern Analysis and Machine Intelligence, 2000, 22(8): 888-905.

[3] GOLUB G H, VAN LOAN C F. Matrix computations. Baltimore: John Hopkins University Press, 1989.

[4] ROTHER C, KOLMOGOROV V, BLAKE A. "GrabCut" interactive foreground extraction using iterated graph cuts. ACM Transactions on Graphics, 2004, 23(3): 309-314.

[5] ACHANTA R, SHAJI A, SMITH K, et al. SLIC superpixels compared to state-of-the-art superpixel methods. IEEE Transactions on Pattern Analysis and Machine Intelligence, 2012, 34(11): 2274-2282.

[6] COMANICIU D, MEER P. Mean shift: A robust approach toward feature space analysis. IEEE Transactions on Pattern Analysis and Machine Intelligence, 2002, 24(5): 603-619.

[7] EVERINGHAM M, VAN GOOL L, WILLIAMS C K I, et al. The pascal visual object classes (VOC) challenge. International Journal of Computer Vision, 2010, 88(2): 303-338.

[8] CORDTS M, OMRAN M, RAMOS S, et al. The cityscapes dataset for semantic urban scene understanding//Proceedings of the IEEE Conference on Computer Vision and Pattern Recognition. 2016: 3213-3223.

[9] GEIGER A, LENZ P, URTASUN R. Are we ready for autonomous driving? The KITTI vision benchmark suite//Conference on Computer Vision and Pattern Recognition. 2012.

[10] ZHOU B, ZHAO H, PUIG X, et al. Scene parsing through ADE20K dataset//Proceedings of the IEEE Conference on Computer Vision and Pattern Recognition. 2017: 633-641.

[11] XIAO J, HAYS J, EHINGER K A, et al. Sun database: Large-scale scene recognition from abbey to zoo//2010 IEEE Computer Society Conference on Computer Vision and Pattern Recognition. 2010: 3485-3492.

[12] ZHOU B, LAPEDRIZA A, KHOSLA A, et al. Places: A 10 million image database for scene recognition. IEEE Transactions on Pattern Analysis and Machine Intelligence, 2017, 40(6): 1452-1464.

[13] LONG J, SHELHAMER E, DARRELL T. Fully convolutional networks for semantic segmentation//Proceedings of the IEEE Conference on Computer Vision and Pattern Recognition. 2015.

[14] RONNEBERGER O, FISCHER P, BROX T. U-Net: Convolutional networks for biomedical image segmentation//International Conference on Medical Image Computing and Computer-Assisted Intervention. 2015: 234-241.

[15] CHEN L C, PAPANDREOU G, KOKKINOS I, et al. Semantic image segmentation with deep convolutional nets and fully connected CRFs//The International Conference on Learning Repre sentation. 2015[2023-09-01]. http://arxiv.org/abs/1412.7062.

[16] CHEN L C, PAPANDREOU G, KOKKINOS I, et al. DeepLab: Semantic image segmentation with deep convolutional nets, atrous convolution, and fully connected CRFs. arXiv:1606.00915, 2016.

[17] CHEN L C, PAPANDREOU G, SCHROFF F, et al. Rethinking atrous convolution for semantic image segmentation. arXiv preprint arXiv:1706.05587, 2017.

[18] CHEN L C, ZHU Y, PAPANDREOU G, et al. Encoder-decoder with atrous separable

convolution for semantic image segmentation//Proceedings of the European conference on computer vision. 2018：801-818.

[19] CHOLLET F. Xception：Deep learning with depthwise separable convolutions//Proceedings of the IEEE Conference on Computer Vision and Pattern Recognition. 2017：1251-1258.

[20] YU F，KOLTUN V. Multi-scale context aggregation by dilated convolutions. arXiv preprint arXiv:1511.07122，2015.

[21] ZHAO H，SHI J，QI X，et al. Pyramid scene parsing network//Proceedings of the IEEE Conference on Computer Vision and Pattern Recognition. 2017：2881-2890.

[22] LIN T Y，MAIRE M，BELONGIE S，et al. Microsoft COCO：Common objects in context//European Conference on Computer Vision. 2014：740-755.

[23] GUPTA A，DOLLAR P，GIRSHICK R. LVIS：A dataset for large vocabulary instance segmentation//Proceedings of the IEEE/CVF Conference on Computer Vision and Pattern Recognition. 2019：5356-5364.

[24] BOLYA D，ZHOU C，XIAO F，et al. YOLACT：Real-time instance segmentation//Proceedings of the IEEE/CVF International Conference on Computer Vision. 2019：9157-9166.

[25] WANG X，KONG T，SHEN C，et al. SOLO：Segmenting objects by locations//European Conference on Computer Vision. 2020：649-665.

[26] LIN T-Y，DOLLÁR P，GIRSHICK R，et al. Feature pyramid networks for object detection//Proceedings of the IEEE Conference on Computer Vision and Pattern Recognition. 2017：2117-2125.

[27] LIU R，LEHMAN J，MOLINO P，et al. An intriguing failing of convolutional neural networks and the coordconv solution. Advances in Neural Information Processing Systems，2018，31.

[28] KIRILLOV A，HE K，GIRSHICK R，et al. Panoptic segmentation//Proceedings of the IEEE/CVF Conference on Computer Vision and Pattern Recognition. 2019：9404-9413.

[29] XIONG Y，LIAO R，ZHAO H，et al. UPSNet：A unified panoptic segmentation network//Proceedings of the IEEE/CVF Conference on Computer Vision and Pattern Recognition. 2019：8818-8826.

[30] YI L，KIM V G，CEYLAN D，et al. A scalable active framework for region annotation in 3d shape collections. ACM Transactions on Graphics，2016，35(6)：1-12.

[31] MO K，ZHU S，CHANG A X，et al. PartNet：A large-scale benchmark for fine-grained and hierarchical part-level 3D object understanding//Proceedings of the IEEE/CVF Conference on Computer Vision and Pattern Recognition. 2019：909-918.

[32] ARMENI I，SENER O，ZAMIR A R，et al. 3D semantic parsing of large-scale indoor spaces//Proceedings of the IEEE Conference on Computer Vision and Pattern Recognition. 2016：1534-1543.

[33] HACKEL T, SAVINOV N, LADICKY L, et al. Semantic3D.Net: A new large-scale point cloud classification benchmark//ISPRS Annals of the Photogrammetry, Remote Sensing and Spatial Information Sciences. 2017: 91-98.

[34] BEHLEY J, GARBADE M, MILIOTO A, et al. SemanticKITTI: A Dataset for semantic scene understanding of LiDAR sequences//Proceedings of the IEEE/CVF International Conference on Computer Vision. 2019.

[35] CHANG A X, FUNKHOUSER T, GUIBAS L, et al. ShapeNet: An information-rich 3d model repository. arXiv preprint arXiv:1512.03012, 2015.

[36] DAI A, CHANG A X, SAVVA M, et al. ScanNet: Richly-annotated 3D reconstructions of indoor scenes//Proceedings of the IEEE Conference on Computer Vision and Pattern Recognition. 2017: 5828-5839.

[37] KIPF T N, WELLING M. Semi-supervised classification with graph convolutional networks. arXiv preprint arXiv:1609.02907, 2016.

[38] DUVENAUD D K, MACLAURIN D, IPARRAGUIRRE J, et al. Convolutional networks on graphs for learning molecular fingerprints. Advances in Neural Information Processing Systems, 2015, 28.

[39] KIPF T N, WELLING M. Variational graph auto-encoders. arXiv preprint arXiv:1611.07308, 2016.

[40] VELIČKOVIĆ P, CUCURULL G, CASANOVA A, et al. Graph attention networks. arXiv preprint arXiv:1710.10903, 2017.

[41] QI C R, SU H, MO K, et al. PointNet: Deep learning on point sets for 3D classification and segmentation//Proceedings of the IEEE Conference on Computer Vision and Pattern Recognition. 2017: 652-660.

[42] QI C R, YI L, SU H, et al. PointNet++: Deep hierarchical feature learning on point sets in a metric space. Advances in Neural Information Processing Systems, 2017, 30.

[43] WANG Y, SUN Y, LIU Z, et al. Dynamic graph CNN for learning on point clouds. Acm Transactions On Graphics, 2019, 38(5): 1-12.

[44] ZHAO H, JIANG L, JIA J, et al. Point transformer//Proceedings of the IEEE/CVF International Conference on Computer Vision. 2021: 16259-16268.

[45] GUO M H, CAI J X, LIU Z N, et al. PCT: Point cloud transformer. Computational Visual Media, 2021, 7(2): 187-199.

第7章

视频分类和行为识别

7.1 引言

视频是计算机视觉中在图像以外常见的另一类处理对象。在忽略音频信息的情况下，可以把视频看作一个按照时间顺序构成的图像序列。相比于图像这个在空间上的二维信号（不考虑颜色通道），视频是包含时间和空间的三维信号。图像包含丰富的空间信息，而视频在此基础之上，还包含了时序信息。由于真实的事件是随着时间发生变化，这样的时序信息对于一些持续性的动作理解帮助是十分巨大的。因此视频可以用于动作和事件的刻画。

视频理解大致包含以下几类任务：

动作/行为识别（action/activity recognition）　视频理解里最为常见的任务。通常是给定一个包含特定动作或者特定行为的视频，通过设计算法识别出视频中对应动作或者行为的种类。动作识别通常侧重于识别出一个单一的动作模式；而行为的范畴更广，可能是多个人、多个动作的组合构成一个行为。当前大多数据集没有对动作、行为进行严格区分。与图像分类相似，通常研究者通过给数据集中的视频片段或视频片段中的目标分配一个标签，将动作和行为识别问题具体化为视频和标签的匹配问题。所以通常动作/行为识别又被称为视频分类（video classification），算法的任务为从视频片段预测一个类别标签（图7-1）。常见的视频分类数据集包括HMDB-51[1]、UCF101[2]、Sports 1M[3]、Youtube-8M[4]、ActivityNet[5]、Kinetics[6]、Something-Something[7]等。

视频描述生成（video captioning）　与动作识别和行为识别分配给每个视频一个标签任务不同，视频描述生成通过理解视频中的动作和事件，自动为视频添加字幕。这种字幕可以是一个视频整体性描述的字幕，概括整个视频的内容，也可以是针对每一个时刻生成密集的字幕，例如用于自动生成体育赛事视频的解说。视频描述生成是计算机视觉与NLP相结合的应用范例。它要求算法能够理解视频的内容，同时生成符合逻辑的自然语言描述。图7-2展示了一个例子，对视频中的不同部分，算法自动地为其生成了不同字幕来解释当前正在发生的事。该任务中常用的数据集有MSR-VTT[8]、ActivityNet Captions[9]、YouCook2[10]等。

(a) HMDB-51

(b) UCF101

图7-1　行为识别（视频分类）任务数据集示例

（图片引自[1,2]）

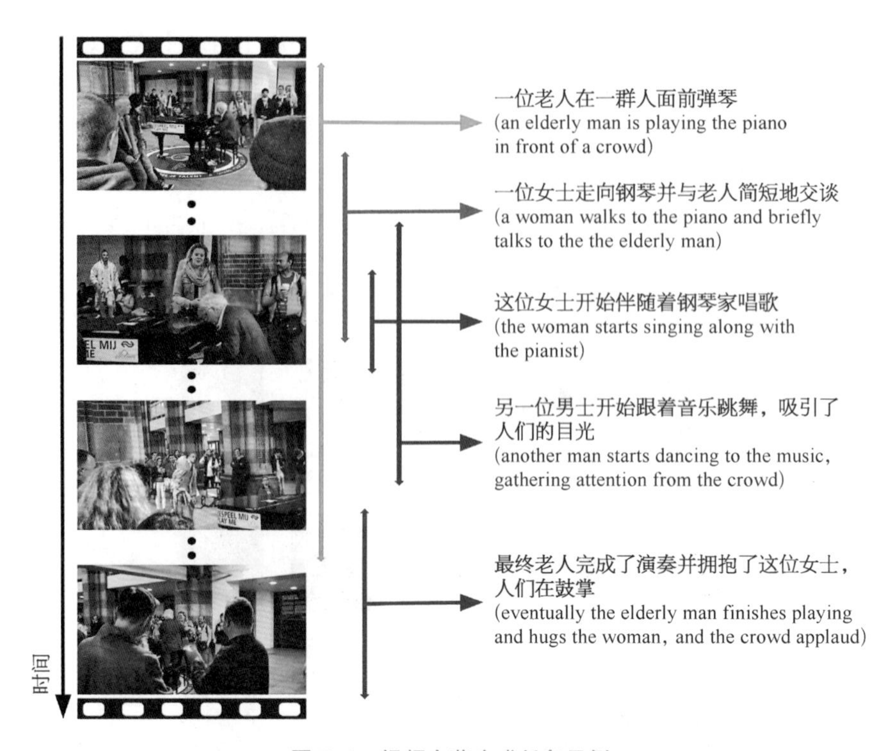

图 7-2　视频字幕生成任务示例

（图片引自[9]）

时序动作定位(temporal action localization)　通常也被称为 moment localization 或 event localization，指在整个(未裁剪的)视频中，找出给定动作在时序上的起始时刻和终止时刻。它比视频分类更关注精细的时间定位。除了时序动作定位外，近年来也有研究关注时空动作定位(spatial-temporal action localization)，即不仅定位出动作在时间轴上的位置，也定位出具体动作在视频帧空间上的位置。常见的时序动作定位数据集包括 THUMOS14 Challenge、FineAction[11]、JHMDB (joint-annotated human motion data base)[12]等。

目标追踪(object tracking)　在目标追踪任务中，对于一组初始的目标框，算法为每个初始目标创建一个唯一身份标记，然后当每个目标在视频中移动时对其进行跟踪，并保持身份标记分配不变。根据需要跟踪的目标个数是一个或者多个，目标跟踪又分为单目标跟踪和多目标跟踪。相比于动作定位，目标跟踪对每一个目标同时在时间和空间上定位。如图 7-3 所示，红框中的目标对象在各帧中都被框出，表明被成功跟踪。目标追踪任务中常用的数据集有 LaSOT[13]、VOT2018[14]、Virtual KITTI 2[15]等。

Bear-12：“白熊在河边的草地上散步”(white bear walking on grass around the river bank)

Bus-19：“红色大巴在高速公路上行驶”(red bus running on the highway)

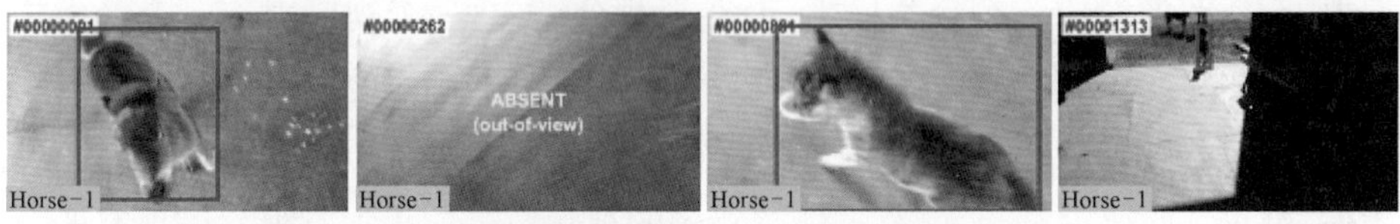

Horse-1：“棕色的马在地上奔跑”(brown horse running on the ground)

Person-14：“穿黑衣服的男孩在人们前方跳舞”(boy in black suit dancing in front of people)

Mouse-6：“一只小白鼠围着另一只小白鼠在地上移动”
(white mouse moving on the ground around another white mouse)

图 7-3 目标追踪任务示例

(图片引自[13])

视频检索(video retrieval) 给定一个查询文本/视频和一个候选视频列表，视频检索根据候选列表中的视频与查询文本/视频的相似性或距离对所有视频进行排序,并从中选取与候选文本/视频相似的视频。图 7-4 展示了一个利用查询文本进行视频检索的例子。根据“一个做折纸教程的人”(a man doing an origami tutorial)的查询文本,算法找到了一段做折纸的视频。此任务中常用的数据集有 MSVD[16]、Charades-STA[17]、LSMDC[18]等。

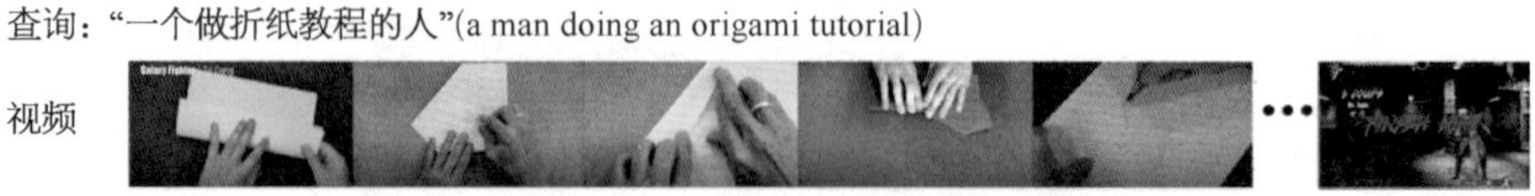

查询：“一个做折纸教程的人”(a man doing an origami tutorial)

视频

图 7-4　视频检索任务示例

（图片引自[19]）

从视频理解的难易度上看，虽然视频比图像包含更多的信息，但是视频理解相比于图像理解在实际中却具有更大的挑战。这主要体现在以下三方面：

1）与图像相比，收集大规模的视频数据集具有非常大的挑战性。在图像分类中，一个图像对应一个分类样本，而在视频分类中，一个视频对应一个分类样本。给定图像类别例如“猫”，可以很容易地在互联网上收集到成千上万的图像，而给定视频类别例如“冰壶运动”，能收集到的视频数量要远小于图像的数量。此外，对于某些罕见行为，网络上能够找到的视频数量就更加有限。以现有的一个非常大的行为分类数据集 ActivityNet 为例，该数据集包含 200 个视频类别、约 28 000 个视频实例，而图像分类数据集 ImageNet 则包含 1 000 类、百万级别的图像。大数据库是算法性能提升和泛化性的关键，因此如何构建一个包含更多类别和样本以及更多场景的视频理解数据集是提升视频理解性能的重要方面。

2）视频数据的文件硬盘存储空间很大。一方面，希望构建类别和样本多的视频数据集，这就进一步增加了视频数据集的文件大小，这给视频数据集的分发和下载使用增加了极大的难度。另一方面，很多场景的视频理解需要具有实时性，而庞大的数据要求在算法的模型训练和推理上有更多的硬件资源的投入。

3）视频标注困难。在某些视频理解任务中，例如在时序动作定位任务中，对视频的标注涉及对该视频中每一帧进行标注，需要非常大的工作量。除此之外，每个标注者对于某一个动作的开始与结束的判断可能有所偏差，这就造成了不同标注者产生的标注不同，成为视频标注的另一大难点。

视频理解的核心在于视频的表达。视频的表达与图像的表达类似，也存在两个发展阶段：即早期的基于手动特征的视频表达和近些年主流的基于深度学习特征的视频表达。在早期的基于手动特征的视频表达中，一方面通过精心设计的手动特征来刻画视频在时间和空间分布上具有特定特点的特征，另一方面通过计算光流来刻画视频时序上的动作变化。基于深度学习的视频分类方法又根据其利用的神经网络的类型可分为：基于 CNN 的视频分类、基于循环神经网络的视频分类、基于 Transformer 的视频分类。各种视频分类方法的重点是对时序特征的建模，因此本章以此为脉络来梳理各类基于深度学习的视频表征方法。

首先是基于 CNN 的算法，可分为单分支与多分支网络。单分支网络中为了兼顾空间与时间信息（例如三维卷积[20]），同时对空间和时间两个维度进行卷积，从而得到兼顾时空的表达；多分支网络则采用两条分支分别提取 RGB 以及光流特征，经典多分支网络有双流法[21]、TSN[22]等。此外也有多分支网络利用不同帧率的视频及其相互对比同时提取外观特征和运动特征，例如 SlowFast[23]等。为了刻画视频时序特征，也有早期工作利用循环神经网络来建模时序信息[24]，循环神经网络的设计本身就是假设输入样本之间存在时序上的依赖关系，因此天生适合视频这种数据。然而基于 LSTM 的视频表达的一个很大的问题是如何解决循环神经网络中的历史信息被遗忘的问题。

近年来，随着 Transformer 在自然语言领域建模序列信号的成功[25]，其也被引入计算机视觉并用于视频的建模。Transformer 的特点在于抛弃了 CNN 中重点关注邻近区域的归纳偏置，而将目光投向输入信号的全局，并通过注意力机制来计算最终的特征。自然语言可以看成是一维的序列信号，而视频可以看成是一个二维的序列信号。鉴于 Transformer 在自然语言处理与计算机视觉各项任务中的优异表现，许多基于 Transformer 的视频分类算法也应运而生，如 Video Swin Transformer[26]、ViViT[27]、TimeSFormer[28]等。基于 Transformer 全局注意力机制的特点，内含长时间依赖关系的视频或许会与 Transformer 更加契合。

尽管视频理解有多种任务，但本章将重点介绍视频分类和时序动作定位。一方面，视频分类是视频理解中最为基础的一个任务，其性能很大程度上取决于视频表达，而视频表达是视频理解的核心，从视频分类的发展可以了解视频表达的进展及发展方向；另一方面，时序动作定位是视频理解中的一个典型任务，可被认为是动作在时间轴上的检测（可类比二维图像中的目标检测），反映了视频是一种时序信号的特点。通过将视频分类和时序动作定位任务中的方法进行延伸，可以解决其他视频理解任务。

7.2　基于手动特征的视频分类

视频可以被理解为一系列图像沿着时间维度进行排列。因此视频的特征，既可以从单个视频帧上提取，也可以从视频的时间维度上提取。基于手动特征的视频表达通常采用基于局部特征表达。对于局部特征的刻画，通常需要提取关键点。基于密集采样的关键点由于存储开销和计算开销过于庞大，因此通常采用的是基于时空兴趣点的局部特征来刻画视频。兴趣点是空域时域均变化显著的邻域点，如 3D Harris[29]、时空关键点(space-time interest points, STIP)[30]等。为描述关键点周围的特征，研究者将二维的图像特征扩展到三维，提出了 3D-HOG[31]、3D-SIFT[32]、3D SURF[33]等一系列特征。在关键点提取后，可以利用与早期的图像表达相同的词袋模型进行视频的表达。

7.2.1 基于词袋模型的视频表达和分类

在提取好局部特征之后，可采用词袋模型进行视频的表达[34]。即利用局部特征学习字典，并用字典对特征进行编码，最后利用支持向量机对视频进行分类。

对于词袋模型的视频分类，也包含两个阶段，即训练阶段和测试阶段：

训练阶段 给定训练视频，提取特征，并学习字典。利用学习到的字典进行视频的表达。基于训练集合每个视频的标签和视频的表达训练支持向量机分类器。

测试阶段 给定一个测试视频，提取特征。利用训练集合得到的字典表达对该测试样本进行表达。并将视频特征输入训练阶段训练好的支持向量机中，进行图像的分类，预测该测试样本的标签。

7.2.2 基于光流特征的视频表达和分类

在视频中，人物和物体乃至背景的运动信息是动作和事件的非常重要的特征。研究者通常采用光流(optical flow)来刻画视频中的运动信息。光流对于视频中物体分割、动作识别、视频分类等诸多任务起着重要的作用。下面将介绍光流以及其求解方法，以及如何将光流用于视频表达。

7.2.2.1 基于光流的运动刻画

光流(optical flow)刻画了图像平面上一点的瞬时速度。光流的产生可以是因为相机的运动或物体的运动，或是两者的共同作用。光流是二维的矢量场，图像上每一点的光流构成一个光流场(optical flow field)，如图 7-5 所示。光流的估计方法可分为传统的基于手动设计算法的方法，例如 LK 算法、金字塔 LK 光流法等，以及基于深度学习的方法，如 FlowNet[35]、MaskFlowNet[36]、LiteFlowNet[37]、RAFT[38]等。

图 7-5　图像的光流场

7.2.2.2　基于 Lucas-Kanade 算法的光流估计

Lucas-Kanade(LK)算法[39]于 1981 年被提出。它基于两个重要假设：即亮度不变假设和局部空间光流一致假设。

首先，基于亮度不变假设，可假设同一个像素点在相邻帧之间的亮度并不发生改变(外界环境或者物体自身亮度不发生变化)，则对于 t 时刻某一点 (x, y) 在 $t+\Delta t$ 时刻的对应点 $(x+\Delta x, y+\Delta y)$，有如下关系

$$\boldsymbol{I}(x, y, t)=\boldsymbol{I}(x+\Delta x, y+\Delta y, t+\Delta t) \tag{7-1}$$

将式(7-1)等号右边做一阶泰勒展开

$$\begin{aligned}\boldsymbol{I}(x, y, t)&=\boldsymbol{I}(x+\Delta x, y+\Delta y, t+\Delta t)\\&=\boldsymbol{I}(x, y, t)+\frac{\partial \boldsymbol{I}}{\partial x}\Delta x+\frac{\partial \boldsymbol{I}}{\partial y}\Delta y+\frac{\partial \boldsymbol{I}}{\partial t}\Delta t+o\end{aligned} \tag{7-2}$$

其中 o 为高阶无穷小量，可近似为 0。于是将式(7-2)等号两边同时除以 Δt

$$\frac{\partial \boldsymbol{I}}{\partial x}\frac{\Delta x}{\Delta t}+\frac{\partial \boldsymbol{I}}{\partial y}\frac{\Delta y}{\Delta t}+\frac{\partial \boldsymbol{I}}{\partial t}=0 \tag{7-3}$$

得到

$$I_x u+I_y v+I_t=0 \tag{7-4}$$

其中 I_x、I_y、I_t 为 $\boldsymbol{I}(x, y, t)$ 在 x、y 和 t 方向上的导数，u 和 v 分别代表 x 和 y 方向的速度。基于式(7-4)得到图像上点 $\boldsymbol{I}(x, y, t)$ 的光流 (u, v)。将式(7-4)写成矩阵形式

$$[I_x \quad I_y]\begin{bmatrix}u\\v\end{bmatrix}=-I_t \tag{7-5}$$

给定两帧，对于同一个点，仅有一个等式，因此无法得到唯一的解。因此 LK 方法引入了局部空间光流一致的假设。

给定一个以像素点(x, y)为中心的小的邻域，例如 3×3，假定该邻域内所有的像素点光流一致，可以得到

$$\begin{bmatrix}I_x^{(1)} & I_y^{(1)}\\ \vdots & \vdots \\ I_x^{(n)} & I_y^{(n)}\end{bmatrix}\begin{bmatrix}u\\v\end{bmatrix}=\begin{bmatrix}-I_t^{(1)}\\ \vdots \\ -I_t^{(n)}\end{bmatrix} \tag{7-6}$$

式(7-6)可以写成 $\boldsymbol{Ax}=\boldsymbol{b}$ 的形式，利用最小二乘法进行求解。值得强调的是，式(7-6)具有唯一解的前提是 $\boldsymbol{A}^{\mathrm{T}}\boldsymbol{A}$ 可逆。若不可逆，则存在孔径问题(aperture problem)，即无法从孔径中观察到真实运动。例如图 7-6 中的 3 种情况，都只能观察到条纹向左上方的运动。因此，通常利用 Harris 角点检测算法选取角点后在角点位置估计光流(角点处 $\boldsymbol{A}^{\mathrm{T}}\boldsymbol{A}$ 可逆，参考第 3.4.1 节内容)。

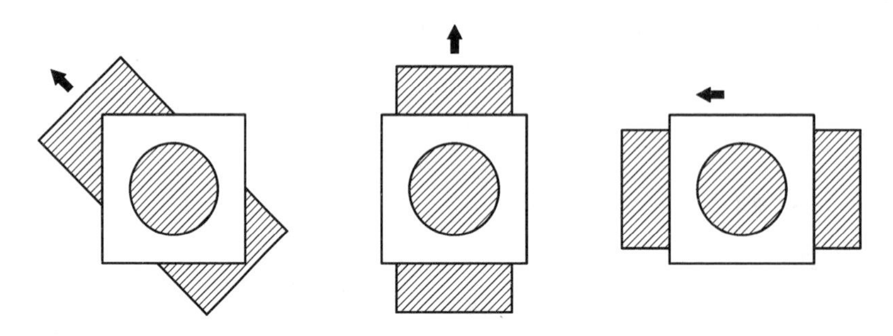

图 7-6　光流估计的孔径问题

另外，LK 算法无法对图像偏移较大的情况进行估计。为此可以通过金字塔 LK 光流法[40]来求解：通过对图像进行下采样，大的偏移量变成小的偏移量，再利用 LK 算法进行估计。然后将高层的光流用作低层的光流的初始，并估计一个小的偏差。通过逐层迭代，从而实现光流的估计。

7.2.2.3　基于 FlowNet 的光流估计

光流网络(FlowNet)[37]是一种基于深度学习的端到端的光流预测方法。给定两张图像，例如视频的相邻两帧，FlowNet 通过自编码器来拟合两张图像对应

的光流，并将预测的光流和真实的光流之间的欧氏距离作为损失函数，监督神经网络的训练。

FlowNet 的网络结构如图 7-7 所示。在网络的结构设计上，对于编码器，有两种方式：① 直接将两张图像拼接为 6 通道的图像输入 CNN，即 FlowNetSimple；② 将两张图像的高阶特征做相关，即 FlowNetCorr。解码器通过反卷积操作来实现。对于低分辨率的特征，FlowNet 一方面将该特征经过反卷积操作作为下一层的输入，同时利用该特征回归低分辨率的光流图，并将该低分辨率的光流图进行上采样，与反卷积得到的高分辨率的特征在通道方向上进行连接，从而得到更高分辨率的特征和光流。通过多层这样的连接，最后预测真实的更高分辨率的光流图。这种由粗到细的光流图预测模式可以提高光流的预测精度。

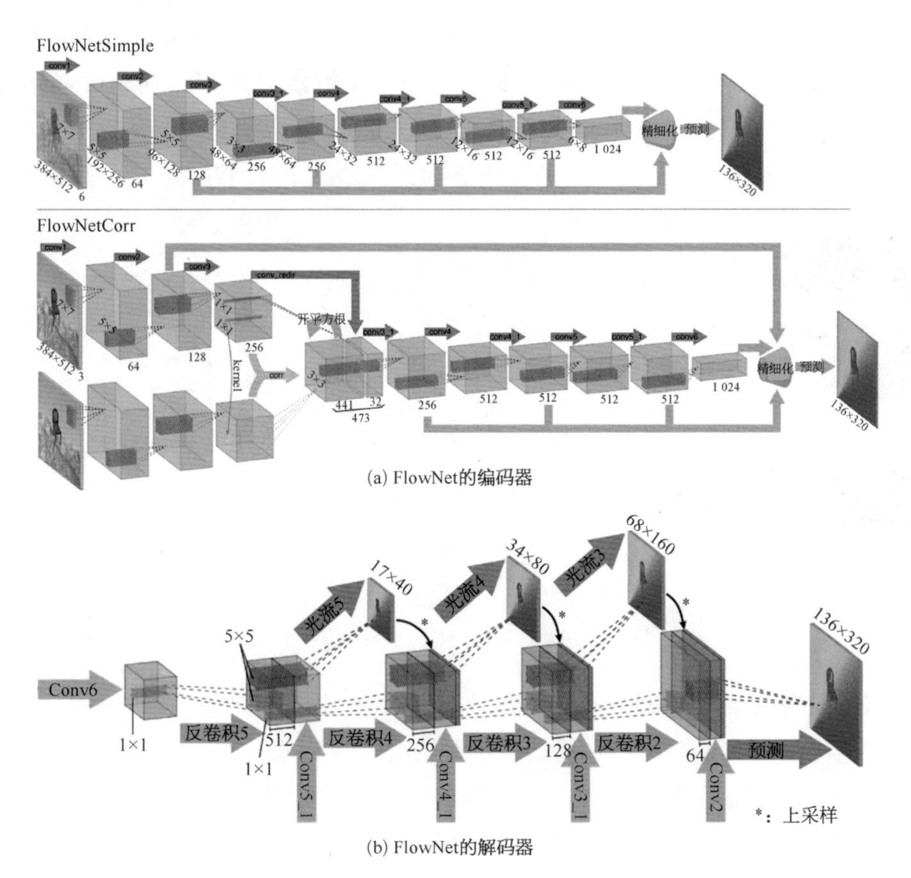

图 7-7 基于 **FlowNet** 的光流估计

(图片引自[37])

由于真实的光流标注困难，研究者提出合成数据的方式来得到真实的光流[37]。具体做法如下：给定三维的椅子模型和背景图像，将椅子投影到背景图像上。为产生运动，将三维的椅子在空间中进行位移，并再次进行投影。这样就产生了两张图像对应的光流的真实值。实验中椅子的数量、位置、位移量、大小等都是随机的，从而保证光流的多样性。

7.2.2.4 基于 RAFT 的光流估计

RAFT[38]是一种性能非常优异的基于深度学习的光流预测算法。与 FlowNet 不同的是，RAFT 同时融合了 CNN 和 RNN 架构❶。

给定一对连续两帧 RGB 图像 $\boldsymbol{I}_1$、$\boldsymbol{I}_2$，RAFT 估计一个密集位移场（即光流场）$(\boldsymbol{f}^1, \boldsymbol{f}^2)$，它映射图像 $\boldsymbol{I}_1$ 的每个像素 (u, v) 到第二张图像 $\boldsymbol{I}_2$ 中对应的坐标 $(u', v')=(u+f^1(u), v+f^2(v))$。RAFT 进行光流估计主要可分为 3 个阶段（图 7-8）：① 基于 CNN 像素特征提取；② 像素对的相关体（correlation volume）计算；③ 基于循环单元和当前的相关体的光流场迭代更新。下面将对这 3 个阶段进行具体介绍。

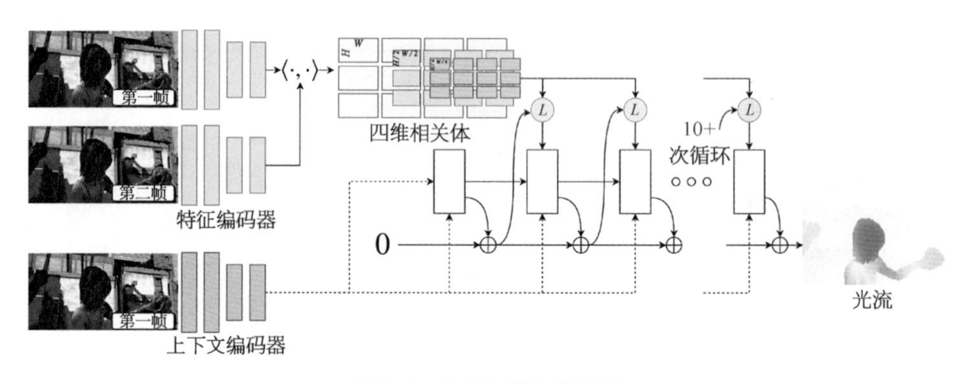

图 7-8 RAFT 算法流程图

L 是查找算子。（图片引自[38]）

特征提取 与 FlowNetCorr 类似，RAFT 使用两个共享权值的编码器 g_θ 分别从两张输入图像中提取特征，特征图的分辨率为原图的 1/8。此外，RAFT 也使用一个结构与特征提取编码器相同的上下文网络（context network）h_θ 从第一张图像提取特征。对于编码器和上下文网络，RAFT 使用的是 6 个残差块

❶ 关于 RNN 的细节可参考第 7.3 节。

组成的 CNN。

相关性计算　RAFT 采用两个特征图之间的内积计算相关体，用来表征两个像素之间的相似度。给定图像 $\boldsymbol{I}_1$、$\boldsymbol{I}_2$ 的图像特征 $g_\theta(\boldsymbol{I}_1) \in \mathbb{R}^{H\times W\times D}$、$g_\theta(\boldsymbol{I}_2) \in \mathbb{R}^{H\times W\times D}$，其中 H、W、D 分别为特征图的高、宽和特征维度。以图 7-9(a)中的两张图为例，取 $\boldsymbol{I}_1$ 中的一像素特征，将其与 $\boldsymbol{I}_2$ 中所有像素对应的特征作内积，则得到一张尺寸为 $H\times W$ 的特征图(与 $\boldsymbol{I}_2$ 尺寸相同)。将这样的操作在 $\boldsymbol{I}_1$ 中的每个像素上重复一遍，则可得到一个尺寸为 $H\times W\times H\times W$ 的四维体，被称为相关体 $\boldsymbol{C}$。具体地

$$\boldsymbol{C}(g_\theta(\boldsymbol{I}_1),\ g_\theta(\boldsymbol{I}_2)) \in \mathbb{R}^{H\times W\times H\times W},\quad \boldsymbol{C}_{ijkl} = \sum_h g_\theta(\boldsymbol{I}_1)_{ijh} \cdot g_\theta(\boldsymbol{I}_2)_{klh} \tag{7-7}$$

此外对于相关体，RAFT 分别用尺寸为 1、2、4、8 的核对该相关体的后两维进行平均池化，构建一个 4 层的相关金字塔(correlation pyramid) $\{\boldsymbol{C}^1, \boldsymbol{C}^2, \boldsymbol{C}^3, \boldsymbol{C}^4\}$。其中相关体 $\boldsymbol{C}^k$ 的维度为 $H\times W\times H/2^k\times W/2^k$。图 7-9(b)展示了前 3 层的二维切片。这组相关体同时刻画了大位移和小位移的信息。同时，通过保

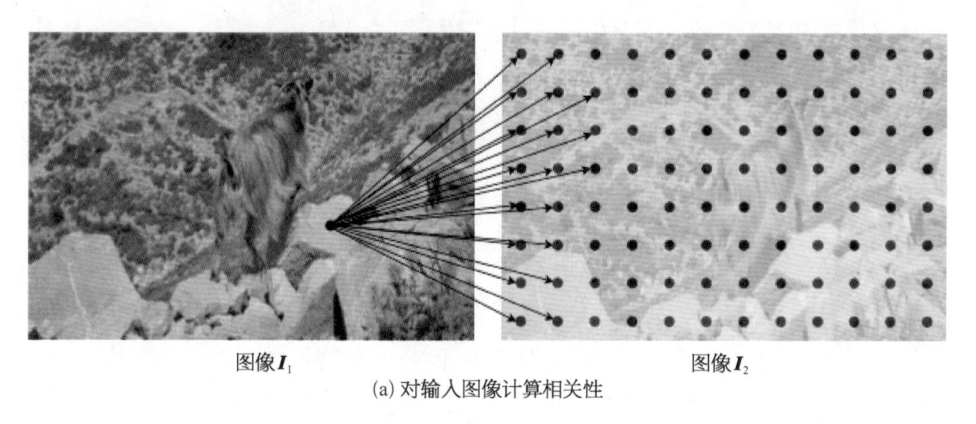

(a) 对输入图像计算相关性

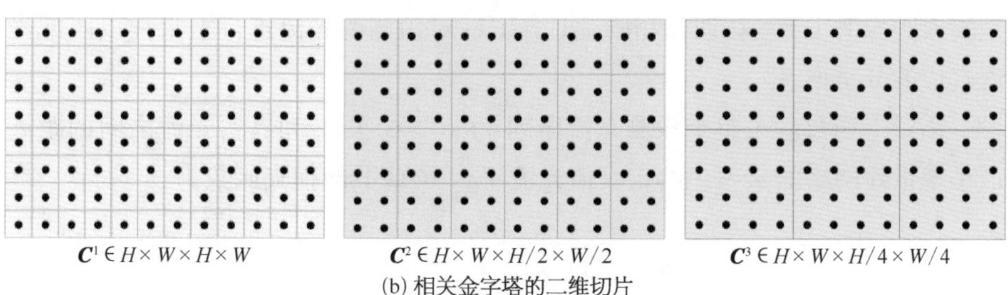

(b) 相关金字塔的二维切片

图 7-9　对输入图像进行相关性计算示意图

(图片引自[38])

持相关体前 2 个维度（$\boldsymbol{I}_1$ 维度），这组相关体也可以保持高分辨率信息，从而使 RAFT 能够恢复小型快速移动物体的运动。

RAFT 中通过利用查找算子 L_C 从相关金字塔中索引来生成特征图。给定当前估计的光流 $(\boldsymbol{f}^1, \boldsymbol{f}^2)$，FAFT 将 $\boldsymbol{I}_1$ 中的每个像素 $\boldsymbol{x}=(u, v)$ 映射到其在 $\boldsymbol{I}_2$ 中对应的像素：$\boldsymbol{x}'=(u+f^1(u), v+f^2(v))$。定义一个与 $\boldsymbol{x}'$ 的距离在 r 以内的整数偏移的集合

$$\mathcal{N}(\boldsymbol{x}')_r=\{\boldsymbol{x}'+\mathrm{d}\boldsymbol{x} \mid \mathrm{d}\boldsymbol{x}\in\mathbb{Z}^2, \|\mathrm{d}\boldsymbol{x}\|_1\leqslant r\} \tag{7-8}$$

RAFT 用局部邻域 $\mathcal{N}(\boldsymbol{x}')_r$ 从相关体中进行索引。索引的过程中，由于 $\mathcal{N}(\boldsymbol{x}')_r$ 是实数网格，因此需要使用双线性插值。RAFT 在相关金字塔的所有层级上进行查找，其中在第 k 层，使用网格 $\mathcal{N}(\boldsymbol{x}'/2^k)_r$ 对相关体 $\boldsymbol{C}^k$ 进行索引。

更新迭代 RAFT 从初始起点 $\boldsymbol{f}_0=\boldsymbol{0}$ 预测光流 $\{\boldsymbol{f}_1, \cdots, \boldsymbol{f}_N\}$。每次迭代，RAFT 预测一个迭代更新量 $\Delta\boldsymbol{f}$，然后将该迭代量与当前光流相加来更新当前光流：$\boldsymbol{f}_{k+1}=\Delta\boldsymbol{f}+\boldsymbol{f}_k$。在 RAFT 的光流更新模块以当前光流、相关体和潜在隐藏状态作为输入，并输出新的时刻的光流迭代更新量 $\Delta\boldsymbol{f}$ 和更新后的隐藏状态。其中光流的初始状态为 $\boldsymbol{0}$。RAFT 采用 GRU 作为光流更新模块，并将 GRU 中的全连接层替换为卷积。修改后的基于卷积的 GRU 具体公式如下

$$\boldsymbol{z}_t=\sigma(\mathrm{Conv}_{3\times3}([\boldsymbol{h}_{t-1}, \boldsymbol{x}_t], \boldsymbol{W}_z)) \tag{7-9}$$

$$\boldsymbol{r}_t=\sigma(\mathrm{Conv}_{3\times3}([\boldsymbol{h}_{t-1}, \boldsymbol{x}_t], \boldsymbol{W}_r)) \tag{7-10}$$

$$\tilde{\boldsymbol{h}}_t=\tanh(\mathrm{Conv}_{3\times3}([\boldsymbol{r}_t\odot\boldsymbol{h}_{t-1}, \boldsymbol{x}_t], \boldsymbol{W}_h)) \tag{7-11}$$

$$\boldsymbol{h}_t=(1-\boldsymbol{z}_t)\odot\boldsymbol{h}_{t-1}+\boldsymbol{z}_t\odot\tilde{\boldsymbol{h}}_t \tag{7-12}$$

其中输入 $\boldsymbol{x}_t$ 是前一时刻光流、相关体特征和上下文特征的串联。通过将 GRU 输出的隐藏状态输入两个卷积层来预测 $\Delta\boldsymbol{f}$。在 RAFT 中，输出光流的分辨率是输入图像的 1/8。在训练和测试时，GRU 对预测的光流进行上采样以匹配光流真值的分辨率。

RAFT 通过约束整个预测光流序列 $\{\boldsymbol{f}_1, \cdots, \boldsymbol{f}_N\}$ 和真实光流之间的距离最小来指导网络的学习。给定真值光流 $\boldsymbol{f}_{\mathrm{gt}}$，RAFT 的损失函数为

$$\mathcal{L}=\sum_{i=1}^{N}\gamma^{N-i}\|\boldsymbol{f}_{\mathrm{gt}}-\boldsymbol{f}_i\|_1 \tag{7-13}$$

其中 γ 是预先设定的权重参数。RAFT 利用一些仿真数据集预训练该光流预测网络，并可以取得在真实数据集上优异的性能。

7.2.2.5　基于密集轨迹的视频分类

由于光流是一种有效的运动特征，因此早期许多工作利用光流来表达视频。其中基于密集轨迹(dense trajectories，DT)[34]的视频表达方法是一种典型视频表达方法(图 7-10)。该方法的特征提取包含如下两个步骤：① 密集特征点的选取；② 密集特征点的轨迹跟踪以及轨迹特征提取。

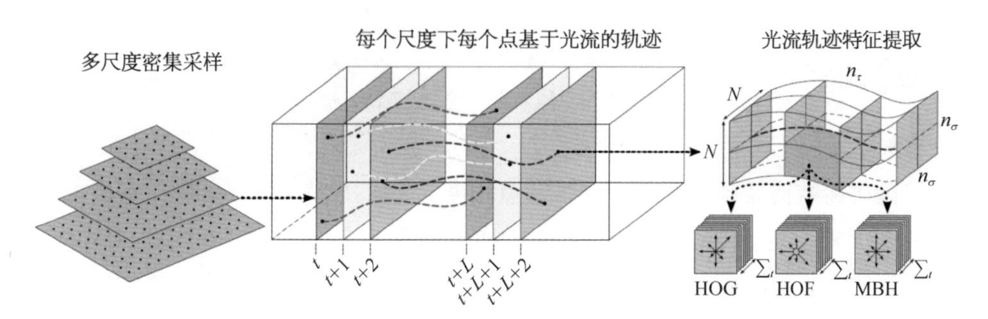

图 7-10　基于密集轨迹预测的视频表达

(图片引自[34])

首先是特征点选取。为了获得多尺度的信息，对于视频的每一帧进行下采样，构建一个具有 8 个尺度的图像金字塔，然后对每个尺度的视频帧进行规则网格划分(通常选取 5×5 的网格)，并将网格的中心作为特征点。这样做会有大量的特征点。而对于视频表达，那些平滑区域的特征点意义性不是很大。因此为移除这些点，该算法计算每个采样点像素值自相关矩阵的特征值。通过设定一个阈值，移除小于该阈值的点。自相关矩阵计算如下

$$\begin{bmatrix} I_x^2 & I_x I_y \\ I_x I_y & I_y^2 \end{bmatrix} \tag{7-14}$$

其中 I_x 和 I_y 分别对应在 x、y 方向的梯度。

在选取好特征点之后，对于第 t 帧的某一点 $\boldsymbol{P}_t=(x_t,\ y_t)$，利用该帧的光流场 $\boldsymbol{\omega}_t=(u_t,\ v_t)$，可以得到该点对应第 $t+1$ 帧的坐标 $\boldsymbol{P}_{t+1}=(x_{t+1},\ y_{t+1})$

$$\boldsymbol{P}_{t+1}=(x_{t+1},\ y_{t+1})=(x_t,\ y_t)+\boldsymbol{M}*\boldsymbol{\omega}_t|_{(x_t,\ y_t)} \tag{7-15}$$

其中 $\boldsymbol{M}$ 为中值滤波，用于去除噪声。通常 $\boldsymbol{M}$ 大小选取 3×3。这样每个特征点在连续的 L 帧(L 通常取 15)就形成一个轨迹 $(\boldsymbol{P}_t,\ \boldsymbol{P}_{t+1},\ \cdots,\ \boldsymbol{P}_{t+L-1})$。基于这个轨迹可以提取特征，具体包括轨迹描述特征、运动特征和结构特征，如图 7-10

所示。

轨迹描述特征　某一个特征点在连续 L 帧的相邻帧之间的位移矢量 $\Delta\boldsymbol{P}_t$ 定义如下

$$\Delta\boldsymbol{P}_t=\boldsymbol{P}_{t+1}-\boldsymbol{P}_t=(x_{t+1}-x_t,\ y_{t+1}-y_t) \tag{7-16}$$

基于该位移矢量，定义轨迹特征描述子 T

$$\boldsymbol{T}=\frac{(\Delta\boldsymbol{P}_t,\ \cdots,\ \Delta\boldsymbol{P}_{t+L-1})}{\sum_{j=1}^{t+L-1}\|\Delta\boldsymbol{P}_j\|} \tag{7-17}$$

这样每个特征点对应一个维度为 $2L=30$ 的轨迹特征，包含其在 x 和 y 方向的位移矢量。

运动和结构特征　对于一个特征点长度为 L 的轨迹，在每帧特征点周围取一个 $N\times N$（通常 N 取 32）的窗口，构成一个时间空间体（spatial-temporal volume）。进一步，将该时间空间体分为 $n_\sigma\times n_\sigma\times n_\tau$ 的网格，例如 2×2×3，其中 2×2 代表将 $N\times N$ 的窗口沿水平和竖直方向划分，×3 代表沿着时间维度划分。然后在这些区域统计 HOG、光流直方图(histogram of optical flow, HOF)，以及运动边界直方图(motion boundary histogram, MBH)。具体而言：

HOG　在 2×2×3 个时间空间体的子网格内部的区域计算所有点的 HOG，并将 0°—360°量化为 8 个直方图的格子。这样 HOG 的特征为 2×2×3×8=96 维。

HOF　在光流图上，依据每个点光流的方向和幅度信息，在 2×2×3 个时间空间体的子网格内部的区域计算所有点的光流直方图，并将 0°—360°量化为 8 个直方图的格子，此外再引入一个额外的维度统计光流幅度小于某个阈值的像素的光流。这样 HOF 的特征维度为 2×2×3×(8+1)=108 维。

MBH　对水平方向的光流图和竖直方向的光流图，依据每个点光流的方向，分别在 2×2×3 个时间空间体的子网格内部的区域计算所有点的 HOF，并将 0°—360°量化为 8 个直方图的格子，这样得到 x 和 y 两个方向的两个维度为 2×2×3×8=96 维的直方图，所以 MBH 的维度为 2×96=192 维。

在原始的密集轨迹特征，对以上的直方图采用 L2 范数进行归一化。之后将一个点对应的特征轨迹描述为特征、运动和结构特征拼接，这样每个点的特征维度为 30+96+108+192=426 维。

在后续的改进密集轨迹特征(improved dense trajectory, iDT)中[41]，为了克服由于相机运动导致对光流估计的影响，首先进行人体检测。假设背景是不动的，可以利用去除人的区域计算相邻帧之间的投影变换。将该投影变换对整个视频帧进行变换后计算光流。这样可以消除相机运动导致的光流。此外对于局部特征，对所有的直方图采用 L1 范数正则化，再对特征的每个维度开平方。最后对所有的特征利用主成分分析进行降维，维度降为原来的一半(213)。这些操作可以降低计算量并提升视频表达的能力。

7.3　基于循环神经网络的视频分类

由于视频可以看作时间维度上的一个序列信号，因此可用循环神经网络来刻画视频的时序信息。本小节将首先介绍几种典型的循环神经网络，然后介绍如何利用循环神经网络进行无监督的或者有监督的视频表达。

7.3.1　循环神经网络

循环神经网络(recurrent neural network, RNN)是通过构建一个有向图的方式来建模序列信号之间的时序依赖关系。其假设是样本间存在顺序关系，每个样本和它之前的历史样本存在关联。通过将神经网络在时序上展开，希望能找到样本之间的序列相关性。如图 7-11 所示，其中 $\boldsymbol{U}$ 是输入层到隐藏层的权重矩阵，$\boldsymbol{V}$ 是隐藏层到输出层的权重矩阵，$\boldsymbol{W}$ 是前一时刻隐藏层到当前时刻隐藏层的权重矩阵。将图 7-11 左边展开，可以看到 RNN 隐藏层的值 $\boldsymbol{s}_t$ 不仅取决于当前输入 $\boldsymbol{x}_t$，还取决于上一次隐藏层的值 $\boldsymbol{s}_{t-1}$，其具体计算公式如下

$$\boldsymbol{o}_t = g(\boldsymbol{V}\boldsymbol{s}_t) \tag{7-18}$$

$$\boldsymbol{s}_t = f(\boldsymbol{U}\boldsymbol{x}_t + \boldsymbol{W}\boldsymbol{s}_{t-1}) \tag{7-19}$$

其中 g 和 f 表示激活函数。将式(7-19)反复代入(7-18)展开后，得到

$$\begin{aligned}
\boldsymbol{o}_t &= g(\boldsymbol{V}\boldsymbol{s}_t) \\
&= \boldsymbol{V}f(\boldsymbol{U}\boldsymbol{x}_t + \boldsymbol{W}\boldsymbol{s}_{t-1}) \\
&= \boldsymbol{V}f(\boldsymbol{U}\boldsymbol{x}_t + \boldsymbol{W}f(\boldsymbol{U}\boldsymbol{x}_{t-1} + \boldsymbol{W}\boldsymbol{s}_{t-2})) \\
&= \boldsymbol{V}f(\boldsymbol{U}\boldsymbol{x}_t + \boldsymbol{W}f(\boldsymbol{U}\boldsymbol{x}_{t-1} + \boldsymbol{W}f(\boldsymbol{U}\boldsymbol{x}_{t-2} + \boldsymbol{W}\boldsymbol{s}_{t-3}))) \\
&= \boldsymbol{V}f(\boldsymbol{U}\boldsymbol{x}_t + \boldsymbol{W}f(\boldsymbol{U}\boldsymbol{x}_{t-1} + \boldsymbol{W}f(\boldsymbol{U}\boldsymbol{x}_{t-2} + \boldsymbol{W}f(\boldsymbol{U}\boldsymbol{x}_{t-3} + \cdots))))
\end{aligned} \tag{7-20}$$

观察式(7-20)可以看到 RNN 的输出值 $\boldsymbol{o}_t$ 受到前面历次输入值 $\boldsymbol{x}_t$，$\boldsymbol{x}_{t-1}$，$\boldsymbol{x}_{t-2}$，…，$\boldsymbol{x}_0$ 的影响。

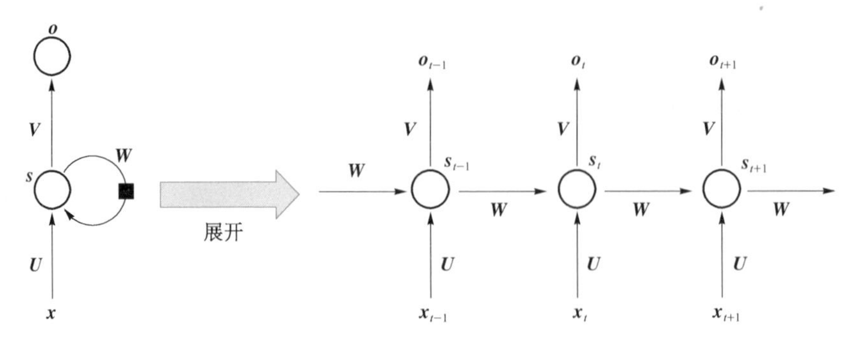

图 7-11　RNN 结构示意图

7.3.2　双向循环神经网络

对于视频数据而言，只考虑当前视频帧的前序列帧往往是不够的，很多时候当前信号不仅与其之前的序列信号有关，还与其之后的序列信号存在关联，那么 RNN 就无法对此进行精确建模。为解决该问题，研究者引入双向循环神经网络(bidirectional recurrent neural network，BRNN)。BRNN 在普通 RNN 的基础上增加从后往前传递信息的隐藏层，如图 7-12 所示，每个隐藏层均有两个值($\boldsymbol{A}'_0$ 和 $\boldsymbol{A}_0$，$\boldsymbol{A}'_1$ 和 $\boldsymbol{A}_1$…)，$\boldsymbol{A}_2$ 参与正向计算，$\boldsymbol{A}'_2$ 参与反向计算，最终的输出值 $\boldsymbol{y}_2$ 取决于 $\boldsymbol{A}'_2$ 和 $\boldsymbol{A}_2$，具体计算方法为

$$\boldsymbol{y}_2 = g(\boldsymbol{V}\boldsymbol{A}_2 + \boldsymbol{V}'\boldsymbol{A}'_2) \tag{7-21}$$

$$\boldsymbol{A}_2 = f(\boldsymbol{W}\boldsymbol{A}_1 + \boldsymbol{U}\boldsymbol{x}_2) \tag{7-22}$$

$$\boldsymbol{A}'_2 = f(\boldsymbol{W}'\boldsymbol{A}'_3 + \boldsymbol{U}'\boldsymbol{x}_2) \tag{7-23}$$

而网络最终的输出与正向计算和反向计算的结果相关，具体为

$$\boldsymbol{o}_t = g(\boldsymbol{V}\boldsymbol{s}_t + \boldsymbol{V}'\boldsymbol{s}'_t) \tag{7-24}$$

$$\boldsymbol{s}_t = f(\boldsymbol{U}\boldsymbol{x}_t + \boldsymbol{W}\boldsymbol{s}_{t-1}) \tag{7-25}$$

$$\boldsymbol{s}'_t = f(\boldsymbol{U}'\boldsymbol{x}_t + \boldsymbol{W}'\boldsymbol{s}'_{t+1}) \tag{7-26}$$

值得注意的是，此处 $\boldsymbol{U}$ 和 $\boldsymbol{U}'$、$\boldsymbol{V}$ 和 $\boldsymbol{V}'$、$\boldsymbol{W}$ 和 $\boldsymbol{W}'$ 均是不同的权重矩阵，即正向计算和反向计算是不共享权重的。

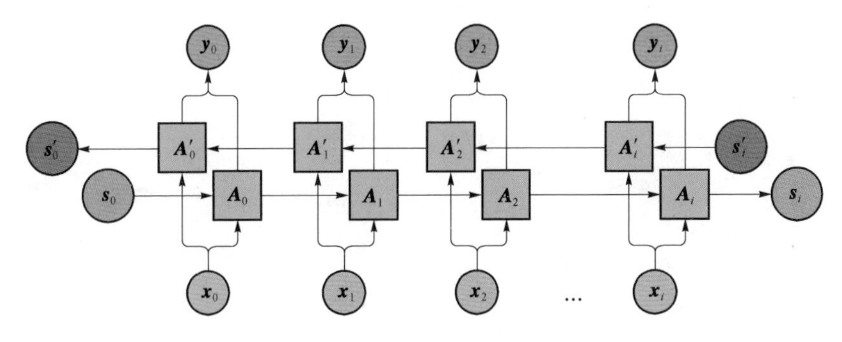

图 7-12　BRNN 结构示意图

前面提到的 RNN 只包含了一层隐藏层，更进一步，可以通过堆叠多个隐藏层来拓展 RNN，这种网络被称为深度循环神经网络（deep recurrent neural network, DRNN）。如图 7-13 所示，如果把第 i 个隐藏层的值表示为 $\boldsymbol{s}_t^i$ 和 $\boldsymbol{s}'^i_t$，则 DRNN 的计算公式可以表示如下

$$\boldsymbol{o}_t = g(\boldsymbol{V}^{(i)}\boldsymbol{s}_t^{(i)} + \boldsymbol{V}'^{(i)}\boldsymbol{s}'^{(i)}_t) \tag{7-27}$$

$$\boldsymbol{s}_t^{(i)} = f(\boldsymbol{U}^{(i)}\boldsymbol{s}_t^{(i-1)} + \boldsymbol{W}^{(i)}\boldsymbol{s}_{t-1}) \tag{7-28}$$

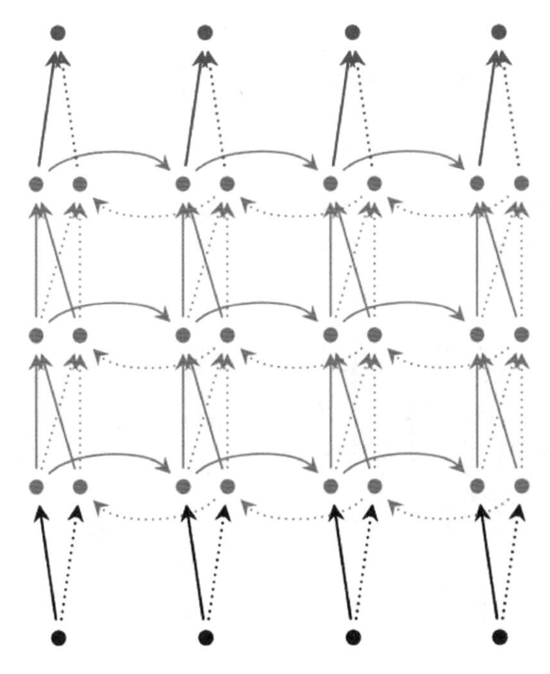

图 7-13　DRNN 结构示意图

$$\boldsymbol{s}'^{(i)}_t=f(\boldsymbol{U}'^{(i)}\boldsymbol{s}'^{(i-1)}_t+\boldsymbol{W}'^{(i)}\boldsymbol{s}'_{t+1})\tag{7-29}$$

$$\vdots$$

$$\boldsymbol{s}^{(1)}_t=f(\boldsymbol{U}^{(1)}\boldsymbol{x}_t+\boldsymbol{W}^{(1)}\boldsymbol{s}_{t-1})\tag{7-30}$$

$$\boldsymbol{s}'^{(1)}_t=f(\boldsymbol{U}'^{(1)}\boldsymbol{x}_t+\boldsymbol{W}'^{(1)}\boldsymbol{s}'_{t+1})\tag{7-31}$$

7.3.3　长短期记忆网络

长短期记忆网络(long short term memory network, LSTM)[42]单元的结构如图 7-14(a)所示，其核心是单元状态(cell state)的更新。它包含 3 个门，分别是遗忘门 $\boldsymbol{f}_t$、输入门 $\boldsymbol{i}_t$、输出门 $\boldsymbol{o}_t$。其中 $\boldsymbol{f}_t$ 用于调节对上一步中单元状态的保留程度，$\boldsymbol{i}_t$ 用于调节对输入的接纳程度，$\boldsymbol{o}_t$ 用于过滤输出的内容。具体计算公式如下

$$\boldsymbol{f}_t=\sigma(\boldsymbol{W}_f[\boldsymbol{h}_{t-1},\ \boldsymbol{x}_t]+\boldsymbol{b}_f)\tag{7-32}$$

$$\boldsymbol{i}_t=\sigma(\boldsymbol{W}_i[\boldsymbol{h}_{t-1},\ \boldsymbol{x}_t]+\boldsymbol{b}_i)\tag{7-33}$$

$$\boldsymbol{C}_t=\boldsymbol{f}_t\odot\boldsymbol{C}_{t-1}+\boldsymbol{i}_t\odot\widetilde{\boldsymbol{C}}_t\tag{7-34}$$

$$\widetilde{\boldsymbol{C}}_t=\tanh(\boldsymbol{W}_C[\boldsymbol{h}_{t-1},\ \boldsymbol{x}_t]+\boldsymbol{b}_C)\tag{7-35}$$

$$\boldsymbol{o}_t=\sigma(\boldsymbol{W}_o[\boldsymbol{h}_{t-1},\ \boldsymbol{x}_t]+\boldsymbol{b}_o)\tag{7-36}$$

$$\boldsymbol{h}_t=\boldsymbol{o}_t\odot\tanh(\boldsymbol{C}_t)\tag{7-37}$$

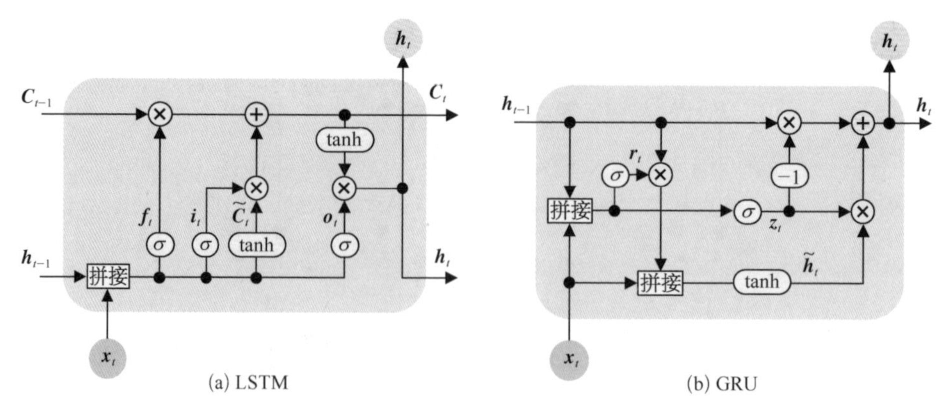

图 7-14　LSTM 和 GRU 结构示意图

7.3.4　门控制循环单元

门控制循环单元(gated recurrent unit, GRU)[43]对 LSTM 的结构进行了简化,去除了单元状态。如图 7-14(a)所示,它包含两个门,分别是重置门 $\boldsymbol{r}_t$ 和更新门 $\boldsymbol{z}_t$。 在计算候选隐藏层 $\widetilde{\boldsymbol{h}}_t$ 时,重置门 $\boldsymbol{r}_t$ 控制了对上一步隐藏层信息 $\boldsymbol{h}_t$ 的保留程度。在混合上一步的隐藏层信息 $\boldsymbol{h}_{t-1}$ 和候选隐藏层信息 $\widetilde{\boldsymbol{h}}_t$ 时,更新门 $\boldsymbol{z}_t$ 控制了两者的比例。GRU 的具体计算公式如下

$$\boldsymbol{r}_t = \sigma(\boldsymbol{W}_r[\boldsymbol{h}_{t-1}, \boldsymbol{x}_t]) \tag{7-38}$$

$$\widetilde{\boldsymbol{h}}_t = \tanh(\boldsymbol{W}[\boldsymbol{r}_t \odot \boldsymbol{h}_{t-1}, \boldsymbol{x}_t]) \tag{7-39}$$

$$\boldsymbol{z}_t = \sigma(\boldsymbol{W}_z[\boldsymbol{h}_{t-1}, \boldsymbol{x}_t]) \tag{7-40}$$

$$\boldsymbol{h}_t = (1 - \boldsymbol{z}_t) \odot \boldsymbol{h}_{t-1} + \boldsymbol{z}_t \odot \widetilde{\boldsymbol{h}}_t \tag{7-41}$$

7.3.5　基于 LSTM 的视频表达

由于视频可以看成在时间轴上的一系列图像的集合,因此早期的视频表达采用 LSTM 进行视频序列建模。接下来将介绍几个基于 LSTM 的视频表达的方法。

7.3.5.1　基于 LSTM 的无监督视频表达

基于 LSTM 的无监督视频表达[44]以图像的像素值或者图像特征为输入,通过 LSTM 自编码器的方式重建 LSTM 的输入[图 7-15(a)],或者通过 LSTM 预测器的方式对视频的未来帧进行预测[图 7-15(b)]。然而由于真实数据的分布是多峰分布的,基于 LSTM 自编码器的方式强迫输出与输入相似,可能导致学到的网络只是记住历史信息,即神经网络只学到一个单峰的分布,缺乏对未来的可能性的发现。对于 LSTM 预测器模型,基于 LSTM 的视频预测只预测了视频的一种可能,而由于视频之间存在高度的相似性,因此可能导致神经网络只是基于最后的历史时刻信息对未来进行预测,从而缺乏对所有历史信息的记忆。

为了解决这两类模型各自的弊端,可以将 LSTM 自编码器和 LSTM 预测器模型进行复合,构建一种混合模型[图 7-15(c)]。该模型既可以记住全部历史

信息，又可以对未来的可能进行预测，从而可以提取更好的特征。

基于混合模型得到的视频编码器可以在一个大数据集上对模型进行训练，然后在某个特定数据集上进行微调，用来做视频分类任务。如图 7-15(d)所示，通过在预训练后的 LSTM 编码器后面再添加一个 LSTM 分类器，可以对每一时刻的视频输入进行预测。由于给定的视频通常具有唯一的标签，因此可以对所有的标签取平均，得到最终的分类结果。

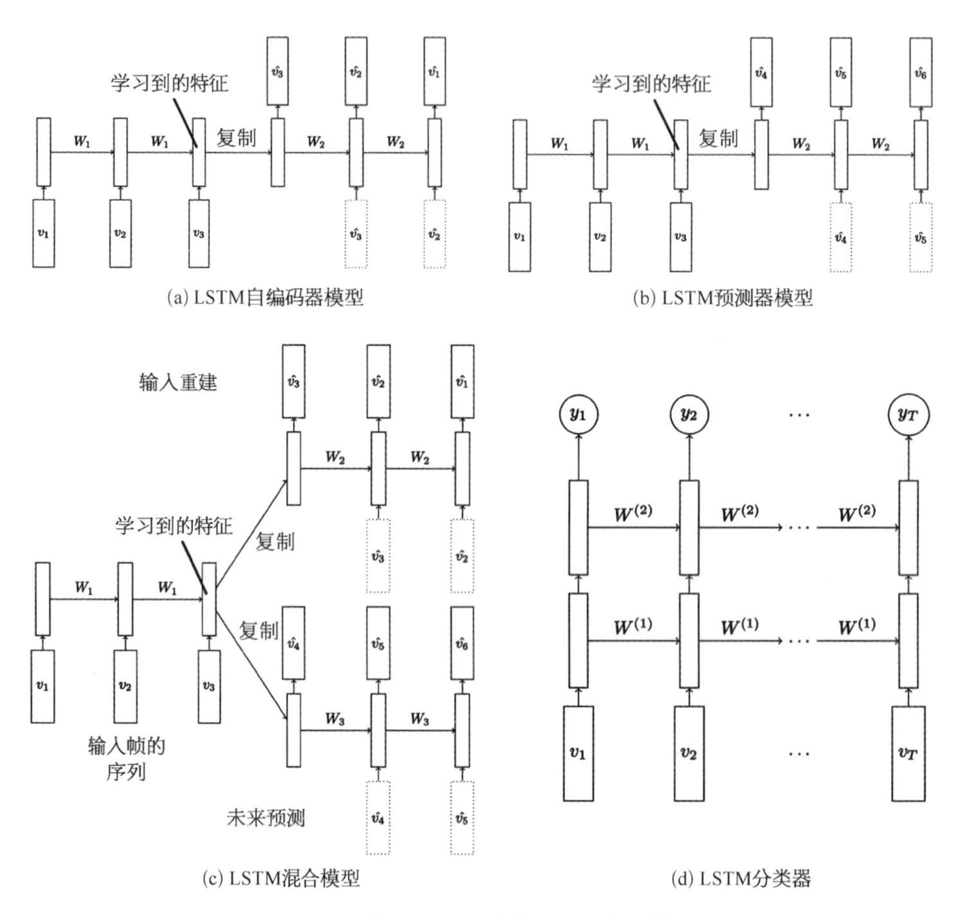

图 7-15 基于 LSTM 的各类视频表达模型

v 是输入特征，$\hat{v}$ 是输出特征，y 是网络输出，W 是网络参数。(图片引自[44])

7.3.5.2 基于 LSTM 变体的视频表达

基于 LSTM 的视频表达中，LSTM 的深度也是值得关心的问题。因此，研究者探索将多层 LSTM 进行堆叠[45]，构建一个深度 LSTM 视频表达网络，用于视频的分类。基于多层 LSTM 网络的视频表达[46]首先将视频帧每帧输入到 CNN 中,然后将 CNN 抽取的特征输入多层 LSTM 网络,从而得到具有空间-时序(spatial-temporal)的视频特征表达。最后将神经网络的输出用于视频的每一时刻的分类,并将多个时刻分类的结果进行平均,从而实现对整个视频分类。算法的流程图如图 7-16 所示。

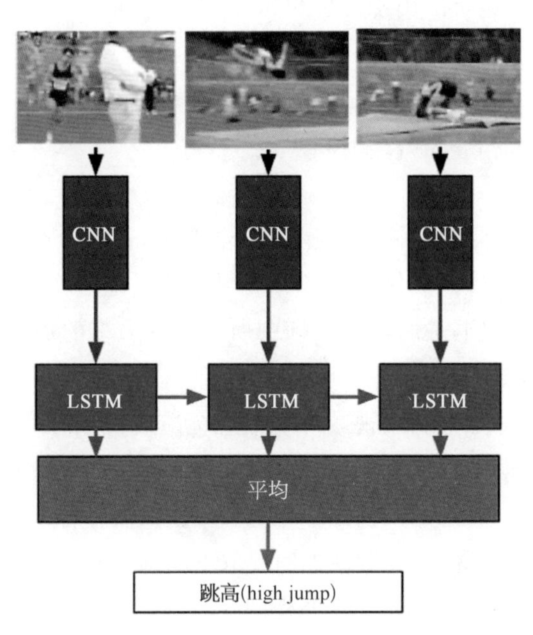

图 7-16 基于 LSTM 的视频分类任务

(图片引自[46])

经典的 LSTM 将数据向量化后输入到 LSTM 模块,而图像或视频数据向量化后会损失空间信息。因此 Shi 等人[47]提出卷积长短期记忆网络(ConvLSTM)。该网络将 LSTM 中的矩阵乘法操作换成卷积操作,从而保留了输入图像特征的空间维度,因而可以保留更多的空间信息。记 $\boldsymbol{X}_t$ 和 $\boldsymbol{H}_t$ 分别为 ConvLSTM 在时刻 t 的输入和输出,$\boldsymbol{i}_t$、$\boldsymbol{f}_t$ 和 $\boldsymbol{o}_t$ 分别为输入门、遗忘门和输出门,$\boldsymbol{C}_t$ 为能记住历史信息的记忆单元,$\odot$ 和 $\otimes$ 分别为逐位相乘和卷积,σ 为 sigmoid 激活函数。ConvLSTM 的数学公式如下

$$\boldsymbol{i}_t = \sigma(\boldsymbol{W}_{xi} \otimes X_t + \boldsymbol{W}_{hi} \otimes \boldsymbol{H}_{t-1} + \boldsymbol{W}_{ci} \odot \boldsymbol{C}_{t-1} + \boldsymbol{b}_i) \tag{7-42}$$

$$\boldsymbol{f}_t = \sigma(\boldsymbol{W}_{xf} \otimes \boldsymbol{X}_t + \boldsymbol{W}_{hf} \otimes \boldsymbol{H}_{t-1} + \boldsymbol{W}_{cf} \odot \boldsymbol{C}_{t-1} + \boldsymbol{b}_f) \tag{7-43}$$

$$\boldsymbol{C}_t = \boldsymbol{f}_t \odot \boldsymbol{C}_{t-1} + \boldsymbol{i}_t \odot \tanh(\boldsymbol{W}_{xc} \otimes \boldsymbol{X}_t + \boldsymbol{W}_{hc} \otimes \boldsymbol{H}_{t-1} + \boldsymbol{b}_c) \tag{7-44}$$

$$\boldsymbol{o}_t = \sigma(\boldsymbol{W}_{xo} \otimes \boldsymbol{X}_t + \boldsymbol{W}_{ho} \otimes \boldsymbol{H}_{t-1} + \boldsymbol{W}_{co} \odot \boldsymbol{C}_t + \boldsymbol{b}_o) \tag{7-45}$$

$$\boldsymbol{H}_t = \boldsymbol{o}_t \odot \tanh(\boldsymbol{C}_t) \tag{7-46}$$

其中的$\boldsymbol{W}_{**}$为各个部分的权重。相比于 LSTM，ConvLSTM 可以更好地保留视频帧空间信息，因而可以更好地进行视频表达。此外通过将 ConvLSTM 和视频未来帧预测结合，也可以用于视频的异常检测[48]。

7.4 基于卷积神经网络的视频分类

给定一段含有若干帧的视频，与图像分类相似，视频分类的任务是预测该视频的所属动作或者事件的类别。视频分类可以简单地当作图像分类来处理，即判断每一帧的所属类别，最后将所有帧中所属类别最多的那一类当作视频类别标签。但是单独地分类每一帧只利用了视频的外观信息，并没有利用视频帧之间的动作连续性。如果只利用视频外观信息会造成视频分类的误判，例如同一个人的“走”和“跑”两个动作的单帧外观是一致的，需要考虑视频之间的动作连续性。因此，相比于图像分类，视频分类更加关注如何融合视频帧之间的运动信息。因此基于卷积的视频分类关注如何提取不同帧之间的运动信息。常见的做法包括：① 直接对一个包含若干帧的视频片段做卷积，或者对单帧做卷积，然后将多帧的特征进行融合；② 除了对视频帧做卷积外，还提取视频的光流特征，并利用 CNN 对光流特征进行卷积，最后对基于光流提取的特征和基于视频提取的特征进行融合或者分别做视频标签的预测。基于这两种策略，可以将基于卷积的视频表达方法大致分成两类：单分支网络和多分支网络。下面简要介绍两类方法。

7.4.1 单分支网络

基于单分支网络的视频分类与图像分类类似，直接对视频提取特征，通过端到端的学习预测视频的类别。其中最为简单的做法是 R2D[49]。R2D 把所有的视频帧堆叠到一起作为神经网络的输入。例如，假设一个视频有 T 帧，每帧有 RGB 3 个通道，就形成一个 $3T$ 个通道的输入图像。然后通过采用与图像一样的二维卷积，对视频提取特征。此种视频特征提取方法与图像分类的区别是该视频分类神经网络第一层的输入为包含 $3T$ 个通道的图像，而用于图像分类的神经网络输出通常是一个包含 RGB 通道的图像。然而此种做法缺乏在时间上细粒度的刻画，例如，有些动作只是涵盖几帧。因此，研究者设计不同的卷积算法。下面介绍几个典型的用于视频卷积的算法。

7.4.1.1　TFP

给定一段含有 T 帧的视频 $\mathcal{V}=\{\boldsymbol{I}_1, \boldsymbol{I}_2, \cdots, \boldsymbol{I}_T\}$，定义一个 CNN 为 F_θ，然后利用 F_θ 提取每一帧 $\boldsymbol{I}_i$ 的特征 $\boldsymbol{x}_i$：$\boldsymbol{x}_i=F_\theta(\boldsymbol{I}_i)\in\mathbb{R}^{H\times W\times C}$，所有帧的特征可以表示为 $\boldsymbol{X}=\{\boldsymbol{x}_1, \boldsymbol{x}_2, \cdots, \boldsymbol{x}_T\}\in\mathbb{R}^{T\times H\times W\times C}$，其中 $H\times W$ 是当前特征的尺寸，C 是特征的维度。这里单帧特征提取网络可以使用 AlexNet、VGG-Net、Inception 系列、ResNet 系列等。

时序特征池化(temporal feature pooling, TFP)[50]的思想主要是将 T 帧特征图 $\boldsymbol{x}_i$ 在时序维度上进行池化操作，来融合时序之间的特征[该类似方法也被称为 frame-based 2D(f-2D)[49]，或者 C2D[51]]。假设融合之后的特征图为 $\boldsymbol{M}\in\mathbb{R}^{H\times W\times C}$，那么 $\boldsymbol{M}(h, w, c)=f(\boldsymbol{x}_1(h, w, c), \cdots, \boldsymbol{x}_T(h, w, c))$，这里 f 为池化函数，一般选择取每个空间位置的最大值或者求每个空间位置在所有帧中的均值(图 7-17)。

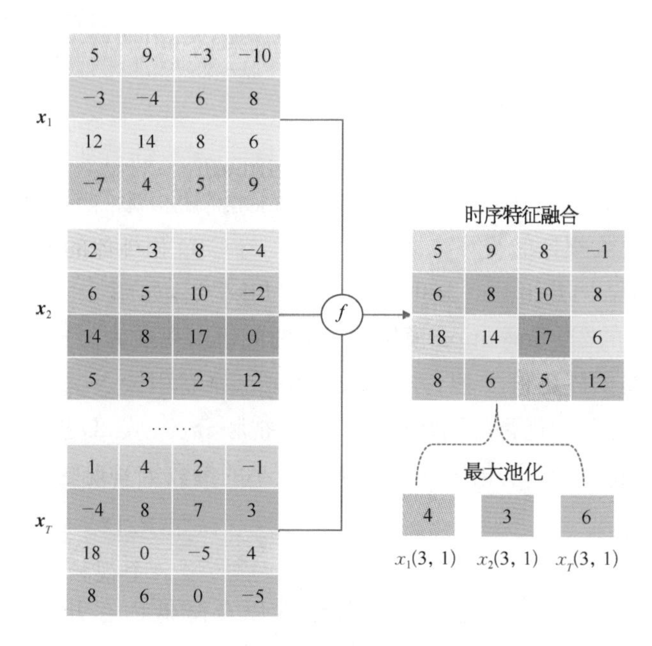

图 7-17　时序特征融合示意图(以最大池化为例)

7.4.1.2 C3D

三维卷积(3D convolution ayer, C3D)[52]的思想是通过网络自动地学习实现时序特征的融合,从而得到更强的时序特征表达。如图 7-18 所示,二维卷积只是局部空间区域的线性组合,而三维卷积为了进一步捕捉时序之间的依赖关系,在局部的空间与时序区域上进行线性组合。二维卷积的卷积核维度为 3,而三维卷积的卷积核维度为 4,例如图 7-18 中的三维卷积核的参数为 $\mathbf{W} \in \mathbb{R}^{t_k \times h_k \times w_k \times C}$,其中 t_k 是卷积核的时序窗口大小,$h_k \times w_k$ 是卷积核的空间大小,C 是输入特征的维度(图中未展示 C 维度)。

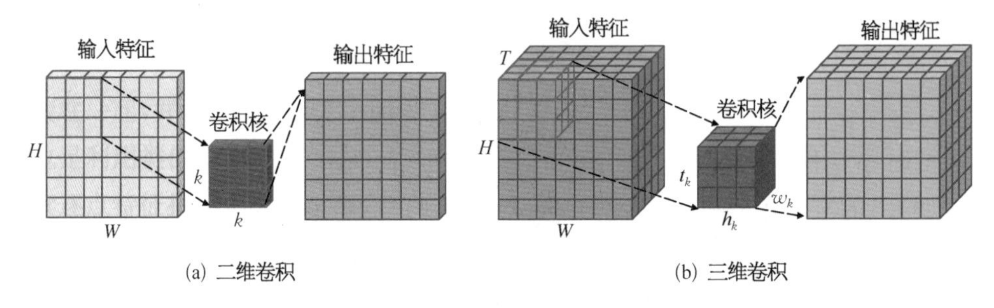

(a) 二维卷积　(b) 三维卷积

图 7-18 二维卷积和三维卷积示意图

与 C3D 相关的另一类方法为 R3D[49],将 C3D 与跳层连接结合成为 ResNet 结构,由于利用了更好的特征提取网络,因此可以取得更好的视频表达结果。

7.4.1.3 I3D

C3D 需要做时间空间 3 个维度的卷积,因此需要很大的参数量。若想得到好的性能,需要大规模的视频数据进行训练。与 C3D 相类似的另外一类典型的三维卷积网络结构是 inflated 3D ConvNet(I3D)[53],如图 7-19 所示。I3D 将 Inceptionv1[54]的 2D-Inception 模块加一个时间维度拓展为 3D-Inception 模块,把 $N \times N$ 的卷积核复制 N 遍,并归一化,得到三维卷积核 $N \times N \times N$。I3D 旨在将图像分类任务中优秀的网络结构扩展至视频分类(从 2D 扩展至 3D),由于网络结构的优化,与 C3D 相比,I3D 能够以较小的参数量实现更优的表现。

7.4.1.4 P3D

为了提升三维卷积待学习的参数个数以及降低内存开销,伪三维卷积(pseudo-3D, P3D)[55]将卷积分为帧内空间卷积(spatial convolution)和时间轴

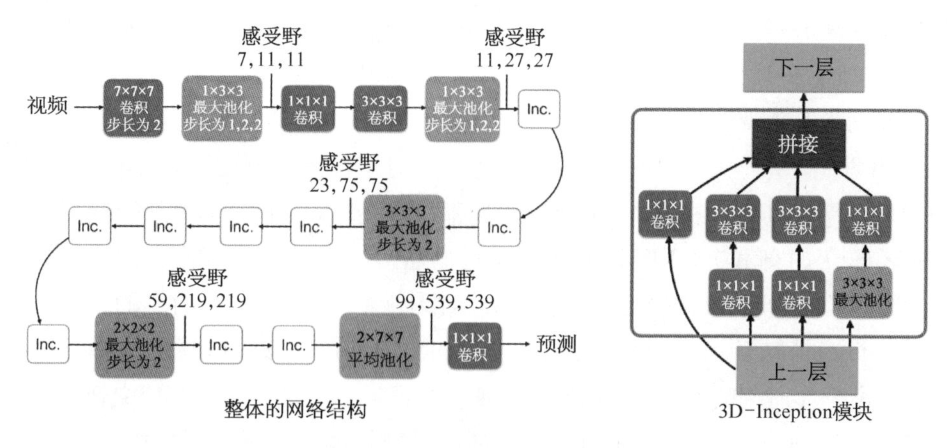

图 7-19　I3D 网络结构示意图

(图片引自[53])

上的时序卷积(temporal convolution)。例如,将一个 3×3×3 卷积分成一个 1×3×3 的空间卷积和 3×1×1 的时序卷积。通过两者联合使用来近似三维卷积。图 7-20 展示了 3 种 P3D 的实现。其中 S 代表帧内空间卷积,T 代表时间轴上的时序卷积。与图 7-20(a)中类似的一种做法也被称为 R(2+1)D[49],如图 7-21 所示。通过这些手段,可以显著降低三维卷积的内存开销。

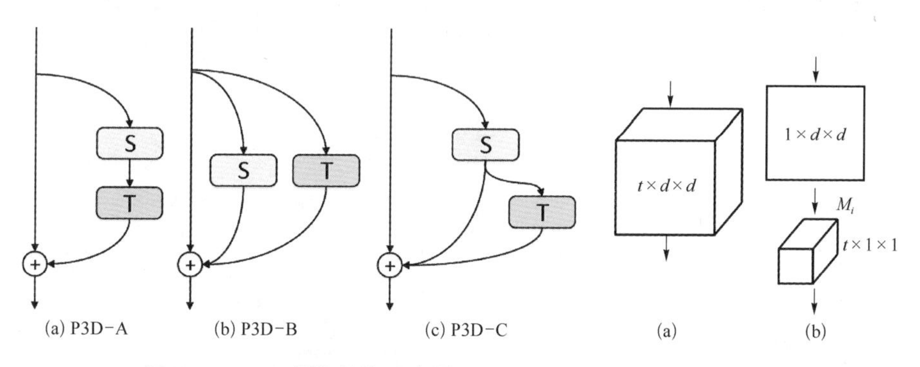

图 7-20　P3D 网络结构示意图

图 7-21　R(2+1)D 用 $1\times d\times d$ 空间卷积和 $t\times1\times1$ 的时序卷积串接(b)近似左侧的三维卷积(a)

7.4.1.5　TSM

由于 C3D 的计算复杂度较高,而单帧的二维卷积缺乏对时序特征的建模。对此，Han Song 等人提出了时序平移模块（temporal shifted module，TSM）[56]，通过与二维卷积结合，在不改变二维卷积计算复杂度的情况下，更好地建模时序特征，从而提升了视频分类的性能。

TSM 模块的核心思路如图 7-22 所示。对于任意时刻由二维卷积获取的特征[图 7-22(a)]，在离线(offline)情况下[图 7-22(b)]，对 t 时刻的特征，将其与 $t-1$ 时刻和 $t+1$ 时刻的特征在特征通道上进行双向移位交换，这样得到变换后的 t 时刻的特征同时包含当前时刻、前一时刻和后一时刻的特征；在线(online)情况下[图 7-22(c)]，对 t 时刻的特征，由于它只能看到历史时刻，因此利用 $t-1$ 时刻的特征和 t 时刻的特征在特征通道上进行单向移位交换，这样得到变换后的 t 时刻的特征同时包含当前时刻特征和前一时刻的特征。因此 TSM 的特征可以更好地实现时序信息的建模。在 TSM 实现中，交换了 1/4 通道的特征。

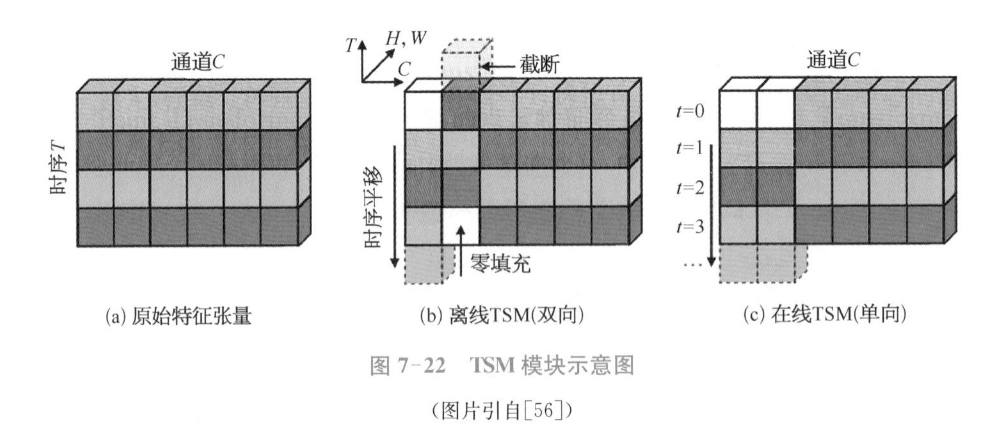

图 7-22 TSM 模块示意图

（图片引自[56]）

TSM 与视频帧的二维卷积结合可以实现离线场景和在线场景的视频分类。在离线场景下，如图 7-23 所示，首先进行帧采样并提取采样帧二维卷积特征。然后通过对任意时刻的特征在特征通道上与前一时刻和后一时刻的双向交换，获得 TSM 特征。然后将利用残差(residual)TSM 模块，将输入特征与 TSM 特征结合，获得特征的更新。可以将得到的特征用于后续的卷积或者标签预测。在线场景下，如图 7-24 所示，由于视频流是顺序到来的。对于当前时刻视频帧的二维卷积特征，TSM 通过与缓存的上一时刻特征进行交换，得到交换后的特征。可以用交换的特征进行下一步的特征卷积或者标签分类。

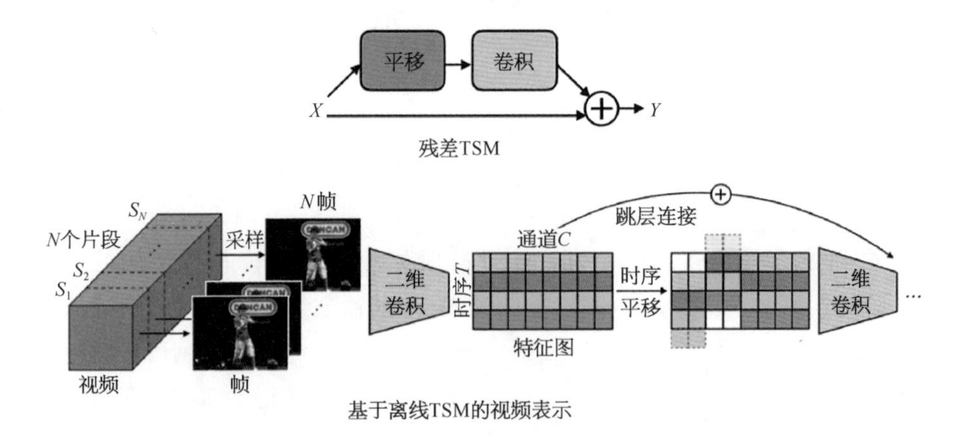

图 7-23　TSM 在离线场景下用于视频分类

首先采样视频帧并对每帧通过二维卷积提取特征，通过残差 TSM 可以同时保留输入特征以及时序移动后的特征，可以更好地实现离线场景的视频分类。（图片引自[56]）

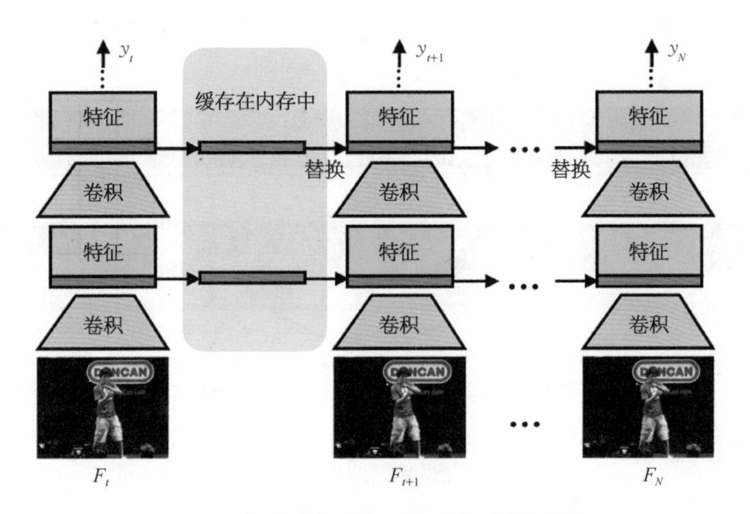

图 7-24　在线场景下 TSM 用于视频分类

通过顺序提取当前帧的二维特征并缓存起来，当下一时刻视频帧输入时，将缓存特征和当前帧特征输入 TSM 用于视频动作检测。（图片引自[56]）

7.4.1.6　TRN

temporal relation network(TRN)[57]也是一种融合二维卷积得到的帧特征的视频表达网络。TRN 相比于 C3D 可以减少卷积的计算量，同时相比于 TSN 可以利用更多的视频帧从而获得更加全局的信息。

给定一个对 T 帧视频提取特征后的特征集合 $\mathcal{F}=\{\boldsymbol{f}_1, \boldsymbol{f}_2 \cdots, \boldsymbol{f}_T\}$，其中

$\boldsymbol{f}_i$ 为对第 i 帧提取的二维卷积特征。TRN 将时序上先后的帧的特征融合输入 MLP 进行特征聚合，并将聚合的特征相加后继续输入 MLP 作为视频特征，如图 7-25 所示。定义 2 阶 TRN 特征

$$\mathrm{TRN}_2(\mathcal{F}) = h_\phi\Big(\sum_{i<j} g_\theta(\boldsymbol{f}_i, \boldsymbol{f}_j)\Big) \tag{7-47}$$

其中 h_ϕ 和 g_θ 是以 ϕ 和 θ 为参数的 MLP，2 阶关系指 g_θ 的输入包含 2 帧。可以将 2 阶关系扩展到高阶关系，对于高阶关系 g_θ 的输入为多帧，例如对于 3 阶关系的 TRN 特征

$$\mathrm{TRN}_3(\mathcal{F}) = h'_\phi\Big(\sum_{i<j<k} g'_\theta(\boldsymbol{f}_i, \boldsymbol{f}_j, \boldsymbol{f}_k)\Big) \tag{7-48}$$

为了获取时序上的多尺度的信息，可以将多尺度的 TRN 特征融合以获得更好的视频表达能力

$$\mathrm{MTRN}_N(\mathcal{F}) = \mathrm{TRN}_2(\mathcal{F}) + \mathrm{TRN}_3(\mathcal{F}) + \cdots + \mathrm{TRN}_N(\mathcal{F}) \tag{7-49}$$

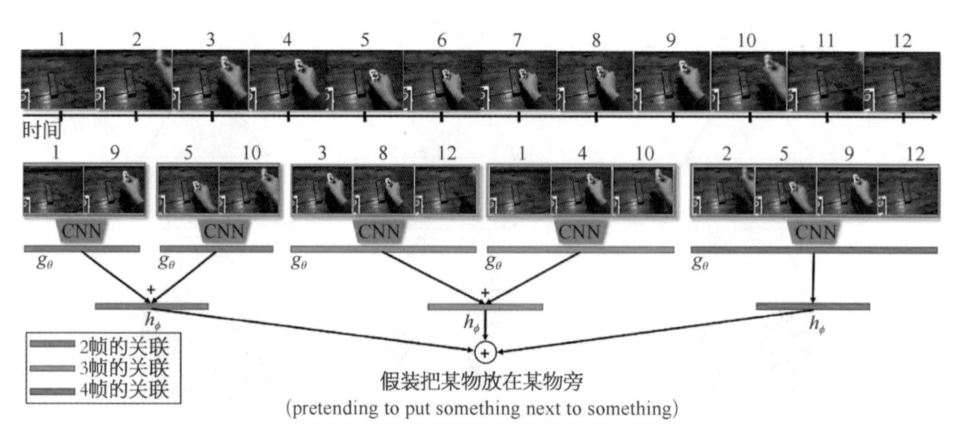

图 7-25 TRN 网络结构示意图

(图片引自[57])

7.4.1.7 Non-local

捕获视频不同时间尺度(包括短距离和长距离)的依赖对于视频刻画至关重要。而 CNN+LSTM 的相关操作都是建立在某一瞬间处理相邻的元素上。为了捕捉长距离的空间时序依赖关系，何恺明等人提出了非局部(Non-local)模块[51]。Non-local 模块会计算某一时刻的某个位置与其他时刻的不同位置的相似度，从而捕捉长时间的时空依赖关系。在视频分类中，Non-local 模块的公式为

$$\boldsymbol{y}_i = \sum_{\forall j} f(\boldsymbol{x}_i, \boldsymbol{x}_j) g(\boldsymbol{x}_j)$$
$$f(\boldsymbol{x}_i, \boldsymbol{x}_j) = \mathrm{softmax}(\theta(\boldsymbol{x}_i)^{\mathrm{T}} \boldsymbol{\phi}(\boldsymbol{x}_j)) \tag{7-50}$$

其中 $i=(t_i, h_i, w_i)$ 是特征图 $\boldsymbol{x}_t$ 的在空间位置 (h_i, w_i) 上的索引，$j=(t_j, h_j, w_j)$ 是所有能在时间和空间被遍历到的索引，函数 $f(\boldsymbol{x}_i, \boldsymbol{x}_j)$ 代表一个计算两个位置上特征的相似度函数，θ、ϕ 和 g 是 3 个带参数的可学习的变换函数，一般为全连接层。Non-local 模块的具体结构如图 7-26 所示。

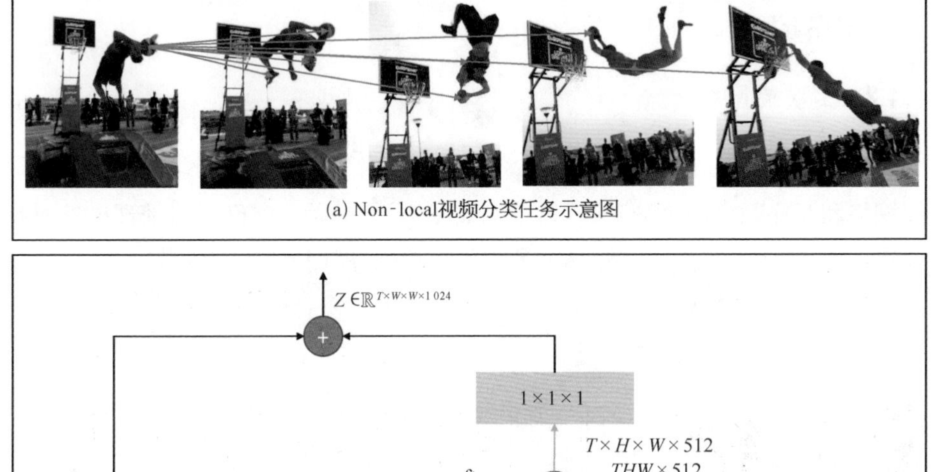

(a) Non-local视频分类任务示意图

(b) Non-local模块结构示意图

图 7-26　Non-local 模块视频分类任务及结构示意图

X 是输入信号，Z 是输出特征。(图片引自[51])

通过将 Non-local 模块与其他视频特征提取网络例如 C2D 或者 I3D 结合，可以进一步提升视频分类性能。需要强调的是 Non-local 模块计算任意两个特征的相似度，这与 Transformer 具有相似性。此外，在计算特征相似度的时候，可以同时考虑对应点的位置特征，也可以考虑图像特征。

7.4.2 多分支网络

与单分支网络隐式地通过神经网络学习视频帧之间的依赖关系不同，多分支网络通过不同的网络分别学习单帧内容以及视频连续帧之间的依赖关系，从而分别显式地刻画场景和运动的特征。具有代表性的多分支网络结构包括双流网络、时序分段网路和 Slow-fast 网络等。

7.4.2.1 双流网络

双流网络(two-stream network)[58]是一种时空融合的网络框架，它包含空间网络和时序网络两个分支，具体结构如图 7-27 所示。空间网络处理单帧图像通道，专门用来捕捉场景与物体的外观信息；而时序网络处理多帧堆叠的光流通道，专门用来捕捉物体的运动信息。

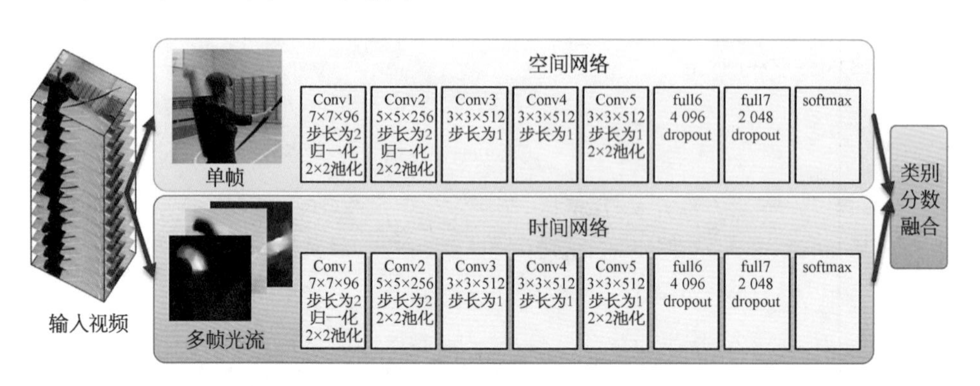

图 7-27 双流网络框架示意图

(图片引自[57])

对于一个包含 N 帧的视频 $\mathcal{V}=\{\boldsymbol{I}_1, \boldsymbol{I}_2, \cdots, \boldsymbol{I}_N\}$，基于双流网络视频分类步骤如下：

1) 从 N 帧中，等距离采样出 K 个关键帧(一般 $K=25$，如果数量不够，则复制填充帧数)。

2) 对于每一个关键帧 $\boldsymbol{I}_k(k=1, \cdots, K)$，计算其附近 L 帧的光流图(一般 $L=10$，如果数量不够，则复制填充帧数)，并将 L 帧的光流图堆叠形成 $\boldsymbol{OP}_k \in$

$\mathbb{R}^{H\times W\times 2L}$ 的张量，作为时序网络的输入，其中 $H\times W$ 为光流图的尺寸，$2L$ 表示每张光流图的 x 和 y 通道。

3）将 $\boldsymbol{I}_k$ 输入到空间网络，得到相应的类别分数 p_k^S；同时将 $\boldsymbol{OP}_k$ 输入到时序网络，得到相应的类别分数 p_k^T。

4）将空间网络和时序网络的类别分数进行融合，得到当前关键帧的类别分数 $p_k=(p_k^S+p_k^T)/2$，并且通过取最大的操作，得到当前关键帧的类别。

5）在 K 个关键帧中，出现次数最多的类别即为该视频的分类类别。

值得注意的是，最初的双流网络中两个子分支使用的是 AlexNet 网络结构[59]，但在实践中一般都是直接使用前面介绍的单分支网络结构，如基于三维卷积的双流网络[60]、基于卷积长短记忆的双流网络[47]和基于非局部的双流网络[51]等。此外，基于双流网络，可以将时序特征和空间特征进行融合，并把融合的结果在时序上进行卷积用于最后的预测[图 7-28(d)]，也可以将多帧关键帧进行串接，输入空间支路，利用卷积提取特征进行类别，并与时序特征预测结果融合，用于最后的视频分类[图 7-28(e)]。

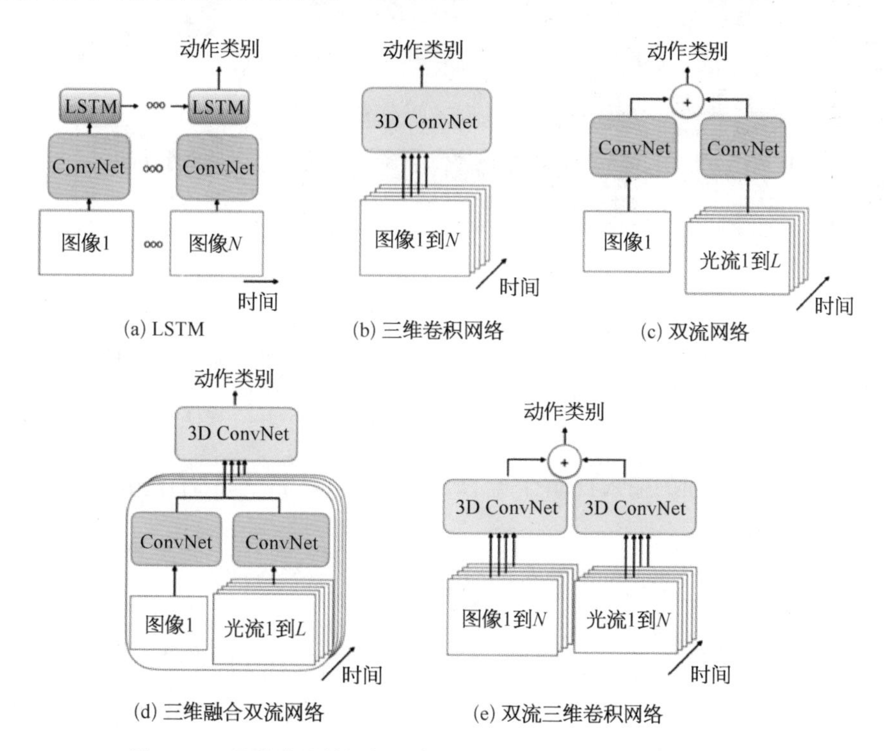

图 7-28　几种常见的视频分类网络和双流网络及其扩展的对比

其中 N 和 L 分别代表视频的总帧数和视频片段的帧数。(图片引自[53])

7.4.2.2　时序分段网络

双流网络主要是从一个视频帧和连续 L 帧的光流中来刻画时序信息，这种瞬时的运动信息并不能对长时间的视频运动信息进行有效的刻画。在处理视频的时候，采用密集的视频帧采样对于长视频的运动信息的刻画是有帮助的。但是，视频帧之间存在较大的冗余，如果每一帧都处理的话，一方面会增加计算的开销。另一方面，过多的冗余帧并不能对视频的分类提供额外的信息。为此，研究者在双流网络的基础上，设计了时序分段网络（temporal segment network，TSN）[61]。TSN 包含空间网络和时序网络。其基本结构如图 7-29 所示。它使用了稀疏采样的策略对视频进行抽帧采样，除去一些冗余信息，从而降低了计算量。

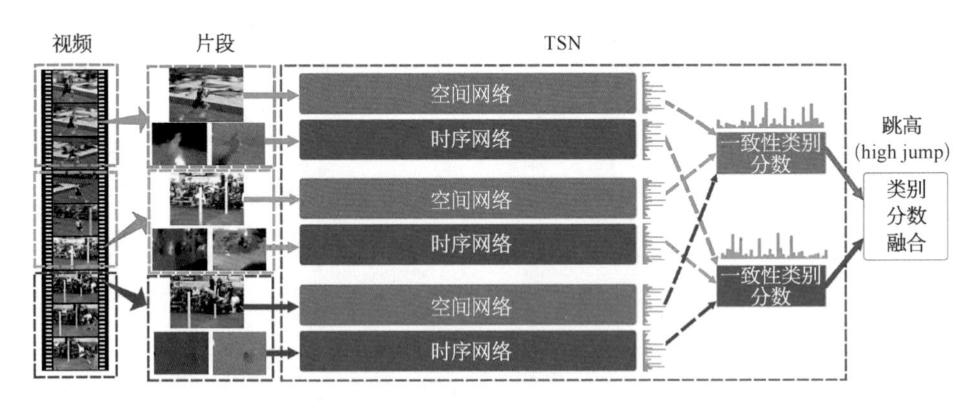

图 7-29　TSN 框架示意图

TSN 的内部采用的是双流网络的网络结构，包含一个空间网络和一个时序网络。对于任意一个输入视频，TSN 首先将其均匀地分成 K 个片段，然后从每一个片段中随机采样出一个小片段，每个小片段包含一帧和该帧附近的光流图，分别作为空间网络和时序网络的输入，得到各自的类别分数。最后融合所有片段的空间和时序一致性类别分数，并得到最后的视频分类结果。（图片引自[61]）

对于包含 N 帧的输入视频 $\mathcal{V}=\{\boldsymbol{I}_1, \boldsymbol{I}_2, \cdots, \boldsymbol{I}_N\}$，基于时序分段网络的视频分类步骤如下：

1) 将视频 $\mathcal{V}$ 均匀地分为 K 个片段（segment）$\{\boldsymbol{S}_1, \boldsymbol{S}_2, \cdots, \boldsymbol{S}_K\}$，例如 $K=3$。

2) 然后从每一个长片段 $\boldsymbol{S}_k$ 中随机采样出一个小片段（snippet），从而得 K 个小片段 $\{\boldsymbol{T}_1, \boldsymbol{T}_2, \cdots, \boldsymbol{T}_K\}$。每一个小片段 $\boldsymbol{T}_k$ 包含一帧图像和两张光流图。

3) 将每一个小片段 $\boldsymbol{T}_k$（包含一帧图像和两张光流图）输入到双流网络 $F(\boldsymbol{T}_k; \boldsymbol{W})$ 中，并得到相应的类别分数，其中 $\boldsymbol{W}$ 是双流网络的参数，包括空间网络和时序网络。

4）融合 K 个片段的分数，得到一致性类别分数（segmental consensus），然后根据一致性类别分数得到最后的视频分类结果，具体如下

$$\text{TSN}(\boldsymbol{T}_1, \boldsymbol{T}_2, \cdots, \boldsymbol{T}_K) = \mathcal{H}(\mathcal{G}(F(\boldsymbol{T}_1; \boldsymbol{W}), F(\boldsymbol{T}_2; \boldsymbol{W}), \cdots, F(\boldsymbol{T}_K; \boldsymbol{W}))) \tag{7-51}$$

其中 $\mathcal{G}$ 为一致性类别分数融合函数，可以直接使用求平均、加权平均或者取最大值等函数，在文献[61]中，选取求平均效果最好；$\mathcal{H}$ 为 softmax 函数，融合之后的类别分数可以通过它得到最后的类别概率，视频的分类结果对应概率最大的类别。

7.4.2.3　Slow-Fast

双流网络和时序分段网路都是通过光流来显式地捕捉运动的信息。然而计算光流的开销是非常大的，同时光流本身就是从图像中获得的。因此研究者提出了快慢双流网络（slow-fast network）[23]，在不显式地计算光流的情况下，从视频序列帧中直接学习运动信息。快慢双流网络由一个低帧率的慢网络（slow network）和一个高帧率的快网络（fast network）组成。其中慢网络用于捕捉场景和物体的语义信息，而快网络用于捕捉视频帧之间的运动信息，具体如图 7-30 所示。

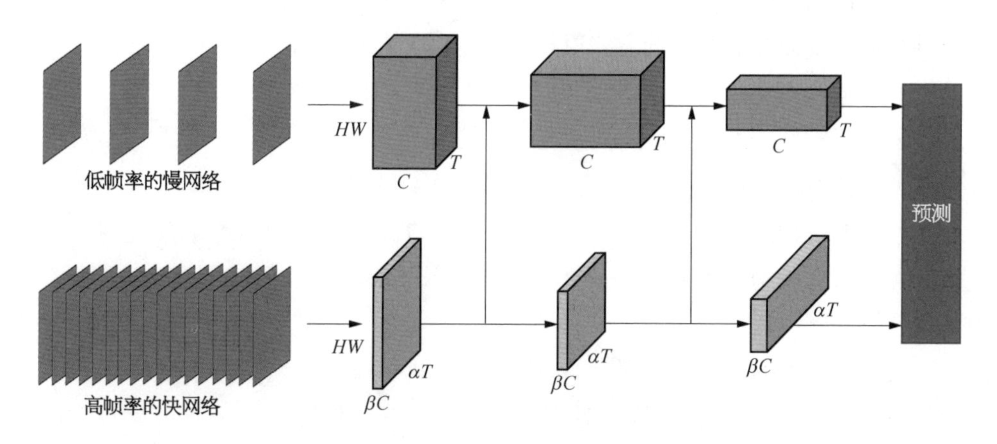

图 7-30　快慢双流网络结构示意图

包含一个低帧率的慢网络和一个高帧率的快网络，通过融合两者的结果得到最后的视频类别。

快网络与慢网络的结构相似，但快网络与慢网络的帧率之比为 $\alpha(\alpha > 1)$，卷积核通道数之比为 $\beta(\beta < 1)$。假设慢网络某一层的特征维度为 $T \times H \times W \times$

C，则快网络的特征维度为 $\alpha T \times H \times W \times \beta C$，其中 T 是时间维度，$H \times W$ 是特征图空间尺寸，C 是特征通道数。快慢双流网络首先使用时序步长卷积（time-stride convolution），即 2β 个 $5 \times 1 \times 1$ 的三维卷积核，将快网络的特征变换成 $T \times H \times W \times 2\beta C$，然后再将其与慢网络的特征进行拼接融合，从而得到场景语义信息和运动信息相结合的特征。

快慢双流网络所蕴含的思想与图像表征中用到的图像空间金字塔的思想类似，快慢双流网络可以看成是一种只有两层的时序金字塔模型。❶

7.5 基于 Transformer 的视频分类

由于 Transformer[25] 在 NLP 领域获得的巨大成功，其也被用于视频这一时序信号的表征。本节将介绍几个典型的基于 Transformer 的视频分类模型。

7.5.1 ViViT

视频 ViT（video vision transformer，ViViT）[27] 是一种完全基于 Transformer 的视频表征网络框架。基于视频数据包含时间维度信息的特点，ViViT 探讨了两种从输入视频提取特征的方式以及 4 种将时间与空间特征融合的策略。

假定输入视频流为 T 帧尺寸为 $H \times W$ 的 C 维图像（对于 RGB 图像 $C=3$，对于灰度图则 $C=1$），则输入视频流可表达为 $\mathbf{V} \in \mathbb{R}^{T \times H \times W \times C}$。ViViT 提出两种视频特征提取方式将视频流转化为网络的输入：

均匀帧采样 如图 7-31(a) 所示，从输入的视频流中均匀地采样 n_t 帧，随后将每个采样帧切分为 $n_h \times n_w$ 个不重合的图像块，则共有 $n_t \times n_h \times n_w$ 个图像块。

管采样 如图 7-31(b) 所示，不同于均匀帧采样从每帧图像上独立进行空间切分，管（tubelet）采样直接将时序上连续的多张图像融合在一起进行时空切分，构成一个跨越时间、空间维度的方形“管”。假设一个管的尺寸为 $t \times h \times w$，则输入视频流会被分为 $n_t \times n_h \times n_w = \left\lfloor \frac{T}{t} \right\rfloor \times \left\lfloor \frac{H}{h} \right\rfloor \times \left\lfloor \frac{W}{w} \right\rfloor$ 个这样的管。这种采

❶ 感兴趣的读者可参考更具一般性的时序金字塔网络模型（temporal pyramid network）[62]。

样方式很自然地包含了时序信息，避免如同均匀帧采样其时序信息需要靠后续 Transformer 网络进行建模。

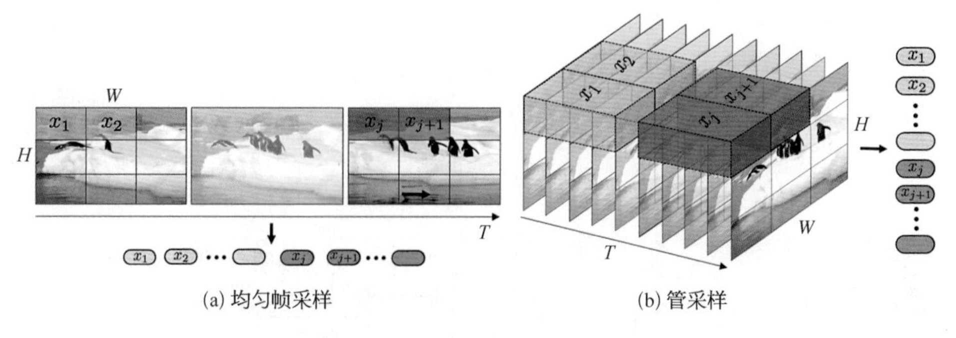

(a) 均匀帧采样　　(b) 管采样

图 7-31　视频特征提取的两种方式

(图片引自[27])

无论是均匀帧采样中的图像块，还是管采样中的管，它们在网络中的地位都是相同的，都被称为令牌。两种方式得到的令牌维度不同，但会经过一层线性映射统一映射到 d 维。因此对 $\mathbf{V} \in \mathbb{R}^{T\times H\times W\times C}$ 的输入视频流，无论采取上述哪种采样方式，都可得到形如 $\boldsymbol{x} \in \mathbb{R}^{n_t\times n_h\times n_w\times d}$ 的令牌序列来送入 Transformer 编码器中进行进一步的时空信息的提取与融合。

ViViT 探讨了 4 种不同的时空信息融合策略。这些策略中的 Transformer 编码器在时间与空间维度进行了不同的分解，从而导致不同策略之间计算量与模型参数量有所差异。

时空注意力机制　如图 7-32(a)所示，该方法未对注意力机制进行改动，仅仅接收经过图 7-31 采样处理后的令牌序列并送入传统的 Transformer 编码器。该方法会对所有令牌进行注意力机制的计算，因此计算量十分巨大。

分解编码器　如图 7-32(b)所示，该方法将时间与空间的注意力机制运算分散到时间与空间两个编码器中。对接收到的令牌序列，首先按照时间顺序进行分割，每个时间点对应的所有令牌(即来自某一帧的所有令牌)被送入同一个空间编码器中，后续将所有 T 个编码器输出作为新的令牌序列再送入时间解码器并得到最后对整个输入视频流的特征表达。这种方法将计算复杂度从 $O((n_t\cdot n_k\cdot n_w)^2)$ 降为 $O((n_h\cdot n_w)^2+n_t^2)$，但因为引入了一个额外的编码器，参数量有所增加。

分解自注意力　该方法与时空注意力类似，不过不再对所有令牌进行注意力的计算，而是首先对同一个时间点的所有符计算注意力，再对同一个空间位置的所有令牌计算注意力。相当于将时空注意力中的一次注意力机制运算分成了串联的两次[图 7-32(c)]，从而避免了同时跨空间与时间的令牌之间的注意力计算。该方法在不增加编码器的基础上达到了与分解编码器相同的计算复杂度。

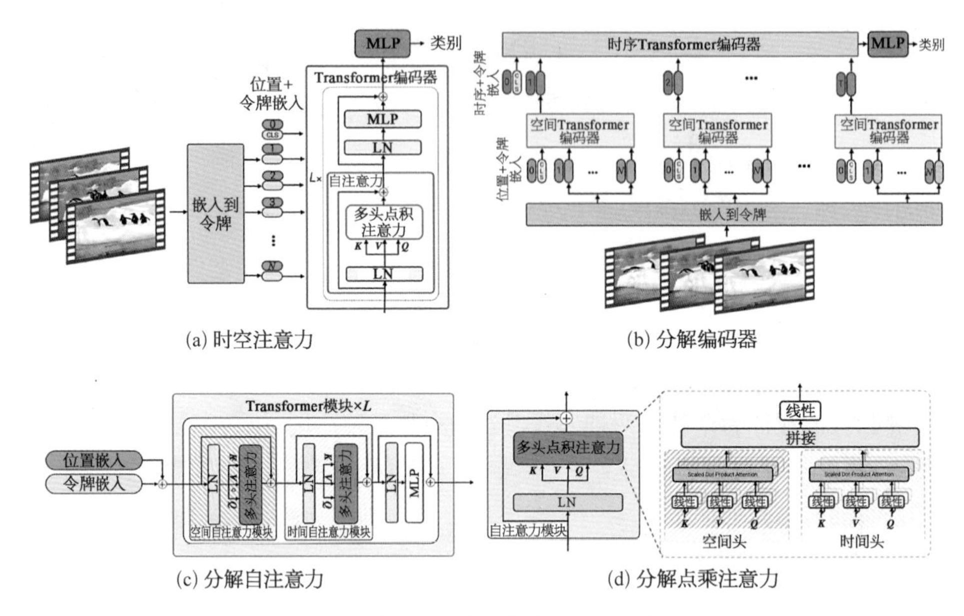

图 7-32　时空信息融合的 4 种方式

(图片引自[27])

分解点乘注意力　相比于分解编码器和分解自注意力，该方法在多头注意力中一半注意力头处理空间计算，另一半处理时间计算，而不是分别为时间与空间维度设置不同的注意力或编码器。在一般注意力机制中，为全体令牌 $\boldsymbol{X}$ 计算 3 个矩阵查询 $\boldsymbol{Q}$、键 $\boldsymbol{K}$、值 $\boldsymbol{V}$，注意力则是对 $\boldsymbol{Q}$、$\boldsymbol{K}$ 进行相乘得到权重矩阵进行缩放和 softmax 后与 $\boldsymbol{V}$ 相乘

$$\text{attention}(\boldsymbol{Q},\boldsymbol{K},\boldsymbol{V})=\text{softmax}\left(\frac{\boldsymbol{Q}\boldsymbol{K}^{\mathrm{T}}}{\sqrt{d_k}}\right)\boldsymbol{V} \tag{7-52}$$

该方法的核心思想是在多头注意力中，一半注意力头和另一半注意力头分别构造同一时间与空间维度的 $\boldsymbol{K}$、$\boldsymbol{V}$，即 $\boldsymbol{K}_t$、$\boldsymbol{V}_t$ 和 $\boldsymbol{K}_s$、$\boldsymbol{V}_s$。然后分别进行注意力运算，即 $\boldsymbol{Y}_t=\text{attention}(\boldsymbol{Q},\boldsymbol{K}_t,\boldsymbol{V}_t)$、$\boldsymbol{Y}_s=\text{attention}(\boldsymbol{Q},\boldsymbol{K}_s,\boldsymbol{V}_s)$，后续再将 $\boldsymbol{Y}_t$ 与 $\boldsymbol{Y}_s$ 进行拼接即可。该方法的计算复杂度与分解编码器和分解自注意力相同，同

时保持参数量与时空注意力机制相同。

7.5.2　TimeSFormer

TimeSFormer[28]同样是一种探究在视频输入的时间与空间维度上应用注意力机制的不同方式的方法。如图 7-33 中所示，共有 5 种不同的时空注意力机制。为了简化，仅取输入视频流中的第 $t-\delta$、t、$t+\delta$ 帧进行可视化，每一帧被切割成 4×4 个图像块，注意力机制则以这些图像块为基本单位，计算块与块之间的相关性。考虑第 t 帧左上角的蓝色图像块，不同注意力机制参与计算的图像块(即标有不同颜色的其余图像块)有明显区别。

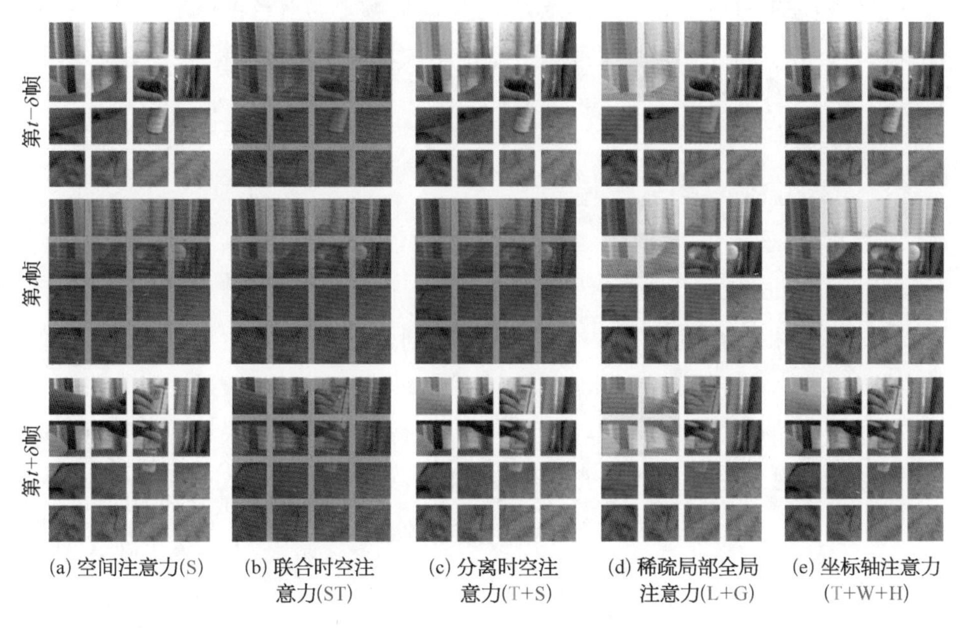

(a) 空间注意力(S)　(b) 联合时空注意力(ST)　(c) 分离时空注意力(T+S)　(d) 稀疏局部全局注意力(L+G)　(e) 坐标轴注意力(T+W+H)

图 7-33　不同注意力机制示意图

(图片引自[28])

空间注意力　蓝色图像块与所有的红色图像块之间计算相似度，即只考虑当前帧各个空间位置的图像块，而不考虑时序上的其余帧(第 $t-\delta$、$t+\delta$ 帧)。因此在这种方法中，时序上的信息并没有被注意力机制利用到。

联合时空注意力　与前一种方法不同，蓝色图像块不再只与当前帧的图像块计算相似度，同时也会考虑前后帧的所有图像块。显而易见地，这种方式在充分利用了时间与空间信息的同时，带来了极大的计算量负担。

分离时空注意力 空间方面仍是考虑当前帧中的所有其余图像块，时间方面则仅考虑其余帧上与蓝色图像块相同位置的绿色图像块，这种方式在引入时间信息的同时仅增加了较少的计算量。

稀疏局部全局注意力 该方法相当于联合时空注意力的稀疏版，对于蓝色图像块，不再考虑所有帧的所有图像块，而是首先从蓝色图像块周围以及其余帧上对应位置的图像块提取局部信息，再从与蓝色图像块相隔一定距离的图像块以及其余帧上对应位置的图像块提取全局信息。这种方法同时兼顾了时间与空间信息的提取，但由于采用了局部与全局分离的方式，计算量远小于联合时空注意力。

坐标轴注意力 计算时间注意力，考虑前后帧上与蓝色图像块对应位置的图像块。计算空间注意力时仅考虑与蓝色图像块同一横纵坐标下的图像块，这进一步减少了计算量。

7.5.3 Video Swin Transformer

Video Swin Transformer[63]是 Swin Transformer[64]在视频领域的延伸，两者的框架十分相似，都是将输入(视频/图像)划分为多个不重合的视频块/图像块，再将所有块的特征送入(Video)Swin Transformer 模块，通过注意力机制进行视频块内部的特征加权处理，随后利用一个视频块融合模块对视频进行降采样，同时对新得到的特征维度进行升维，如图 7-34 所示。此处的 Transformer 模块类似 CNN 中的卷积部分，而融合模块则对应 CNN 中的池化层，由此可见

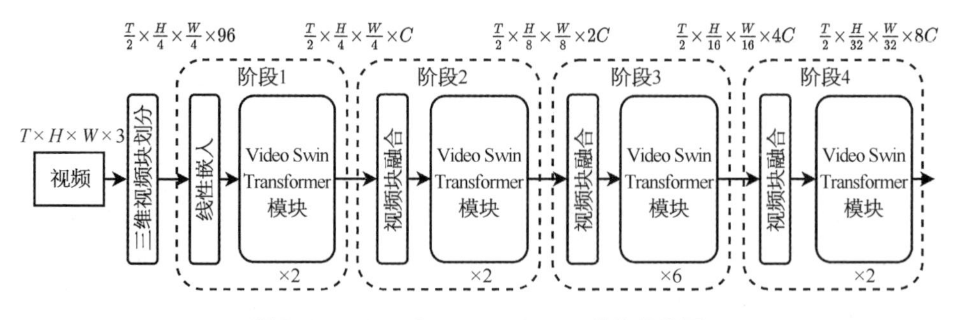

图 7-34 Video Swin Transformer 结构示意图

首先对输入视频进行分块处理，经过数个包含视频块融合与 Video Swin Transformer 模块的结果，进行特征空间尺寸降采样和特征通道提升。(图片引自[63])

无论是基于CNN还是基于Transformer的网络框架，特征提取与降采样操作都是必不可少的。经过多个Transformer模块与融合模块后得到的最终特征则可以送入后续网络用于下游任务。

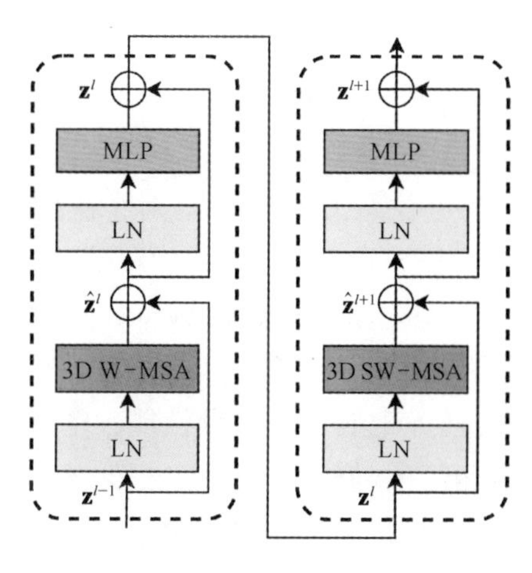

图7-35 Video Swin Transformer模块结构示意图

（图片引自[63]）

该网络框架十分简单，其中值得一提的是Video Swin Transformer模块，其结构如图7-35所示，每个模块中包含的连续两层网络结构几乎一致，区别仅在于各自包含的注意力机制不同。首层网络的3D W-MSA全称3D windows multi-head self-attention，其操作对象是如图7-36中第l层的常规切块，而第二层网络中的3D Shifted Windows multi-head self-attention（3D SW-MSA）则使用位移切块。

Video Swin Transformer之所以在常规切块之外还采用了第二种位移切块的方法，是因为在常规切块中，注意力机制的作用对象是每个窗口的内部，这导致忽略了窗口之间的信息交互。而位移切块中，则是将常规切块中的切分线按时间、长、宽3个方向位移半个窗口的尺寸，这样新生成的窗口就会包含常规切块中不同窗口的信息，从而实现窗口间的信息相融。

图7-36给出了关于两种切块方式的一个具体例子。第l层Video Swin Transformer模块的输入为8×8×8（时间×高×宽）的特征图序列，欲将其分割为数个尺寸为4×4×4的窗口。第l层将其切分成2×2×2=8个窗口。而

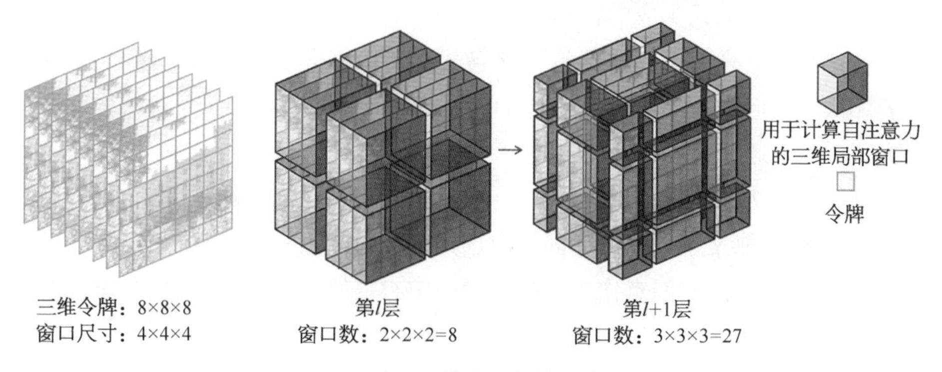

图7-36 三维窗口切块示意图

（图片引自[63]）

在第 $l+1$ 层，因为切分线按时间、长、宽 3 个维度移动了半个窗口的尺寸（$4\times1/2=2$），得到了 $3\times3\times3=27$ 个窗口。值得注意的是，经过一定的处理，注意力机制在这 27 个窗口上的计算量能够降至与常规 8 个窗口相同。

7.5.4 VideoCLIP

一方面，鉴于 OpenAI 提出的 CLIP（contrasive language-image pre-training）[65]模型在图像领域各任务获得的极大成功，许多研究者将目光投向 CLIP 与视频的结合；另一方面，Transformer[25]在图像分类任务中展现了优异性能。基于 Transformer 的 VideoCLIP[66]就在此背景下应运而生（但 VideoCLIP 框架并不局限于 Transformer）。无论是 CLIP 还是 VideoCLIP，其核心思想都是学习文本与图像/视频的对应关系，并通过自然语言描述所学的视觉概念，使模型能够在小样本（few-shot）乃至零样本（zero-shot）的设置下迁移到下游任务并取得优异表现，甚至超过在下游任务中进行有监督训练的模型。

CLIP 模型的成功很大程度上依赖于预训练阶段进行的利用大规模数据的训练。CLIP 从互联网上收集了 4 亿个图像-文本对，而 VideoCLIP 则在极大规模的视频数据集 HowTo100M[67]上进行预训练。VideoCLIP 沿用了 CLIP 中对比学习的预训练方法，通过构建视频片段与描述文字的正负配对着重学习正配对中视频与文字的共同特征，区分负配对中两者的不同之处。

由于 VideoCLIP 模型的训练依赖于正负匹配对，如何构建视频与文字的正负配对，对于模型学习两个模态之间的关系至关重要。由于视频比图像多了一个时间维度，寻找视频片段对应的文字比寻找图像对应的文字困难许多，根据时间戳的严格对应关系生成的视频-文本对可能在语义上并没有很大关联，比如表演者说："我接下来要拿起这支笔"，拿起笔的动作将会发生在这句话之后，因而两者无法对应起来。为了解决这样的问题，VideoCLIP 采取了全新的构建正配对方式：

1）选取一段文字。

2）在被选取文字发生的时间段内选择一个时间点。

3）以被选中的时间点作为视频片段的中心，随机生成不同时间长度的视频段（<32 秒）。

1）中之所以首先采用文字而非视频片段，是因为极有可能采样到的视频片段并没有对应的文字描述。实验证明这样的构建方式能够取得较好的效果。

同样地，VideoCLIP 也改进了负样本对的构建方式，力求负样本对的视频与文本具有语义上的相似性但又不是完全对应(图 7-37)，以此来增强模型对细粒度语言和文本间关系的学习能力。具体来说，VideoCLIP 使用基于检索的采样，获取与正样本对语义上类似的负样本对，来构建训练批次。因而训练过程可被总结为“检索+训练”的两阶段训练方法。算法如图 7-38，其中第 2 至 4 行为检索阶段，第 5 行为训练阶段。第 2 行通过平均视频中所有的视频文本对的特征来得到一个视频的全局特征；第 3 行则对所有的视频特征构建了一个密集索引；第 4 行是重点，首先随机选取 $|C|$[对应训练集中的批次(batch)数量]个视频并对其中每个视频 V 构建一个视频簇：在特征空间中采样视频 V 的 $2k$ 个最近邻，并从中采样 $|c|=k$ 个视频簇。一个视频簇即为训练集中的一个批，一个批内的同一视频的视频-文本正样本即为相对于其他视频的负样本。之所以不直接选择 V 最邻近的 k 个视频，是因为这里想要一个簇中的视频相互接近，而非全部与 V 接近，基于上述正负样本采样方法，VideoCLIP 采用 NCE(noise contrastive estimation)损失函数，约束正样本中视频片段与文本间的特征相近，负样本则尽量远。

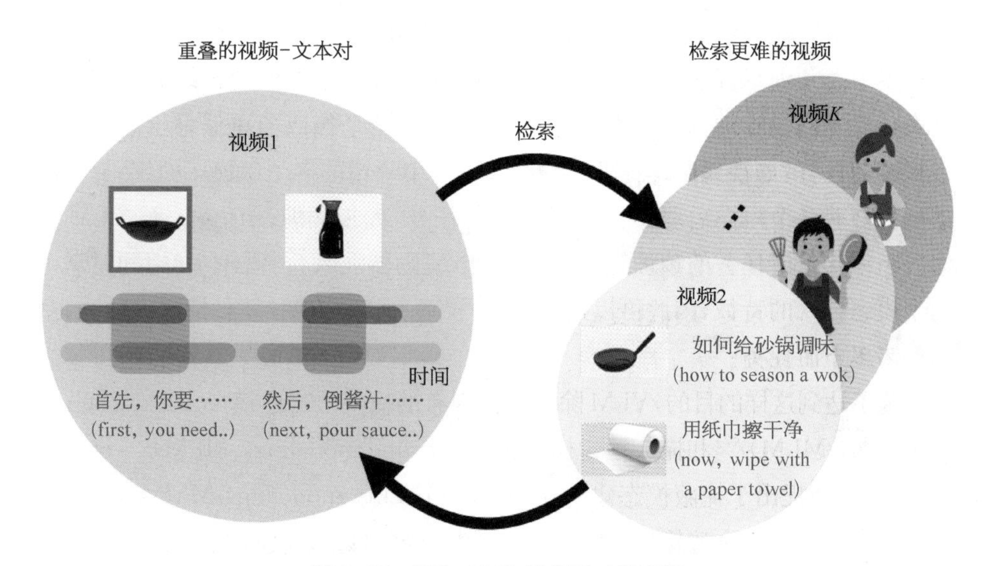

图 7-37　VideoCLIP 正负配对示意图

宽松的基于时间重叠的正样本构建(蓝色)与困难负样本检索(红色)。(图片引自[66])

算法1：检索增强训练

输入：$\mathcal{V}$ 是视频集，M是模型。

1 对于每个轮次执行

2 通过M计算所有视频v的全局特征：对于每个视频$V \in v$，其全局特征计算如下

$$z_V = \frac{1}{2|B_V|}\sum_{(v,t)\in B_V}(z_v + z_t)$$

其中B_V表示包含V的所有视频片段对（chip pair）。

3 对于所有视频的z_V建立密集索引。

4 检索 $|C|$ 个视频簇（cluster），其中每个簇$c \in C$以$c \sim \text{KNN}(z_V, 2k)$的方式从一个随机视频$V$采样，$|c|=k$。

5 从$c \in C$中采样重叠的视频-文本对（video-text pair）训练M。

6 结束

图 7-38 VideoCLIP 训练算法

（图片引自[66]）

7.5.5 VLM

视频语言模型(video language model，VLM)[68]同样是一个专注于视频理解的多模态预训练方法。传统的包含视频、文本两个模态的预训练方法多是为某类任务专门设计的，如文献[69]中的跨模态的单个编码器更偏好于需要跨模态推理的任务，如视频翻译任务；文献[70,71]中采用的多个单模态的编码/解码器则偏好对各个模态需要单独学习特征的任务，如视频取回任务。而 VLM 作为一个未知下游任务的预训练方法，用一个编码器在联合特征空间中同时学习两个模态输入的特征，因此可以接收文字、视频、文字＋视频 3 种情况的输入，适用于诸多下游任务。

为了达到这样的目的，VLM 除了应用现有的掩蔽语言建模(masked language modeling，MLM)[72]和掩蔽帧建模(masked frame modeling，MFM)[70]这种训练目标外，还提出了掩蔽模态建模(masked modality modeling，MMM)，旨在将一个模态的信息完全遮掩掉，通过另一个模态的信息来恢复被遮掩模态的信息。因为像 MLM 和 MFM 这类在单个模态中遮掩部分信息的任务，模型会更偏好于通过同模态内部被遮掩位置附近的信息来恢复遮掩信息，两个模态之间的关联未得到充分建模。

具体来说，以一个形如 $\boldsymbol{x}=[\mathrm{CLS}]\circ\boldsymbol{x}_{\mathrm{v}}\circ[\mathrm{SEP}]\circ\boldsymbol{x}_{\mathrm{t}}\circ[\mathrm{SEP}]$ 的输入 $\boldsymbol{x}$ 为例，其中 $\boldsymbol{x}_{\mathrm{v}}$ 与 $\boldsymbol{x}_{\mathrm{t}}$ 分别表示视频和对应文本的特征，[CLS]与[SEP]代表两类特殊的预设符，用来指示视频特征与文本特征的分段，$\circ$ 表示这些特征通过级联的方式构成了整体特征 $\boldsymbol{x}$。如图 7-39 所示，第一行展示了 MFM-MLM 的预训练方式，即分别在视频特征段与文本特征段随机遮掩掉部分信息并利用剩余信息恢复出遮掩信息。第二、三行则展示了 MMM 方法在文本与视频模态的分别应用。可以看到，MMM 中被遮掩掉的是某个模态的所有而非部分信息，力求以另一模态的信息来恢复出被遮掩掉的模态信息。

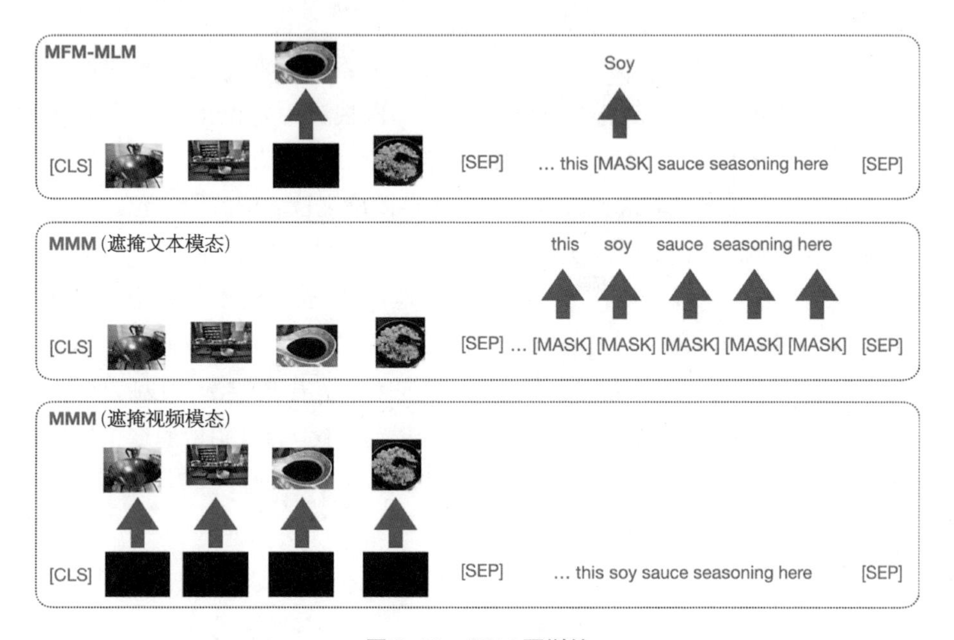

图 7-39　VLM 预训练

用掩蔽令牌[MASK]遮掩文本模态，用全 0 信号遮掩视频模态。(图片引自[68])

7.6　时序动作定位

视频分类是对输入的整个视频预测一个分类标签。用于视频分类的视频可能是经过剪裁去除了与类别无关的视频帧，也可能是未经过剪裁的，即视频中包含一定的与类别无关的视频帧。除了基于整个视频的视频分类外，视频理解中还有一类任务需要精确地定位出视频中对应事件或者动作在视频时间轴上的具体位置。例如给定一个未经过剪裁的升国旗的视频，在同时确定该视频对应的事件标签的同时，还要定位出在时间轴上哪个时间段国旗升起；又如，给定一个踢足球的视频，定位出射门这一动作在视频时间轴上的位置。这类视频理解任务被称为时序动作定位（temporal action localization）。具体地，给定一段长度为 T 的视频，$\mathcal{V}=\{\boldsymbol{I}_1, \boldsymbol{I}_2, \boldsymbol{I}_3, \cdots, \boldsymbol{I}_T\}$，时序动作定位的目标是检测出视频 $\mathcal{V}$ 中各类动作发生的起始时间和结束时间。其本质任务包含时序检测和视频分类。

目前时序动作定位的主要难点在于：① 动作的分类需要考虑时序上的信息，而动作在时序上跨度可能非常大，需要捕捉长时间的运动依赖关系；② 动作在时序上的边界比较模糊，存在歧义性。

动作时序定位与目标检测具有高度相似性：目标检测是从一张图像中定位出目标的空间位置，而动作时序定位是从一段视频中定位出动作在时间轴上的位置。因此很多动作时序定位方法都借鉴了目标检测的算法。具体地，目前主流的时序动作定位算法也大致可以分为单阶段定位和两阶段定位。其中单阶段算法同时预测动作在时序上的位置以及对应的动作类别，而两阶段算法通常包含候选片段生成以及动作分类。进一步地，两阶段算法根据时序候选动作（temporal action proposal）片段的选取方式又可以分类为自顶向下（top-down）和自底向上（bottom-up）的方法。其中，自顶向下法先生成候选片段后分类，自底向上法先得到分类特征后聚合形成候选片段。本小节将介绍依照这个思路介绍几种典型的基于深度学习的动作时序定位算法。

7.6.1　单阶段方法

单阶段算法同时进行动作的时间预测和类别分类。比较具有代表性的单阶段时序动作定位与识别的方法是 single shot temporal action detection（SSAD）[73]。它的思想与图像中的单阶段目标检测方法 SSD[74] 和 YOLO 系列[75] 类似，即同时对候选框（proposal）和所属的类别进行预测。SSAD 整体框架如图 7-40 所示，SSAD 通过 3 个子网络提取视频特征序列，SSAD 随后从特征序列预测多尺度上的动作实例，在训练过程中，计算相关的损失函数并完成网络参数优化；在测试过程中，通过相关的后处理操作如 NMS 等，得到所有的时序动作定位与识别实例。

特征提取　SSAD 分别使用双流网络和三维卷积网络来提取每个时刻附近视频片段（snippet）的特征，其中双流网络包含了空间网络和时序网络。每一个视频片段包含当前视频帧、以当前视频帧为中心的连续视频帧，以及其对应的光流，将它们输入到对应的双流网络和三维卷积网络，然后拼接3个网络层的输出，得到片段级别的SAS特征。因此，一个包含 T_w 帧的视频经过特征提取阶段后，将会得到一个 $T_w \times 3K'$ 的特征序列，其中 $K'=K+1$，K 代表动作类别数。

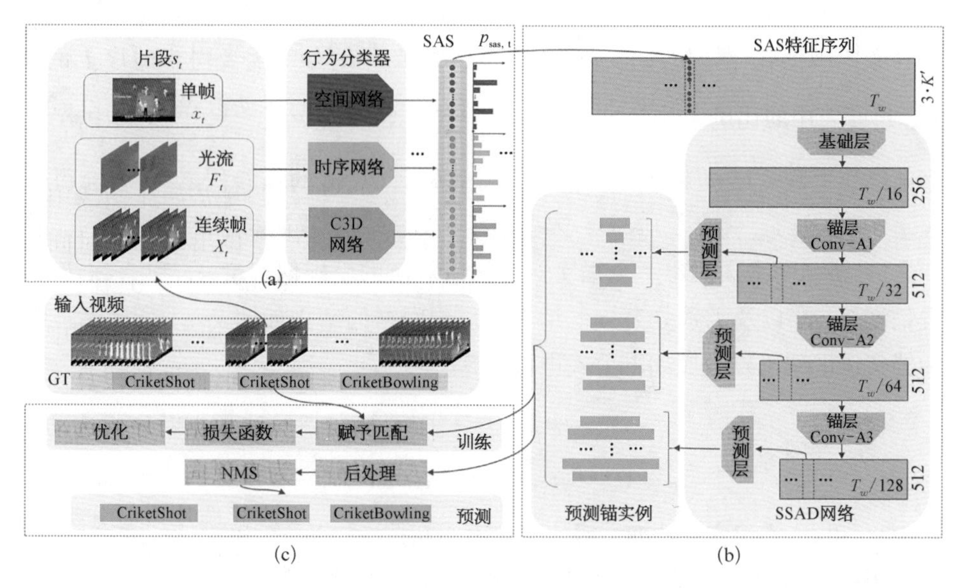

图 7-40 SSAD时序动作定位示意图

(图片引自[73])

多尺度实例预测 在获得长度为 T 的特征序列后，其将作为SSAD的输入。SSAD模型是一个全部由时序卷积(一维卷积)构成的网络，主要包括基(base)网络、锚(anchor)网络和预测(prediction)网络三部分。

1) SAS输入基网络之后，得到一个 $T_w^b \times 256$ 的特征，其中 $T_w^b = T_w/16$。基网络在卷积层和池化层都采用了大卷积核和大池化核，从而较好地捕捉时序之间的依赖关系。

2) 从基网络出来的特征将依次经过3个锚卷积层(Conv-A1、Conv-A2和Conv-A3)，得到3个时序尺度的锚特征：

$\boldsymbol{f}_{A1} \in \mathbb{R}^{T_w^{A1} \times 512}$，其中 $T_w^{A1} = T_w/32$

$\boldsymbol{f}_{A2} \in \mathbb{R}^{T_w^{A2} \times 512}$，其中 $T_w^{A2} = T_w/64$

$\boldsymbol{f}_{A2} \in \mathbb{R}^{T_w^{A3} \times 512}$，其中 $T_w^{A3} = T_w/128$

这些一维卷积层具有相同的配置，其卷积核大小为 3×3、步长大小为 2、滤波器数量为 512。锚卷积层输出的特征序列中的每个位置都被关联了多个尺度的锚实例。每一个锚实例代表视频中动作发生的时刻和时长，可以理解为作为参照的一维时间框，其具体包含两个初始参数，初始宽度 μ_w 和初始中心 μ_c。$\mu_w = s_f * r_d$，其中 s_f 为基础比例系数，$s_f = \frac{1}{T_w}$；r_d 为缩放比例系数，它来自一系列设定好的比例系数，$R_f = \{r_d\}_{d=1}^{D_f}$，$\boldsymbol{f}_{A1}$ 尺度使用比例系数 $R_f = \{1, 1.5, 2\}$，$\boldsymbol{f}_{A2}$ 和 $\boldsymbol{f}_{A3}$ 尺度使用的比例系数 $R_f = \{0.5, 0.75, 1, 1.5, 2\}$。$\mu_c = \frac{m + 0.5}{T_w}$，其中 m 为当前锚所关联的第 m 帧视频。因此，经过多时间尺度的锚卷积之后，将会得到 $N_f = (T_w^{A1} + T_w^{A2} + T_w^{A3}) \times D_f$ 个锚实例特征，每一个特征的维度为 512。

3）预测网络预测每一个锚实例特征所对应的坐标偏移量 Δc 和 Δw、重叠置信度 p'_{over}，以及类别分类 p_{class} 结果。预测网络的结构如图 7-41 所示。最终的锚实例区间可以按照如下公式进行计算

$$\varphi_c = \mu_c + \alpha_1 \cdot \mu_w \cdot \Delta c \tag{7-53}$$

$$\varphi_w = \mu_w \cdot \exp(\alpha_2 \cdot \Delta w) \tag{7-54}$$

其中 φ_c 和 φ_w 为锚实例校准之后的时序中心和持续时长，α_1 和 α_2 均设置为 0.1，它们用来控制训练过程中数值的稳定性。因此该动作的起止时间为 $[\varphi, \varphi']$，

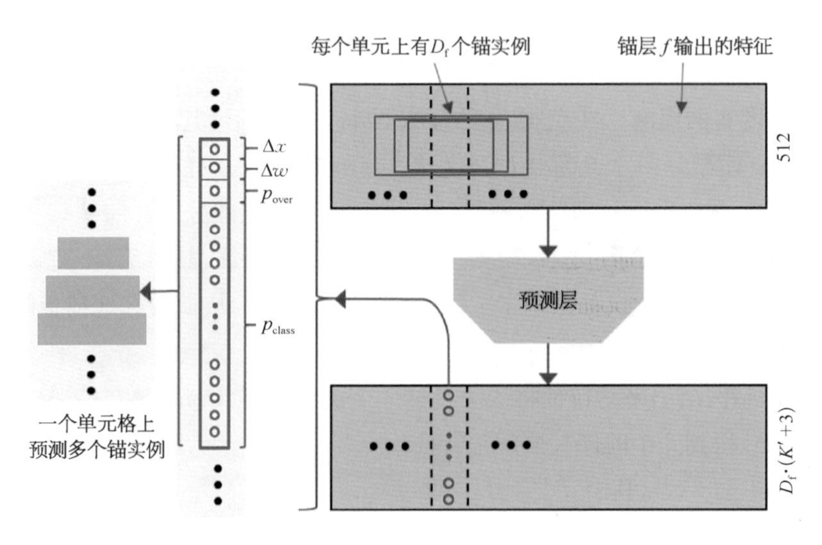

图 7-41 SSAD 的锚实例预测网络结构示意图

（图片引自[73]）

其中 $\varphi=\varphi_c-\frac{1}{2}\varphi_w$，$\varphi'=\varphi_c+\frac{1}{2}\varphi_w$。对 N_f 个锚实例进行预测之后，将会得到一系列的锚实例预测集合 $\Phi_f=\{\phi_n=(\varphi,\ \varphi',\ p_{class},\ p_{over})\}$。

训练与测试后处理阶段 在训练过程中，首先将获得的锚实例用坐标偏移量进行修正，再与真值实例进行匹配，来确定锚实例是正样本还是负样本。SSAD 模型所使用的损失函数如下

$$\mathcal{L}=\mathcal{L}_{class}+\alpha\cdot\mathcal{L}_{over}+\beta\cdot\mathcal{L}_{loc}+\lambda\cdot\mathcal{L}_2(\Theta) \tag{7-55}$$

其中 $\mathcal{L}_{class}$ 为分类损失，$\mathcal{L}_{over}$ 为重叠置信度回归损失，$\mathcal{L}_{loc}$ 为边界回归损失，$\mathcal{L}_2(\Theta)$ 为网络参数的正则化损失项，α、β 和 λ 都是权重系数，分别设置为 10、10 和 0.000 1。

在测试过程中，对于每一个锚实例 $\theta_n=(\varphi,\ \varphi',\ p_{class},\ p'_{over})$，首先计算平均的单元分类分数

$$\bar{p}_{sas}=\frac{1}{3\cdot(\varphi'-\varphi)\sum_{t=\varphi}^{\varphi'}(p_{S,t}+p_{T,t}+p_{C,t})} \tag{7-56}$$

其中 $p_{S,t}$、$p_{T,t}$ 和 $p_{C,t}$ 分别为双流网络的空间网络的类别分数、时序网络的类别分数和三维卷积网络的类别分数。接着，计算每一个锚实例的最终分类分数 $p_{final}=p'_{over}\cdot(p_{class}+\bar{p}_{sas})$，从而获得一段视频所有的动作实例集合，最终通过对所有实例的 p_{final} 采取 NMS 对重叠的预测区间进行去重，从而得到最终的时序动作定位和分类结果。

7.6.2 自顶向下的多阶段方法

自顶向下的方法通过人为设置锚框（如 TAL-Net[76]）或者采用滑动窗口方式[如 deep action proposal(DAP)[77]、Single-stream Temporal Action Proposal (SST)[78]、segment-CNN(S-CNN)[79]、TURN TAP[80]]选取候选框，最后对候选框进行分类。本节介绍两种较为典型的方法 TAL-Net 和 TURN TAP。

7.6.2.1 TAL-Net

鉴于时序动作定位和目标检测的相似性，研究者基于 Faster-RCNN 目标检测方法设计了一种时序动作定位网络（temporal action localization network, TAL-Net）[76]，如图 7-42 所示。与 Faster R-CNN 相似，TAL-Net 也包括多尺

度锚框片段(multi-scale anchor segment)提取、候选片段(segment proposal)提取、候选片段分类 3 个阶段。

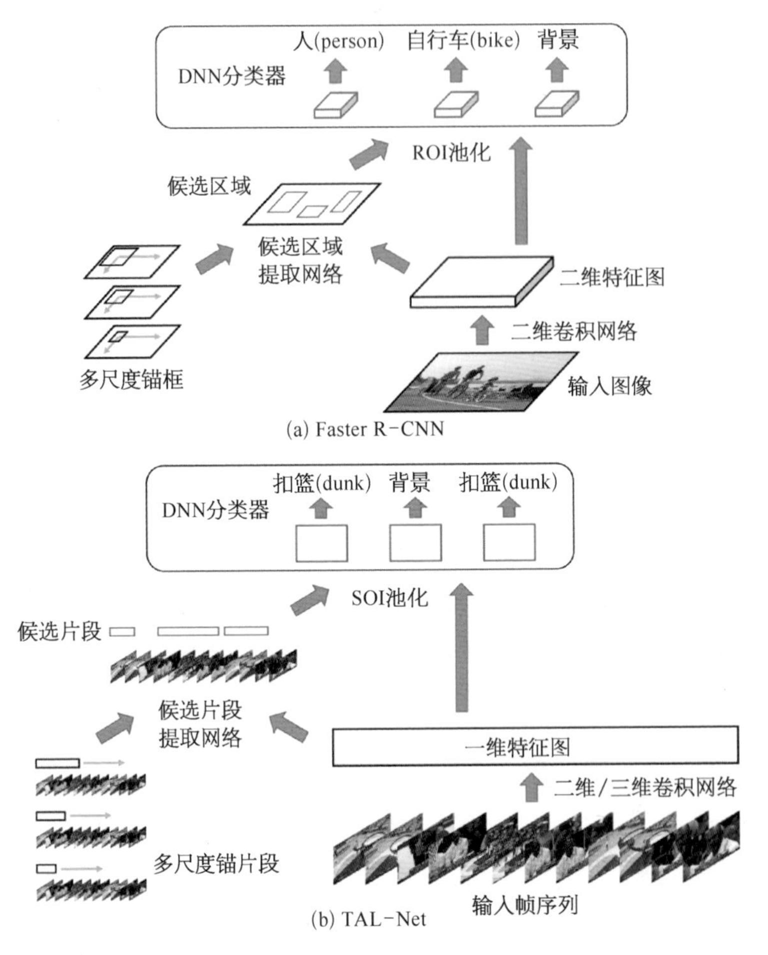

图 7-42 Faster R-CNN 和 TAL-Net 对比图

(图片引自[76])

给定视频通过特征提取网络(如双流网络)得到时间维度上的特征序列，TAL-Net 方法的第一步是基于该特征序列获得动作的候选片段。在视频中，有的动作持续时间特别短，有的动作持续时间特别长。TAL-Net 考虑到动作的长短变化非常剧烈，在候选片段特征提取网络中，设计了一系列跨度变化的多尺度锚框片段[图 7-43(a)]。为了更好地刻画不同尺度的锚框片段特征，TAL-Net 提出了与锚框尺度相适应的空洞卷积核。假定锚框时间跨度为 s，则时间维度上的卷积层空洞率和感兴趣片段(segment of interest，SOI)池化步长如图 7-43(b)所示。此外，对于动作检测，由于动作的先后具有关联性，因此，TAL-Net 提出了基于上下文信息的候选框提取。具体在实践中，对于时间跨度为 s 的锚框，TAL-Net 期望在两个方向的感受野各扩大 $s/2$，对应的空洞卷积率和 SOI 池化步长则发生相应变化，如图 7-43(c)所示。

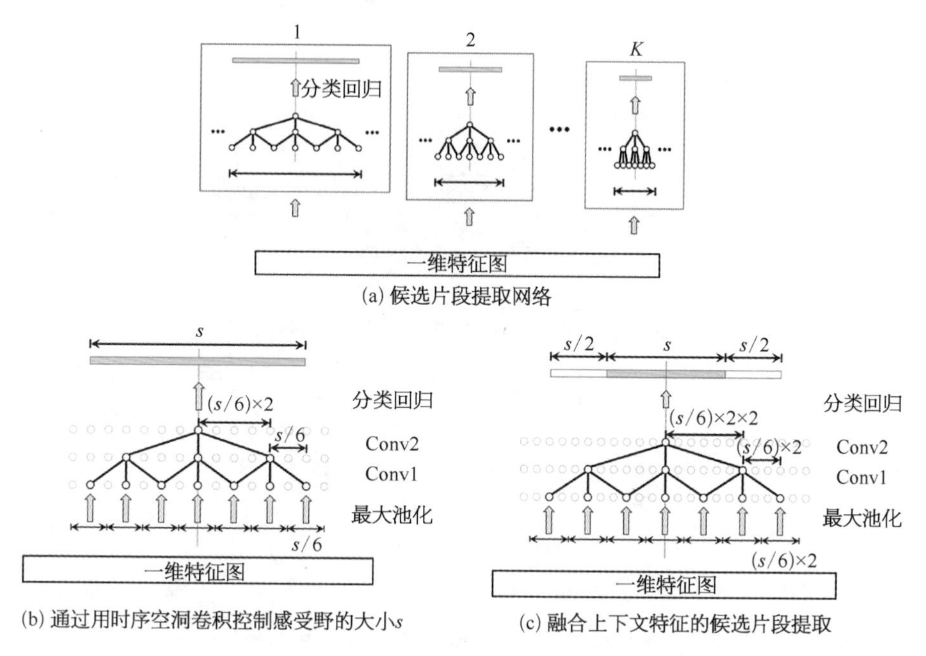

图 7-43　TAL-Net 中的候选框片段提取网络

(图片引自[76])

TAL-Net 采用双流特征时，融合 RGB 信息和光流信息进行时序动作定位(图 7-44)。具体地，对于两个一维特征图(分别从 RGB 和光流数据中提取的特征)，分别输入相应的候选片段提取网络并回归候选框边界。两路回归结果进行平均作为最终的候选片段起止边界。使用该候选片段边界，再从 RGB 和光流一维特征图上分别做 SOI 池化，并输入独立的分类网络预测动作类别。最后将两个分类网络预测结果进行平均，作为最终的时序动作类别输出。

7.6.2.2　TURN TAP

用于时序动作提议的时间单元回归网络(temporal unit regression network for temporal action proposals，TURN TAP)[80]的特点是在单元级别(unit level)，

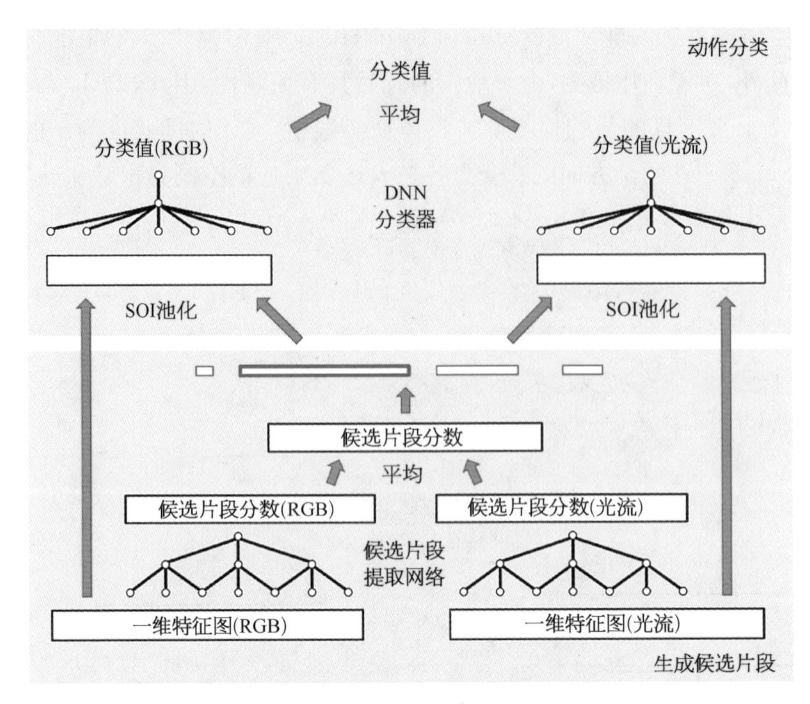

图 7-44 TAL-Net 中的双流特征融合

(图片引自[76])

而非帧级别(frame level)做区间回归(图 7-45)。因为人类无法做到精确到帧的动作起止判别和标注,因此基于单元级别的模型设计更加符合直觉,也一定程度地避免了人类标注在帧级别上的误差所带来的影响。给定一个长度为 T 帧的视频 $V=\{\boldsymbol{I}_1, \boldsymbol{I}_2, \cdots, \boldsymbol{I}_T\}$,其中 $\boldsymbol{I}_i$ 为视频的第 i 帧,TURN TAP 的流程如下:

1) 一个视频单元(video unit)为多个连续帧的集合,即 $U=\{\boldsymbol{I}_i\}_{s_\mathrm{f}}^{s_\mathrm{f}+n_\mathrm{U}}$,其中 s_f 代表单元的起始帧索引,$s_\mathrm{f}+n_\mathrm{U}$ 代表单元的结束帧索引,n_U 为单元包含的帧数。视频被均等地分成 T/n_U 个连续不重叠的视频单元。通过特征提取器 E 提取单元特征

$$\boldsymbol{f}_\mathrm{U}=E(U) \tag{7-57}$$

其中 E 可选用预训练好的 C3D 网络、基于 RGB 的或基于光流的 CNN。

2) 定义一个片段(即时序上的窗口) C 为视频单元的集合 $C=\{U_j\}_{s_\mathrm{U}}^{s_\mathrm{U}+n_\mathrm{C}}$,其中 s_U 为片段起始单元索引,n_C 为片段中的单元数量。设 $e_\mathrm{U}=s_\mathrm{U}+n_\mathrm{C}$ 为片段结束单元的索引,$\{U_j\}_{s_\mathrm{U}}^{e_\mathrm{U}}$ 也被称为片段内部单元(internal unit)。为了引入片段的上下文信息,定义上下文单元(context unit),即 C 起点前的单元 $\{U_j\}_{s_\mathrm{U}-n_\mathrm{Ctx}}^{s_\mathrm{U}}$ 和

终点后的单元 $\{U_j\}_{e_U}^{e_U+n_{Ctx}}$。片段最终特征为内部单元和上下文单元特征的拼接

$$\boldsymbol{f}_C = \text{Pool}(\{U_j\}_{s_U-n_{Ctx}}^{s_U}) \parallel \text{Pool}(\{U_j\}_{s_U}^{e_U}) \parallel \text{Pool}(\{U_j\}_{e_U}^{e_U+n_{Ctx}}) \qquad (7\text{-}58)$$

其中 ‖ 为特征拼接操作，Pool 为均值池化。进一步地，控制时序分辨率 n_C 和 n_{Ctx} 变化，得到一组多尺度片段金字塔（clip pyramid）。另外，片段起始单元 s_U 记为锚点单元（anchor unit）。

3）对每一个锚点单元所对应的所有时序片段特征 $\boldsymbol{f}_C$，通过两个回归层回归当前片段包含动作实例的置信度，以及该动作实例的起止相对于片段起止的时轴坐标偏移，获得具有起止时间和置信度的候选区间。对于所有的候选区间，进行 NMS 处理排除重叠动作实例，最终得到单元级别的动作定位。

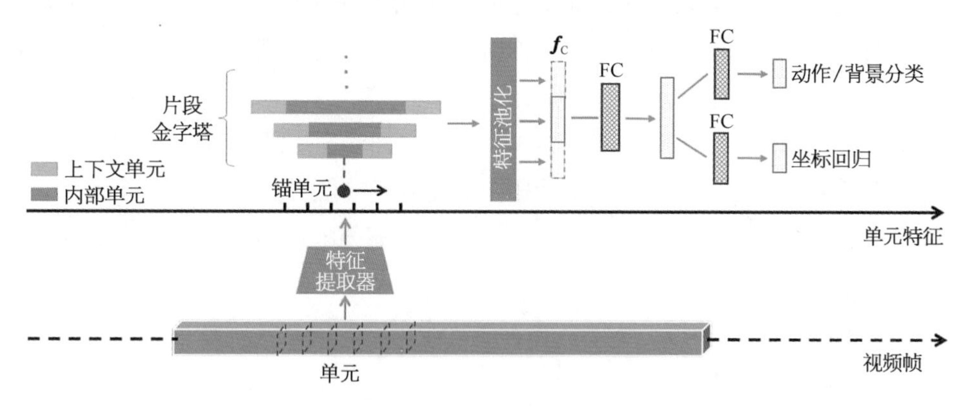

图 7-45　时序动作定位方法 TURN TAP 框架图

（图片引自[80]）

7.6.3　自底向上的多阶段方法

自底向上的多阶段方法是先利用视频特征提取网络，如双流网络和三维卷积网络等提取每一帧或者每一个视频片段的动作置信度（actionness），然后利用不同的方式来构建一系列的动作候选框，最后对候选框对应的特征进行分类，实现对动作的时序定位。此类方法包含 structured segment network（SSN）[81]、boundary sensitive network （BSN）[82]和 boundary-matching network（BMN）[83]等。

7.6.3.1　BSN

边缘敏感网络（boundary sensitive network，BSN）[82]是一类基于自底向上

的从局部到全局的时序动作定位算法。其核心思想是先局部地评估每帧属于动作起始、结束，以及动作过程的概率。然后基于这些概率构建一些时序动作候选片段，再基于这些候选框采样特征判断每个候选框属于动作的概率。

BSN 算法的结构如图 7-46 所示，主要包含以下步骤：

特征编码　在该阶段通过滑动窗口的方式提取视频片段，每一个片段利用双流神经网络分别提取时序特征和空间特征，并将它们串接作为该片段的特征。

候选片段生成　该阶段是 BSN 的核心（图 7-47），首先将片段级别的特征输入到一个包含 3 个一维卷积层的时序评估模块（temporal evaluation module），并输出每个时刻属于起始、结束以及动作的概率，结合邻近的代表起始和结束的高概率点或局部极大值点，产生多个动作时序候选片段[也被称为边界敏感候选片段（boundary-sensitive proposal，BSP）]。

候选片段评估　基于每个候选片段，分别采样候选片段内部、起始点邻域和结束点邻域的置信度，经线性插值为固定长度后拼接得到候选框特征，输入包含两个全连接层的候选片段评估模块（proposal evaluation module），最终得到该候选片段属于动作的概率。

后处理　使用软阈值 NMS[84]来抑制冗余候选片段。

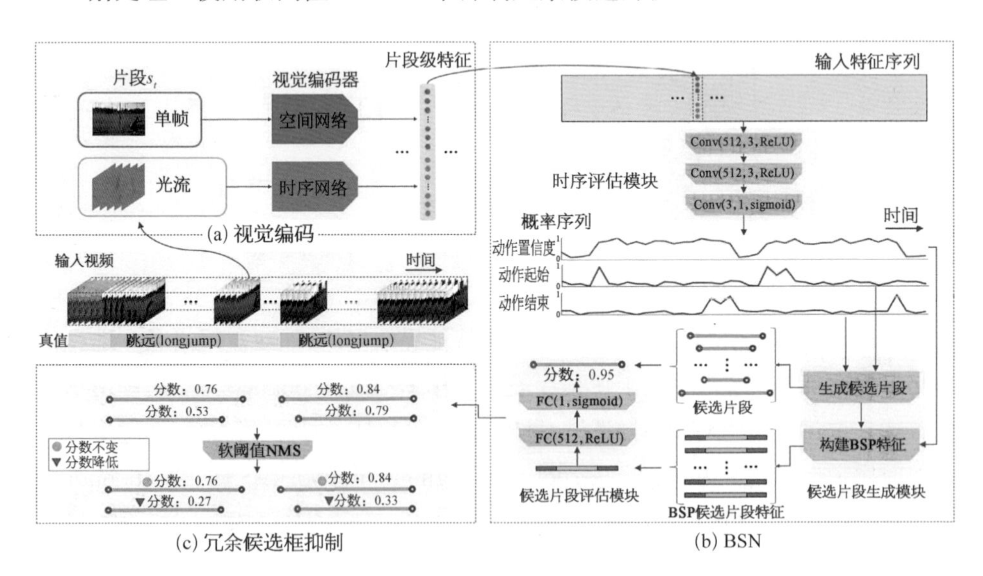

图 7-46　BSN 网络结构示意图

（图片引自[82]）

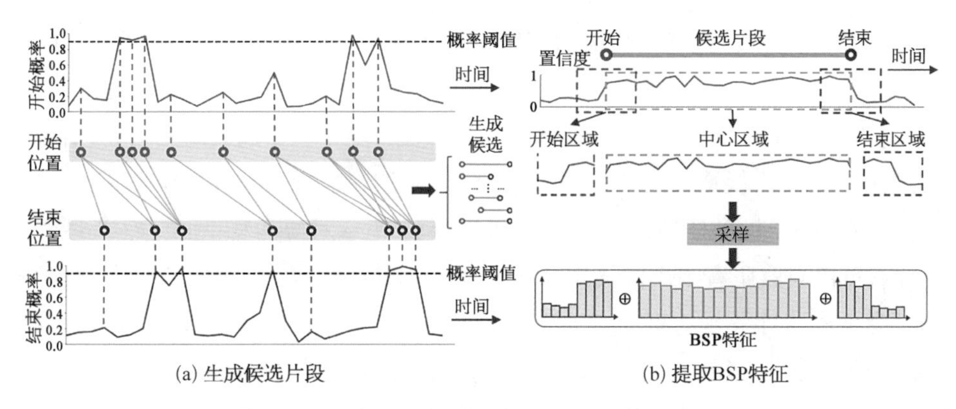

图 7-47　BSN 生成候选片段与提取候选片段特征

(图片引自[82])

7.6.3.2　BMN

虽然 BSN[82]能够产生具有灵活时长、边界准确、较为可靠的候选序列,但是它需要对所有的候选片段计算分类,时间开销大,且所用的特征仅有动作置信度,特征相对简单。针对这些问题,研究者提出边界匹配网络(boundary-matching network, BMN)[83]。

BMN 的核心是引入一种 BM 置信度图 $\boldsymbol{M}_C$。如图 7-48 所示,在 BM 置信度图中,行索引动作候选框持续的时间,列索引每个动作的起始时刻。每一行的所有候选片段具有相同的持续时间,每一列所有候选片段具有相同的动作起始时刻。某一个位置的值代表对应某一起始时刻和某一时长的动作的置信度。BM 置信度图右下角超出了视频的长度,因此在训练和推理阶段不予考虑。

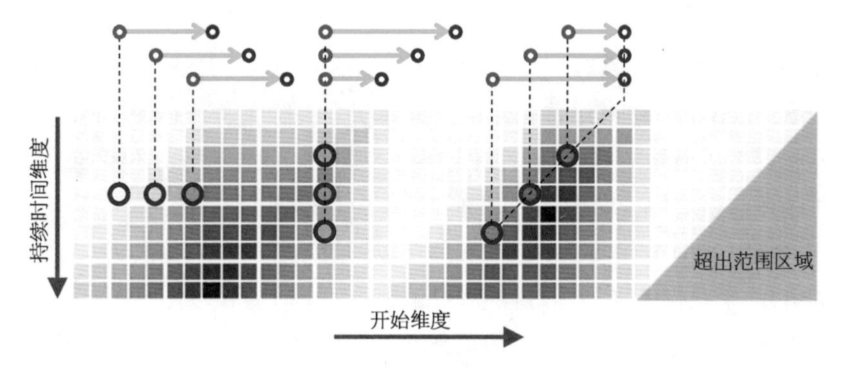

图 7-48　BM 置信度图 $\boldsymbol{M}_C$

(图片引自[82])

给定一个视频，经特定网络（如双流网络）提取特征 $\boldsymbol{S}_{\mathrm{F}} \in \mathbb{R}^{C \times T}$，其中 C 为特征通道数，T 为特征时序长度，基于 $\boldsymbol{S}_{\mathrm{F}}$ 计算 BM 置信度图 $\boldsymbol{M}_{\mathrm{C}}$。记 $\boldsymbol{M}_{\mathrm{C}}$ 的大小为 $\boldsymbol{M}_{\mathrm{C}} \in \mathbb{R}^{D \times T}$，其中 D 为动作候选框的最大时长。给定一个起始时刻为 t_{s}、结束时刻为 t_{e} 的动作候选片段 $\varphi_{i,j}$，在 t_{s} 和 t_{e} 之间均匀采样 N 个时刻，然后基于采样的时刻在 $\boldsymbol{S}_{\mathrm{F}}$ 获取对应的特征，从而可以得到 $\varphi_{i,j}$ 对应的特征 $\boldsymbol{m}_{i,j}^{\mathrm{f}} \in \mathbb{R}^{C \times N}$。这样就可以获取所有动作候选片段对应的 BM 特征图 $\boldsymbol{M}_{\mathrm{F}} \in \mathbb{R}^{C \times N \times D \times T}$。

为了快速计算候选框 $\varphi_{i,j}$ 对应的特征，就需要快速找到 t_{s} 和 t_{e} 的 N 个采样点并进行特征采样。由于采样点未必对应着整数点，有可能落在两个时刻之间，因此需要对特征进行先行插值。对此，BMN 引入一个权重矩阵 $\boldsymbol{W} \in \mathbb{R}^{N \times T \times D \times T}$，其中 $\boldsymbol{W}_{i,j} \in \mathbb{R}^{N \times T}$ 表示对于候选框 $\varphi_{i,j}$ 的 N 个点进行插值的权重矩阵。例如，对一个扩展的时序范围 $[t_{\mathrm{s}} - 0.25d,\ t_{\mathrm{e}} + 0.25d]$ 内的一个采样时刻 t_n，可以定义对应的采样掩膜 $W_{i,j,n} \in \mathbb{R}^{T}$ 为

$$W_{i,j,n}[t] = \begin{cases} 1 - \mathrm{dec}(t_n), & \text{若 } t = \mathrm{floor}\ (t_n) \\ \mathrm{dec}(t_n), & \text{若 } t = \mathrm{floor}\ (t_n) + 1 \\ 0, & \text{若 } t = \text{其他} \end{cases} \tag{7-59}$$

其中 dec 和 floor 为去小数和向下取整操作符。然后将 $\boldsymbol{S}_{\mathrm{F}} \in \mathbb{R}^{C \times T}$ 与 $\boldsymbol{w}_{i,j} \in \mathbb{R}^{N \times T}$ 在时间维度上做点乘就可以得到该候选框 $\varphi_{i,j}$ 对应的特征 $\boldsymbol{m}_{i,j}^{\mathrm{f}} \in \mathbb{R}^{C \times N}$（图 7-49）

$$\boldsymbol{m}_{i,j}^{\mathrm{f}}[c,\ n] = \sum_{t=1}^{T} \boldsymbol{S}_{\mathrm{F}}[c,\ t] \cdot \boldsymbol{w}_{i,j}[n,\ t] \tag{7-60}$$

通过将采样点权重矩阵 $\boldsymbol{W}_{i,j} \in \mathbb{R}^{N \times T}$ 扩展到 $\boldsymbol{W} \in \mathbb{R}^{N \times T \times D \times T}$，就可以得到 BM 特征图 $\boldsymbol{M}_{\mathrm{F}} \in \mathbb{R}^{C \times N \times D \times T}$。

在获取 BM 特征图后，BMN 将 BM 特征图输入候选片段评估模块（proposal evaluation module），该模块首先使用三维卷积层去除采样维度 N，再通过若干二维卷积层生成最终的 BM 置信度图 $\boldsymbol{M}_{\mathrm{C}} \in \mathbb{R}^{D \times T}$。此外 BMN 还将 BM 特征图输入时序评估模块用于动作起始时刻和结束时刻的回归，如图 7-50 所示。

在训练中，BM 置信度图 $\boldsymbol{M}_{\mathrm{C}}$ 的真值可以通过动作片段真值和候选动作片段之间的 IOU 来获得。在训练过程中，对于预测的 BM 置信度图，BMN 通过回归损失和加权二分类损失两种方式约束预测值与真实值靠近。对起始点和结束点的回归采用了与 BSN 相同的加权二元逻辑回归损失（weighted binary logistic regression loss）函数。

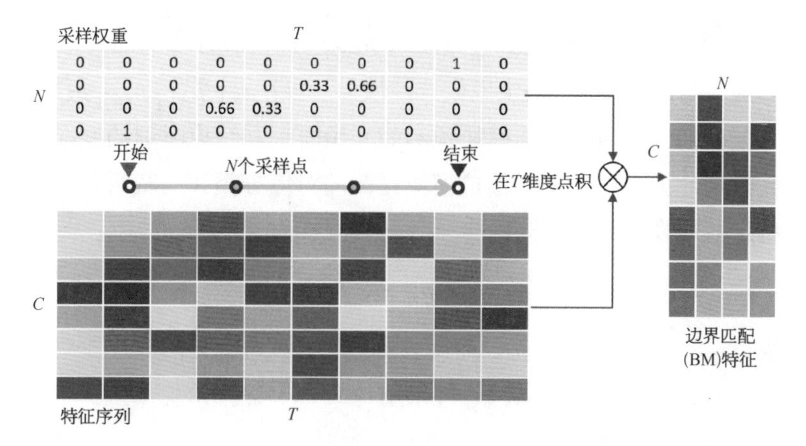

图 7-49　利用输入特征序列和采样权重矩阵计算 BM 特征图

（图片引自[82]）

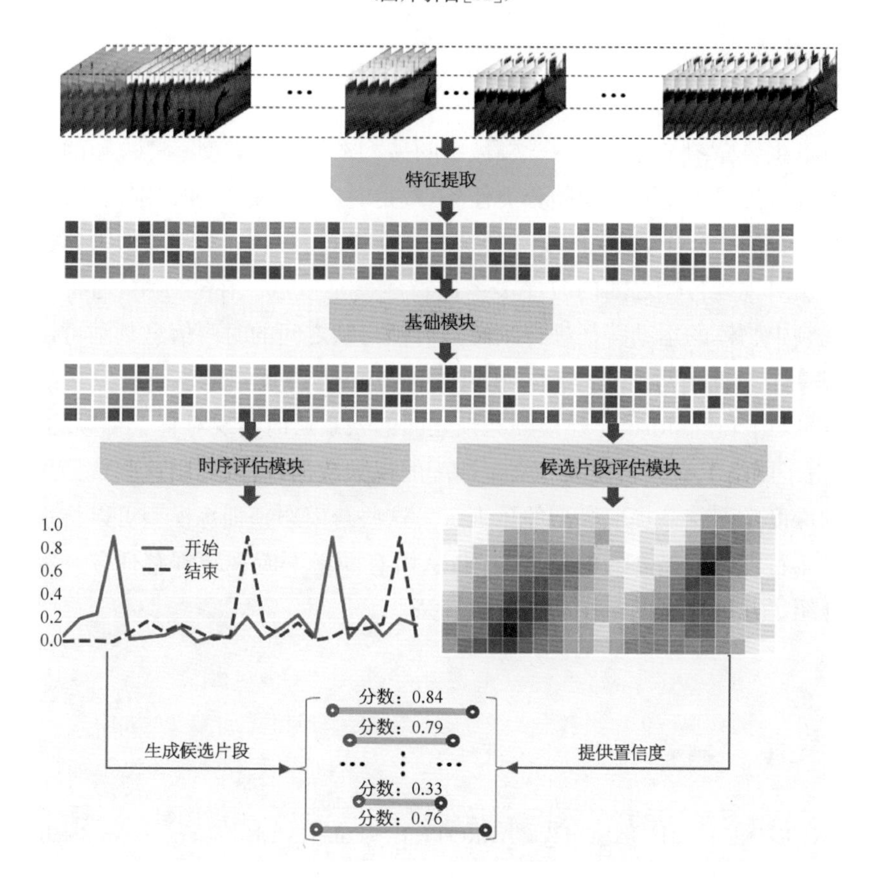

图 7-50　BMN 网络框架图

（图片引自[82]）

在推理阶段，匹配起始时刻 t_s 和结束时刻 t_e，若两者之间的持续时间小于预定义的最大持续时间 D，则生成候选片段 $\varphi=(t_s, t_e, p_{t_s}^s, p_{t_e}^e, p_{cc}, p_{cr})$，其中 $p_{t_s}^s$、$p_{t_e}^e$ 分别为由时序评估模块预测的起始时刻和结束时刻的概率，p_{cc}、p_{cr} 分别为该候选片段由候选片段评估模块预测的对应分类和回归两种方式得到的概率。将这些概率用如下方式融合

$$p_f=p_{t_s}^s \cdot p_{t_e}^e \cdot \sqrt{p_{cc} \cdot p_{cr}} \tag{7-61}$$

得到该候选框 φ 对应的概率 p_f。BMN 通过匹配得到所有候选片段对应的集合 $\Psi_p=\{\varphi_i=(t_s, t_e, p_f)\}_{i=1}^{N_p}$ 后，通过采用与 BSN[82] 相同的软阈值 NMS 来获取最后的时序动作定位结果。

7.7 本章小结

本章主要介绍了计算机视觉领域中的另一常见数据类型——视频的一些理解任务及方法。无论是在视频分类任务，或是时序动作定位和识别任务，还是其他视频相关的任务中，视频的表达是核心。在视频表达中，对视频中物体运动的刻画以及对视频各帧之间的时序关系进行建模是重点。在实际中，通常采用光流对视频中物体的运动特征进行刻画。对帧与帧之间的时序信息刻画可以把视频当成一个三维信号进行三维卷积，或者利用 RNN 逐帧地进行视觉信息的融合，还可以用 Transformer 建模帧与帧之间的联系从而实现对整个视频的刻画。此外，由于网络上有大量视频和文本匹配的视频数据，可以利用这些数据进行跨模态的深度学习特征提取模型的预训练。这些跨模态预训练模型可以将视频特征和文本特征映射到共同的特征空间，从而有助于下游视频理解任务。本章最后也介绍了几种典型的时序动作定位算法。

参考文献

[1] KUEHNE H, JHUANG H, GARROTE E, et al. HMDB: A large video database for human motion recognition//2011 International Conference on Computer Vision. 2011: 2556-2563.

[2] SOOMRO K, ZAMIR A R, SHAH M. UCF101: A dataset of 101 human actions

classes from videos in the wild. arXiv preprint arXiv:1212.0402, 2012.

[3] KARPATHY A, TODERICI G, SHETTY S, et al. Large-scale video classification with convolutional neural networks//Proceedings of the IEEE conference on Computer Vision and Pattern Recognition. 2014: 1725-1732.

[4] ABU-EL-HAIJA S, KOTHARI N, LEE J, et al. Youtube-8M: A large-scale video classification benchmark. arXiv preprint arXiv:1609.08675, 2016.

[5] CABA HEILBRON F, ESCORCIA V, GHANEM B, et al. ActivityNet: A large-scale video benchmark for human activity understanding//Proceedings of the IEEE Conference on Computer Vision and Pattern Recognition. 2015: 961-970.

[6] KAY W, CARREIRA J, SIMONYAN K, et al. The kinetics human action video dataset. arXiv preprint arXiv:1705.06950, 2017.

[7] GOYAL R, EBRAHIMI KAHOU S, MICHALSKI V, et al. The "something something" video database for learning and evaluating visual common sense//Proceedings of the IEEE International Conference on Computer Vision. 2017: 5842-5850.

[8] XU J, MEI T, YAO T, et al. MSR-VTT: A large video description dataset for bridging video and language//Proceedings of the IEEE Conference on Computer Vision and Pattern Recognition. 2016: 5288-5296.

[9] KRISHNA R, HATA K, REN F, et al. Dense-captioning events in videos//Proceedings of the IEEE International Conference on Computer Vision. 2017: 706-715.

[10] ZHOU L, XU C, CORSO J J. Towards automatic learning of procedures from web instructional videos//Thirty-Second AAAI Conference on Artificial Intelligence. 2018.

[11] LIU Y, WANG L, MA X, et al. FineAction: A fine-grained video dataset for temporal action localization. arXiv preprint arXiv:2105.11107, 2021.

[12] JHUANG H, GALL J, ZUFFI S, et al. Towards understanding action recognition//Proceedings of the IEEE International Conference on Computer Vision. 2013: 3192-3199.

[13] FAN H, LIN L, YANG F, et al. Lasot: A high-quality benchmark for large-scale single object tracking//Proceedings of the IEEE/CVF Conference on Computer Vision and Pattern Recognition. 2019: 5374-5383.

[14] KRISTAN M, LEONARDIS A, MATAS J, et al. The sixth visual object tracking vot2018 challenge results//Proceedings of the European Conference on Computer Vision Workshops. 2018.

[15] CABON Y, MURRAY N, HUMENBERGER M. Virtual KITTI 2. arXiv preprint arXiv:2001.10773, 2020.

[16] CHEN D, DOLAN W B. Collecting highly parallel data for paraphrase evaluation//Proceedings of the 49th Annual Meeting of The Association for Computational Linguistics: Human Language Technologies. 2011: 190-200.

[17] GAO J, SUN C, YANG Z, et al. Tall: Temporal activity localization via language query//Proceedings of the IEEE International Conference on Computer Vision. 2017:

5267-5275.

[18] ROHRBACH A, ROHRBACH M, TANDON N, et al. A dataset for movie description//Proceedings of the IEEE Conference on Computer Vision and Pattern Recognition. 2015: 3202-3212.

[19] WRAY M, DOUGHTY H, DAMEN D. On semantic similarity in video retrieval//Proceedings of the IEEE/CVF Conference on Computer Vision and Pattern Recognition. 2021: 3650-3660.

[20] JI S, XU W, YANG M, et al. 3D convolutional neural networks for human action recognition. IEEE Transactions on Pattern Analysis and Machine Intelligence, 2012, 35(1): 221-231.

[21] SIMONYAN K, ZISSERMAN A. Two-stream convolutional networks for action recognition in videos. Advances in Neural Information Processing Systems, 2014, 27.

[22] WANG L, XIONG Y, WANG Z, et al. Temporal segment networks: Towards good practices for deep action recognition//European Conference on Computer Vision. 2016: 20-36.

[23] FEICHTENHOFER C, FAN H, MALIK J, et al. Slowfast networks for video recognition//Proceedings of the IEEE/CVF International Conference on Computer Vision. 2019: 6202-6211.

[24] DONAHUE J, HENDRICKS L A, ROHRBACH M, et al. Long-term recurrent convolutional networks for visual recognition and description. IEEE Transactions On Pattern Analysis and Machine Intelligence, 2017, 39(4): 677-691.

[25] VASWANI A, SHAZEER N, PARMAR N, et al. Attention is all you need//Advances in Neural Information Processing Systems. 2017: 5998-6008.

[26] LIU Z, NING J, CAO Y, et al. Video swin transformer. arXiv preprint arXiv:2106.13230, 2021.

[27] ARNAB A, DEHGHANI M, HEIGOLD G, et al. VIVIT: A video vision transformer//Proceedings of the IEEE/CVF International Conference on Computer Vision. 2021: 6836-6846.

[28] BERTASIUS G, WANG H, TORRESANI L. Is space-time attention all you need for video understanding. arXiv preprint arXiv:2102.05095, 2021, 2(3): 4.

[29] SIPIRAN I, BUSTOS B. Harris 3D: A robust extension of the Harris operator for interest point detection on 3D meshes. The Visual Computer, 2011, 27(11): 963-976.

[30] LAPTEV I. On space-time interest points. International Journal of Computer Vision, 2005, 64(2): 107-123.

[31] KLASER A, MARSZAŁEK M, SCHMID C. A spatio-temporal descriptor based on 3D-gradients//British Machine Vision Conference. 2008: 275: 1-10.

[32] SCOVANNER P, ALI S, SHAH M. A 3-dimensional sift descriptor and its application to action recognition//Proceedings of the 15th ACM International Conference on Multimedia. 2007: 357-360.

[33] WILLEMS G, TUYTELAARS T, GOOL L V. An efficient dense and scale-invariant spatiotemporal interest point detector//European Conference on Computer Vision. 2008: 650-663.

[34] WANG H, KLÄSER A, SCHMID C, et al. Dense trajectories and motion boundary descriptors for action recognition. International Journal of Computer Vision, 2013, 103(1): 60-79.

[35] DOSOVITSKIY A, FISCHER P, ILG E, et al. FlowNet: Learning optical flow with convolutional networks//Proceedings of the IEEE International Conference on Computer Vision. 2015: 2758-2766.

[36] ZHAO S, SHENG Y, DONG Y, et al. MaskflowNet: Asymmetric feature matching with learnable occlusion mask//Proceedings of the IEEE/CVF Conference on Computer Vision and Pattern Recognition. 2020: 6278-6287.

[37] HUI T W, TANG X, LOY C C. LiteflowNet: A lightweight convolutional neural network for optical flow estimation//Proceedings of the IEEE Conference on Computer Vision and Pattern Recognition. 2018: 8981-8989.

[38] TEED Z, DENG J. RAFT: Recurrent all-pairs field transforms for optical flow//European Conference on Computer Vision. 2020: 402-419.

[39] LUCAS B D, KANADE T. An iterative image registration technique with an application to stereo vision//Proceedings of the 7th International Joint Conference on Artificial Intelligence-Volume 2. 1981: 674-679.

[40] BOUGUET J Y. Pyramidal implementation of the affine Lucas Kanade feature tracker description of the algorithm. Intel corporation, 2001, 5(1-10): 4.

[41] WANG H, SCHMID C. Action recognition with improved trajectories//Proceedings of the IEEE International Conference on Computer Vision. 2013: 3551-3558.

[42] HOCHREITER S, SCHMIDHUBER J. Long short-term memory. Neural Computation, 1997, 9(8): 1735-1780.

[43] CHO K, VAN MERRIENBOER B, GulCehre C, et al. Learning phrase representations using RNN encoder-decoder for statistical machine translation//Proceedings of the 2014 Conference on Empirical Methods in Natural Language Processing. 2014: 1724-1734.

[44] SRIVASTAVA N, MANSIMOV E, SALAKHUDINOV R. Unsupervised learning of video representations using LSTMs//International Conference on Machine Learning. 2015: 843-852.

[45] YUE-HEI NG J, HAUSKNECHT M, VIJAYANARASIMHAN S, et al. Beyond short snippets: Deep networks for video classification//Proceedings of the IEEE Conference on Computer Vision and Pattern Recognition. 2015: 4694-4702.

[46] DONAHUE J, ANNE HENDRICKS L, GUADARRAMA S, et al. Long-term recurrent convolutional networks for visual recognition and description//Proceedings of the IEEE Conference on Computer Vision and Pattern Recognition. 2015: 2625-2634.

[47] SHI X，CHEN Z，WANG H，et al. Convolutional LSTM network：A machine learning approach for precipitation nowcasting. Advances in Neural Information Processing Systems，2015，28.

[48] LUO W，LIU W，GAO S. Remembering history with convolutional LSTM for anomaly detection//2017 IEEE International Conference on Multimedia and Expo. 2017：439-444.

[49] TRAN D，WANG H，TORRESANI L，et al. A closer look at spatiotemporal convolutions for action recognition//Proceedings of the IEEE Conference on Computer Vision and Pattern Recognition. 2018：6450-6459.

[50] NG J Y，HAUSKNECHT M J，VIJAYANARASIMHAN S，et al. Beyond short snippets：Deep networks for video classification//2015 IEEE Conference on Computer Vision and Pattern Recognition. 2015：4694-4702.

[51] WANG X，GIRSHICK R，GUPTA A，et al. Non-local neural networks//Proceedings of the IEEE Conference on Computer Vision and Pattern Recognition. 2018：7794-7803.

[52] TRAN D，BOURDEV L，FERGUS R，et al. Learning spatiotemporal features with 3D convolutional networks//Proceedings of the IEEE International Conference on Computer Vision. 2015：4489-4497.

[53] CARREIRA J，ZISSERMAN A. Quo vadis，action recognition? A new model and the kinetics dataset//2017 IEEE Conference on Computer Vision and Pattern Recognition. 2017：4724-4733.

[54] SZEGEDY C，LIU W，JIA Y，et al. Going deeper with convolutions//Proceedings of the IEEE Conference on Computer Vision and Pattern Recognition. 2015：1-9.

[55] QIU Z，YAO T，MEI T. Learning spatio-temporal representation with pseudo-3D residual networks//Proceedings of the IEEE International Conference on Computer Vision. 2017：5533-5541.

[56] LIN J，GAN C，HAN S. TSM：Temporal shift module for efficient video understanding//Proceedings of the IEEE/CVF International Conference on Computer Vision. 2019：7083-7093.

[57] ZHOU B，ANDONIAN A，OLIVA A，et al. Temporal relational reasoning in videos//European Conference on Computer Vision. 2018.

[58] SIMONYAN K，ZISSERMAN A. Two-stream convolutional networks for action recognition in videos//Processing of the 27th International Conference on Neural Information Processing Systems. 2014：568-576.

[59] KRIZHEVSKY A，SUTSKEVER I，HINTON G E. Imagenet classification with deep convolutional neural networks. Advances in Neural Information Processing Systems，2012，25：1097-1105.

[60] JI S，XU W，YANG M，et al. 3D convolutional neural networks for human action recognition. IEEE Transactions on Pattern Analysis and Machine Intelligence，2013，

35(1)：221-231.

[61] WANG L，XIONG Y，WANG Z，et al. Temporal segment networks：Towards good practices for deep action recognition//European Conference on Computer Vision. 2016：20-36.

[62] YANG C，XU Y，SHI J，et al. Temporal pyramid network for action recognition//Proceedings of the IEEE/CVF Conference on Computer Vision and Pattern Recognition. 2020：591-600.

[63] LIU Z，NING J，CAO Y，et al. Video swin transformer//Proceedings of the IEEE/CVF conference on computer vision and pattern recognition. 2022：3202-3211.

[64] LIU Z，LIN Y，CAO Y，et al. Swin transformer：Hierarchical vision transformer using shifted windows//Proceedings of the IEEE/CVF International Conference on Computer Vision. 2021：10012-10022.

[65] RADFORD A，KIM J W，HALLACY C，et al. Learning transferable visual models from natural language supervision//International Conference on Machine Learning. 2021：8748-8763.

[66] XU H，GHOSH G，HUANG P Y，et al. VideoCLIP：Contrastive pre-training for zero-shot video-text understanding. arXiv preprint arXiv:2109.14084，2021.

[67] MIECH A，ZHUKOV D，ALAYRAC J B，et al. How to 100m：Learning a text-video embedding by watching hundred million narrated video clips//Proceedings of the IEEE/CVF International Conference on Computer Vision. 2019：2630-2640.

[68] XU H，GHOSH G，HUANG P Y，et al. VLM：Task-agnostic video-language model pre-training for video understanding. arXiv preprint arXiv:2105.09996，2021.

[69] SUN C，MYERS A，VONDRICK C，et al. VideoBERT：A joint model for video and language representation learning//Proceedings of the IEEE/CVF International Conference on Computer Vision. 2019：7464-7473.

[70] LI L，CHEN Y C，CHENG Y，et al. HERO：Hierarchical encoder for video+ language omnirepresentation pre-training. arXiv preprint arXiv:2005.00200，2020.

[71] LUO H，JI L，SHI B，et al. UNIVL：A unified video and language pre-training model for multimodal understanding and generation. arXiv preprint arXiv:2002.06353，2020.

[72] SUN C，BARADEL F，MURPHY K，et al. Learning video representations using contrastive bidirectional transformer. arXiv preprint arXiv:1906.05743，2019.

[73] LIN T，ZHAO X，SHOU Z. Single shot temporal action detection//Proceedings of the 25th ACM International Conference on Multimedia. 2017：988-996.

[74] LIU W，ANGUELOV D，ERHAN D，et al. SSD：Single shot multibox detector//European Conference on Computer Vision. 2016：21-37.

[75] REDMON J，DIVVALA S，GIRSHICK R，et al. You only look once：Unified，real-time object detection//Proceedings of the IEEE Conference on Computer Vision and Pattern Recognition. 2016：779-788.

[76] CHAO Y W，VIJAYANARASIMHAN S，SEYBOLD B，et al. Rethinking the faster

R-CNN architecture for temporal action localization//Proceedings of the IEEE Conference on Computer Vision and Pattern Recognition. 2018：1130-1139.

[77] ESCORCIA V，HEILBRON F C，NIEBLES J C，et al. DAPs：Deep action proposals for action understanding//Computer Vision - ECCV 2016 - 14th European Conference. 2016：768-784.

[78] BUCH S，ESCORCIA V，SHEN C，et al. SST：Single-stream temporal action proposals//2017 IEEE Conference on Computer Vision and Pattern Recognition. 2017：6373-6382.

[79] SHOU Z，WANG D，CHANG S. Temporal action localization in untrimmed videos via multi-stage CNNs//2016 IEEE Conference on Computer Vision and Pattern Recognition. 2016：1049-1058.

[80] GAO J，YANG Z，SUN C，et al. TURN TAP：Temporal unit regression network for temporal action proposals//IEEE International Conference on Computer Vision. 2017：3648-3656.

[81] ZHAO Y，XIONG Y，WANG L，et al. Temporal action detection with structured segment networks//Proceedings of the IEEE International Conference on Computer Vision. 2017：2914-2923.

[82] LIN T，ZHAO X，SU H，et al. BSN：Boundary sensitive network for temporal action proposal generation//Proceedings of the European conference on computer vision. 2018：3-19.

[83] LIN T，LIU X，LI X，et al. BMN：Boundary-matching network for temporal action proposal generation//Proceedings of the IEEE/CVF International Conference on Computer Vision. 2019：3889-3898.

[84] BODLA N，SINGH B，CHELLAPPA R，et al. Soft-NMS-improving object detection with one line of code//Proceedings of the IEEE International Conference on Computer Vision. 2017：5561-5569.

第8章

图像三维重建

8.1 引言

从图像中恢复场景的三维几何信息是计算机视觉中的一个经典核心问题，在自动驾驶、虚拟现实、机器人导航、工业控制、三维打印，以及医学诊断等领域都有着广泛的应用。

基于单张图像的三维重建的是一个不适定问题(ill-posed problem)，因为在三维物体投影到二维图像的过程中，深度信息不可逆地丢失了。早期的三维重建方法主要从几何角度处理该问题，在数学上理解和形式化三维到二维的投影过程并建立约束，通常需要使用经过精确校准的相机拍摄的多张图像，然后利用多张图像进行三维重建。例如，多视角重建(multiview stereo)技术需要在从不同的视角捕获的图像中匹配特征，然后使用三角测量原理来恢复图像像素的三维坐标。而基于轮廓(shape from silhouette)的方法或基于空间切割(shape by space carving)的方法需要多视角下精确的二维物体轮廓，这在许多情况下是不切实际的。有趣的是，人类擅长利用先验知识来解决重建问题。一般人只用一只眼睛就可以推断出物体的大致尺寸和粗略形状，甚至可以想象它在另一个视角下会是什么样子。这是因为所有之前看到过的物体和场景都使人们能够建立三维世界的先验知识。受此启发，后来的三维重建方法试图通过将三维重建问题表述为识别问题，从而利用这一先验知识。深度学习技术的发展以及大规模训练数据集的日益普及，催生出许多基于深度学习的三维重建方法。这些算法无需复杂的相机成像模型即可从一张或多张 RGB 图像中恢复出物体或场景的三维几何信息。尽管出现时间并不久，但这些方法已经在各种重建任务中展现出了令人兴奋的结果和性能。

相比于二维图像，三维数据的表达方式更加多种多样，例如体素（voxel）、点云（point cloud）、多边形网格（polygon mesh）以及隐函数（implicit surface function）等（图 8-1）。其中，体素可以被视为三维空间的像素，或均匀量化的、大小固定的点云。每个体素单元都是固定大小，并且具有固定的离散坐标。为了表达精细的物体三维结构，就需要高分辨率的体素，然而高分辨率的存储存在极大困难。相比于体素，点云记录了每个物体表面点的三维空间坐标以及颜色，存储相对容易，但是缺乏对拓扑和纹理的刻画。而多边形网格是一种显示应用中广泛使用的显式三维表示，用于表达物体表面的位置。最基本的网格三维表示由顶点和面两部分组成。为了方便渲染，面通常由三角形、四边形或者其他的简单凸多边形组成。基于隐函数的形状表达用一个函数来表示物体的表面。

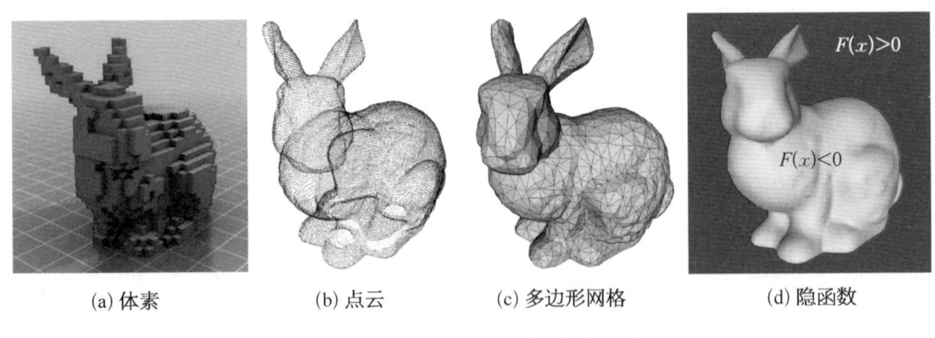

(a) 体素　(b) 点云　(c) 多边形网格　(d) 隐函数

图 8-1　三维数据的不同表达方式

隐函数表达：物体表面的任意一点 x 满足 $F(x)=0$，而物体内部和外部的点则分别满足 $F(x)<0$ 和 $F(x)>0$，隐函数 F 刻画了物体在三维空间中的形态。

随着深度学习的不断流行，目前已经有许多大规模的三维数据集可以使用。对于物体级别上的三维重建，常用的数据集包括 ShapeNet[1]、ModelNet[2] 等；对于场景级别的三维重建，常用的数据集有 SceneNet[3]、ScanNet[4]、Matterport3D[5] 和 NYUv2[6] 等。受限于三维数据的存储开销，这些数据集的规模暂时还无法与二维图像数据集（如 ImageNet、MSCOCO 等）相提并论。但随着三维重建算法的应用场景不断扩大以及需求的提高，构建更大规模的三维数据集是不可避免的发展趋势。

第 1 章中讲到图像是真实的物理世界中的三维物体投影到成像平面的结果，为了从图像恢复出三维的信息，首先需要知道与投影相关的变换，即相机的内参和外参，进而才能计算出场景中的三维信息。因此，本章首先介绍多视角几何的一些基本知识，以及简单的计算两个图像之间的相机位姿关系的算法，再介绍经典的相机内参标定方法，即如何估计真实相机镜头的内参，在此基础上介绍如何估计场景的深度，最后介绍一些典型的基于不同形状表示（多边形网格、体素和隐函数）的三维重建算法。

8.2　对极几何

对极几何描述了在两个不同视图下一对匹配点之间的几何约束关系。如图 8-2 所示，空间中的一个点 $\boldsymbol{P}$ 投影到两张不同图像 $\boldsymbol{I}_1$、$\boldsymbol{I}_2$ 上，成像点分别为 $\boldsymbol{p}_1$、$\boldsymbol{p}_2$。$\boldsymbol{O}_1$、$\boldsymbol{O}_2$、$\boldsymbol{P}$ 三点确定的平面被称为极平面(epipolar plane)，$\boldsymbol{O}_1$ 与 $\boldsymbol{O}_2$ 之间的连线被称为基线(baseline)，$\boldsymbol{O}_1\boldsymbol{O}_2$ 与像平面 $\boldsymbol{I}_1$、$\boldsymbol{I}_2$ 的交点 $\boldsymbol{e}_1$，$\boldsymbol{e}_2$ 被称为极点(epipole)，极平面与两个像平面 $\boldsymbol{I}_1$、$\boldsymbol{I}_2$ 的交线 l_1、l_2 被称为极线(epipolar line)。

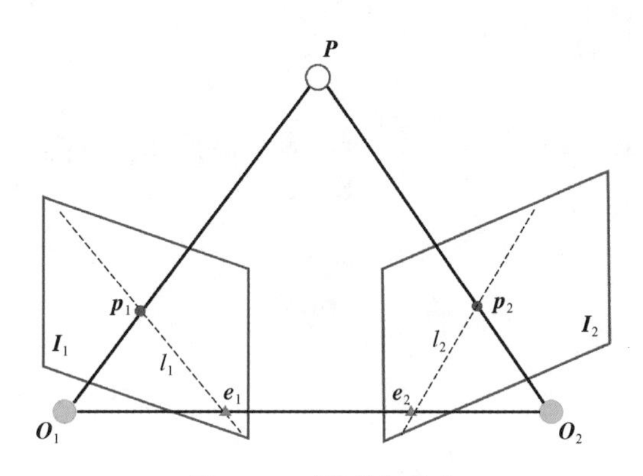

图 8-2　对极几何约束

假设从图像 $\boldsymbol{I}_1$ 到 $\boldsymbol{I}_2$ 的坐标系变换为 $(\boldsymbol{R}, \boldsymbol{t})$，其中 $\boldsymbol{R}$、$\boldsymbol{t}$ 分别为旋转矩阵和平移向量。在图像 $\boldsymbol{I}_1$ 的相机坐标系下点 $\boldsymbol{P}$ 的非齐次坐标为 $[X, Y, Z]^{\mathrm{T}}$，则根据第 1 章介绍的相机模型，有

$$\begin{cases}\lambda_1 \boldsymbol{p}_1 = \boldsymbol{K}\boldsymbol{P} \\ \lambda_2 \boldsymbol{p}_2 = \boldsymbol{K}(\boldsymbol{R}\boldsymbol{P} + \boldsymbol{t})\end{cases} \tag{8-1}$$

其中 $\boldsymbol{K}$ 为内参矩阵。当使用齐次坐标表示点的位置时，由于 $\lambda_1 \boldsymbol{p}_1$ 与 $\boldsymbol{p}_1$、$\lambda_2 \boldsymbol{p}_2$ 与 $\boldsymbol{p}_2$ 分别成投影关系，因此它们在尺度意义下相等，记作

$$\lambda \boldsymbol{p} \simeq \boldsymbol{p} \tag{8-2}$$

则式(8-1)可以写成

$$\begin{cases} \boldsymbol{p}_1 \simeq \boldsymbol{KP} \\ \boldsymbol{p}_2 \simeq \boldsymbol{K}(\boldsymbol{RP}+\boldsymbol{t}) \end{cases} \tag{8-3}$$

式(8-3)等号两边同乘 $\boldsymbol{K}^{-1}$

$$\boldsymbol{x}_1 = \boldsymbol{K}^{-1}\boldsymbol{p}_1 \simeq \boldsymbol{K}^{-1}\boldsymbol{KP} = \boldsymbol{P} \tag{8-4}$$

$$\boldsymbol{x}_2 = \boldsymbol{K}^{-1}\boldsymbol{p}_2 \simeq K^{-1}\boldsymbol{K}(\boldsymbol{RP}+\boldsymbol{t}) = \boldsymbol{RP}+\boldsymbol{t} \tag{8-5}$$

其中 $\boldsymbol{x}_1$、$\boldsymbol{x}_2$ 为 $\boldsymbol{p}_1$、$\boldsymbol{p}_2$ 在相机坐标系下归一化平面的坐标。将式(8-4)代入式(8-5)可得

$$\boldsymbol{x}_2 \simeq \boldsymbol{Rx}_1 + \boldsymbol{t} \tag{8-6}$$

式(8-6)等号两边同时与 $\boldsymbol{t}$ 做叉积

$$\boldsymbol{t} \times \boldsymbol{x}_2 \simeq \boldsymbol{t} \times (\boldsymbol{Rx}_1 + \boldsymbol{t}) = \boldsymbol{t} \times \boldsymbol{Rx}_1 + \boldsymbol{t} \times \boldsymbol{t} = \boldsymbol{t} \times \boldsymbol{Rx}_1 \tag{8-7}$$

式(8-7)等号两边同时与 $\boldsymbol{x}_2$ 做内积可得

$$\boldsymbol{x}_2^{\mathrm{T}}\boldsymbol{t} \times \boldsymbol{x}_2 \simeq \boldsymbol{x}_2^{\mathrm{T}}\boldsymbol{t} \times \boldsymbol{Rx}_1 \tag{8-8}$$

由于 $\boldsymbol{t} \times \boldsymbol{x}_2$ 的结果是一个与 $\boldsymbol{t}$ 和 $\boldsymbol{x}_2$ 都垂直的向量，因而与 $\boldsymbol{x}_2$ 内积为0，所以式(8-8)恒等于0

$$\boldsymbol{x}_2^{\mathrm{T}}\boldsymbol{t} \times \boldsymbol{Rx}_1 = 0 \tag{8-9}$$

给定任意两个向量 $\boldsymbol{a}$、$\boldsymbol{b}$，它们的叉积定义为

$$\boldsymbol{a} \times \boldsymbol{b} = \begin{vmatrix} e_1 & e_2 & e_3 \\ a_1 & a_2 & a_3 \\ b_1 & b_2 & b_3 \end{vmatrix} = \begin{bmatrix} a_2b_3 - a_3b_2 \\ a_3b_1 - a_1b_3 \\ a_1b_2 - a_2b_1 \end{bmatrix} = \begin{bmatrix} 0 & -a_3 & a_2 \\ a_3 & 0 & -a_1 \\ -a_2 & a_1 & 0 \end{bmatrix} \boldsymbol{b} \doteq [\boldsymbol{a}_\times]\boldsymbol{b} \tag{8-10}$$

这里引入符号 $[\boldsymbol{a}_\times]$ 将向量 $\boldsymbol{a}$ 写成如下矩阵

$$[\boldsymbol{a}_\times] \begin{bmatrix} 0 & -a_3 & a_2 \\ a_3 & 0 & -a_1 \\ -a_2 & a_1 & 0 \end{bmatrix} \tag{8-11}$$

因此，叉积 $\boldsymbol{a} \times \boldsymbol{b}$ 可写成 $[\boldsymbol{a}_\times]$ 与 $\boldsymbol{b}$ 的乘积。所以式(8-9)可以写成

$$\boldsymbol{x}_2^{\mathrm{T}}[\boldsymbol{t}_\times]\boldsymbol{Rx}_1 = 0 \tag{8-12}$$

代入 $\boldsymbol{p}_1$、$\boldsymbol{p}_2$

$$\boldsymbol{p}_2^{\mathrm{T}}\boldsymbol{K}^{-\mathrm{T}}[\boldsymbol{t}_\times]\boldsymbol{RK}^{-1}\boldsymbol{p}_1 = 0 \tag{8-13}$$

式(8-12)和(8-13)被称为**对极约束**，其物理意义为 $\boldsymbol{P}$、$\boldsymbol{O}_1$、$\boldsymbol{O}_2$ 三点共面。将 $[\boldsymbol{t}_\times]\boldsymbol{R}$ 记为**本质矩阵**(essential matrix) $\boldsymbol{E}$，$\boldsymbol{K}^{-\mathrm{T}}[\boldsymbol{t}_\times]\boldsymbol{R}\boldsymbol{K}^{-1}$ 记为**基础矩阵**(fundamental matrix) $\boldsymbol{F}$，可以得到

$$\boldsymbol{x}_2^{\mathrm{T}}\boldsymbol{E}\boldsymbol{x}_1=\boldsymbol{p}_2^{\mathrm{T}}\boldsymbol{F}\boldsymbol{p}_1=0 \tag{8-14}$$

对极约束给出了同一三维点在不同图像投影点的位置关系。

本质矩阵 $\boldsymbol{E}$ 为 3×3 矩阵，应有9个未知数，然而 $\boldsymbol{E}$ 由旋转矩阵 $\boldsymbol{R}$ 和平移向量 $\boldsymbol{t}$ 组成，$\boldsymbol{R}$、$\boldsymbol{t}$ 分别有3个自由度，所以 $\boldsymbol{E}$ 最多只有6个自由度。但由于对极约束是等式为零的约束，因而 $\boldsymbol{E}$ 乘以任意非零常数，对极约束依然成立，所以 $\boldsymbol{E}$ 只有5个自由度，其在不同尺度下是等价的。同时由 $\boldsymbol{E}=[\boldsymbol{t}_\times]\boldsymbol{R}$ 可以证明[7]本质矩阵 $\boldsymbol{E}$ 的奇异值一定是 $[\sigma, \sigma, 0]^{\mathrm{T}}$ 的形式，这被称为本质矩阵的内在性质。

$\boldsymbol{E}$ 只有5个自由度，每一组匹配点对可以提供一个约束条件，因而可以只用5对点来求解 $\boldsymbol{E}$，但此时需要考虑 $\boldsymbol{E}$ 的非线性性质。而如果只考虑 $\boldsymbol{E}$ 的尺度等价性，则可以使用8对点来求解 $\boldsymbol{E}$，即经典的八点法(eight-point algorithm)[8]。

对于每一组匹配点对 $\boldsymbol{p}_1$、$\boldsymbol{p}_2$，它们的归一化坐标 $\boldsymbol{x}_1=[u_1, v_1, 1]^{\mathrm{T}}$、$\boldsymbol{x}_2=[u_2, v_2, 1]^{\mathrm{T}}$，根据对极约束，可以得到

$$\begin{bmatrix} u_2 & v_2 & 1 \end{bmatrix}\begin{bmatrix} e_1 & e_2 & e_3 \\ e_4 & e_5 & e_6 \\ e_7 & e_8 & e_9 \end{bmatrix}\begin{bmatrix} u_1 \\ v_1 \\ 1 \end{bmatrix}=0 \tag{8-15}$$

将 $\boldsymbol{E}$ 展开成向量形式

$$\boldsymbol{e}=\begin{bmatrix} e_1 & e_2 & e_3 & e_4 & e_5 & e_6 & e_7 & e_8 & e_9 \end{bmatrix}^{\mathrm{T}} \tag{8-16}$$

则式(8-15)可以写成

$$\begin{bmatrix} u_2u_1 & u_2v_1 & u_2 & v_2u_1 & v_2v_1 & v_2 & u_1 & v_1 & 1 \end{bmatrix}\cdot\boldsymbol{e}=0 \tag{8-17}$$

同理对于其他点对也可以得到该方程，把所有8个点的方程写在一起，可得线性方程组

$$\begin{bmatrix} u_2^1u_1^1 & u_2^1v_1^1 & u_2^1 & v_2^1u_1^1 & v_2^1v_1^1 & v_2^1 & u_1^1 & v_1^1 & 1 \\ u_2^2u_1^2 & u_2^2v_1^2 & u_2^2 & v_2^2u_1^2 & v_2^2v_1^2 & v_2^2 & u_1^2 & v_1^2 & 1 \\ \vdots & \vdots & \vdots & \vdots & \vdots & \vdots & \vdots & \vdots & \vdots \\ u_2^8u_1^8 & u_2^8v_1^8 & u_2^8 & v_2^8u_1^8 & v_2^8v_1^8 & v_2^8 & u_1^8 & v_1^8 & 1 \end{bmatrix}\begin{bmatrix} e_1 \\ e_2 \\ \vdots \\ e_8 \\ e_9 \end{bmatrix}=0 \tag{8-18}$$

通过求解这个方程组可以得到 $\boldsymbol{E}$ 的值，进而使用 SVD 从 $\boldsymbol{E}$ 中分解出 $\boldsymbol{R}$、$\boldsymbol{t}$。设 $\boldsymbol{E}$ 的 SVD 分解

$$\boldsymbol{E}=\boldsymbol{U}\boldsymbol{\Sigma}\boldsymbol{V}^{\mathrm{T}} \tag{8-19}$$

其中 $\boldsymbol{U}$、$\boldsymbol{V}$ 为正交阵，$\boldsymbol{\Sigma}=\operatorname{diag}(\sigma, \sigma, 0)$ 为奇异值矩阵。对于任意一个 $\boldsymbol{E}$，存在两个可能的 $\boldsymbol{R}$、$\boldsymbol{t}$

$$[\boldsymbol{t}_{\times}]_1=\boldsymbol{U}\boldsymbol{W}\boldsymbol{\Sigma}\boldsymbol{U}^{\mathrm{T}} \tag{8-20}$$

$$[\boldsymbol{t}_{\times}]_2=\boldsymbol{U}\boldsymbol{W}^{-1}\boldsymbol{\Sigma}\boldsymbol{U}^{\mathrm{T}} \tag{8-21}$$

$$\boldsymbol{R}_1=\boldsymbol{U}\boldsymbol{W}^{\mathrm{T}}\boldsymbol{V}^{\mathrm{T}} \tag{8-22}$$

$$\boldsymbol{R}_2=\boldsymbol{U}\boldsymbol{W}^{-\mathrm{T}}\boldsymbol{V}^{\mathrm{T}} \tag{8-23}$$

其中

$$\boldsymbol{W}=\begin{bmatrix}0 & -1 & 0\\ 1 & 0 & 0\\ 0 & 0 & 1\end{bmatrix} \tag{8-24}$$

所以从 $\boldsymbol{E}$ 分解到 $\boldsymbol{R}$、$\boldsymbol{t}$，一共有 4 个可能的解。只需要求出一个匹配点的三维坐标，检测其深度值，则在两张图像中同时具有正深度值的就是正确的解。

除了本质矩阵和基础矩阵，还有一个常见的矩阵：单应矩阵(homography) $\boldsymbol{H}$，它用于描述两张图像对应像素点之间的映射关系。假设 $\boldsymbol{P}$ 为空间中某一平面上的三维点，$\boldsymbol{n}$ 为该平面法向量(朝向原点一侧)，d 为坐标原点到该平面距离。则 $\boldsymbol{P}$ 满足平面方程

$$\boldsymbol{n}^{\mathrm{T}}\boldsymbol{P}+d=0 \tag{8-25}$$

即

$$-\frac{\boldsymbol{n}^{\mathrm{T}}\boldsymbol{P}}{d}=1 \tag{8-26}$$

将式(8-26)代入式(8-3)

$$\begin{aligned}\boldsymbol{p}_2 &\simeq \boldsymbol{K}(\boldsymbol{R}\boldsymbol{P}+\boldsymbol{t})\\ &\simeq \boldsymbol{K}\left(\boldsymbol{R}\boldsymbol{P}+\boldsymbol{t}\cdot\left(-\frac{\boldsymbol{n}^{\mathrm{T}}\boldsymbol{P}}{d}\right)\right)\\ &\simeq \boldsymbol{K}\left(\boldsymbol{R}-\frac{\boldsymbol{t}\boldsymbol{n}^{\mathrm{T}}}{d}\right)\boldsymbol{P}\\ &\simeq \boldsymbol{K}\left(\boldsymbol{R}-\frac{\boldsymbol{t}\boldsymbol{n}^{\mathrm{T}}}{d}\right)\boldsymbol{K}^{-1}\boldsymbol{p}_1\end{aligned} \tag{8-27}$$

将 $\left(\boldsymbol{R}-\frac{\boldsymbol{t}\boldsymbol{n}^{\mathrm{T}}}{d}\right)$ 记作 $\boldsymbol{H}$

$$\boldsymbol{p}_2 \simeq \boldsymbol{H}\boldsymbol{p}_1 \tag{8-28}$$

$\boldsymbol{H}$ 即为单应矩阵。$\boldsymbol{H}$ 与基础矩阵类似，是一个 3×3 的矩阵，可以使用与八点法类似的思路求解。将式(8-28)展开

$$\begin{bmatrix} u_2 \\ v_2 \\ 1 \end{bmatrix} \simeq \begin{bmatrix} h_1 & h_2 & h_3 \\ h_4 & h_5 & h_6 \\ h_7 & h_8 & h_9 \end{bmatrix} \begin{bmatrix} u_1 \\ v_1 \\ 1 \end{bmatrix} \tag{8-29}$$

由于 $\boldsymbol{H}$ 也具有尺度不变性，在实际处理中可以令 $h_9=1$。由式(8-29)可得

$$u_2 = h_1u_1 + h_2v_1 + h_3 \tag{8-30}$$

$$v_2 = h_4u_1 + h_5v_1 + h_6 \tag{8-31}$$

$$1 = h_7u_1 + h_8v_1 + h_9 \tag{8-32}$$

整理可得

$$h_1u_1 + h_2v_1 + h_3 - (h_7u_1u_2 + h_8v_1u_2) = u_2 \tag{8-33}$$

$$h_4u_1 + h_5v_1 + h_6 - (h_7u_1v_2 + h_8v_1v_2) = v_2 \tag{8-34}$$

因此每个匹配点可以得到两个等式，所以自由度为 8 的 $\boldsymbol{H}$ 可由 4 个匹配点算出。与求解 $\boldsymbol{E}$ 时类似，将多个匹配点提供的方程联立，求解即可。

8.3　相机标定

相机标定指估计出相机的内参和外参，是计算机视觉中一个非常基本的问题。与三维重建相关的很多应用依赖于精确的相机内参和外参。这里介绍一种经典的标定方法：张氏标定法[9]。该方法由张正友博士在 2000 年提出。在标定过程中需要准备一个标定板，通常采用棋盘格标定板(图 8-3)。在标定过程中使用待标定相机拍摄得到若干不同角度的标定板的图像。拍摄过程中可以固定相机，移动标定板，也可以固定标定板，移动相机。这里假设标定板固定，移动相机。由于标定板是事先准备的——以棋盘格标定板为例，因此可以提前知道每个格子的大小，即可以预先知道棋盘格上角点的三维位置。最后将检测到的

图 8-3 相机标定板

图像中的棋盘格角点作为标定算法输入。

假设拍摄 n 张图像，共 k 个棋盘格点，则标定算法的输入为棋盘格点位置坐标 $\boldsymbol{M}_j (j \in 1, 2, \cdots, k)$ 以及格点在图像中的坐标 $\boldsymbol{m}_{ij} (i \in 1, 2, \cdots, n, j \in 1, 2, \cdots, k)$。标定算法的输出为相机内参 $\boldsymbol{K}$，每张图像对应相机外参 $\boldsymbol{R}_i$、$\boldsymbol{t}_i$。所求的优化目标

$$\sum_{i=1}^{n} \sum_{j=1}^{k} \| \boldsymbol{m}_{ij} - \hat{\boldsymbol{m}}(\boldsymbol{K}, \boldsymbol{R}_i, \boldsymbol{t}_i, \boldsymbol{M}_j) \|^2 \tag{8-35}$$

其中 $\hat{\boldsymbol{m}}(\boldsymbol{K}, \boldsymbol{R}_i, \boldsymbol{t}_i, \boldsymbol{M}_j)$ 表示 $\boldsymbol{M}_j$ 到第 i 张图像的投影

$$\hat{\boldsymbol{m}}(\boldsymbol{K}, \boldsymbol{R}_i, \boldsymbol{t}_i, \boldsymbol{M}_j) = \boldsymbol{K}[\boldsymbol{R}_i, \boldsymbol{t}_i]\boldsymbol{M}_j \tag{8-36}$$

相机参数的求解可以通过求解上面的优化问题，找到一组 $\boldsymbol{K}$、$\boldsymbol{R}_i$、$\boldsymbol{t}_i$，使得用这组参数将已知位置的三维点投影到图像时与检测出来的角点位置相吻合。该优化问题的求解可以使用任意的优化算法，但由于该问题是一个非凸优化问题，如果没有很好的初始化，很难得到很好的解。张氏标定法通过分析的方法为这个目标函数找到一个最优解。注意，这里忽略成像过程中的畸变[❶]。在无畸变情形下的目标函数如下所示

$$\sum_{i=1}^{n} \sum_{j=1}^{k} \| \boldsymbol{m}_{ij} - \hat{\boldsymbol{m}}(\boldsymbol{K}, \boldsymbol{R}_i, \boldsymbol{t}_i, \boldsymbol{M}_j) \|^2 \tag{8-37}$$

棋盘格点 $\boldsymbol{M} = [X, Y, Z]^{\mathrm{T}}$ 和图像角点 $\boldsymbol{m} = [u, v]^{\mathrm{T}}$，在齐次坐标系下的坐标分别为 $\widetilde{\boldsymbol{M}} = [X, Y, Z, 1]^{\mathrm{T}}$，$\widetilde{\boldsymbol{m}} = [u, v, 1]^{\mathrm{T}}$。$\boldsymbol{m}$ 为 $\boldsymbol{M}$ 投影到图像上的点，其对应关系如下

$$\lambda \widetilde{\boldsymbol{m}} = \lambda \begin{bmatrix} u \\ v \\ 1 \end{bmatrix} = \boldsymbol{K}[\boldsymbol{r}_1 \quad \boldsymbol{r}_2 \quad \boldsymbol{r}_3 \quad \boldsymbol{t}] \begin{bmatrix} X \\ Y \\ Z \\ 1 \end{bmatrix} \tag{8-38}$$

其中 λ 为一个任意的缩放参数，$\boldsymbol{r}_i$ 为旋转矩阵 $\boldsymbol{R}$ 的第 i 列。假设棋盘格点所在平面为 $Z = 0$，则

❶ 在实际应用中，通常会先假设相机没有畸变，得到一个初始解后再优化包含畸变的目标函数。

$$\lambda\widetilde{\boldsymbol{m}}=\lambda\begin{bmatrix}u\\v\\1\end{bmatrix}=\boldsymbol{K}[\boldsymbol{r}_1\quad\boldsymbol{r}_2\quad\boldsymbol{t}]\begin{bmatrix}X\\Y\\1\end{bmatrix}\tag{8-39}$$

为了简化符号，可以使用 $\boldsymbol{M}=[X, Y]^{\mathrm{T}}$，则 $\widetilde{\boldsymbol{M}}=[X, Y, 1]^{\mathrm{T}}$。

因为棋盘上点在一个平面上，所以也可以使用单应矩阵 $\boldsymbol{H}$ 来表达投影过程

$$\lambda\widetilde{\boldsymbol{m}}=\boldsymbol{H}\widetilde{\boldsymbol{M}}\tag{8-40}$$

所以

$$\boldsymbol{H}=\boldsymbol{K}[\boldsymbol{r}_1\quad\boldsymbol{r}_2\quad\boldsymbol{t}]\tag{8-41}$$

第 8.2 节中已经介绍了如何估计单应矩阵，那么对于每一张图像，可以使用对应点的关系算出单应矩阵 $\boldsymbol{H}_i$。 接下来需要根据单应矩阵计算出相机的内参和外参。

用 $\boldsymbol{h}_i$ 表示单应矩阵 $\boldsymbol{H}$ 的第 i 列

$$[\boldsymbol{h}_1\quad\boldsymbol{h}_2\quad\boldsymbol{h}_3]=\eta\boldsymbol{K}[\boldsymbol{r}_1\quad\boldsymbol{r}_2\quad\boldsymbol{t}]\tag{8-42}$$

其中 η 是一个缩放系数。由于旋转矩阵是一个正交矩阵，则

$$\boldsymbol{r}_1\cdot\boldsymbol{r}_2=0\tag{8-43}$$

$$\|\boldsymbol{r}_1\|=\|\boldsymbol{r}_2\|=1\tag{8-44}$$

所以

$$\boldsymbol{h}_1^{\mathrm{T}}\boldsymbol{K}^{-\mathrm{T}}\boldsymbol{K}^{-1}\boldsymbol{h}_2=0\tag{8-45}$$

$$\boldsymbol{h}_1^{\mathrm{T}}\boldsymbol{K}^{-\mathrm{T}}\boldsymbol{K}^{-1}\boldsymbol{h}_1=\boldsymbol{h}_2^{\mathrm{T}}\boldsymbol{K}^{-\mathrm{T}}\boldsymbol{K}^{-1}\boldsymbol{h}_2\tag{8-46}$$

式(8-45)和(8-46)消去了外参，所以可以构建线性系统求出内参 $\boldsymbol{K}$。

设

$$\boldsymbol{B}=\boldsymbol{K}^{-\mathrm{T}}\boldsymbol{K}^{-1}=\begin{bmatrix}B_{11}&B_{12}&B_{13}\\B_{12}&B_{22}&B_{23}\\B_{13}&B_{23}&B_{33}\end{bmatrix}\tag{8-47}$$

可以发现 $\boldsymbol{B}$ 是一个对称矩阵，因而它只有 6 个自由度，这 6 个自由度可以用一个六维向量表示

$$\boldsymbol{b}=[B_{11}\quad B_{12}\quad B_{22}\quad B_{13}\quad B_{23}\quad B_{33}]^{\mathrm{T}}\tag{8-48}$$

设 $\boldsymbol{H}$ 的第 i 列为 $\boldsymbol{h}_i=[h_{i1}, h_{i2}, h_{i3}]^{\mathrm{T}}$

$$\boldsymbol{h}_i^{\mathrm{T}}\boldsymbol{B}\boldsymbol{h}_j=\boldsymbol{v}_{ij}^{\mathrm{T}}\boldsymbol{b} \tag{8-49}$$

其中

$$\begin{aligned}\boldsymbol{v}_{ij}=[&h_{i1}h_{j1},\ h_{i1}h_{j2}+h_{i2}h_{j1},\ h_{i2}h_{j2},\\&h_{i3}h_{j1}+h_{i1}h_{j3},\ h_{i3}h_{j2}+h_{i2}h_{j3},\ h_{i3}h_{j3}]^{\mathrm{T}}\end{aligned} \tag{8-50}$$

因此式(8-45)和(8-46)可以写作

$$\begin{bmatrix}\boldsymbol{v}_{12}^{\mathrm{T}}\\(\boldsymbol{v}_{11}-\boldsymbol{v}_{22})^{\mathrm{T}}\end{bmatrix}\boldsymbol{b}=0 \tag{8-51}$$

对于 n 张图像,可以联立 n 个这样的不等式

$$\boldsymbol{V}\boldsymbol{b}=0 \tag{8-52}$$

所以,当有 3 张以上图像即 $n\geqslant 3$ 时,可以求得 $\boldsymbol{b}$ 的唯一解。一旦计算得到 $\boldsymbol{b}$,则可以从中恢复出内参矩阵

$$\boldsymbol{K}=\begin{bmatrix}\alpha & \gamma & u_0\\0 & \beta & v_0\\0 & 0 & 1\end{bmatrix} \tag{8-53}$$

其中

$$v_0=(B_{12}B_{13}-B_{11}B_{23})/(B_{11}B_{22}-B_{12}^2) \tag{8-54}$$

$$\eta=B_{33}-[B_{13}^2+v_0(B_{12}B_{13}-B_{11}B_{23})]/B_{11} \tag{8-55}$$

$$\alpha=\sqrt{\eta/B_{11}} \tag{8-56}$$

$$\beta=\sqrt{\eta B_{11}/(B_{11}B_{22}-B_{12}^2)} \tag{8-57}$$

$$\gamma=-B_{12}\alpha^2\beta/\eta \tag{8-58}$$

$$u_0=\gamma v_0/\beta-B_{13}\alpha^2/\eta \tag{8-59}$$

求得 $\boldsymbol{K}$ 之后,代入(8-42)可以求得每个相机的外参

$$\boldsymbol{r}_1=\boldsymbol{K}^{-1}\boldsymbol{h}_1/\eta \tag{8-60}$$

$$\boldsymbol{r}_2=\boldsymbol{K}^{-1}\boldsymbol{h}_2/\eta \tag{8-61}$$

$$\boldsymbol{r}_3=\boldsymbol{r}_1\times\boldsymbol{r}_2 \tag{8-62}$$

$$\boldsymbol{t}=\boldsymbol{K}^{-1}\boldsymbol{h}_3/\eta \tag{8-63}$$

其中 $\eta = 1 / \| \boldsymbol{A}^{-1} \boldsymbol{h}_1 \| = 1 / \| \boldsymbol{K}^{-1} \boldsymbol{K}_2 \|$，用以保证 $\boldsymbol{r}_1$、$\boldsymbol{r}_2$ 为单位向量。由此得到 $\boldsymbol{K}$、$\boldsymbol{R}_i$、$\boldsymbol{t}_i$，可以此作为初始化参数来进一步优化式(8-35)。

8.4　基于传统算法的多视图立体重建

在得到相机的参数以及给定图像中某一像素对应的深度的情况下，借助两个视角之间的单应矩阵，就可以找到一张图像中的像素点在另外一张图像中的位置。反之，如果给定图像中物体的同一个点在不同视角的投影，就可以通过优化求解出该点在空间中的深度，进而可以进行图像的立体重建。本节介绍几种典型的基于匹配的传统多视图立体重建算法。

8.4.1　简单的基于匹配三维点空间坐标求解方法

首先考虑一种最简单的情况：给定同一个三维点 $\boldsymbol{P} = [X, Y, Z, 1]^{\mathrm{T}}$ 在两张不同图像上的投影位置 $\boldsymbol{p}_1 = [x_1, y_1, 1]^{\mathrm{T}}$ 和 $\boldsymbol{p}_2 = [x_2, y_2, 1]^{\mathrm{T}}$，这里采用齐次坐标系的表达。基于这两个坐标的位置计算点 $\boldsymbol{P}$ 的值。

首先，设两个相机的投影矩阵如下

$$\boldsymbol{M}^i = \boldsymbol{K}[\boldsymbol{I} \quad \boldsymbol{0}] \begin{bmatrix} \boldsymbol{R} & \boldsymbol{t} \\ \boldsymbol{0} & \boldsymbol{1} \end{bmatrix} = \begin{bmatrix} \boldsymbol{M}_1^i \\ \boldsymbol{M}_2^i \\ \boldsymbol{M}_3^i \end{bmatrix} \tag{8-64}$$

其中 $\boldsymbol{M}_j^i$ 表示矩阵 $\boldsymbol{M}^i$ 的第 j 行。由于 $\boldsymbol{p}_i = \lambda \boldsymbol{M}^i \boldsymbol{P}$，所以

$$\begin{cases} \dfrac{x_1}{1} = \dfrac{\boldsymbol{M}_1^1 \boldsymbol{P}}{\boldsymbol{M}_3^1 \boldsymbol{P}} \\ \dfrac{y_1}{1} = \dfrac{\boldsymbol{M}_2^1 \boldsymbol{P}}{\boldsymbol{M}_3^1 \boldsymbol{P}} \\ \dfrac{x_2}{1} = \dfrac{\boldsymbol{M}_1^2 \boldsymbol{P}}{\boldsymbol{M}_3^2 \boldsymbol{P}} \\ \dfrac{y_2}{1} = \dfrac{\boldsymbol{M}_2^2 \boldsymbol{P}}{\boldsymbol{M}_3^2 \boldsymbol{P}} \end{cases} \tag{8-65}$$

整理可得

$$\begin{bmatrix} x_1\boldsymbol{M}_3^1 - \boldsymbol{M}_1^1 \\ y_1\boldsymbol{M}_3^1 - \boldsymbol{M}_2^1 \\ x_2\boldsymbol{M}_3^2 - \boldsymbol{M}_1^2 \\ y_2\boldsymbol{M}_3^2 - \boldsymbol{M}_2^2 \end{bmatrix} \boldsymbol{P} = 0 \tag{8-66}$$

通过对系数矩阵 SVD 求解式(8-66)可以得到 $\boldsymbol{P}$ 的值,从而得到该点的空间坐标信息。

如果对于图像中的每一个像素点,都能找到它在另一张图像的对应点的确切位置,然后通过上面的方法求解得到三维的点,就可以得到稠密的重建结果。然而,对应点的匹配只在纹理比较丰富的区域才可以得到比较好的结果。但是如果已知相机间关系,那么寻找对应点的过程可以简化为沿着极线搜索,即一个匹配点原来的整个图像二维的搜索空间可以简化为一维的搜索空间,从而提升了匹配的精度。

8.4.2　基于平面扫描的场景深度估计

平面扫描(plane sweeping)是多视图场景深度估计的经典算法,它很适合并行计算,可以使用 GPU 加速,在实时三维重建中广为使用。平面扫描算法的输入是一系列照片及标定好的相机参数。其核心思想为:将深度范围划分为一系列平面,假如平面足够密集,那么物体表面的点 $\boldsymbol{P}$ 一定在某个平面上,并且点 $\boldsymbol{P}$ 处的相机看到的一定是相同的颜色;而对于与 $\boldsymbol{P}$ 在同一平面而不在物体表面的点 $\boldsymbol{P}'$,其投影到每个相机平面上得到的像素点颜色不相同。

如图 8-4 所示,假设有 N 张图像 $\{\boldsymbol{I}_k\}_{k=1}^N$ 及其对应的相机参数 $\{\boldsymbol{R}_k, \boldsymbol{t}_k; \boldsymbol{K}_k\}_{k=1}^N$,将其中一张图像作为参考图像(reference image),并在其相机坐标系的深度范围内划分 M 个平面 $\{\boldsymbol{\Pi}_m: \boldsymbol{n}_m^T\boldsymbol{z} + d_m = 0\}_{m=1}^M$,则平面 $\boldsymbol{\Pi}_m$ 上任意一点 $\boldsymbol{P}$ 在参考图像 $\boldsymbol{I}_{\text{ref}}$ 上的投影点 $\boldsymbol{p}_{\text{ref}}$ 和任一图像 $\boldsymbol{I}_k$ 上的投影点 $\boldsymbol{p}_k$ 之间的对应关系如下

$$\boldsymbol{p}_k = \boldsymbol{H}_{\boldsymbol{\Pi}_m, \boldsymbol{I}_k} \boldsymbol{p}_{\text{ref}} \tag{8-67}$$

其中 $\boldsymbol{H}_{\boldsymbol{\Pi}_m, \boldsymbol{I}_k}$ 是两个视图之间的单应矩阵

$$\boldsymbol{H}_{\boldsymbol{\Pi}_m, \boldsymbol{I}_k} = \boldsymbol{K}_k \left(\boldsymbol{R}_k - \frac{\boldsymbol{t}_k \boldsymbol{n}_m^T}{d_m} \right) \boldsymbol{K}_{\text{ref}}^{-1} \tag{8-68}$$

有了点之间的对应关系后,便可以使用代价函数(cost function)对其进行优化。

需要注意的是，由于噪声的影响，不应只用一个像素点的颜色信息，而应利用一个窗口内的信息进行比较

$$C(x, y, \mathbf{\Pi}_m)=\sum_{k=1}^{N}\sum_{(i, j)\in W}\left|\boldsymbol{I}_{\text{ref}}(x-i, y-j)-\beta_k^{\text{ref}}\boldsymbol{I}_k(x_k-i, y_k-j)\right| \tag{8-69}$$

其中 W 表示以点 (x, y) 为中心的窗口，β 表示计算光照变化后的增益因子。有了该代价函数之后，只需要计算参考图像上每个点在不同平面上的代价函数值便可以确定该点所在的平面

$$\widetilde{\mathbf{\Pi}}(x, y)=\arg\min_{\mathbf{\Pi}_m} C(x, y, \mathbf{\Pi}_m) \tag{8-70}$$

找到该点所在的平面之后，其深度用如下公式计算

$$Z_m(x, y)=\frac{-d_m}{[x \quad y \quad 1]\boldsymbol{K}_{\text{ref}}^{-\text{T}}\boldsymbol{n}_m} \tag{8-71}$$

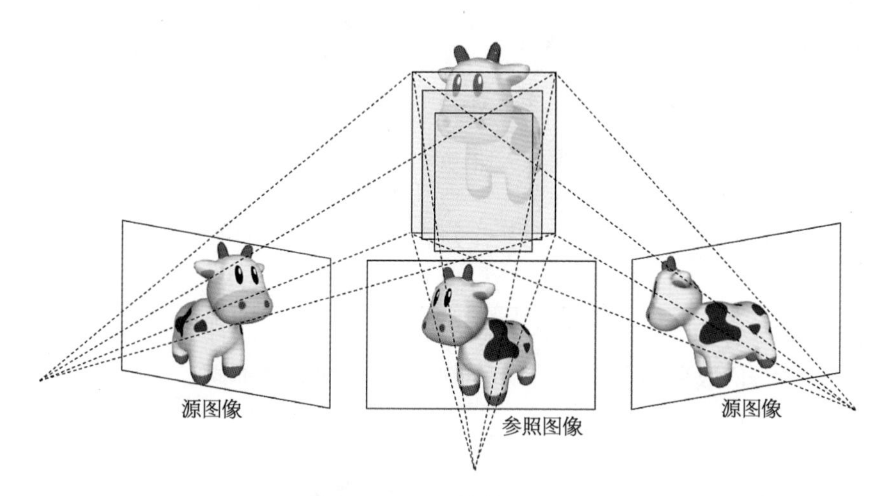

图 8-4 平面扫描算法示意图

(图片引自[10])

8.4.3 基于视差的深度估计

人类之所以能感知三维场景的深度就是因为视差(disparity)。利用两张不同视角的图像估计深度的算法被称为双目深度估计算法(binocular depth estimation)。在双目深度估计中,可以根据视差估计物体的深度。算法的整个过程分为图像校正、特征匹配点的搜索和视差计算,以及通过获取的视差计算深度。

现实中获取的两张图像可能是任意视角的,为了简化特征的匹配,通常对两张图像进行校正(image rectification)[11]。图像校正通过对图像进行旋转和放缩等变换,使得两张图像位于同一水平高度且相互平行。对于两张任意视角的图像[图 8-5(a)],图像校正将其映射成两张位于同一水平高度且相互平行的图像[图 8-5(b)]。

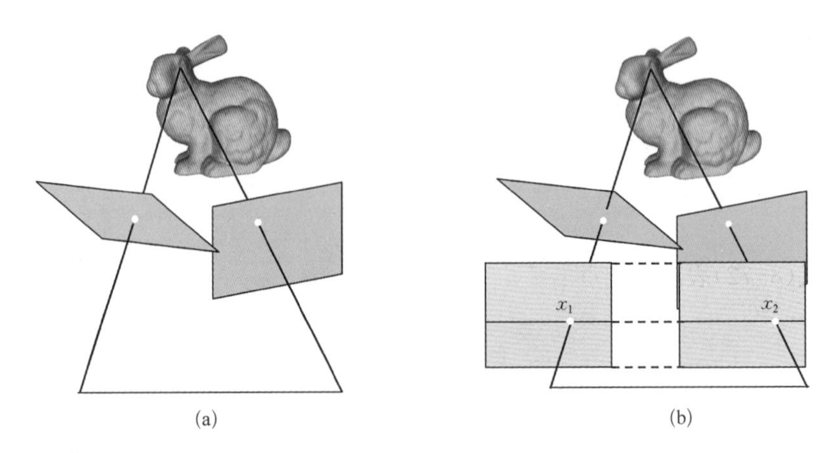

图 8-5　图像校正示意图

对于校正后的图像,物体上的一个点在两张图像上的投影 $\boldsymbol{p}_1=(x_1, y_1, 1)$ 和 $\boldsymbol{p}_2=(x_2, y_2, 1)$ 应满足 $\boldsymbol{p}_2^T[\boldsymbol{t}_\times]\boldsymbol{R}\boldsymbol{p}_1=0$。$\boldsymbol{p}_1$ 和 $\boldsymbol{p}_2$ 经过校正后,旋转矩阵 $\boldsymbol{R}=\boldsymbol{I}$、平移向量 $\boldsymbol{t}=(T, 0, 0)$,代入 $\boldsymbol{R}$ 和 $\boldsymbol{t}$ 可以得到 $y_1=y_2$,即 $\boldsymbol{p}_1$ 和 $\boldsymbol{p}_2$ 的纵坐标相同。该方法的效果如图 8-6 所示。图 8-6(a)和(b)为不同视角的输入,(c)为图像校正变换后的图像。

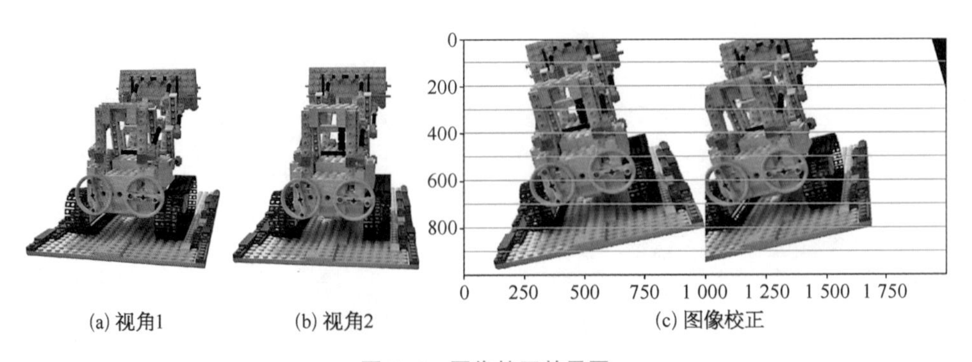

图 8-6　图像校正效果图

对于经过校正后的图像，一张图像的一个点在另外一张图像中的点位于与该点具有相同高度的水平扫描线(scanline)上。对于第一张图像上的一个像素，搜索其对应的扫描线上的所有像素，然后计算出这两个点的(特征)相似度，选取相似度最高的像素作为匹配点。特征匹配中，可以用点匹配的方式。然而仅用单点的特征不够鲁棒。通常做法是选取该点对应一个窗口的特征作为该点特征的刻画。窗口的大小对结果的影响较大，小的窗口会关注更多的细节，但同时也会引入更多噪声，而大的窗口则会使视差的预测结果更加平滑，但是也会丢失更多细节。

对于校正图像中匹配的一对点 X，由于其纵坐标相同，记其横坐标分别为 x_1 和 x_2(图 8-7)。记两个相机中心 O_1、O_2 的距离为 B(基线宽度)，图像校正后相机的焦距为 f，物体对应的深度为 z。通过相似三角形的对应关系，可以得到

$$x_1 - x_2 = \frac{B \cdot f}{z} \tag{8-72}$$

式(8-72)表示匹配点的横坐标的差与深度 z 成反比。记

$$d = x_1 - x_2 \tag{8-73}$$

d 即为**视差**[也被称为双目视差(binocular disparity)]，可以看到视差与深度成反比。

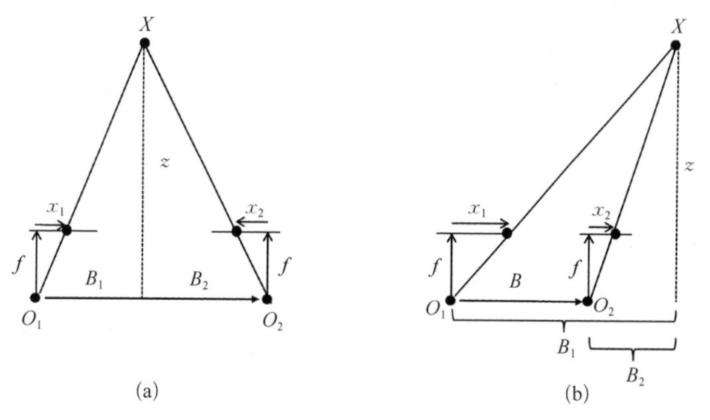

图 8-7　通过视差进行深度估计

8.4.4　基于 PatchMatch 的立体重建

在之前的深度估计方法中，一个常见的做法是在有限个离散的视差值上计算匹配损失，并选择损失最小的视差作为结果。这种做法的前提假设是支持窗口中

所有像素点的视差值相同。但是，这个假设在很多情况下都是不成立的，比如支持窗口中的像素点不在一个平面上，或支持窗口内的像素点处在一个不平行于像平面的平面甚至是曲面上。在图 8-8(a)中，Q 点显示出离散视差存在的精度问题，R、S 点表明正向平行的假设无法适应倾斜平面或曲面。PatchMatch Stereo[12]的核心便是在计算匹配损失时拟合支持窗口所在的平面的参数以计算出更加准确的匹配损失，进而得到更加准确的视差。图 8-8(b)表明倾斜平面拟合能够很好地解决前述弊端。

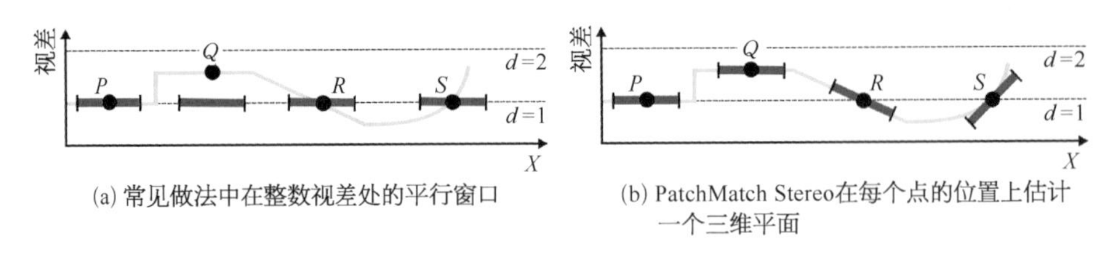

(a) 常见做法中在整数视差处的平行窗口

(b) PatchMatch Stereo在每个点的位置上估计一个三维平面

图 8-8　PatchMatch Stereo 的支持域

(图片引自[12])

8.4.4.1　倾斜的支持窗口

PatchMatch Stereo 方法的基础是 PatchMatch 算法，这是一种基于滑动窗口的迭代算法，通过随机初始化和局部传播在逼近最优解的同时降低计算复杂度，最初被用来高效求解两幅图像之间的匹配点以进行图像编辑。同样是以寻找匹配点为基础，基于双目视图的深度估计任务也可以用 PatchMatch 来求解。

对于两个视图上的一个像素点 $\boldsymbol{p}$，希望找到一个视差平面 $f_{\boldsymbol{p}}$ 以使在该平面上的匹配损失最小

$$f_{\boldsymbol{p}}=\arg\min_{f\in\mathcal{F}} m(\boldsymbol{p},\ f) \tag{8-74}$$

其中 $\mathcal{F}$ 是所有候选平面的集合，$m(\boldsymbol{p},\ f)$ 是匹配损失函数，其定义如下

$$m(\boldsymbol{p},\ f)=\sum_{\boldsymbol{q}\in \boldsymbol{W}_{\boldsymbol{p}}} w(\boldsymbol{p},\ \boldsymbol{q})\cdot\rho(\boldsymbol{q},\ \boldsymbol{q}-(a_f\boldsymbol{q}_x+b_f\boldsymbol{q}_y+c_f)) \tag{8-75}$$

其中 $\boldsymbol{W}_{\boldsymbol{p}}$ 是以 $\boldsymbol{p}$ 为中心的支持窗口，a_f、b_f、c_f 是平面 f 的参数。式(8-75)中的第一项 $w(\boldsymbol{p},\ \boldsymbol{q})$ 是一个用于克服边缘过平滑问题的自适应加权函数

$$w(\boldsymbol{p},\ \boldsymbol{q})=\mathrm{e}^{-\frac{\| I\boldsymbol{p}-I\boldsymbol{q}\|}{\gamma}} \tag{8-76}$$

其中 γ 是一个超参数，$\| I_{\boldsymbol{p}}-I_{\boldsymbol{q}}\|$ 是 $\boldsymbol{p}$ 和 $\boldsymbol{q}$ 点在 RGB 空间中的 L1 距离。在式

(8-75)第二项中，首先根据平面 f 的参数 a_f、b_f、c_f 计算出 $\boldsymbol{q}$ 的视差，然后用 $\boldsymbol{q}$ 的横坐标减去视差值得到 $\boldsymbol{q}$ 在另一视图中的匹配点 $\boldsymbol{q}'$。函数 $\rho(\boldsymbol{q}, \boldsymbol{q}')$ 计算了 $\boldsymbol{q}$ 和 $\boldsymbol{q}'$ 的像素相似度

$$\rho(\boldsymbol{q}, \boldsymbol{q}') = (1-\alpha) \cdot \min(\| I_{\boldsymbol{q}} - I_{\boldsymbol{q}'} \|, \tau_{\mathrm{col}}) + \alpha \cdot \min(\| \nabla I_{\boldsymbol{q}} - \nabla I_{\boldsymbol{q}'} \|, \tau_{\mathrm{grad}}) \tag{8-77}$$

其中 $\| \nabla I_{\boldsymbol{q}} - \nabla I_{\boldsymbol{q}'} \|$ 是灰度图在 $\boldsymbol{q}$ 和 $\boldsymbol{q}'$ 处的梯度值之差，α 平衡了颜色项和梯度项的影响，参数 τ_{col} 和 τ_{grad} 截断了过大的损失以增强算法在有遮挡区域的鲁棒性。

8.4.4.2　基于 PatchMatch 的深度预测

基于 PatchMatch 的深度预测的基本思想是：在一对双目视图中，相邻区域的像素大致分布在同一个平面上。对于一个局部区域，如果随机初始化每个像素处的平面参数，总有一个像素处的平面与实际平面足够的接近。因此，研究者直接随机采样平面的参数作为初始值。除了 PatchMatch 算法原本的"空间传播"机制，该方法进一步提出两种传播机制（视图间传播和视频帧间传播）以加快算法收敛速度。图 8-9 展示了算法的迭代过程。

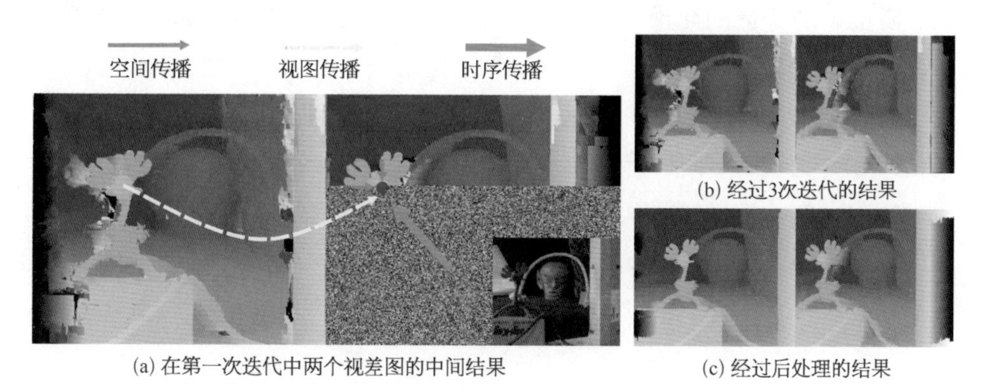

图 8-9　PatchMatch Stereo 的迭代过程

（图片引自[12]）

在每一轮迭代中，每个像素都经历以下 4 个步骤：

空间传播(spatial propagation)　这种传播形式背后的想法是空间相邻像素可能具有相似的平面。令 $\boldsymbol{p}$ 表示当前像素，$f_{\boldsymbol{p}}$ 表示该像素所在的平面。评估将 $\boldsymbol{p}$ 分配给空间邻居 $\boldsymbol{q}$ 的平面 $f_{\boldsymbol{q}}$ 是否会改进式(8-75)的代价，即检查条件

$m(\boldsymbol{p}, f_q) < m(\boldsymbol{p}, f_p)$。如果满足该条件就接受 f_q 作为 $\boldsymbol{p}$ 的新平面，即令 $f_p := f_q$。在偶数迭代中，考虑左邻和上邻；而在奇数迭代中，检查右邻和下邻。

视图传播(view propagation) 这个步骤利用了左右视差图之间存在的强相干性，即另一个视图中的像素及其匹配点可能具有相似的平面。根据当前平面检查第二个视图的所有像素，这些像素将当前像素 $\boldsymbol{p}$ 作为匹配点。令 $\boldsymbol{p}'$ 是这样一个像素，$f_{p'}$ 表示它变换到第一个视图的平面。如果满足 $m(\boldsymbol{p}, f_{p'}) < m(\boldsymbol{p}, f_p)$，令 $f_p := f_{p'}$。

时序传播(temporal propagation) 这种传播形式只能在处理立体视频序列时使用。其假设当前视频帧的一个像素 $\boldsymbol{p}$ 和前一个或连续图像中相同坐标的像素 $\boldsymbol{p}'$ 可能具有相似的平面。显然如果序列中几乎没有运动，这种假设更有可能成立，实际大多数情况都是如此。如果满足 $m(\boldsymbol{p}, f_{p'}) < m(\boldsymbol{p}, f_p)$，令 $f_p := f_{p'}$。

平面修正(plane refinement) 这一步的目标是在像素 $\boldsymbol{p} = (x_0, y_0)$ 处细化平面 f_p 的参数，以进一步降低式(8-75)的代价。将 f_p 转换为用点和法向量表示，有两个参数，其中 $\boldsymbol{\Delta}_{z_0}^{\max}$ 定义了三维点 $\boldsymbol{z}$ 的坐标 $\boldsymbol{z}_0$ 的变化范围，则 $\boldsymbol{\Delta}_n^{\max}$ 限制了法向量 $\boldsymbol{n}$ 的分量的允许变化范围。现在将 $\boldsymbol{\Delta}_{z_0}$ 估计为位于区间 $[-\boldsymbol{\Delta z}_0^{\max}, \boldsymbol{\Delta z}_0^{\max}]$ 的一个任意向量且 $\boldsymbol{z}'_0 := \boldsymbol{z}_0 + \boldsymbol{\Delta}_{z_0}$，这给出了一个新的三维点 $\boldsymbol{P}' = (x_0, y_0, z'_0)$。类似地，估计区间 $[-\boldsymbol{\Delta}_n^{\max}, \boldsymbol{\Delta}_n^{\max}]$ 的 3 个随机值，它们构成向量 $\boldsymbol{\Delta}_n$。现在将修改后的法向量估计为 $\boldsymbol{n}' := u(\boldsymbol{n} + \boldsymbol{\Delta}_n)$，其中 $u(\cdot)$ 为归一化操作。最后，将由 $\boldsymbol{P}'$ 和 $\boldsymbol{n}'$ 定义的平面转换为式(8-75)中平面，它给出修改后的平面 f'_p。如果满足 $m(\boldsymbol{p}, f'_p) < m(\boldsymbol{p}, f_p)$，接受平面，即 $f_p := f'_p$。

8.5 基于深度学习的多视角重建

传统的立体重建算法通过匹配不同视角的点或图像块颜色等基本图像特征构建损失函数进行深度估计和立体重建。然而在真实场景中，经常存在纹理缺失或者纹理重复的区域，以及光照剧烈变化的场景，这些都给匹配增加了难度。鉴于深度学习在图像分类中表现出强大的图像表征能力，香港科技大学的权龙教授及其合作者提出了基于深度学习的多视角重建 MVSNet[13]，通过神经网络提取不同视角特征，并利用特征匹配构建代价体(cost volume)，然后基于代价体进行深度的估计。该方法展现出优异的性能。然而代价体是一个四维张量，其存储和计算开销很大，后续有大量工作针对该问题进行探索，例如 RMVSNet[14]、cascade MVSNet[15]、Fast-MVSNet[16] 等。鉴于篇幅限制，本节重点介绍 MVSNet 及 Fast-MVSNet。

8.5.1 MVSNet

多视角立体重建网络(multi-view stereo network, MVSNet)[13] 是最具有代表性的基于深度学习的多视角重建的工作。给定输入的多视角图像，该网络端到端地进行相邻图像间的特征提取与匹配，得到每个视角对应的深度图后，再通过一个基于可见度的多视角深度图融合算法[17] 对多个深度图进行融合，得到最终的三维模型。本节仅介绍 MVSNet 核心算法。

MVSNet 主要包含 3 个步骤(图 8-10)：图像特征提取、代价体构建和深度图预测。在第一步中，首先构建了一个 8 层的二维 CNN，从输入的各视角图像中提取该图像所对应的特征 $\{F_i\}_{i=1}^N$。注意到基于 CNN 的特征提取器可以提取到对光照、环境变化等更加鲁棒的特征，同时，该网络中包含多个下采样的操作，使得到的特征包含了更大的图像感受野对应的图像信息，因此特征匹配可以更加鲁棒。接下来，该算法将应用可导的仿射变换来构建代价体，通过神经网络来隐式地计算多视角图像之间的匹配。

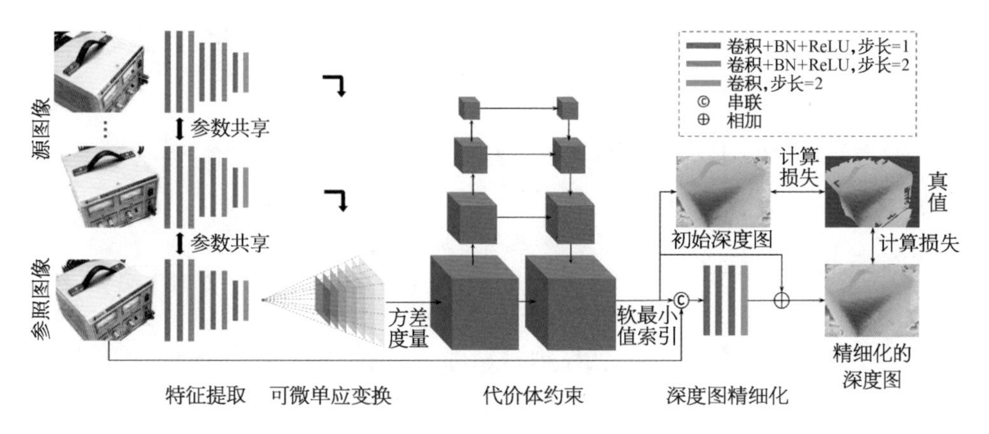

图 8-10　MVSNet 模型结构图

(图片引自[13])

假设 $\boldsymbol{I}_1$ 是输入参考图像，$\{\boldsymbol{I}_i\}_{i=2}^{N}$ 则代表与其相邻的 N 张多视角图像。记这些图像的内参、相机旋转矩阵、相机位移为 $\{\boldsymbol{K}_i, \boldsymbol{R}_i, \boldsymbol{t}_i\}_{i=1}^{N}$。MVSNet 首先建立 N 个特征体 $\{\mathbf{V}_i\}_{i=1}^{N}$。注意到由于输入的相机参数等已知，可以计算出第 i 张特征图和第一张参考特征图在深度 d 处的关系 $H_i(d)$

$$H_i(d)=\boldsymbol{K}_i\boldsymbol{R}_i\left(\boldsymbol{I}-\frac{(-\boldsymbol{R}_1^{-1}\boldsymbol{t}_1+\boldsymbol{R}_i^{-1}\boldsymbol{t}_i)n^{\mathrm{T}}\boldsymbol{R}_1}{d}\right)\boldsymbol{R}_1^{\mathrm{T}}\boldsymbol{K}_1^{-1} \tag{8-78}$$

任意特征体 $\mathbf{V}_i$ 在深度 d 处的 $\mathbf{V}_i(d)$ 的数值与其图像特征 $\boldsymbol{F}_i$ 的数值之间的关系可以由 $\hat{\boldsymbol{x}} \sim H_i(d)\cdot\boldsymbol{x}$ 表达。注意到匹配过程其实与传统的手工匹配流程是相似的，只是在上述流程中，MVSNet 匹配由深度神经网络提取得到的特征，而不是图像像素或是手工设计的特征。接下来，为了能够处理任意数目的输入，MVSNet 采用了一个基于方差的算法 M 来聚合多视角的特征体并构建代价体 $\boldsymbol{C}$

$$\boldsymbol{C}=M(\mathbf{V}_1, \cdots, \mathbf{V}_N)=\frac{\sum_{i=1}^{N}(\mathbf{V}_i-\bar{\mathbf{V}}_i)^2}{N} \tag{8-79}$$

其中 $\bar{\mathbf{V}}_i$ 代表所有视角输入的特征体的平均。

在获得原始的代价体 $\boldsymbol{C}$ 之后，MVSNet 采用了一组三维 CNN 来进一步改进原始的特征体，采用了多组四尺度的类 V-Net 三维 CNN，为了减少显存的开销，每层三维卷积的数量都设置的较少。在得到改进的特征体后，通过软最小(soft argmin)的操作，来得到最终深度图的预测。这里采用了一个小技巧，在得到初始的深度图 d_i 之后，将该输出通过另外一组 CNN，得到改进的深度图 d_r。这样由粗糙到精细的训练方法可以使得网络收敛更加高效。给定真值 d，整个训练过程的损失函数可以表达如下

$$\mathrm{Loss}=\sum(\|d-d_i\|+\|d-d_r\|) \tag{8-80}$$

8.5.2 Fast-MVSNet

对于 MVSNet 算法而言，为了取得精确的结果，往往需要构建一个更大的代价体，专门处理代价体的三维卷积也十分耗费资源，并且会随着代价体的变大呈指数级增长，这导致 MVSNet 算法需要大量的显存，运行速度也相对较慢。因此，研究者提出快速多视角立体重建网络(Fast-MVSNet)[16]，其结构如

图 8-11 所示。Fast-MVSNet 的流程包含 3 个阶段：稀疏代价体模块、稀疏稠密传播层和高斯牛顿优化层。

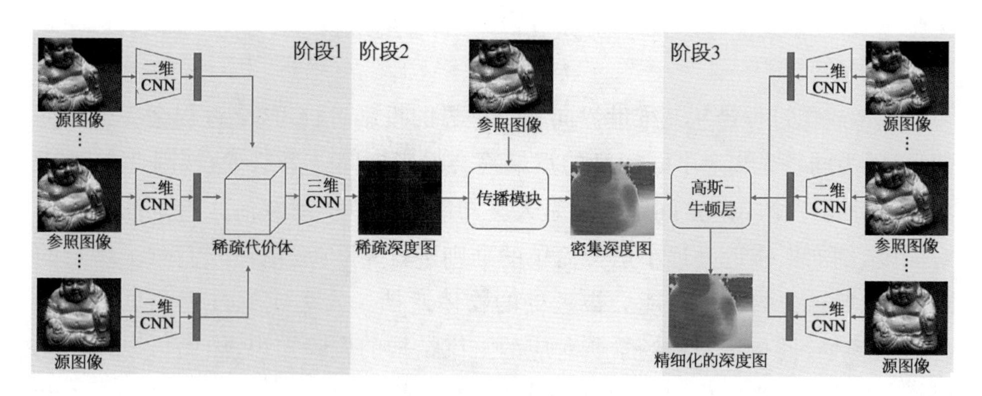

图 8-11　Fast-MVSNet 模型结构图

(图片引自[16])

首先，Fast-MVSNet 构建一个稀疏的高分辨率代价体。相对 MVSNet 将每个点（$i=1, \cdots, N$）投影至代价体，Fast-MVSNet 只会在相隔为 1 的区间中（$i=1, 3, 5, \cdots, N$）计算代价体，这样便能有效地控制显存消耗。从另外一个角度而言，也可以将这样的操作视作一个空洞(空洞=2)卷积的变体。在获得了稀疏的高分辨率代价体之后，Fast-MVSNet 将其上采样成一个稠密的代价体。在此，传统的双线性插值由于忽略了图像特征，往往会导致图像边界区域的深度值模糊。为了解决以上问题，Fast-MVSNet 采用了一个基于深度学习的联合双边上采样算法。至此，已经可以利用稀疏输入来快速得到一个粗糙的深度预测了。

然而，在实际应用中，上述的方法往往无法取得精确的预测。为了解决这一问题，Fast-MVSNet 进一步提出一个基于高斯牛顿的优化算法。具体而言，可以通过优化如下的重投影误差实现

$$E(\boldsymbol{p})=\sum_{i=1}^{N}\|\boldsymbol{F}_i(\boldsymbol{p}'_i)-\boldsymbol{F}_0(\boldsymbol{p})\| \tag{8-81}$$

其中 $\boldsymbol{F}_i$、$\boldsymbol{F}_0$ 分别表示从输入图像 $\boldsymbol{I}_i$ 和图像 $\boldsymbol{I}_0$ 中提取的神经网络特征，$\boldsymbol{p}_0$ 代表了在 $\boldsymbol{I}_0$ 中的任意一个点，$\boldsymbol{p}'_i$ 则代表了该点在 $\boldsymbol{I}_i$ 中所对应的重投影点。注意到高斯牛顿算法本身便是可导的，可以自然地结合进 CNN 的优化算法之中。在实际的测试中，Fast-MVSNet 可以在更高分辨率下(640×480)取得比 MVSNet 更高的准确度，同时消耗更少的显存，速度也可以提升一倍。

8.6 基于深度学习的场景的单目深度估计

图像成像过程是从三维世界向二维世界的投影过程，这个过程会丢失深度信息，因为同一光线上不同深度的点最终会投影到同一个二维点，因此单视角深度估计是一个不适定问题。但是人类却能够从单一图像估计每个像素的相对深度，例如依靠近大远小这种简单的准则进行判断，或依赖人们对于场景的理解，比如远处的物体可能会被近处的物体遮挡。人类成长过程中见过各种各样的场景，具有每一种场景所对应的三维结构的先验知识，因而可以判断相对深度信息，因此也可以通过从数据中学习图像与深度的对应关系的先验知识来实现单视角深度估计。本节将介绍基于深度学习的单目深度估计(monocular depth estimation)。

8.6.1 有监督学习的单目深度估计

最早的使用深度神经网络来实现单视角图像深度估计的方法是由 D. Eigen 等人提出的多尺度深度网络。其网络架构如图 8-12 所示。该方法采用了一种由粗糙到精细的策略(coarse-to-fine strategy)进行深度图的预测。它包含两个分支网络，第一个分支使用卷积网络提取图像特征并与全连接网络结合预测粗糙的全局深度图 D_{coarse}；第二个分支首先提取图像特征，然后与粗糙的深度图 D_{coarse} 拼接，再经过两个卷积层预测更精细的深度图 D_{fine}。同时，该方法还提出一种尺度无关的损失函数，其定义为

$$L(y, y^*) = \frac{1}{n}\sum_{i=1}^{n}(\log y_i - \log y_i^* + \alpha(y, y^*))^2 \tag{8-82}$$

其中 $\alpha(y, y^*) = \frac{1}{n}\sum_i(\log y_i^* - \log y_i)$ 是一个将预测的深度图 y 与真实的深度图 y^* 对齐的缩放因子，即 $\alpha(y, y^*)$ 为式(8-83)的最优解

$$\alpha(y, y^*) = \min_{\alpha}\frac{1}{n}\sum_{i=1}^{n}\left(\log\frac{\alpha y_i}{y_i^*}\right)^2 \tag{8-83}$$

为了提升神经网络的鲁棒性，该方法还提出几种数据增强的方式进行训练，

例如随机缩放、旋转平移、左右翻转图像、改变图像对比度等，这些数据增强方式在后来的方法中被广泛使用。这个方法在当时(2014 年)取得了非常好的结果。后面的相关研究表明，将该方法中的网络换成简单的 ResNet18 的网络结构能得到更好的深度预测结果。

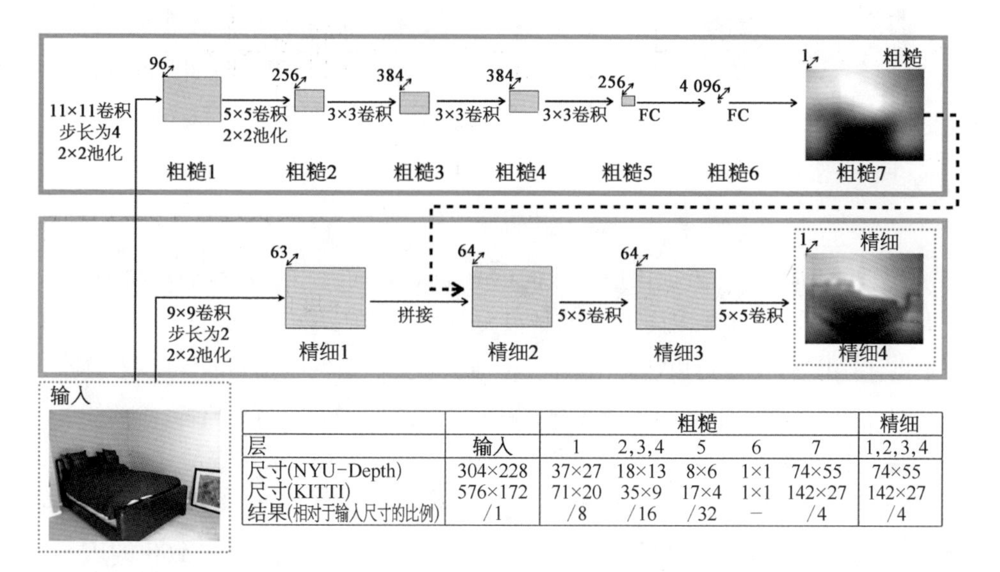

层	输入	粗糙 1	2,3,4	5	6	7	精细 1,2,3,4
尺寸(NYU-Depth)	304×228	37×27	18×13	8×6	1×1	74×55	74×55
尺寸(KITTI)	576×172	71×20	35×9	17×4	1×1	142×27	142×27
结果(相对于输入尺寸的比例)	/1	/8	/16	/32	–	/4	/4

图 8-12　多尺度网络模型结构图

(图片引自[18])

除了直接预测深度值，也可以将深度值离散化表示，将深度范围划分成不同的区间，进而使用基于分类的损失函数进行训练。测试阶段网络只需要预测当前位置的深度值落在哪个区间即可。

由于深度图与场景表面法向(surface normal)紧密相关，也有很多工作结合法向约束来提高深度图预测的效果。GeoNet[19] 是这类方法的一个典型代表。GeoNet 的主要思想为通过使用深度图与法向的相互约束来提高两种预测的结果。如图 8-13 所示，该方法首先使用两个不同网络分别预测图像的初始深度图(initial depth map)和初始法向图(initial normal map)，进而使用法向图与深度图结合算出更新后的深度图。计算过程大致可理解为基于法向的加权滤波器：对于某一个像素，使用周围领域的像素的深度值和法向算出当前像素的深度值，然后将不同的深度值加权求和得到最终的深度值，而加权系数与法向相似度相关。而对于法向的更新也是类似的道理，使用初始深度图算出法向，与初始法向拼接后经过网络预测精细化后的法向图。

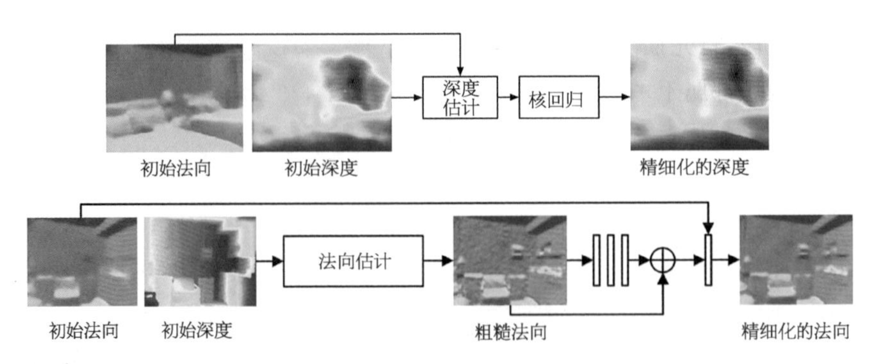

图 8-13 GeoNet 示意图

（图片引自[20]）

更近一步，有研究者提出虚拟法向（virtual normal）[21]的概念，即法向的计算不局限在一个小的领域，而是可以跨越很大的图像范围。例如，随机从图像中采样 3 个点，使用这 3 个点可以计算出法向，在训练时则约束网络预测的深度图对应位置的 3 个点所计算出的法向与真实图的法向一致，这样可以提供一种高阶的约束。

除了预测深度图，研究者也考虑过使用其他方式来表示场景的三维结构信息，例如使用大的平面来表示场景，则场景的深度估计问题就转换为检测图像中的平面，然后估计每个平面的参数。相比于深度图，平面是一种紧致化的表示，可以更加方便地应用于虚拟现实等应用中，例如图像的纹理替换和修改等。其中，基于平面的场景重建（planar reconstruction）[22]是该技术路线上一种典型算法。Planar Reconstruction 包含两个阶段（图 8-14）：第一阶段预测平面实例分割图，第二阶段为每个平面预测平面参数。

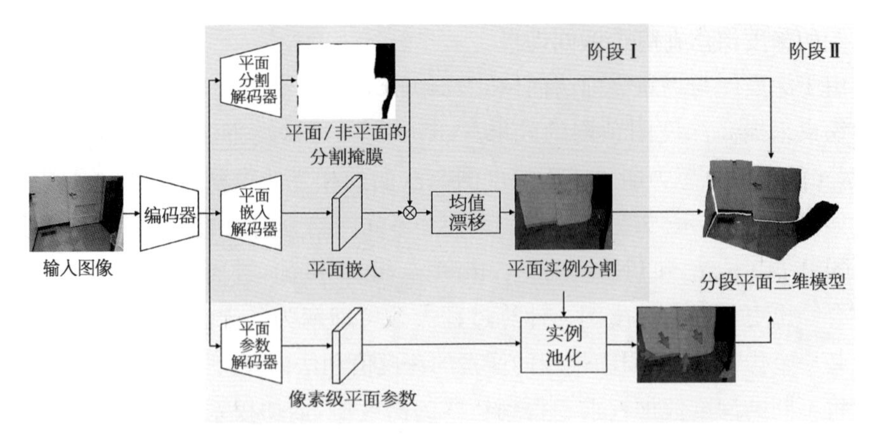

图 8-14 Planar Reconstruction 方法示意图

（图片引自[22]）

第一阶段，首先预测一个平面/非平面的逐像素分类结果，这是因为不是所有的图像区域都属于平面，因此需要先剔除非平面的区域。接着，平面区域的像素被映射到一个嵌入空间，在这里空间里，属于同一个平面的像素距离近，而属于不同平面的像素距离远，因此可以使用简单的均值漂移聚类算法得到每个平面所对应的像素区域；第二阶段，首先预测每个像素所对应的平面参数，进而使用第一阶段的分割结果对逐像素的平面参数进行加权聚合得到每个平面对应的参数。最终可以得到图像对应的使用平面表示的三维结构。

8.6.2　自监督学习的单目视频深度估计

尽管有监督训练的单视角深度估计方法取得了非常不错的结果，但它仍然依赖于大量的训练数据，而采集图像对应的深度图的过程并不简单，因而研究者开始思考如果使用自监督的方法来学习深度估计的网络。一种典型方法是使用一对视角有差异的图像作为监督信号训练神经网络[23]。图 8-15 展示了 I. Reid 等人提出的无监督单视角深度估计算法。其主体思路为预测双目图像中左图的逆深度(inverse depth)图，根据逆深度图可以计算出当前像素在另一张图像(右图)中所对应的位置，然后使用这种对应关系从右图合成出一张新图像，即在每个像素位置从右图取对应位置的颜色(使用可微分的双线性插值)。如果所预测的逆深度图是正确的，那么由右图生成的图像应该与左图一致，因此通过对比生成的图像与左图是否一致可以构建损失函数训练深度网络。在此之上，研究者提出可以进一步利用左右一致性作为约束[24]，例如同时预测左图和右图的逆深度图，可以分别与右图和左图两张图像合成新的两张左右图像，然后与输入图像做差作为训练损失函数。

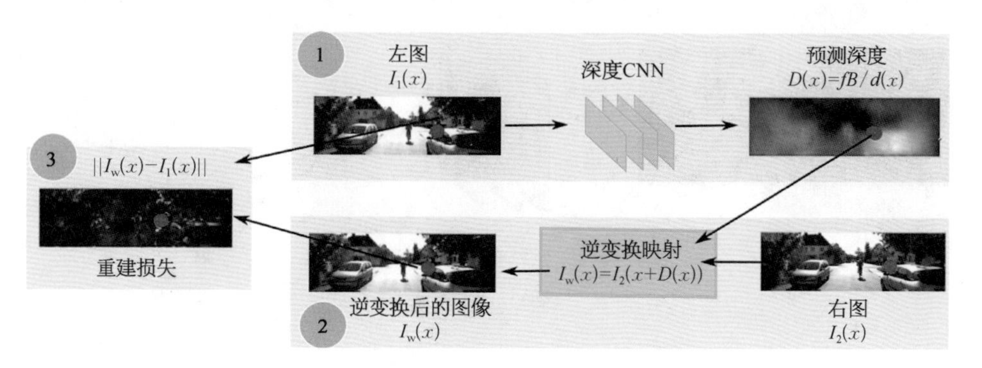

图 8-15　无监督深度估计框架示意图

(图片引自[23])

而对于单目视频估计，可以借鉴上面的算法，将视频的两帧构成一个图像对，进行无监督学习的方法预测深度。其中比较经典的方法是 D. G. Lowe 等人提出的 SfMLearner[25]，其总体框架如图 8-16 所示。SfMLearner 主要有两个模块，深度估计网络为输入图像预测深度图，相机位姿网络预测两张相邻图像之间的相机变化关系。训练时的损失函数也是图像重构损失，首先将深度图 $\boldsymbol{D}$ 转换成三维点云

$$\boldsymbol{P}=\boldsymbol{K}^{-1}\boldsymbol{D}[u,\ v,\ 1]^{\mathrm{T}} \tag{8-84}$$

然后使用位姿网络预测的 $\boldsymbol{R}$、$\boldsymbol{t}$ 可以将点云投影到另一个图像上，得到当前像素在另一张图像对应的坐标

$$\lambda \boldsymbol{p}=\boldsymbol{K}[\boldsymbol{R},\ \boldsymbol{t}]\boldsymbol{P} \tag{8-85}$$

利用这种对应关系，可以使用双线性插值的方法生成一个新的图像，进而通过重建损失函数监督神经网络训练。后续也有很多基于此方法的改进，例如结合光流预测相邻帧的对应关系，并要求光流图与通过深度图和相机变换计算出的对应关系一致[26]，或者为了应对动态场景，先使用物体检测的方法去除图像中的运动物体，如车、行人等，然后只在静态区域计算重建损失[27]。

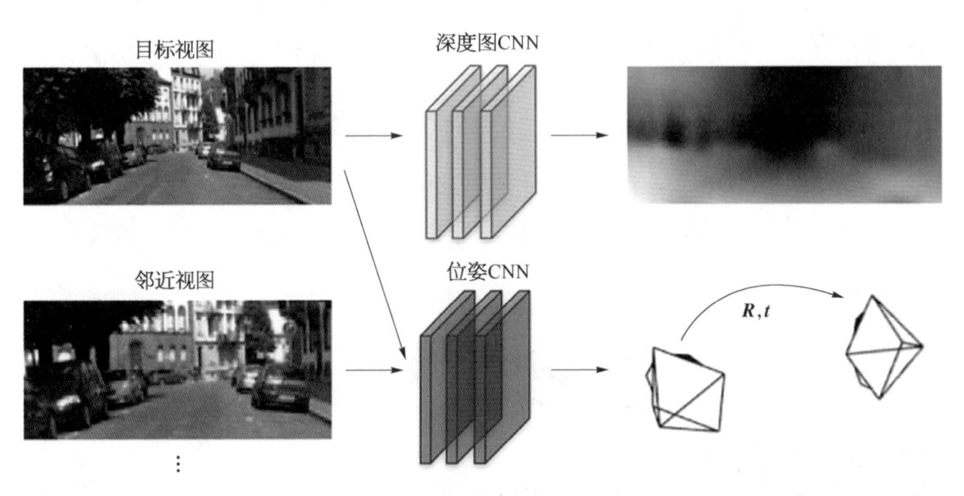

图 8-16　无监督深度估计框架示意图

（图片引自[25]）

尽管自监督的单目深度估计框架在室外自动驾驶场景取得了很好的结果，但是直接将这些方法应用到室内场景却无法得到合理的结果。主要原因有两

点：① 相比自动驾驶场景，室内场景的相机运动更加难以预测，这是因为在室外驾驶的场景，训练所用的视频由装在车上的摄像头拍摄，车的运动相对简单，只有前行和转向，可以近似为平面运动，而在室内场景，视频通常是由手持设备采集的，所以相机的运动自由度更高；② 室内场景有更多的没有纹理的区域，如白墙、地面等，在这些区域，一个图像中的一个像素可以在另一个图像上找到大量颜色值相同的像素，因而存在大量错误的匹配，此时用于训练的图像重构误差是不可靠的。

针对基于单目视频进行室内场景的无监督深度估计的这两个难点，研究者提出了不同的解决方案：有人先使用预先计算匹配点的方法计算出相邻图像的光流，以此作为一种中间的监督[28]；也有人使用传统方法预先算出两张图像之间的相机位姿变换来降低学习复杂度[29]。这里介绍一种典型的无监督单目视频室内深度估计算法 P²Net[30]。如图 8-17 所示，该方法直接丢弃缺少纹理的区域，只选择那些纹理相对丰富的区域来计算多视角匹配的重构损失。为了进一

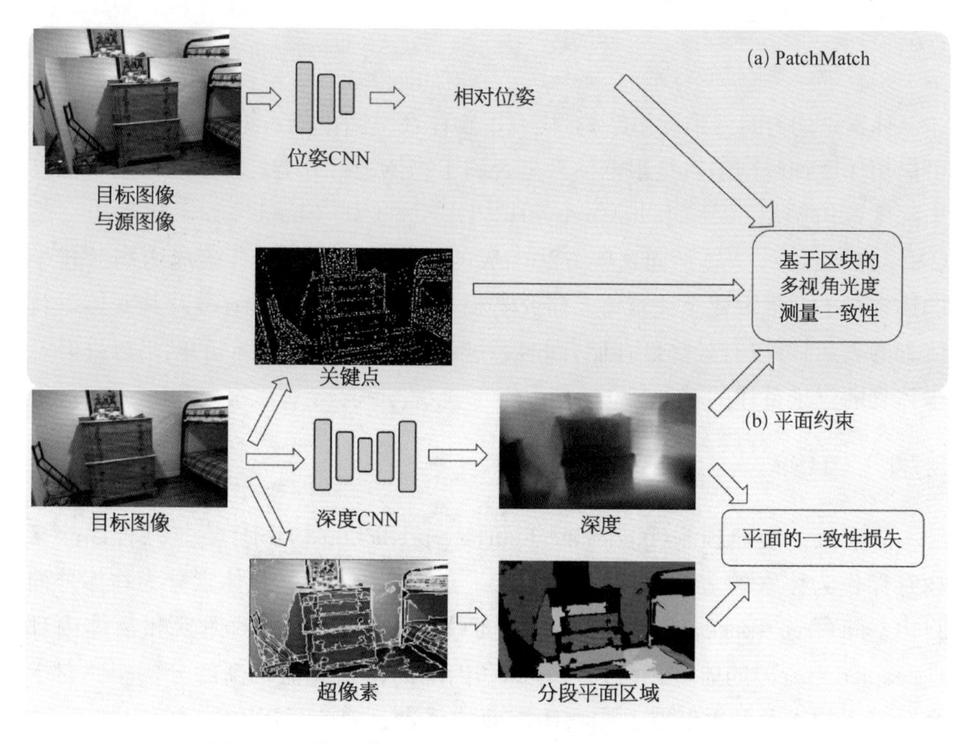

图 8-17　基于 P²Net 的无监督室内深度估计框架示意图

(图片引自[30])

步降低错误匹配，使用图像块而不是像素进行重构损失的计算，这是因为相比像素，大的图像块更有显著性，因而可以在另一视角的图像中找到唯一对应的图像块。而对于没有纹理的区域，则使用平面进行约束：首先提取图像的超像素，观察发现大部分面积较大的超像素往往与图像的平面区域相吻合，因此，可以约束超像素对应的深度值生成的点云所拟合出来的平面与网络预测的深度值一致，该方法在当时(2020 年)取得了与有监督学习相近的性能。

8.7　深度学习对基于不同形状表达的三维重建

由于深度学习在特征提取方面的优势，它已被广泛用于三维重建。由于场景和物体的形状表达方式不同，针对不同的形状表达方式，可采用不同的深度神经网络架构。

8.7.1　基于体素的显式三维表达

体素是均匀的三维网格结构，代表了物体在空间中的占据(occupancy)，所以可以用深度神经网络直接根据体素是否属于物体进行分类。早期的做法包括基于深度置信网络(deep belief network, DBN)的 3D ShapeNets[2] 和基于三维 CNN 的 VoxNet[31]。然而这些方法生成的体素分辨率较低。生成更高分辨率的体素对于三维重建至关重要。研究者提出利用八叉树(octree)及其变体进行体素的表达，可以有效降低存储，同时通过设计针对八叉树存储的网络以提升基于体素的三维重建的精度。

8.7.1.1　HSP

多层级的表面预测(hierarchical surface prediction, HSP)[32]是一种以八叉树存储作为体素的表达方法(图 8-18)。进一步地，HSP 将体素分为物体外面自由空间(free space)的体素、物体表面(boundary space)的体素和物体内部(occupied space)的体素。而物体外部和内部的体素无需很高的分辨率。对于高分辨率的体素表达仅需关注物体表面的体素。因此，HSP 提出由粗到细、逐渐增加体素的分辨率。同时，由于高分辨率体素表达仅需要关注物体表面的体素，从而可以大大降低计算开销。

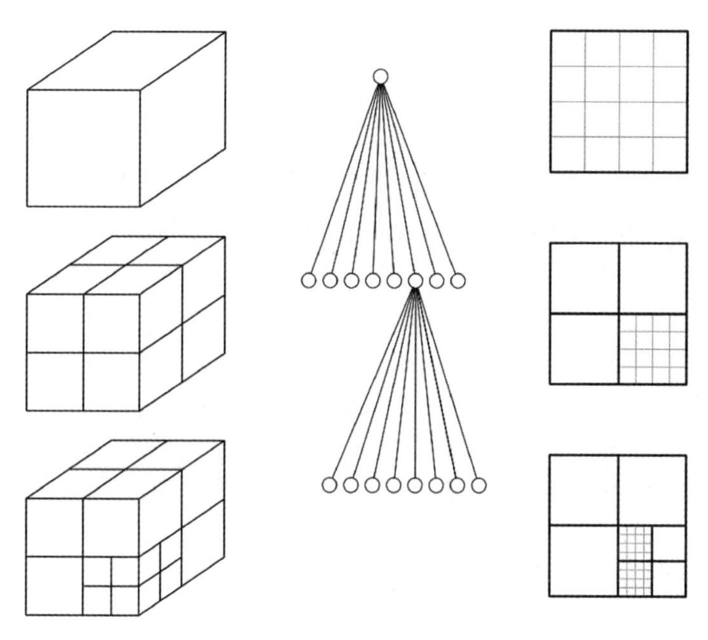

图 8-18　HSP 的八叉树表示

(图片引自[32])

HSP 的做法如图 8-19 所示。它将输入(可以是图像、深度图或者部分体素)经过基于 CNN 的编码器提取特征,然后经过解码器得到分辨率从小到大的基于八叉树的体素表达。记 $\boldsymbol{F}^{l,s}$ 为第 l 层八叉树的第 s 个位置的体素特征。为了得到更高分辨率的体素特征并进行分类,解码器包含特征裁剪(feature cropping)、特征上采样(feature upsampling)和输出生成(output generation)部分。对于某一个

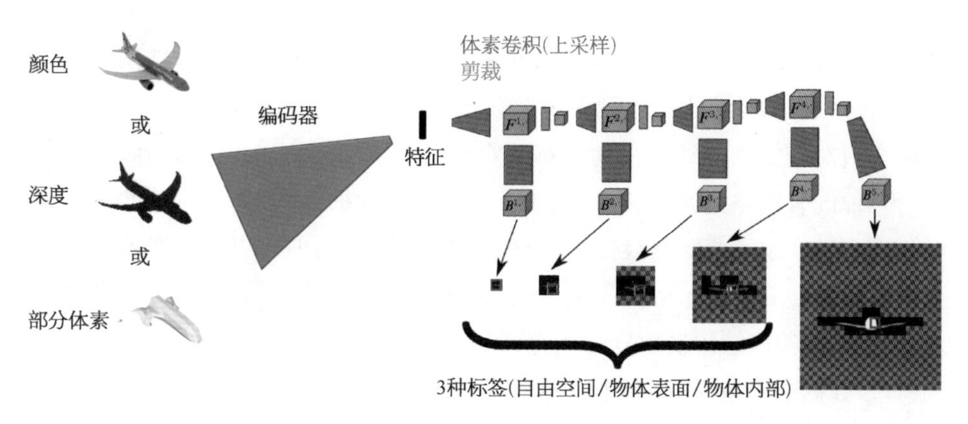

图 8-19　HSP 示意图

(图片引自[32])

关注的体素，为生成其八叉树子节点特征，HSP 的特征裁剪取一个比当前体素空间更大的区域的特征作为后续的输入[图 8-20(a)]。这样可以保证生成的体素更加平滑。而特征上采样采用反卷积神经网络增大体素的分辨率，得到下一层的体素特征 $\boldsymbol{F}^{l+1,r}$ [图 8-20(b)]。在输出生成部分，将特征 $\boldsymbol{F}^{l+1,r}$ 输入 CNN 判断体素的类型是物体表面、内部还是外部。如果是表面，则需要进一步对该体素进行一部分划分，再次预测。这样就可以由粗到细，得到高分辨率的体素表达。

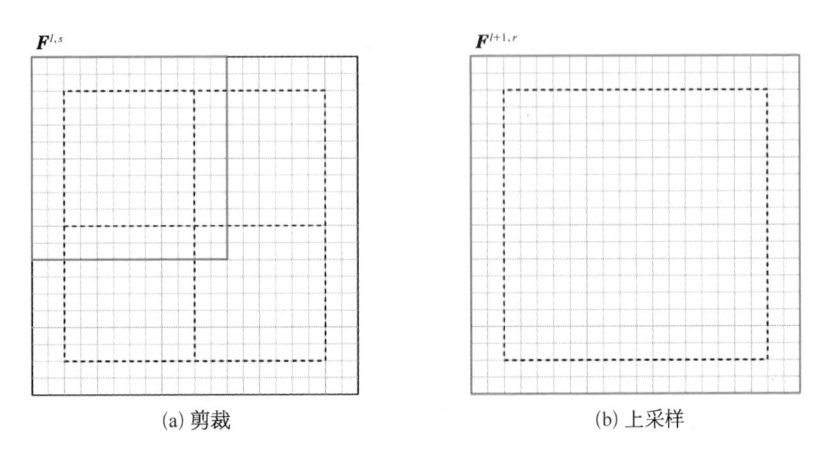

(a) 剪裁　　(b) 上采样

图 8-20　HSP 的特征剪裁和上采样

(图片引自[32])

8.7.1.2　OctNet

传统的八叉树基于指针的存储，在进行子节点的检索时，需要多次指引。而神经网络的卷积和池化需要频繁获取数据，因而对于很深的高分辨率八叉树，数据索引对应的额外开销很大。对此八叉树网络(octree network，OctNet)[33]提出一种混合网格的八叉树(hybrid grid octree)数据结构，对于一个规则网格(regular grid)，该数据结构利用多个浅层的八叉树，依旧可以获得很高的体素分辨率。如图 8-21 所示，对于一个三维的网格，在每个方向用 2 个深度为 3 的八叉树，可以获得的体素的分辨率为$(2\times8)^3$。此外，为表达一个深度为 3 的八叉树，该数据结构提出用一个由 0 和 1 构成的 73 比特的字符串来表达。该字符串的位置索引为 0 处用 0 或 1 表达根节点是否要做下一层的划分；位置索引为 1—8 处的值代表子节点是否需要做进一步的划分；位置索引为 9—72 处的值代表叶子节点是否需要做进一步的划分(图 8-22)。基于这样的表达可以无需指针即可对父节点 pa(i)和子节点 ch(i)进行快速索引,设 i 为某节点索引,则有

$$\mathrm{pa}(i)=\left\lfloor\frac{i-1}{8}\right\rfloor \tag{8-86}$$

$$\mathrm{ch}(i)=8\cdot i+1 \tag{8-87}$$

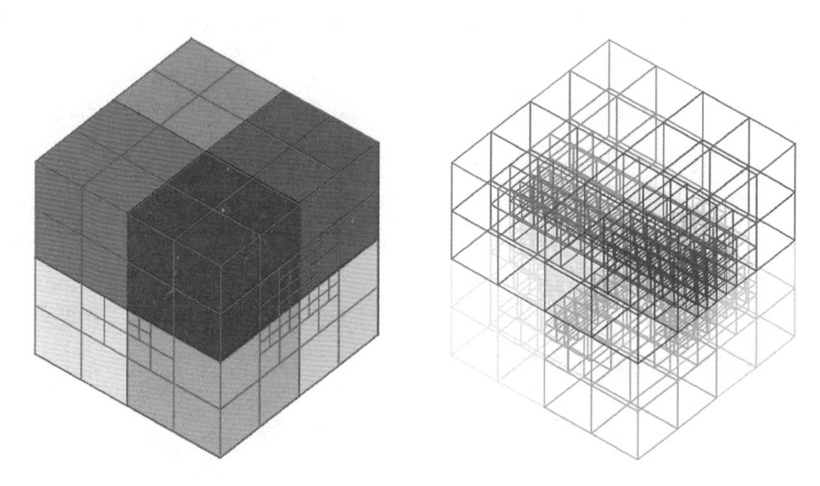

图 8-21　OctNet 的混合网格-八叉树结构

(图片引自[33])

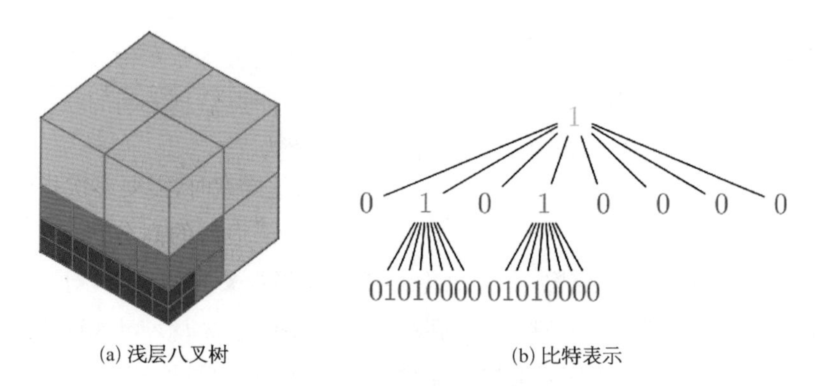

图 8-22　八叉树的比特表示

(图片引自[33])

此外,基于 OctNet 定义的混合网格八叉树结构,可以更高效地实现 CNN 的卷积池化、反池化等操作。首先来定义一些符号:$\boldsymbol{T}_{i,j,k}$ 表示三维张量 $\boldsymbol{T}$ 在位置(i, j, k)处的值;假设有一个 $D\times H\times W$ 的最大深度为 3 的非平衡混合网

格-八叉树结构，令 $\boldsymbol{O}[i, j, k]$ 表示该结构中包含了体素(i, j, k)的最小单元的值。则从网格-八叉树结构 $\boldsymbol{O}$ 到张量 $\boldsymbol{T}$ 的映射、逆映射可以分别表示为

$$\text{oc2ten}: \boldsymbol{T}_{i,j,k} = \boldsymbol{O}[i, j, k] \tag{8-88}$$

$$\text{ten2oc}: \boldsymbol{O}[i, j, k] = \underset{(\bar{i}, \bar{j}, \bar{k}) \in \boldsymbol{\Omega}[i, j, k]}{\text{poolvoxels}} (\boldsymbol{T}_{\bar{i}, \bar{j}, \bar{k}}) \tag{8-89}$$

其中 poolvoxels 是一个池化函数，它对所有包含位置(i, j, k)的最小单元所对应的 $\boldsymbol{T}$ 中的体素进行池化，表示为 $\boldsymbol{\Omega}[i, j, k]$。

卷积是 CNN 中最重要的且开销最大的操作。对于一个特征图，使用三维卷积核 $\boldsymbol{W} \in \mathbb{R}^{L \times M \times N}$ 对三维张量 $\boldsymbol{T}$ 进行卷积的操作可以表示为

$$\boldsymbol{T}^{\text{out}}_{i,j,k} = \sum_{l=0}^{L-1} \sum_{m=0}^{M-1} \sum_{n=0}^{N-1} \boldsymbol{W}_{l,m,n} \cdot \boldsymbol{T}^{\text{in}}_{\hat{i}, \hat{j}, \hat{k}} \tag{8-90}$$

其中 $\hat{i} = i - l + \lfloor L/2 \rfloor$，$\hat{j} = j - m + \lfloor M/2 \rfloor$，$\hat{k} = k - n + \lfloor N/2 \rfloor$。相似地，网格-八叉树数据结构上的卷积操作定义为

$$\boldsymbol{O}^{\text{out}}[i, j, k] = \text{poolvoxels}(\boldsymbol{T}_{\bar{i}, \bar{j}, \bar{k}}) \tag{8-91}$$

$$\boldsymbol{T}_{(\bar{i}, \bar{j}, \bar{k}) \in \boldsymbol{\Omega}[i, j, k]} = \sum_{l=0}^{L-1} \sum_{m=0}^{M-1} \sum_{n=0}^{N-1} \boldsymbol{W}_{l,m,n} \cdot \boldsymbol{O}^{\text{in}}[\hat{i}, \hat{j}, \hat{k}] \tag{8-92}$$

其中 $\boldsymbol{O}^{\text{in}}$ 和 $\boldsymbol{O}^{\text{out}}$ 分别为卷积的输入和输出八叉树。

池化是深度卷积网络中的一个重要操作。它融合输入张量得到更高层的信息并且降低输入张量的分辨率，从而增加感受野和捕捉信息之间的联系。对一个输入的向量 $\boldsymbol{T}^{\text{in}}$ 进行步长为 2^3 的池化，可以表示为

$$\boldsymbol{T}^{\text{out}}_{i,j,k} = \max_{l, m, n \in [0, 1]} (\boldsymbol{T}^{\text{in}}_{2i+l, 2j+m, 2k+n}) \tag{8-93}$$

对于八叉树的网格数据结构，一次池化会减少浅层八叉树的数量，对于一个有 $2D \times 2H \times 2W$ 个浅层八叉树的八叉树 $\boldsymbol{O}^{\text{in}}$，其输出则包含 $D \times H \times W$ 个浅层八叉树，八叉树中的每一个体素的尺寸都会减半，并且池化后的一个体素会复制末端的浅层八叉树的更深一层(图 8-23)。该过程可以表示为

$$\boldsymbol{O}^{\text{out}}[i, j, k] = \begin{cases} \boldsymbol{O}^{\text{in}}[2i, 2j, 2k] & \text{depth}(2i, 2j, 2k) < 3 \\ \boldsymbol{P} & \end{cases} \tag{8-94}$$

$$\boldsymbol{P} = \max_{l, m, n \in [0, 1]} (\boldsymbol{O}^{\text{in}}[2i + l, 2j + m, 2k + n]) \tag{8-95}$$

对于语义分割等任务，输入与输出的大小是相同的。虽然池化对于增加网络的感受野和捕捉上下文联系很重要，但它同时也会改变输入的大小。为了还原输入的大小，对于已经被池化操作处理后的信息，可以使用反池化操作解码从而还原到原来的大小。如果输入 $\boldsymbol{T}^{\text{in}} \in \mathbb{R}^{2D\times 2H\times 2W}$ 的张量，输出为 $\boldsymbol{T}^{\text{out}} \in \mathbb{R}^{D\times H\times W}$

$$\boldsymbol{T}^{\text{out}}_{i,j,k} = \boldsymbol{T}^{\text{in}}_{\lfloor i/2\rfloor,\lfloor j/2\rfloor,\lfloor k/2\rfloor} \tag{8-96}$$

那么，同理可以得到在网格八叉树结构上的反池化

$$\boldsymbol{O}^{\text{out}}[i, j, k] = \boldsymbol{O}^{\text{in}}[\lfloor i/2\rfloor, \lfloor j/2\rfloor, \lfloor k/2\rfloor] \tag{8-97}$$

反池化操作会在八叉树深度为 0 的位置生成一个新的浅层八叉树，这会增加浅层八叉树的数量到原来的 8 倍。同时其他所有体素的尺寸会增加一倍（图 8-23）。

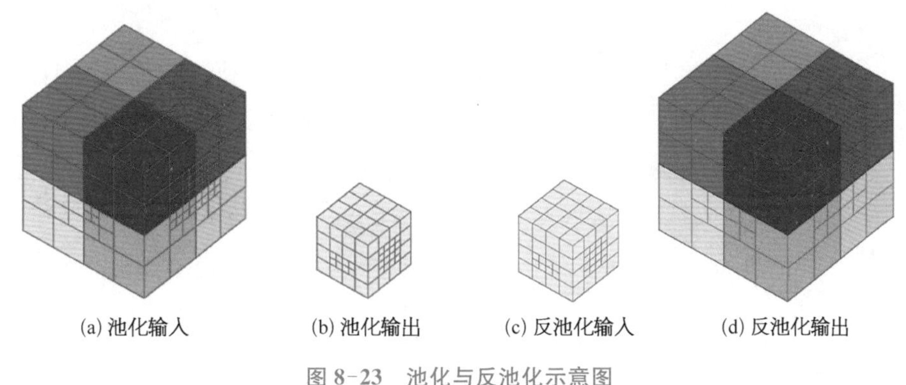

图 8-23　池化与反池化示意图

8.7.1.3　3D-R2N2

三维循环重建神经网络（3D recurrent reconstruction netural network，3D-R2N2）[34]是基于循环神经网络架构来预测物体形状的体素表示的算法。神经网络从任意视角接收单张或多张对象实例的图像，并以体素的形式输出目标的重建结果。随着神经网络看到对象的更多样本，其重建会逐渐精细化。

如图 8-24 所示，每个 3D-R2N2 由一个编码器、一个递归单元和一个解码器组成。编码器将图像转换为低维特征后输入 3D-LSTM，然后解码器获取 3D-LSTM 的隐含层状态并将它们转换为最终的体素表示，其网络结构如图 8-25 所示。其中每个卷积层使用一个 LeakyReLU 非线性激活函数。

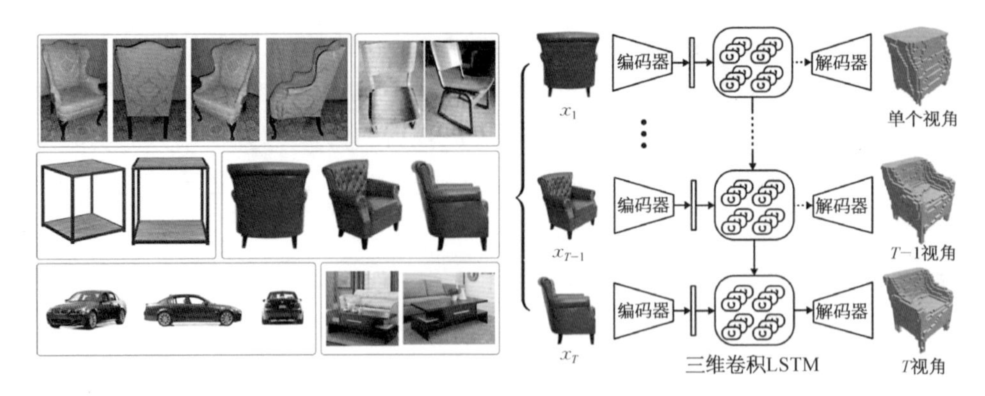

图 8-24 3D-R2N2 示意图

x_T 表示 T 视角下物体图像。（图片引自[34]）

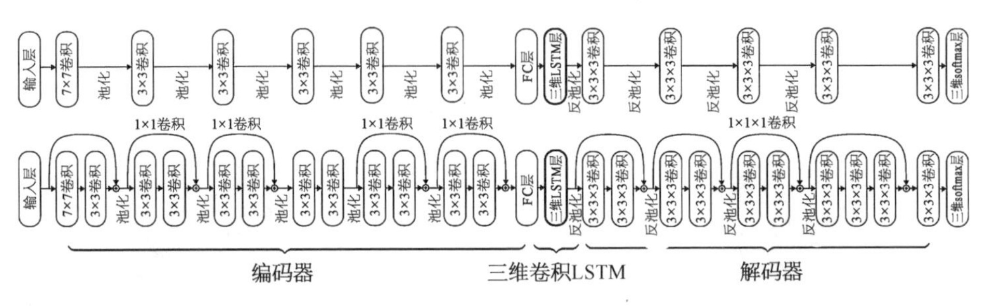

图 8-25 3D-R2N2 网络结构图

上方为 3D-R2N2 浅层版本，下方为深层带残差连接的版本。（图片引自[34]）

8.7.2 基于多边形网格的显式三维表达

计算机视觉中，场景或者物体的重建往往都以获得多边形网格为最终目的。基于多边形网格的表示对于编辑非常友好，因此经常被采用。针对这种三维表达，深度学习算法的输入为单目或多目图像，而输出则是算法预测的多边形网格。

利用神经网络从图像得到多边形网格可以有两种方式：① 可以直接利用神经网络将图像和一个标准的网格模板作为输入，利用图像将多边形网格模板形变为图像中物体对应的目标网格。在这种方式中，网络的监督信号约束在目标多边形网格上，即约束预测的多边形网格和目标多边形网格匹配；② 可以通过光栅化渲染的方式，通过改变三维空间网格，使投影得到的图像与输入的待重建图像匹配。在这种方式中，网络的监督信号约束输入图像和重投影后的图像相匹配。本小节介绍几种典型的针对多边形网格表达的三维重建算法。

8.7.2.1　Pixel2Mesh

像素到网格(Pixel2Mesh)[35]是一个基于单张图像作为输入，利用深度神经网络将多边形模板形状逐渐变形为目标形状的物体三维结构重建算法。该算法采用了由粗到细的策略(coarse-to-fine strategy)，先将模板形状形变为分辨率较低的网格，再通过图节点上采样反池化(unpooling)得到一个分辨率较高的网格，然后优化这个高分辨率的网格，最后将一系列变形叠加在一起，使形状在细节上逐渐细化。Pixel2Mesh 直接利用图神经网络来构建网格的几何表示，网格中的顶点和面的边对应了图神经网络中图的节点和边。每个节点存储该节点对应的网格顶点的三维空间坐标及形状特征(初始时刻仅有三维坐标，在第一阶段之后包含形状特征)。在前向传播中，每个节点中的特征可以在相邻的节点中交换，并且最终回归到每个目标形状的顶点坐标。如图 8-26 所示，Pixel2Mesh 网络包含 3 阶段，每个阶段的分辨率逐渐增加。

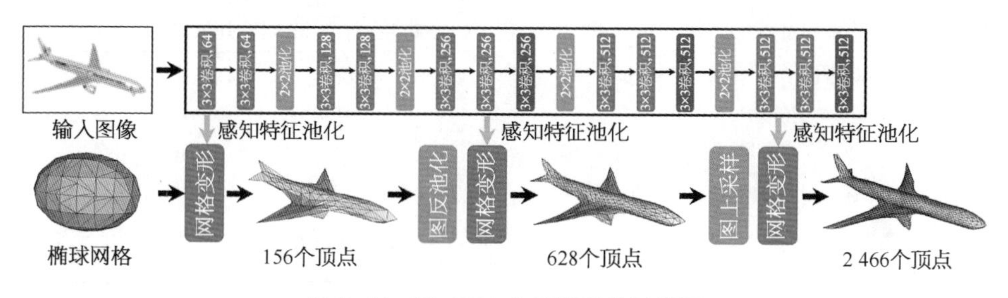

图 8-26　Pixel2Mesh 网络结构示意图

(图片引自[35])

用于实现网格变形的神经网络结构如图 8-27(a)所示，对于图上的一个节点，记其存储的前一阶段对应的三维坐标为 $\boldsymbol{C}_{i-1}$，前一阶段的特征为 $\boldsymbol{F}_{i-1}$。在第 i 阶段，给定图像的特征为 $\boldsymbol{P}$($\boldsymbol{P}$ 可以通过由图像输入 CNN 获得，Pixel2Mesh 采用的是 VGG-16)，Pixel2Mesh 使用一个如图 8-27(b)所示的感知特征池化层(perceptual feature pooling)来根据节点的位置 $\boldsymbol{C}_{i-1}$ 提取对应的特征。其做法是根据该点的三维坐标以及相机的参数将该点投影到图像上，然后通过投影点周围的点的特征进行双线性插值得到该投影点的特征(Pixel2Mesh 采用的是 Conv3_3、Conv4_3 和 Conv5_3 三层的特征)，并把该投影点的特征作为对应的三维顶点的特征。Pixel2Mesh 将通过感知池化层得到的特征与该节点保存的

当前的 $\boldsymbol{F}_{i-1}$ 拼接，并输入图残差神经网络(graph based ResNet，G-ResNet)中得到新的坐标 $\boldsymbol{C}_i$ 和该节点新的特征 $\boldsymbol{F}_i$。

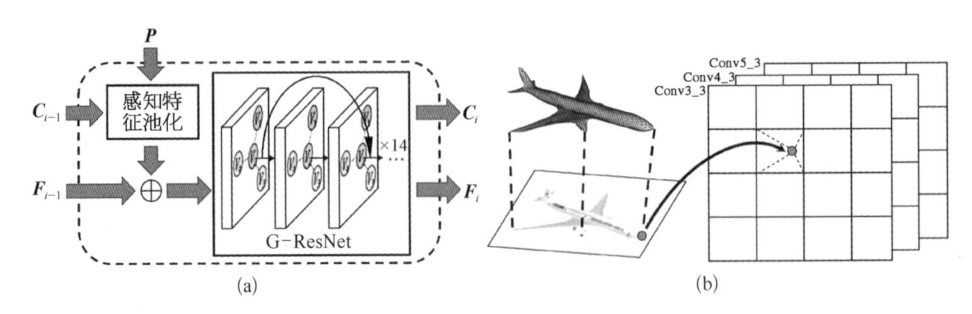

图 8-27 Pixel2Mesh 网格变形示意图

(图片引自[35])

由低分辨率的网格对应的图通过反池化得到高分辨率的网格对应的图，有两种策略：① 基于面的策略，即以每个三角网格的中心点与 3 个网格顶点连线，该策略会导致各个顶点的度不均衡；② 基于边的策略是取各个边的中点，并把中点连接起来(图 8-28)。用这种方式可以得到均衡的面，因此 Pixel2Mesh 推荐使用此种策略。

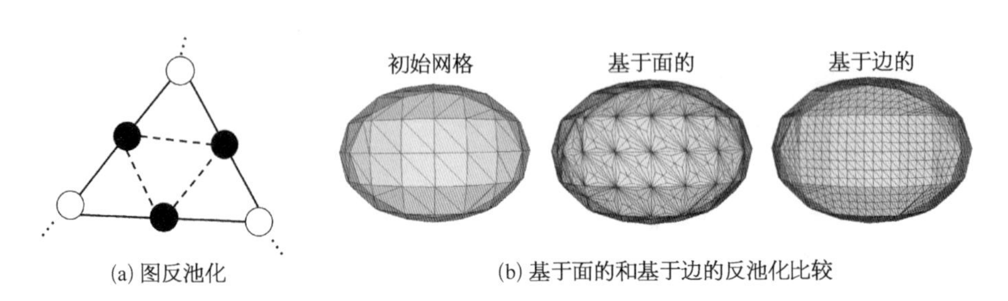

图 8-28 Pixel2Mesh 网格数量上采样示意图

(图片引自[35])

8.7.2.2 神经三维网格渲染器

神经三维网格渲染器(neural 3D mesh renderer)[36]是一种无监督的由单张二维图像建模三维物体的方法。与 Pixel2Mesh 相同，它的输入为单张图像，输出为多边形网格。不同之处在于此方法不使用三维模型作为监督，而是利用光栅化渲染出的图像与输入图像的差异作为自监督实现三维多边形网格的构建(图 8-29)。其中光栅化渲染的过程将空间中的物体通过透视投影到像平面上，然后再逐个遍历图像中的每个像素，检测其是否在物体的投影区域内。如果该像素落在投影区域内，就用相应物体上的点的相应颜色填充该像素。

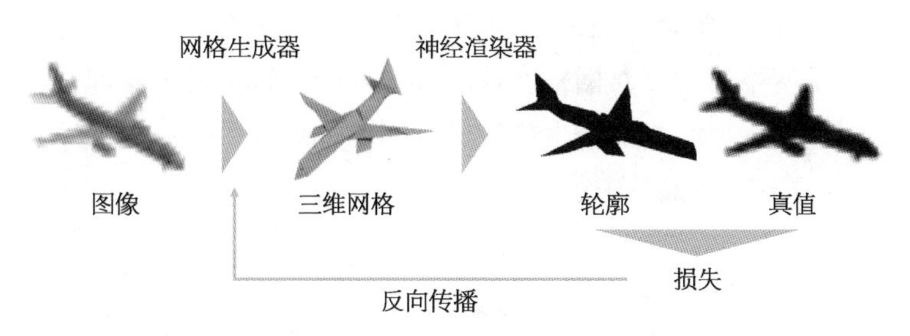

图 8-29　神经三维网格渲染器的流程图

（图片引自[36]）

然而，使用神经网络直接由多边形网格生成图像比较困难，因为光栅化的过程阻止了基于反向传播的神经网络优化算法中的梯度回传。因此，研究者提出了一个近似的梯度栅格化，使渲染集成到神经网络。基于这个方法，甚至可以执行带有轮廓图像监督的单图像三维网格重建。

一个具体光栅化过程的例子如图 8-30 所示。其中 $\boldsymbol{v}_i=(x_i, y_i)$ 为投影后某个面的顶点。假设现在固定 y_i，仅关注水平坐标的变化。记 $\boldsymbol{I}_j(x_i)$ 为 x_i 变化时像素 $\boldsymbol{P}_j$ 的颜色，x_0 为当前位置坐标。当 x_i 向右移动时，面片的边缘与 $\boldsymbol{P}_j$

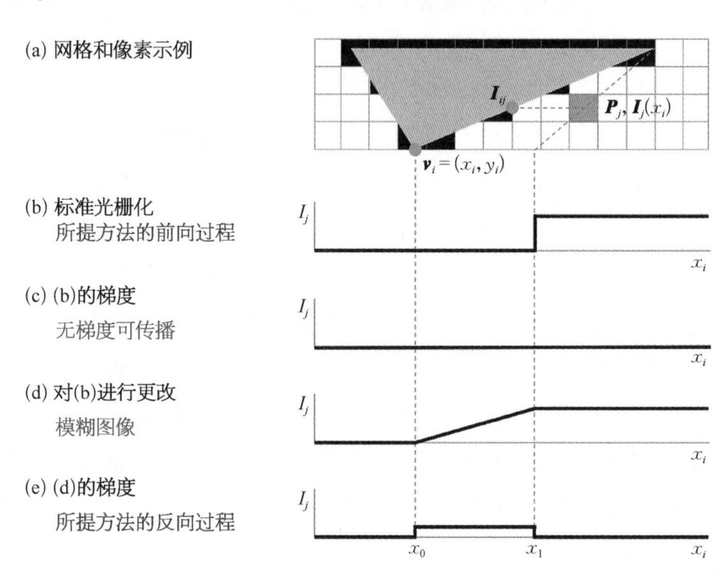

图 8-30　神经三维网格渲染器的方法简介

（图片引自[36]）

重合时，记此时的位置为 x_1，颜色为 $\boldsymbol{I}_{ij}$。标准的光栅化渲染颜色突变，图 8-30(b)和(c)分别显示了针对标准的光栅化场景下 $\boldsymbol{I}_j$ 关于 x_i 的函数和偏导函数。可以看到在各个位置偏导函数的值均为零，因此无法进行梯度回传。为解决该问题，神经三维网格渲染器对网格面片的边缘部分进行了模糊处理，从而使得像素的颜色产生连续变化，进而产生梯度值。图 8-30(d)和(e)分别显示了修改后的 $\boldsymbol{I}_j$ 关于 x_i 的函数和偏导函数。

8.7.3 基于隐函数的隐式物体表达

使用多边形网格、体素等方法显式表达三维物体十分直观，但也存在许多问题：① 每个多边形网格/体素只能表示一个固定的形状，每个形状都需要单独表示，存储开销较大。② 显式表达受限于存储空间，因而很难实现高分辨率的重建，无法精细地表示物体的细节。对于体素而言，表示的物体越精细，需要的体素网格分辨率就越高，而这会导致存储开销呈 $O(n^3)$ 增长。对于多边形网格而言，则需要使用更多数量的多边形。③ 这些显式表达的结构难以使用神经网络进行处理。

基于隐函数(implicit function)的隐式物体表达则可以解决以上限制。它使用一个隐函数来表示物体的形状，具体可以表示为 $f(\boldsymbol{x}, \boldsymbol{c}; \boldsymbol{\Theta})=\sigma$。其中 f 是隐函数，可以用一个神经网络进行表示；$\boldsymbol{\Theta}$ 是其参数集合；$\boldsymbol{x} \in \mathbb{R}^3$ 作为输入，表示空间中任意一个点的三维坐标；$\boldsymbol{c}$ 是用来表征形状特征的隐编码(latent code)。函数的输出 σ 一般有两种形式：第一种是表达物体在空间的占据，用 0 或 1 表示，1 表示输入点 $\boldsymbol{x}$ 在物体内部，0 则表示在物体外部；第二种则是符号距离函数(signed distance function, SDF)，表示输入点 $\boldsymbol{x}$ 离物体表面的最短距离，并使用+/－号来区分 $\boldsymbol{x}$ 在物体的内部/外部，当点在物体表面时为 0。

与离散的体素、多边形网格等不同，隐函数表示在空间中是连续的，因此理论上可以用无穷大的分辨率来表示物体。但如果想要从隐函数表示中显式地提取出物体表面用于可视化、渲染等，往往还需要一个后处理步骤，例如使用 Marching Cubes 算法[37]。该算法首先将空间均匀划分为体素网格，并根据每个体素的 8 个顶点的隐函数值来判断物体的表面是否穿过该体素以及以何种方式穿过该体素，从而构建出物体表面的多边形网格。

8.7.3.1 OccNet

空间占据网络(occupancy network, OccNet)[38]是最早使用隐函数进行物

体重建与表示的工作之一。OccNet 使用如下隐函数来表达一个形状

$$f_{\boldsymbol{\theta}}: \mathbb{R}^3 \times \mathcal{X} \rightarrow [0, 1] \tag{8-98}$$

其输入为形状的观测特征(observation) $\boldsymbol{x} \in \mathcal{X}$(可以从图像、点云或低分辨率体素中学习得到)和三维点坐标 $\boldsymbol{p} \in \mathbb{R}^3$，输出为该点的 occupancy 值。

OccNet 的网络结构示意如图 8-31 所示。其中 $\boldsymbol{c}$ 为输入经过编码器得到的特征。在 OccNet 中，若输入为单张图像，$\boldsymbol{c}$ 为 ResNet18 网络提取的特征；若输入为点云，$\boldsymbol{x}$ 为 PointNet 编码器提取的特征；若输入为体素，$\boldsymbol{c}$ 为三维 CNN 提取的特征[38]。对于隐函数，OccNet 采用了一个带有 5 个残差模块的全连接神经网络去实现(图中用 i 索引对应的残差模块)，并采用了带条件的批归一化方法(conditional batch normalization, CBN)。首先，将图像/点云/体素特征 $\boldsymbol{c}$ 经过两个全连接层得到 $\boldsymbol{\beta}(\boldsymbol{c})$ 和 $\boldsymbol{\gamma}(\boldsymbol{c})$。在一个残差模块中，输入坐标特征 $\boldsymbol{f}_{\text{in}}$ 在当前批输入的均值和方差记为 $\boldsymbol{\mu}$ 和 $\boldsymbol{\sigma}$，则在 CBN 中对应的输出 $\boldsymbol{f}_{\text{out}}$ 如下

$$\boldsymbol{f}_{\text{out}} = \boldsymbol{\beta}(\boldsymbol{c}) \frac{\boldsymbol{f}_{\text{in}} - \boldsymbol{u}}{\sqrt{\boldsymbol{\sigma}^2 + \epsilon}} + \boldsymbol{\gamma}(\boldsymbol{c}) \tag{8-99}$$

在 CBN 之后将输出经过 ReLU 激活函数，然后输入全连接特征，接下来输入下一个残差模块。经过 5 个残差模块后将输出结果输入一个 CBN 层和 ReLU 激活函数，再经过一个带有 sigmoid 激活函数的全连接层得到对应点属于物体内部的概率。

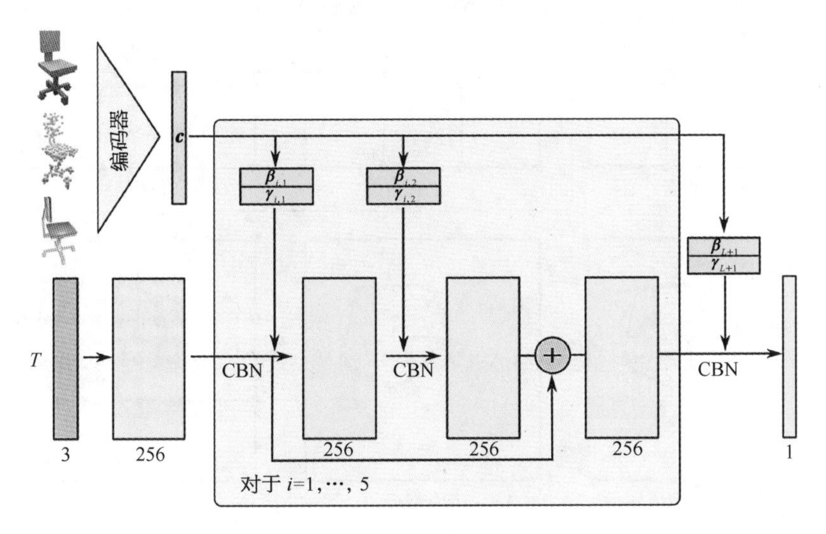

图 8-31　OccNet 网络结构示意图

T 表示体素个数，L 表示残差模块个数。(图片引自[38])

在训练时，对于一个批输入 $\mathcal{B}$，用 j 索引图像，在第 j 个图像对应的三维重建结果中，OccNet 在物体的包围框(bounding box)中随机采 K 个点 $\boldsymbol{p}_{j,k}$，并计算 $\boldsymbol{p}_{j,k}$ 点对应的真实 occpancy 值作为真实标签 $\boldsymbol{o}_{j,k}$，然后通过计算网络预测是否属于物体以及其真实值之间的交叉熵损失(cross entropy loss)来进行训练

$$\mathcal{L}_{\mathcal{B}}(\boldsymbol{\theta})=\frac{1}{|\mathcal{B}|}\sum_{j=1}^{|\mathcal{B}|}\sum_{k=1}^{K}\mathcal{L}(f_{\boldsymbol{\theta}}(\boldsymbol{p}_{j,k},\boldsymbol{x}_j),\boldsymbol{o}_{j,k}) \tag{8-100}$$

在隐函数 $f_{\boldsymbol{\theta}}$ 训练完成后，便可以通过计算空间中任意一点属于物体内部的概率，以任意分辨率重建出物体的形状。在进行形状重建时，OccNet 使用了一种多分辨率等值面提取(multiresolution isosurface extraction, MISE)算法，如图 8-32 所示：具体来说，MISE 首先在一个较低的分辨率上划分体素，并根据体素顶点属于物体内部的概率大致确定物体表面所在的位置。在确定出物体表面所经过的体素之后，将这些体素再次进行更加精细的划分，并重复以上步骤。体素的划分过程类似于八叉树的构造。最终，使用 Marching Cubes 算法得到物体表面的多边形网格。通过这种方式，不仅能够在很高的分辨率上得到精细的物体表面，同时大大降低了运算开销。

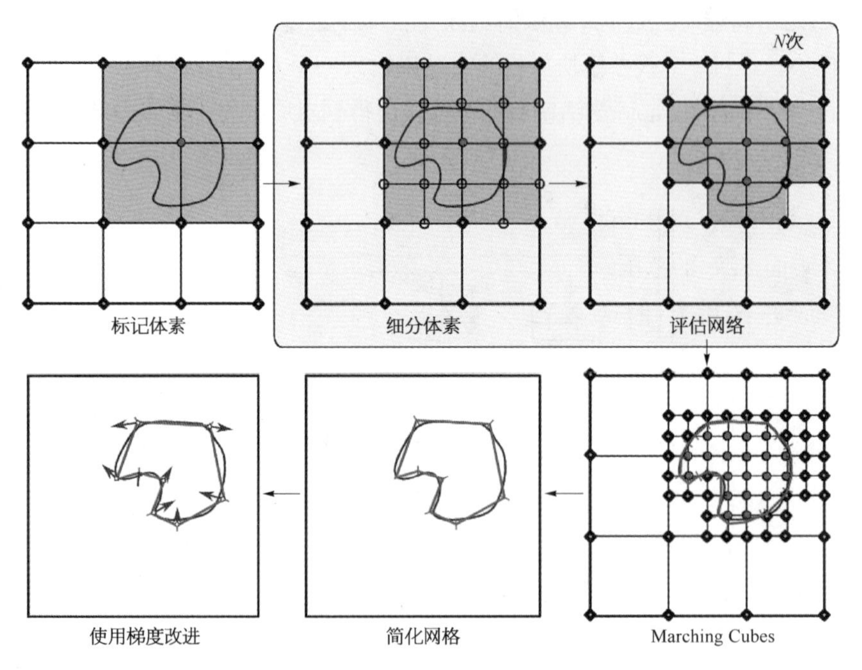

图 8-32　MISE 算法示意图

(图片引自[38])

8.7.3.2　DeepSDF

深度符号距离场(DeepSDF)也是一种基于隐函数的物体形状表达，与 OccNet 相比，其主要区别在于：DeepSDF 使用符号距离函数(signed distance function, SDF)来表达物体的形状边界，而 OccNet 使用的是空间占据(occupancy)。此外，DeepSDF 采用了自解码器结构，不同于 OccNet 采用的自编码器结构。

SDF 是一个连续函数，给定一个空间点 $\boldsymbol{x}$，其函数值为该点离物体表面的最短距离。若符号为负，表示该点在表面外部；若符号为正，表示该点在表面内部

$$\mathrm{SDF}(\boldsymbol{x})=s: \boldsymbol{x} \in \mathbb{R}^{3},\ s \in \mathbb{R} \tag{8-101}$$

物体的表面通过 $\mathrm{SDF}(\cdot)=0$ 的等值曲面表示。DeepSDF 使用一个神经网络来学习该函数。

对于一个特定的形状，需要准备一系列三维点及其对应的 SDF 值作为训练数据：$\boldsymbol{X}:=\{(\boldsymbol{x},\ s): \mathrm{SDF}(\boldsymbol{x})=s\}$。使用这些训练对，可以训练一个全连接神经网络 $f_{\boldsymbol{\theta}}$ 使其近似该形状的 SDF 函数

$$f_{\boldsymbol{\theta}}(\boldsymbol{x}) \approx \mathrm{SDF}(\boldsymbol{x}),\ \forall \boldsymbol{x} \in \boldsymbol{\Omega} \tag{8-102}$$

训练使用的损失函数为网络预测的 SDF 值与真实 SDF 值之间的 L1 损失

$$\mathcal{L}(f_{\boldsymbol{\theta}}(\boldsymbol{x}),\ s)=\mid \mathrm{clamp}(f_{\boldsymbol{\theta}}(\boldsymbol{x}),\ \delta)-\mathrm{clamp}(s,\ \delta) \mid \tag{8-103}$$

其中 $\mathrm{clamp}(m,\ \delta)=\min(\delta,\ \max(-\delta,\ m))$ 通过引入参数 δ 来控制计算一个点到物体表面 SDF 的范围。

OccNet 采用了自编码器的结构[图 8-33(a)]。其首先使用一个编码器从稀疏的形状观测(如图像、点云、低分辨率体素等)学习出表示形状的隐码(latent code)，再用一个解码器来预测空间位置被物体占据的概率。DeepSDF 与之不同，它使用了一个自解码器结构，不需要使用编码器[图 8-33(b)]。对于每个形状，其隐码是随机初始化的。在训练时，使用反向传播算法对网络参数以及隐码进行优化直至收敛；在测试时，同样随机初始化一个形状的隐码，然后固定神经网络的参数并通过反向传播算法优化该隐码直至收敛，此时的隐码便是该形状的表达，可以与解码器一起重建出高分辨率的形状。图 8-34 展示了 DeepSDF 的两种形式。图 8-34(a)所示的单形状 DeepSDF，对于每一个形状均需要一套模型参数来刻画。而隐码 DeepSDF[图 8-34(b)]引入隐码，与坐标共同回归

SDF 值，在模型参数固定的前提下，可以通过改变隐码来表达不同的形状。具体的带有隐码的 DeepSDF 的网络结构如图 8-35 所示。

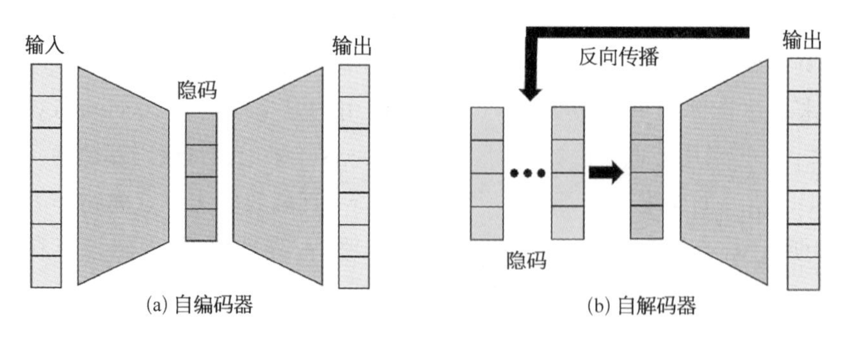

图 8-33 自编码器和 DeepSDF 使用的自解码器示意图

（图片引自[39]）

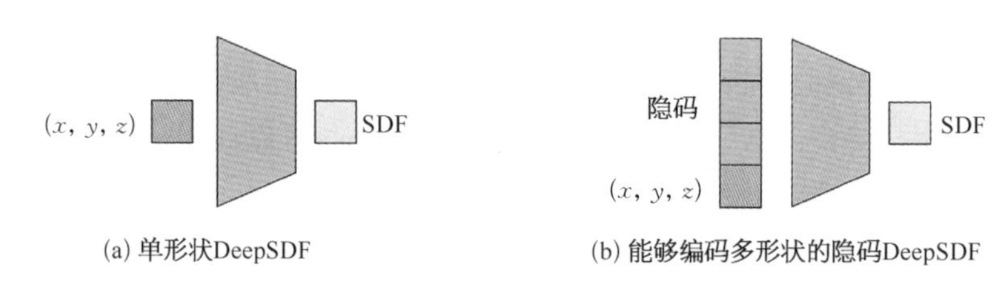

图 8-34 不同形式的 DeepSDF 示意图

（图片引自[39]）

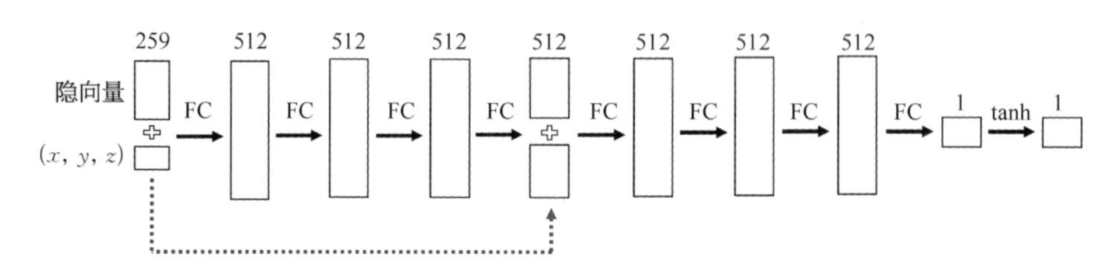

图 8-35 隐码 DeepSDF 所采用的网络架构示意图

虚线表示跳层连接，即将输入（隐码和坐标的级联）与中间特征通过级联，用于回归输出的 SDF。
（图片引自[39]）

8.7.3.3 PIFu

PIFu[40]是一种基于隐函数表达的用来重建穿衣服人体的方法。输入人体的单张或多张图像，PIFu 能构建出从三维空间位置到是否属于人体以及 RGB 颜色的映射，从而实现人体重建。

相比于之前的隐函数表示形式，PIFu 既可以表示物体表面的位置，还能表示物体表面的纹理。隐函数表示在对空间坐标求值时输入的是图像的全局上下文特征，而 PIFu 进行了像素级别的特征对齐，从而保证物体重建的细节。PIFu 由 CNN 图像编码器 g 和 MLP 函数 f 组成。对于三维点 $\boldsymbol{X}$，一个 PIFu 函数定义为

$$f(F(\boldsymbol{x}),\ z(\boldsymbol{X}))=s:s\in\mathbb{R} \tag{8-104}$$

其中 $\boldsymbol{x}=\pi(\boldsymbol{X})$ 是 $\boldsymbol{X}$ 的二维投影，$z(\boldsymbol{X})$ 是深度，$F(\boldsymbol{x})=g(\boldsymbol{I}(\boldsymbol{x}))$ 是 $\boldsymbol{x}$ 处的图像特征（使用双线性插值得到）。通过像素级的特征对齐，函数能更好地重建出图像中的物体细节。

PIFu 包含了 2 个函数：① 表面重建函数 f_{V} 的输出是某个空间位置是否在人体内部的概率分布，即表面；② 纹理推理函数 f_{C} 的输出是该空间位置处的 RGB 值，即纹理。PIFu 也可以很自然地推广到有多个视角的输入图像的情况，只需要对不同视角的特征图进行平均池化即可。

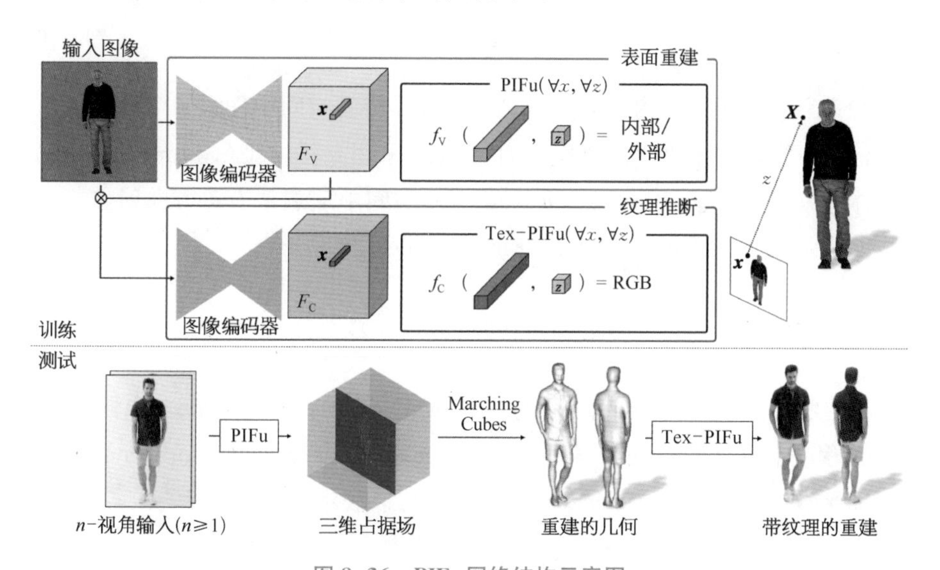

图 8-36　PIFu 网络结构示意图

F_{V}、F_{C} 是图像编码器抽取的特征。（图片引自[40]）

8.7.4　基于神经立体渲染的多视角重建

神经立体渲染（neural volume rendering）是利用 MLP 将光线的三维坐标编码为密度和颜色等特征，然后通过追踪光线进入场景并对光线长度进行积分来

生成图像或视频。近年来，随着深度学习技术的成熟，神经立体渲染在计算机视觉和计算机图形学领域受到广泛关注。其中神经辐射场（neural radiance field，NeRF）是一种典型的基于神经立体渲染的场景刻画方法。基于一个场景的多视角输入，NeRF 学习一个多层感知机刻画该空间场景。基于学习到的神经网络，NeRF 可以在新视角下，渲染具有更高分辨率的图像。本节将介绍几种典型的基于立体神经渲染的场景重建方法。

8.7.4.1　NeRF

NeRF[41]将连续场景表示为一个基于神经网络表达的函数 F。它通过一个静态场景的多视角的输入图像，学习到该场景的神经网络表达。如图 8-37(a) 所示，NeRF 的输入包括一个空间点的坐标 $\boldsymbol{x}=(x, y, z)$ 及视角方向 $\boldsymbol{d}=(\theta, \phi)$，输出该点的密度值 σ 及与视角相关的辐射（颜色）值 $\boldsymbol{c}=(r, g, b)$

$$F_{\Theta}(\boldsymbol{x}, \boldsymbol{d})=(\sigma, \boldsymbol{c}) \tag{8-105}$$

其中 Θ 表示神经网络参数。由此可以基于 F_{Θ} 得到空间中任意一个点的颜色和密度信息。当需要渲染出二维图像时，NeRF 采用立体渲染（volume rendering，也叫体渲染）的方式。用 $\boldsymbol{r}(t)=\boldsymbol{o}+t\boldsymbol{d}$ 表示空间中从点 $\boldsymbol{o}$ 沿 $\boldsymbol{d}$ 方向射出一条光线。T 表示沿着光线 $\boldsymbol{r}$ 的透明度（transparency）

$$T(t)=\exp\left(-\int_{0}^{t}\sigma(\boldsymbol{r}(s))\mathrm{d}s\right) \tag{8-106}$$

那么不透明度 O(opacity)可以表示为 $O(t)=1-T(t)$。由于 $O(0)=0$、$O(\infty)=1$，一定程度上可以将 O 视为累积分布函数（cumulative distribution function），概率密度函数 τ(probability density function)可以表示为

$$\tau=\frac{\mathrm{d}O}{\mathrm{d}t}(t)=\sigma(\boldsymbol{r}(t))T(t) \tag{8-107}$$

最终，用 $\boldsymbol{C}(\boldsymbol{r})$ 表示光线 $\boldsymbol{r}$ 穿过二维图像中像素的颜色值

$$\boldsymbol{C}(\boldsymbol{r})=\int_{0}^{\infty}T(t)\sigma(\boldsymbol{r}(t))\boldsymbol{c}(\boldsymbol{r}(t), \boldsymbol{d})\mathrm{d}t \tag{8-108}$$

实际中通常会用 t_n、t_f 分别表示空间中的边界值来代替积分上下限。在采用离散方式近似立体渲染的过程中，采样策略是关键。

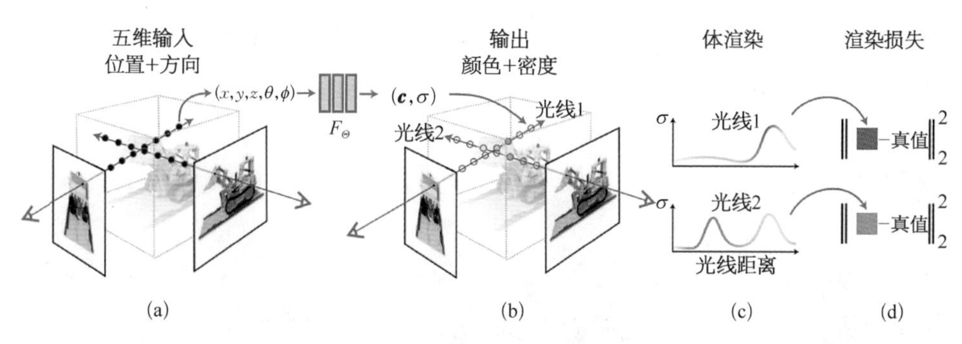

图 8-37　**NeRF** 网络结构示意图

(图片引自[41])

直接使用均匀采点的方式会使网络只需要学习这一系列离散点的信息,最终限制 NeRF 的分辨率。NeRF 中先将射线需要积分的区域 $[t_n, t_f]$ 分为 N 份,然后从每一段均匀地采样一个点,从而在只采样离散点的前提下,保证 NeRF 对采样位置的连续性。即第 i 个点 t_i 从 $\left[t_n+\frac{i-1}{N}(t_f-t_n), t_n+\frac{i}{N}(t_f-t_n)\right]$ 中均匀采样。

尽管 NeRF 使用一组离散的样本来估计积分,但分层采样使 NeRF 能够表示连续的场景,因为网络训练的大量优化过程实际可视为在连续位置对 MLP 的值进行估算。NeRF 基于离散采样点计算 $\boldsymbol{C}(\boldsymbol{r})$ 的方法为

$$\hat{\boldsymbol{C}}(\boldsymbol{r})=\sum_{i=1}^{N} T_i(1-\exp(-\sigma_i\delta_i))\boldsymbol{c}_i\text{,其中 } T_i=\exp\left(-\sum_{j=1}^{i-1}\sigma_j\delta_j\right) \quad (8\text{-}109)$$

其中 $\delta_i=t_{i+1}-t_i$ 是相邻采样点之间的距离。基于 $(\boldsymbol{c}_i, \sigma_i)$ 的集合计算 $\hat{\boldsymbol{C}}(\boldsymbol{r})$ 的函数是可微的,并可以简化为传统的 alpha 合成(alpha compositing)问题,其中 $\alpha_i=1-\exp(-\sigma_i\delta_i)$。使用 NeRF 计算预测的颜色值和真实颜色值的 L2 距离作为损失函数监督网络的训练。

NeRF 中还采用了位置编码(position encoding)与分层立体采样(hierarchical volume sampling)的方式来提高其表达能力和渲染效果。由于神经网络更容易拟合低频信息,位置编码将空间点的坐标 $\boldsymbol{x}$ 及视角方向 $\boldsymbol{d}$ 映射成频域信号输入神经网络,能有效提高网络学习高频信息的效果(图 8-38)。位置编码 $\boldsymbol{\gamma}$ 的方式如下

$$\boldsymbol{\gamma}(p)=(\sin(2^0\pi p), \cos(2^0\pi p), \cdots, \sin(2^{L-1}\pi p), \cos(2^{L-1}\pi p)) \quad (8\text{-}110)$$

其中 L 是超参数。而分层采样通过使用 2 个 MLP 由粗到细来实现。其中对应粗略估计的 MLP 网络的密度信息用来估计沿射线的概率密度函数。通过估计得到的概率密度函数，可以粗略得到射线上物体的分布情况，以此作为精细估计的 MLP 网络采点时的依据。

真值

完整模型的输出结果

无位置编码的模型的输出结果

图 8-38　位置编码效果

（图片引自[41]）

NeRF 的网络结构如图 8-39 所示。它先将位置坐标的位置编码 $\boldsymbol{\gamma}(\boldsymbol{x})$ 输入包含 8 个全连接和 ReLU 激活的神经网络层，每层有 256 个通道，同时通过一个跳层连接，将输入与第 5 层的特征拼接（这与 DeepSDF 的神经网络架构相同，如图 8-35 所示）。然后这个级联的特征用于输出体积密度 σ（使用 ReLU 激活函

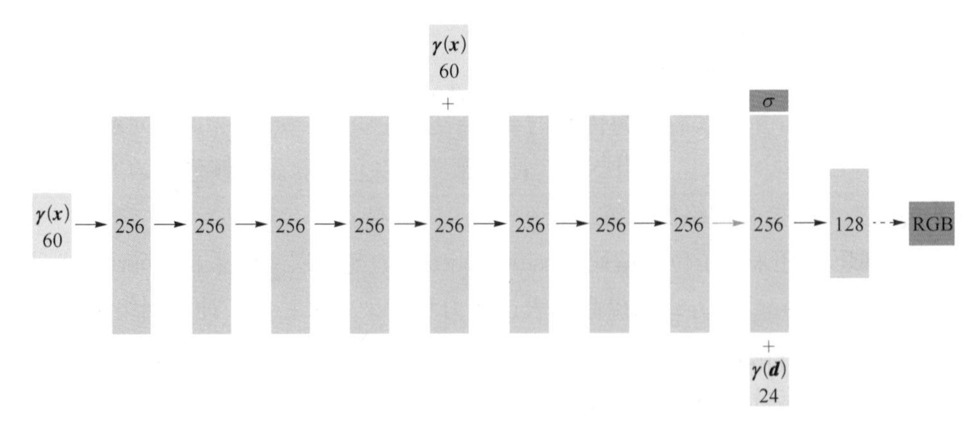

图 8-39　NeRF 的全连接网络架构的示意图

输入向量以绿色显示，中间隐藏层以蓝色显示，输出向量以红色显示，每个块内的数字表示向量的维度。所有层都是标准的全连接层，黑色箭头表示对应层使用 ReLU 激活函数，橙色箭头表示没有激活函数，虚线黑色箭头表示相应层使用 sigmoid 激活函数，＋表示向量级联。（图片引自[41]）

数来确保输出体积密度是非负的)和一个 256 维的特征向量。该 256 维的特征向量与输入观看方向的位置编码 $\boldsymbol{\gamma}(\boldsymbol{d})$ 相连接,并输入一个包含 128 个通道的全连接层,该层激活函数为 ReLU。最后一层(带有 sigmoid 激活)输出由位置 $\boldsymbol{x}$ 和方向为 $\boldsymbol{d}$ 的射线观察到的物体上点的 RGB 值。

8.7.4.2　D-NeRF

NeRF 只能建模静态场景,而动态神经辐射场(dynamic NeRF, D-NeRF)[42]将时间作为额外输入,可以对动态场景进行建模。给定一个包含 M 帧的基于单目拍摄的视频 $\{\boldsymbol{I}_t, \boldsymbol{T}_t\}_{t=1}^{M}$,其中 $\boldsymbol{I}_t$ 是在时刻 t 相机对应位姿为 $\boldsymbol{T}_t$ 时拍摄的视频帧。D-NeRF 期望能够学习到一个变换 $\mathcal{M}$,将输入的观测点位置 $\boldsymbol{x}$ 和视角 $\boldsymbol{d}$ 以及时刻 t 映射为密度 σ 和颜色 $\boldsymbol{c}$:$\mathcal{M}(\boldsymbol{x}, \boldsymbol{d}, t) = (\boldsymbol{c}, \sigma)$。这里的 $\mathcal{M}$ 是一个将六维空间映射到四维空间的映射。基于 $\mathcal{M}$ 可以实现在任意时刻从任意视角观测场景。

如图 8-40 所示,D-NeRF 主要由标准网络(canonical network, Ψ_x)和形变网络(deformation network, Ψ_t)两个模块构成。其中标准网络预测场景的标准布局(例如,选取 $t=0$ 时刻的配置为标准布局),形变网络预测 t 时刻场景的布局与标准布局之间的映射。

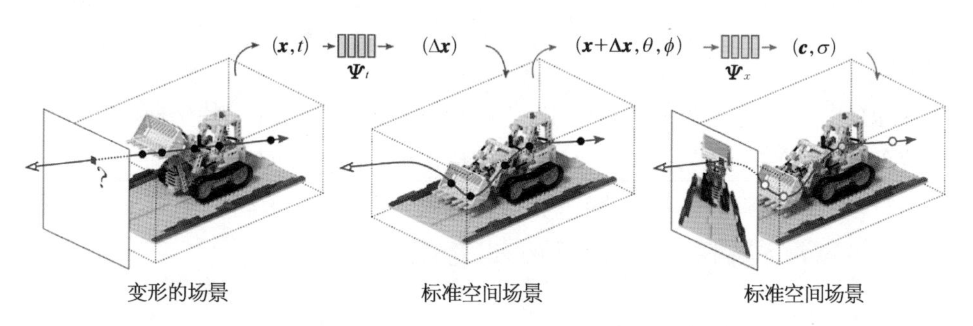

图 8-40　D-NeRF 网络模型示意图

(图片引自[42])

标准网络的输入输出关系为:$\Psi_{x(x,\,d)\mapsto(c,\sigma)}$。它负责在标准布局和标准空间(canonical configuration/space)下,给定空间点的位置 $\boldsymbol{x}$ 和视角 $\boldsymbol{d}$,查询该点的密度 σ 和颜色 $\boldsymbol{c}$,用来整合所有视频帧中对应点的信息。标准网络的网络结构和标准的 NeRF 结构一致(图 8-39)。

形变网络的输入输出关系为 $\Psi_t(\boldsymbol{x}, t) \mapsto \Delta\boldsymbol{x}$。它负责将 t 时刻场景和标准布局的场景做变换。具体来说,给定当前时刻 t 的坐标点 $\boldsymbol{x}$,形变网络 Ψ_t 通过预

测当前点的偏移量 $\Delta\boldsymbol{x}$ 将该点映射到标准布局下的坐标：$\boldsymbol{x}+\Delta\boldsymbol{x}$。例如以 $t=0$ 时刻场景为标准布局，则有

$$\Psi_t=\begin{cases}\Delta\boldsymbol{x}, & 若\ t\neq 0\\ 0, & 若\ t=0\end{cases} \tag{8-111}$$

形变网络的网络结构由另一个 MLP 表示。该 MLP 网络包含 8 个全连接层和 ReLU 激活函数，其中最后的输出层不包含非线性激活函数。

基于 NeRF 立体渲染方程可以得到考虑神经辐射场的形变下 D-NeRF 的神经辐射场的渲染方程。令 $\boldsymbol{x}(h)=\boldsymbol{o}+h\boldsymbol{d}$ 是沿相机光线从投影中心 $\boldsymbol{o}$ 发射到像素 $\boldsymbol{p}$ 的光线，记光线中的近边界和远边界分别为 h_n 和 h_f。记 $\hat{\boldsymbol{C}}$ 是像素的真实颜色，则在 t 时像素 p 的预期颜色 $\boldsymbol{C}$ 为

$$\boldsymbol{C}(p,t)=\int_{h_n}^{h_f}\mathcal{T}(h,t)\sigma(\boldsymbol{p}(h,t))\boldsymbol{c}(\boldsymbol{p}(h,t),\boldsymbol{d})\mathrm{d}h \tag{8-112}$$

其中

$$\boldsymbol{p}(h,t)=\boldsymbol{x}(h)+\Psi_t(\boldsymbol{x}(h),t) \tag{8-113}$$

$$[\boldsymbol{c}(\boldsymbol{p}(h,t),\boldsymbol{d}),\sigma(\boldsymbol{p}(h,t))]=\Psi_x(\boldsymbol{p}(h,t),\boldsymbol{d}) \tag{8-114}$$

$$\mathcal{T}(h,t)=\exp\left(-\int_{h_n}^{h}\sigma(\boldsymbol{p}(s,t))\mathrm{d}s\right) \tag{8-115}$$

其中 $\boldsymbol{p}(h,t)$ 是将光线 $\boldsymbol{x}(h)$ 上的一点映射到标准布局空间中的坐标，$\mathcal{T}(h,t)$ 为光线从 h_n 到 h_f 的累积透明度，密度 σ 和颜色 $\boldsymbol{c}$ 由标准网络所预测。

D-Nerf 与 NERF 一样，通过数值计算去近似积分：给定光线上的采样点 $\{h_j\}_{j=1}^N\in[h_n,h_f]$，像素点的颜色可以近似为

$$\boldsymbol{C}'(\boldsymbol{p},t)=\sum_{j=1}^{N}\mathcal{T}'(h_j,t)\alpha(h_j,t,\delta_j)\boldsymbol{c}(\boldsymbol{p}(h_j,t),\boldsymbol{d}) \tag{8-116}$$

其中

$$\alpha(h,t,\delta)=1-\exp(-\sigma(\boldsymbol{p}(h,t))\delta) \tag{8-117}$$

$$\mathcal{T}'(h_j,t)=\exp\left(-\sum_{m=1}^{j-1}\sigma(\boldsymbol{p}(h_m,t))\delta_m\right) \tag{8-118}$$

$\delta_j=t_{j+1}-t_j$ 是相邻采样点之间的距离。通过比对预测的 t 时刻的颜色和真实观察到的 t 时刻的颜色可以训练标准网络和形变网络，从而得到任意时刻、任意视角的场景的图像。

8.7.4.3　Nerfies

D-NeRF 使用神经辐射场建模动态场景的方法启发了研究者通过改进 NeRF 使其适用单目视频作为输入场景的建模。其中，以 Nerfies[43] 和 HyperNerf[44] 为代表的工作对 NeRF 做了进一步的改进，它们基于单目视频作为模型的输入，训练所得的神经辐射场可以渲染任意帧在新视角下的图像，使神经辐射场的应用进一步贴近人们的生活。

以 Nerfies 为例，它的网络结构如图 8-41 所示，与 D-NeRF 相似，模型仍然使用 MLP 搭建。但与 D-NeRF 不同的是，Nerfies 等方法使用隐码而非时间作为神经辐射场的条件输入。

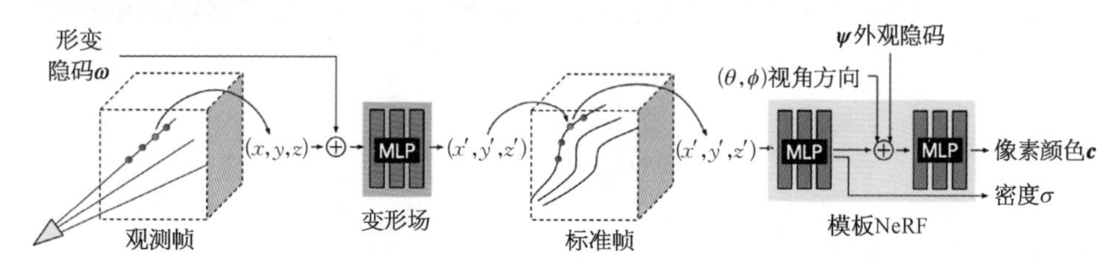

图 8-41　Nerfies 网络结构示意图

(图片引自[43])

假设输入的单目视频共有 n 帧。对于第 i 帧，Nerfies 将从观测空间(observation space)到标准空间(canonical space)的变形定义为映射 $\boldsymbol{T}$：$(\boldsymbol{x}, \boldsymbol{\omega}_i) \rightarrow \boldsymbol{x}'$，其中 $\boldsymbol{x}$ 表示观测空间中的坐标 (x, y, z)，$\boldsymbol{x}'$ 表示标准空间中的坐标 (x', y', z')，$\boldsymbol{\omega}_i$ 表示对应于第 i 帧的形变隐码(latent deformation code)。通过将形变隐码和坐标信息结合输入变换 T 对应的 MLP，就可以得到在标准空间下的坐标。一方面可以基于标准空间的坐标输出对应图像点的密度；另一方面，为了使神经辐射场更好地建模视频中的场景，Nerfies 还在原始 NeRF 的渲染过程中添加了外观隐码(latent appearance code)，记为 $\boldsymbol{\psi}$。通过标准空间坐标以及观测方向和外观隐码结合可以得到对应的像素颜色。具体的 Nerfies 的渲染过程如下

$$\boldsymbol{F}_{\Theta}(\boldsymbol{x}, \boldsymbol{d}, \boldsymbol{\psi}) = (\sigma, \boldsymbol{c}) \tag{8-119}$$

在训练过程中，每一个隐码逐渐编码了它们在视频中对应帧的状态。通过训练得到的标准空间神经辐射场 $\boldsymbol{F}$ 和映射 $\boldsymbol{T}$，观测空间神经辐射场 $\boldsymbol{G}$ 就可以被表示为

$$\boldsymbol{G}(\boldsymbol{x}, \boldsymbol{d}, \boldsymbol{\psi}_i, \boldsymbol{\omega}_i) = \boldsymbol{F}(\boldsymbol{T}(\boldsymbol{x}, \boldsymbol{\omega}_i), \boldsymbol{d}, \boldsymbol{\psi}_i) \tag{8-120}$$

其中 $\boldsymbol{d}$ 表示视角方向，$\boldsymbol{\psi}_i$ 表示对应于第 i 帧的外观隐码。在渲染新视角下的某一帧时，只需要向观测空间神经辐射场投出光线，然后通过上述的变换计算该光线上的采样点在标准空间下的值即可。

Nerfies 在只使用单目视频作为输入的情况下，仍然取得了不错的效果。它们的结果如图 8-42 所示。

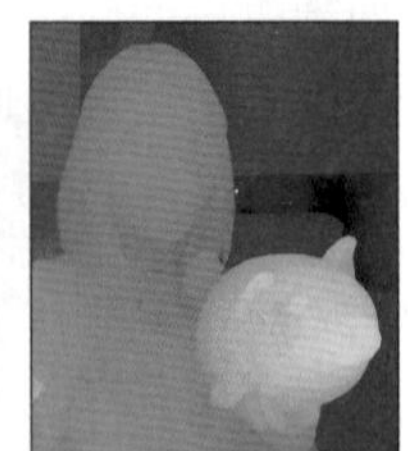

(a) 随意拍摄 (b) 输入图像 (c) Nerfies新视角 (d) 新视角深度

图 8-42 Nerfies 在自拍视频下的新视角图像

（图片引自[43]）

8.7.4.4 GRAF

在 NeRF 等算法中，神经辐射场只能表示固定的场景，比如一个静态的花盆或是某个自拍视频，但是无法生成除了训练视图所含场景外的新场景。于是，一些研究工作探索了如何在生成模型（generative model）中构建神经辐射场，从而使其可以生成新的、没有在训练数据中出现过的物体。

Generative radiance filed（GRAF）是最早的结合 NeRF 与生成模型的算法。由于体素的表示方法会导致生成图像离散化（discretization），分辨率受限，而构建三维特征再进行渲染又难以保证生成结果在各视图中的一致性。因此，GRAF 提出了在生成模型中构建 NeRF，这样就使模型具备拟合数据分布从而生成新的样本点的能力，同时在生成过程中又遵循体渲染（volume rendering）的规则，保证生成结果在各视角中的一致性。

具体地，GRAF 的模型由一个生成器（generator）和一个判别器（discriminator）组成，如图 8-43 所示。生成器由光线采样（ray sampling）、三维点采样（3D point sampling）、条件辐射场（conditional radiance field）和体渲染等部分构成。由于 NeRF 在推理过程中需要在对隐函数进行稠密采样之后进行体积积分，这一过程对于计算资源要求较高，且计算速度较慢，所以研究者在 GRAF 模型中设计了采样光线模块——在二维坐标系中采样 $K \times K$ 的小区块（patch），记为 $\boldsymbol{P}(\boldsymbol{u}, s)$

（$\boldsymbol{u}$、s 分别为每个小区块的连续的二维偏移量和尺度参数），从而采样穿过这些区域的光线，并将它们作为神经辐射场的输入。相应地，训练过程中使用的监督信息也是由这些小区块在真实图像中采样获得的。在相机位姿 $\boldsymbol{\xi}$ 和相机内参 $\boldsymbol{K}$ 确定以后，仅有唯一的区块与 $\boldsymbol{P}(\boldsymbol{u}, s)$ 对应，具体的采样形式参见图 8-44。

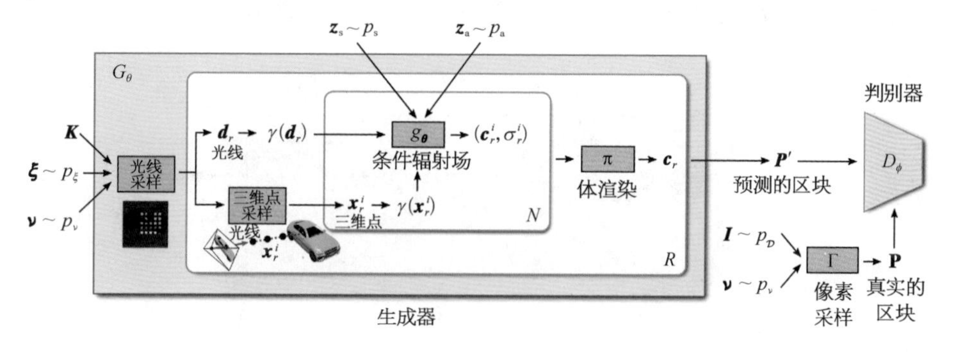

图 8-43 GRAF 网络结构示意图

（图片引自[45]）

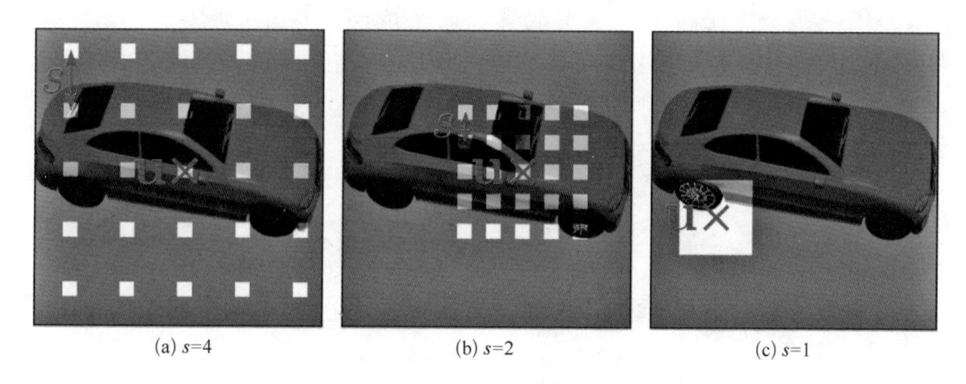

图 8-44 GRAF 算法中光线采样的 3 种形式

这样的采样方式使得 GRAF 模型的判别器中的卷积算子可以对不同的光线采样方式进行损失计算，因为它们的分辨率总是相同的。（图片引自[45]）

GRAF 算法对于光线上点的采样方式与 NeRF 算法相同。对于一组相机参数（$\boldsymbol{\xi}$ 和 $\boldsymbol{K}$）和一组光线采样参数 $\boldsymbol{\nu}=(\boldsymbol{u}, s)$，从相机原点发出光线，对光线上的点进行采样，然后通过积分的方式进行体渲染。

与 D-NeRF 和 Nerifies 等算法相似的是，为了使 NeRF 更好地学习不同物体的形状（shape）与外观（appearance），GRAF 算法中也向神经辐射场输入了额外的隐码 $\boldsymbol{z}_s$ 和 $\boldsymbol{z}_a$，这个模块被称为条件辐射场，记为 g_θ。条件辐射场的结构如图 8-45 所示。其中，形状编码器 h_θ 输入坐标编码 $\boldsymbol{\gamma}(\boldsymbol{x})$ 和形状隐码，输出形状

特征 $\boldsymbol{h}$；颜色解码器 $c_{\boldsymbol{\theta}}$ 输入形状特征、观看方向编码 $\boldsymbol{\gamma}(\boldsymbol{d})$ 和外观隐码，输出每个点的颜色 $\boldsymbol{c}$；而密度解码器 $\sigma_{\boldsymbol{\theta}}$ 则负责将形状特征解码为每个点表示的密度 σ。在计算得到这一系列的信息之后，GRAF 对它们进行体渲染，输出该输入区域的颜色信息。在得到区域的颜色信息后，GRAF 将真实图像中采样得到的区域与生成器生成的结果一同输入判别器[46]，从而约束生成器的生成结果，使它们足够逼真。

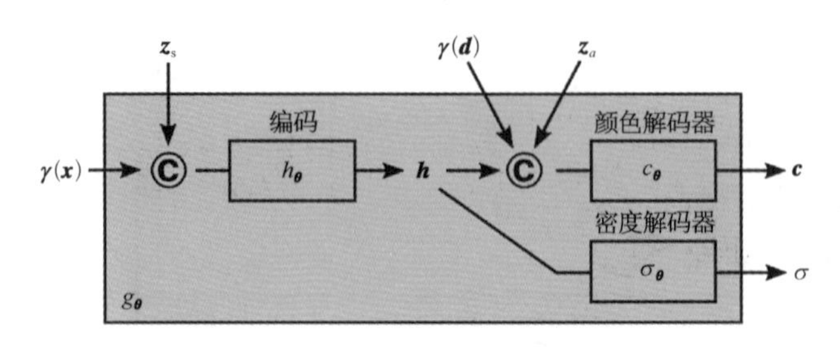

图 8-45　条件辐射场结构示意图

（图片引自[45]）

GRAF 进一步提高了三维生成算法的生成图像质量，如图 8-46 所示，GRAF 很好地建模了每个物体的形状和颜色信息，在新视角下仍然能保持形状和颜色的一致。而以前的三维生成算法如 PlatonicGAN（PGAN）和 HoloGAN（HGAN）在视角变换的过程中却无法保证这一点。

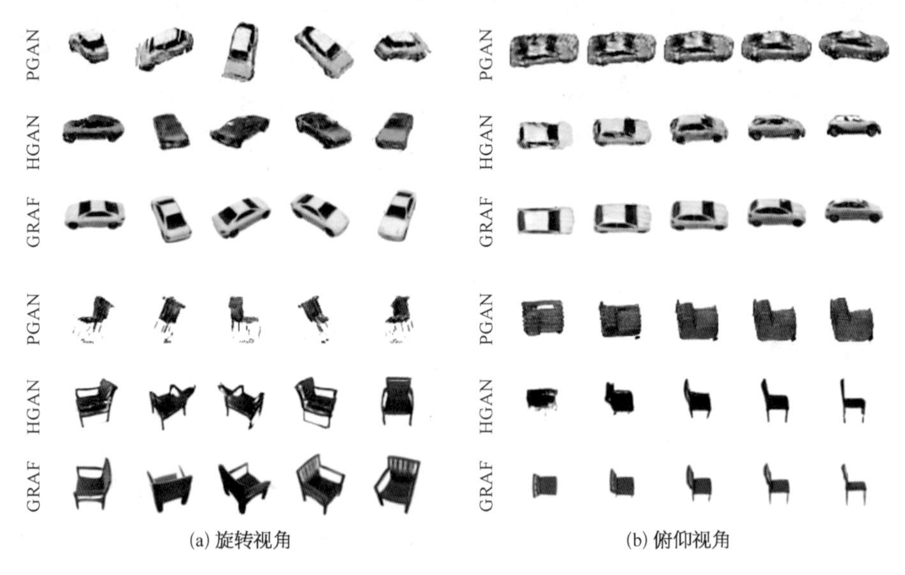

图 8-46　GRAF 算法在旋转（rotation）视角和俯仰（elevation）视角下的生成结果

（图片引自[45]）

此外，GRAF 算法还很好地解耦了形状与颜色的处理，如图 8-47 所示，可以看出当固定形状隐码、改变颜色隐码时，所有物体都保持了形状的一致，而固定颜色隐码、改变形状隐码时，所有物体都保持了颜色的一致性。

图 8-47　GRAF 算法中固定形状隐码或颜色隐码，变换另一个隐码的结果展示

8.7.4.5　GIRAFFE

在 GRAF 算法的基础上，研究者提出了组合的生成式神经特征场(compositional generative neural feature filed, GIRAFFE)算法，进一步解耦了神经辐射场中的物体信息，将场景中的背景以及每个物体表示为一个神经辐射场，对它们生成的三维特征进行加权相加，然后渲染出新视角下的图像。GIRAFFE 算法的结构如图 8-48 所示。

与 GRAF 相似，GIRAFFE 同样采用了在生成模型中构建神经辐射场的方式来渲染新视角下的图像，从而保证结果在各视角下的形状和颜色的一致性。GIRAFFE 模型中的生成器 $G_{\boldsymbol{\theta}}$ 包含了光线投射(ray cast)、三维点采样(3D point sampling)、生成神经特征场(generative neural feature field)、合成算子(composition operator)、体渲染和神经渲染等模块。在光线投射与三维点采样步骤中，通过一组相机位姿 $\boldsymbol{\xi}$，计算得到投向 NeRF 的光线，然后在光线上进行采样，得到三维点 $\boldsymbol{\gamma}(\boldsymbol{x}_{ij})$ 和观看方向 $\boldsymbol{\gamma}(\boldsymbol{d}_j)$，$\boldsymbol{\gamma}$ 表示位置编码。为了更好地解耦场景中的物体，GIRAFFE 设计了生成神经特征渲染场，将场景中的每个物体表示为一个神经辐射场。对于第 i 个物体，与 GRAF 类似，GIRAFFE 通过从标准正态分布中采样形状隐码 $\boldsymbol{z}_{\mathrm{s}}^i$ 和外观隐码 $\boldsymbol{z}_{\mathrm{a}}^i$ 作为模型的条件输入，此外 GIRAFFE 还采样了仿射变换(affine transformation)作为模型的额外输入，记为 $\boldsymbol{T}_i$

$$\boldsymbol{T}=\{s, \boldsymbol{t}, \boldsymbol{R}\} \tag{8-121}$$

其中 s 表示缩放系数，$\boldsymbol{t}$ 表示平移，$\boldsymbol{R}$ 表示旋转。对于任意场景中物体，它们的计算方式为

$$\boldsymbol{k}(\boldsymbol{x})=\boldsymbol{R}\cdot\begin{bmatrix} s_1 & & \\ & s_2 & \\ & & s_3 \end{bmatrix}\cdot\boldsymbol{x}+\boldsymbol{t} \tag{8-122}$$

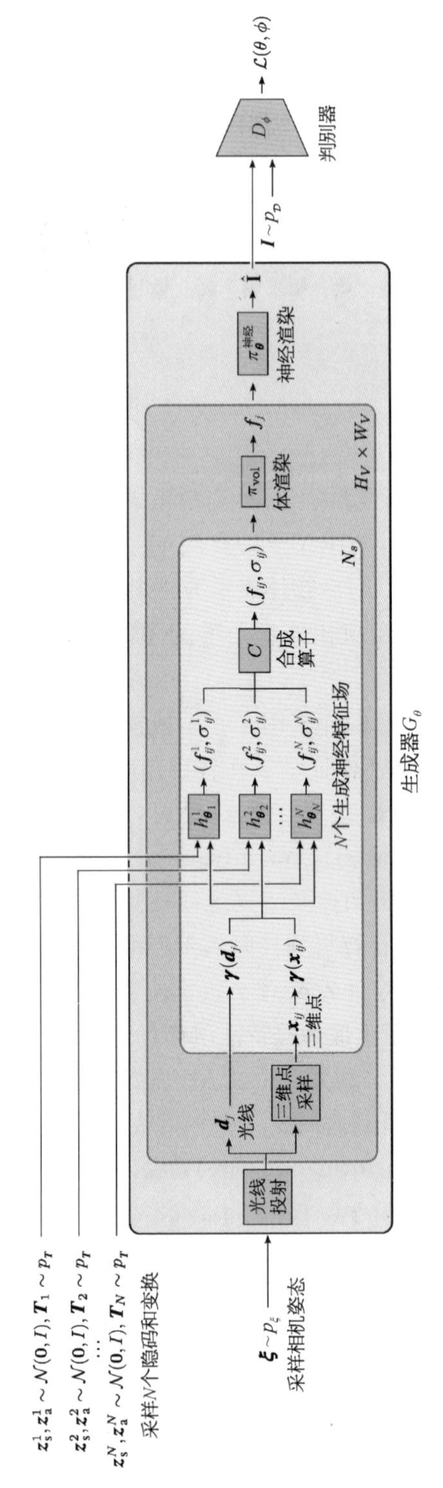

图 8-48　GIRAFFE 算法的网络结构示意图

（图片引自[47]）

具体地，假设场景中存在 $N-1$ 个物体，则背景被表示为第 N 个物体，GIRAFFE 会为 N 个物体设置 N 个对应的生成神经特征场，记为 $h_{\boldsymbol{\theta}^i}^i\ (i \in \{0,\ 1,\ \cdots,\ N\})$。将采样得到的位置信息和隐码输入每个生成神经特征场后，场景中 N 个物体的信息均得到了对应的神经特征表示

$$(\sigma,\ \boldsymbol{f})=h_{\boldsymbol{\theta}}(\boldsymbol{\gamma}(k^{-1}(x)),\ \boldsymbol{\gamma}(k^{-1}(d)),\ \boldsymbol{z}_{\mathrm{s}},\ \boldsymbol{z}_{\mathrm{a}}) \tag{8-123}$$

其中 σ 表示某个三维点的密度，$\boldsymbol{f}$ 表示该点的特征向量用于存储颜色信息。

在获得场景中物体的信息后，GIRAFFE 设计了合成算子 $\boldsymbol{C}$，将每个物体在三维点上的特征向量根据其密度进行加权相加从而得到表示该点在新视角下的特征向量，对该点上所有的密度进行求和得到该点在新视角下的密度

$$\boldsymbol{C}(\boldsymbol{x},\ \boldsymbol{d})=\left(\sigma,\ \frac{1}{\sigma}\sum_{i=1}^{N}\sigma_i \boldsymbol{f}_i\right),\text{其中 }\sigma=\sum_{i=1}^{N}\sigma_i \tag{8-124}$$

得到新视角下各三维点的密度与特征向量后，GIRAFFE 采用体渲染的方式计算新视角下的二维特征图。然后采用 CNN 对特征图进行神经渲染，生成最终的新视角图像，神经渲染的模型结构如图 8-49 所示。

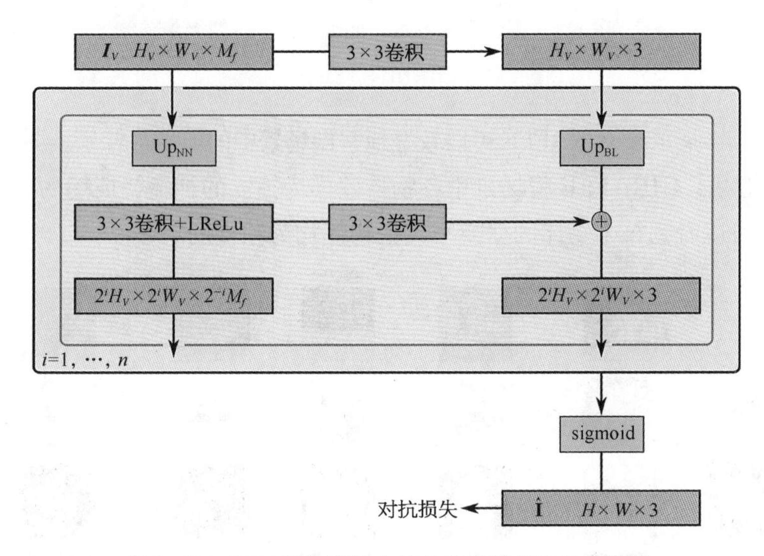

图 8-49　GIRAFFE 算法中神经渲染器的结构示意图

（图片引自[47]）

在每个分辨率下，GIRAFFE 都会将特征图渲染成对应的图像，并通过神经网络上采样 $\mathrm{Up_{NN}}$，而这些低分辨率的图像会不断通过双线性插值 $\mathrm{Up_{BL}}$ 进行上采样，并且与下个分辨率的图像相加。最终通过 sigmoid 函数后渲染出新视角下的图

像，并与真实数据一起输入判别器，来约束生成器产生足够真实的结果。

GIRAFFE 在多个数据集上进行了实验，在旋转物体、调整视角、物体外观变换、深度变换和水平平移等简单变换下均保证了较好的图像生成质量，如图 8-50 所示。

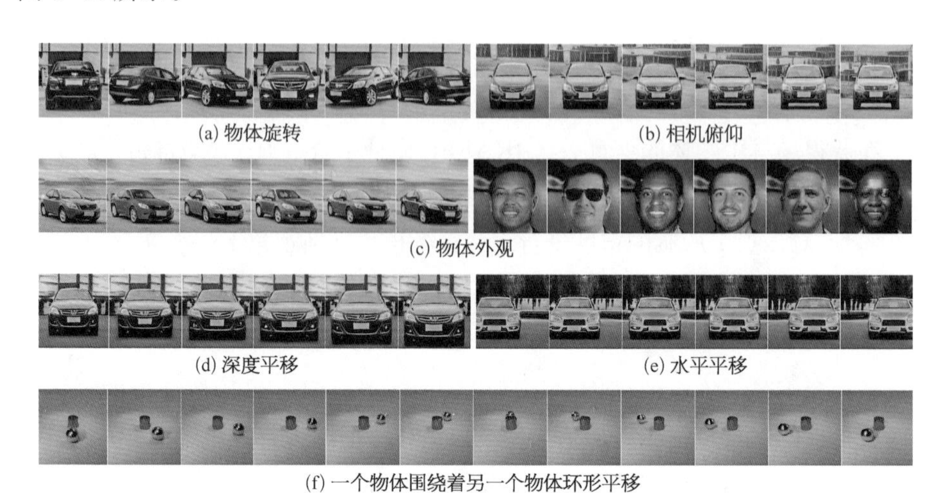

图 8-50　GIRAFFE 算法在简单的几何或物体外观变换中的结果展示

（图片引自[48]）

图 8-51 展示了 GIRAFFE 可以较好地解耦场景中的前景与背景。图 8-52 中的结果说明了 GIRAFFE 将场景中各物体建模为独立的神经特征场的方法的成功，从中可以看到每个物体的变换与其他物体均为独立的。

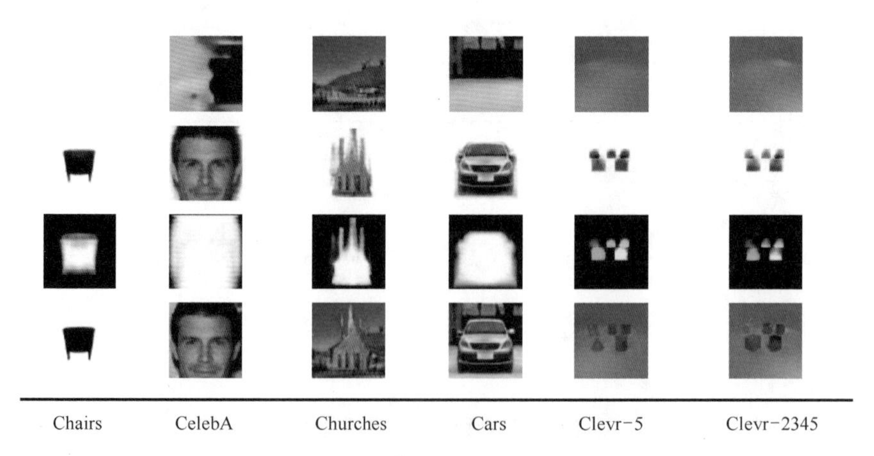

图 8-51　不同数据集下 GIRAFFE 算法解耦场景中前景与背景的实验结果展示

（图片引自[47]）

(a) 渐增深度平移

(b) 渐增水平平移

(c) 增加额外的物体(在有两个物体的场景训练)

(d) 增加额外的物体(在有单个物体的场景训练)

图 8-52　GIRAFFE 算法解耦场景中各物体的实验结果展示

(图片引自[47])

8.7.4.6　VolSDF

立体渲染在基于 NeRF 的新视角生成中很常用，但在经典的立体渲染中，物体的形状是用密度函数(density function)来表达的，该函数十分粗糙，不能精确地表示物体的形状。体素化的符号距离场(volumetric signed distance filed, VolSDF)[48]提出将密度函数转化为 SDF 的函数，从而在立体渲染中能够使用高质量的物体形状表达，如图 8-53 所示。

VolSDF 的核心思想如图 8-54 所示，具体来说，VolSDF 提出将密度函数表示为以下形式

$$\sigma(\boldsymbol{x})=\alpha\Psi_{\beta}(-d_{\Omega}(\boldsymbol{x}))\tag{8-125}$$

其中 α 和 β 是可学习的参数，$d_{\Omega}(\boldsymbol{x})$ 是 SDF 函数，Ψ_{β} 是位置为 0、尺度为 β 的拉普拉斯分布（Laplace distribution）的累积分布函数（cumulative distribution function，CDF），其形式如下

$$\Psi_{\beta}(s)=\begin{cases}\dfrac{1}{2}\exp\left(\dfrac{s}{\beta}\right), & 若\ s\leqslant 0\\ 1-\dfrac{1}{2}\exp\left(-\dfrac{s}{\beta}\right), & 若\ s>0\end{cases} \tag{8-126}$$

图 8-53 VolSDF 得到的物体的几何形状结果

（图片引自[48]）

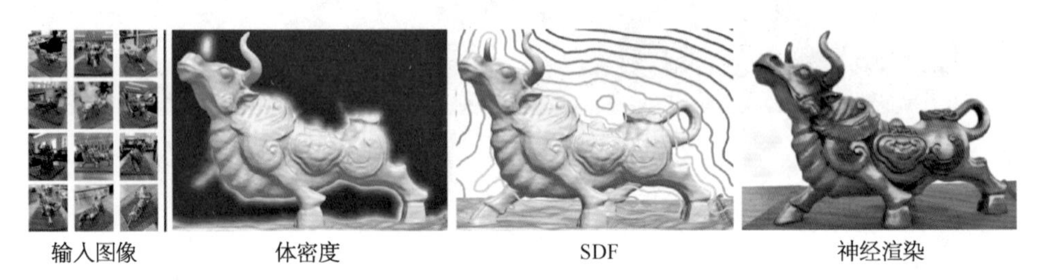

图 8-54 VolSDF 的示意图

（图片引自[48]）

对于一条从原点 $\boldsymbol{o}$ 射出、方向为 $\boldsymbol{v}$ 的射线 $\boldsymbol{x}(t)=\boldsymbol{o}+t\boldsymbol{v}\ (t\geqslant 0)$，其透明度函数表示光子成功穿过区间 $[\boldsymbol{o},\ \boldsymbol{x}(t)]$ 而不被吸收的概率

$$T(t)=\exp\left(-\int_{0}^{t}\sigma(\boldsymbol{x}(s))\mathrm{d}s\right) \tag{8-127}$$

而不透明度函数即为 $O(t)=1-T(t)$。将 O 看做一个累积分布函数，则其导数即为密度函数

$$\tau(t)=\frac{\mathrm{d}O}{\mathrm{d}t}(t)=\sigma(\boldsymbol{x}(t))T(t) \tag{8-128}$$

立体渲染的公式即为沿光线射线方向的“期望像素”

$$\boldsymbol{I}(\boldsymbol{o}, \boldsymbol{v}) = \int_0^{\infty} L(\boldsymbol{x}(t), \boldsymbol{n}(t), \boldsymbol{v}) \tau(t) \mathrm{d}t \tag{8-129}$$

其中 $\boldsymbol{L}(\boldsymbol{x}, \boldsymbol{n}, \boldsymbol{v})$ 是辐射场，即从点 $\boldsymbol{x}$ 沿 $\boldsymbol{v}$ 方向发出的光量；在式(8-129)中，$\boldsymbol{L}$ 依赖于等值面的法向，即 $\boldsymbol{n}(t) = \nabla_x d_{\Omega}(\boldsymbol{x}(t))$。 添加这种依赖关系的原因是由于常见材料的 BRDF 通常与表面法向相关。式(8-129)的积分可以使用数值方法近似求解。给定一些离散采样点 $\mathcal{S} = \{s_i\}_{i=1}^{m}[0 = s_1 < s_2 < \cdots < s_m = M$ (M 是一个很大的常数)]，则有

$$\boldsymbol{I}(\boldsymbol{o}, \boldsymbol{v}) \approx \hat{\boldsymbol{I}}_{\mathcal{S}}(\boldsymbol{o}, \boldsymbol{v}) = \sum_{i=1}^{m-1} \hat{\tau}_i \boldsymbol{L}_i \tag{8-130}$$

其中 $\hat{\boldsymbol{I}}_{\mathcal{S}}$ 的下标 $\mathcal{S}$ 用来强调该等式的近似依赖于样本集 $\mathcal{S}$，$\hat{\tau}_i \approx \tau(s_i)\Delta s$ 是近似概率密度乘以区间长度，$\boldsymbol{L}_i = \boldsymbol{L}(\boldsymbol{x}(s_i), \boldsymbol{n}(s_i), \boldsymbol{v})$ 是采样的辐射场。

VolSDF 网络结构由 2 个 MLP 组成：① 用 $\boldsymbol{f}_{\boldsymbol{\varphi}}$ 去近似用于描述几何的 SDF，以及一个全局的 256 维的几何特征 $\boldsymbol{z}$，即 $\boldsymbol{f}_{\boldsymbol{\varphi}}(\boldsymbol{x}) = (d(\boldsymbol{x}), \boldsymbol{z}(\boldsymbol{x})) \in \mathbb{R}^{1+256}$，其中 $\boldsymbol{\varphi}$ 是可学习参数；② $\boldsymbol{L}_{\boldsymbol{\psi}}(\boldsymbol{x}, \boldsymbol{n}, \boldsymbol{v}, \boldsymbol{z}) \in \mathbb{R}^3$ 代表具有可学习参数 $\boldsymbol{\psi}$ 的场景辐射场。此外，对于标量可学习参数 $\alpha, \beta \in \mathbb{R}$，使用中可以令 $\alpha = \beta^{-1}$。用 $\boldsymbol{\theta}$ 表示模型所有可学习参数的集合，$\boldsymbol{\theta} = (\boldsymbol{\varphi}, \boldsymbol{\psi}, \beta)$。 为了促进几何和辐射场的高频细节的学习，和 NeRF 一样，VolSDF 利用位置编码对位置 $\boldsymbol{x}$ 和方向 $\boldsymbol{v}$ 编码。

VolSDF 训练数据由一组带有相机参数的图像组成。对于每个像素 $\boldsymbol{p}$，可以得到三元组 $(\boldsymbol{I}_p, \boldsymbol{c}_p, \boldsymbol{v}_p)$，其中 $\boldsymbol{I}_p \in \mathbb{R}^3$ 是该像素的强度(RGB 颜色)，$\boldsymbol{c}_p \in \mathbb{R}^3$ 是相机的位置，$\boldsymbol{v}_p \in \mathbb{R}^3$ 是观察方向(相机到像素)。训练损失包括两个方面

$$\mathcal{L}(\boldsymbol{\theta}) = \mathcal{L}_{\mathrm{RGB}}(\boldsymbol{\theta}) + \lambda \mathcal{L}_{\mathrm{SDF}}(\boldsymbol{\varphi}) \tag{8-131}$$

其中 λ 是超参数。此外

$$\mathcal{L}_{\mathrm{RGB}}(\boldsymbol{\theta}) = \mathbb{E}_p \| \boldsymbol{I}_p - \hat{\boldsymbol{I}}_{\mathcal{S}}(\boldsymbol{c}_p, \boldsymbol{v}_p) \|_1 \tag{8-132}$$

$$\mathcal{L}_{\mathrm{SDF}}(\boldsymbol{\varphi}) = \mathbb{E}_{\boldsymbol{z}}(\| \nabla d(\boldsymbol{z}) \| - 1)^2 \tag{8-133}$$

$\mathcal{L}_{\mathrm{RGB}}$ 是颜色损失，$\| \cdot \|_1$ 表示 L1 范数，$\hat{\boldsymbol{I}}_{\mathcal{S}}$ 是体渲染积分近似。VolSDF 还结合了辐射场中的全局特征，即 $\boldsymbol{L}_i = \boldsymbol{L}_{\boldsymbol{\psi}}(\boldsymbol{x}(s_i), \boldsymbol{n}(s_i), \boldsymbol{v}_p, \boldsymbol{z}(\boldsymbol{x}(s_i)))$，$\mathcal{L}_{\mathrm{SDF}}$ 采用了程函损失(eikonal loss)函数促使 d 逼近有符号距离函数。

8.8 本章小结

本章节主要介绍了计算机视觉中与三维重建相关的算法。先介绍了对极几何、相机标定、单应矩阵、视差等重要概念以及一些传统的三维重建技术。然后介绍了基于深度学习的深度估计和三维重建。相比于传统的三维重建方法，深度学习的方法可以提升特征匹配的精度，从而提升重建的精度。

由于对于物体可以有不同的表达方式，目前主流的形状表示主要分为显式和隐式两种：显式表达方式这里主要介绍了基于网格和体素的表达，基于网格的表达优点在于占用相同内存的情况下，能完成更加精细的表示，而基于体素的表达优势在于更加适用于卷积运算；隐式表达是利用隐式函数来表达目标形状的方法，相比于显式表达，隐函数可以提供一个连续的形状表达，而且相比于网格和体素在表达高分辨率形状时内存占据明显更小，也更加灵活。隐函数的缺点是泛化性较差，对于新的场景，物体效果不佳，或者需要重新训练优化。本章介绍了深度学习如何处理基于不同形状表达的三维重建。

此外，近年来，神经立体渲染技术得到了广泛关注。基于神经立体渲染的方法利用神经网络刻画一个场景在空间的分布，可以渲染出更加逼真的新视角图像。本章在最后介绍了几种典型的基于神经立体渲染的场景三维表达方法。

参考文献

[1] CHANG A X, FUNKHOUSER T, GUIBAS L, et al. ShapeNet: An information-rich 3d model repository. arXiv preprint arXiv:1512.03012, 2015.

[2] WU Z, SONG S, KHOSLA A, et al. 3D ShapeNets: A deep representation for volumetric shapes//Proceedings of the IEEE Conference on Computer Vision and Pattern Recognition. 2015: 1912-1920.

[3] MCCORMAC J, HANDA A, LEUTENEGGER S, et al. SceneNet RGB-D: Can 5M synthetic images beat generic imagenet pre-training on indoor segmentation?//Proceedings of the IEEE International Conference on Computer Vision. 2017: 2678-2687.

[4] DAI A, CHANG A X, SAVVA M, et al. ScanNet: Richly-annotated 3D reconstructions of indoor scenes//Proceedings of the IEEE Conference on Computer Vision and Pattern Recognition. 2017: 5828-5839.

[5] CHANG A, DAI A, FUNKHOUSER T, et al. Matterport3D: Learning from RGB-D data in indoor environments//2017 International Conference on 3D Vision. 2017: 667-676.

[6] SILBERMAN N, HOIEM D, KOHLI P, et al. Indoor segmentation and support inference from RGBD images//European conference on computer vision. 2012: 746-760.

[7] HARTLEY R, ZISSERMAN A. Multiple view geometry in computer vision second edition. Cambridge: Cambridge University Press, 2003.

[8] HARTLEY R I. In defense of the eight-point algorithm. IEEE Transactions on Pattern Analysis and Machine Intelligence, 1997, 19(6): 580-593.

[9] ZHANG Z. A flexible new technique for camera calibration. IEEE Transactions on Pattern Analysis and Machine Intelligence, 2000, 22(11): 1330-1334.

[10] ZHU Q, MIN C, WEI Z, et al. Deep learning for multi-view stereo via plane sweep: A survey. arXiv preprint arXiv:2106.15328, 2021.

[11] POLLEFEYS M, KOCH R, VAN GOOL L. A simple and efficient rectification method for general motion//Proceedings of the Seventh IEEE International Conference on Computer Vision. 1999: 496-501.

[12] BLEYER M, RHEMANN C, ROTHER C. Patchmatch stereo-stereo matching with slanted support windows//British Machine Vision Conference 2011. 2011: 1-11.

[13] YAO Y, LUO Z, LI S, et al. MVSNet: Depth inference for unstructured multi-view stereo//Proceedings of the European Conference on Computer Vision. 2018: 767-783.

[14] YAO Y, LUO Z, LI S, et al. Recurrent MVSNet for high-resolution multi-view stereo depth inference//Proceedings of the IEEE/CVF Conference on Computer Vision and Pattern Recognition. 2019: 5525-5534.

[15] GU X, FAN Z, ZHU S, et al. Cascade cost volume for high-resolution multi-view stereo and stereo matching//Proceedings of the IEEE/CVF Conference on Computer Vision and Pattern Recognition. 2020: 2495-2504.

[16] YU Z, GAO S. Fast-MVSNet: Sparse-to-dense multi-view stereo with learned propagation and Gauss-newton refinement//Proceedings of the IEEE/CVF Conference on Computer Vision and Pattern Recognition. 2020: 1949-1958.

[17] MERRELL P, AKBARZADEH A, WANG L, et al. Real-time visibility-based fusion of depth maps//2007 IEEE 11th International Conference on Computer Vision. 2007: 1-8.

[18] EIGEN D, PUHRSCH C, FERGUS R. Depth map prediction from a single image using a multi-scale deep network. Advances in neural information processing systems, 2014, 27.

[19] QI X, LIAO R, LIU Z, et al. GeoNet: Geometric neural network for joint depth and surface normal estimation//Proceedings of the IEEE Conference on Computer Vision and Pattern Recognition. 2018: 283-291.

[20] YIN Z C, SHI J. GeoNet: Unsupervised learning of dense depth, optical flow and

camera pose//2018 IEEE/CVF Conference on Computer Vision and Pattern Recognition. 2018：1983-1992.

[21] YIN W, LIU Y, SHEN C, et al. Enforcing geometric constraints of virtual normal for depth prediction//Proceedings of the IEEE/CVF International Conference on Computer Vision. 2019：5684-5693.

[22] YU Z, ZHENG J, LIAN D, et al. Single-image piece-wise planar 3D reconstruction via associative embedding//Proceedings of the IEEE/CVF Conference on Computer Vision and Pattern Recognition. 2019：1029-1037.

[23] GARG R, BG V K, CARNEIRO G, et al. Unsupervised CNN for single view depth estimation：Geometry to the rescue//European conference on computer vision. 2016：740-756.

[24] GODARD C, MAC AODHA O, BROSTOW G J. Unsupervised monocular depth estimation with left-right consistency//Proceedings of the IEEE Conference on Computer Vision and Pattern Recognition. 2017：270-279.

[25] ZHOU T, BROWN M, SNAVELY N, et al. Unsupervised learning of depth and ego-motion from video//Proceedings of the IEEE Conference on Computer Vision and Pattern Recognition. 2017：1851-1858.

[26] WANG G, ZHANG C, WANG H, et al. Unsupervised learning of depth, optical flow and pose with occlusion from 3D geometry. IEEE Transactions on Intelligent Transportation Systems, 2020, 23(1)：308-320.

[27] SCHELLEVIS M. Improving self-supervised single view depth estimation by masking occlusion. arXiv preprint arXiv:1908.11112, 2019.

[28] ZHOU J, WANG Y, QIN K, et al. Moving indoor：Unsupervised video depth learning in challenging environments//Proceedings of the IEEE/CVF International Conference on Computer Vision. 2019：8618-8627.

[29] ZHAO W, LIU S, SHU Y, et al. Towards better generalization：Joint depth-pose learning without posenet//Proceedings of the IEEE/CVF Conference on Computer Vision and Pattern Recognition. 2020：9151-9161.

[30] YU Z, JIN L, GAO S. P^2 Net：Patch-match and plane-regularization for unsupervised indoor depth estimation//European Conference on Computer Vision. 2020：206-222.

[31] MATURANA D, SCHERER S. VoxNet：A 3D convolutional neural network for real-time object recognition//2015 IEEE/RSJ International Conference on Intelligent Robots and Systems. 2015：922-928.

[32] HÄNE C, TULSIANI S, MALIK J. Hierarchical surface prediction for 3D object reconstruction//2017 International Conference on 3D Vision. 2017：412-420.

[33] RIEGLER G, OSMAN ULUSOY A, GEIGER A. OctNet：Learning deep 3D representations at high resolutions//Proceedings of the IEEE Conference on Computer Vision and Pattern Recognition. 2017：3577-3586.

[34] CHOY C B, XU D, GWAK J, et al. 3D-R2N2：A unified approach for single and multi-

view 3d object reconstruction//European Conference on Computer Vision. 2016: 628-644.

[35] WANG N, ZHANG Y, LI Z, et al. Pixel2mesh: Generating 3D mesh models from single RGB images//Proceedings of the European Conference on Computer Vision. 2018: 52-67.

[36] KATO H, USHIKU Y, HARADA T. Neural 3D mesh renderer//Proceedings of the IEEE Conference on Computer Vision and Pattern Recognition. 2018: 3907-3916.

[37] LORENSEN W E, CLINE H E. Marching cubes: A high resolution 3D surface construction algorithm. ACM Siggraph Computer Graphics, 1987, 21(4): 163-169.

[38] MESCHEDER L, OECHSLE M, NIEMEYER M, et al. Occupancy networks: Learning 3D reconstruction in function space//Proceedings of the IEEE/CVF Conference on Computer Vision and Pattern Recognition. 2019: 4460-4470.

[39] PARK J J, FLORENCE P, STRAUB J, et al. DeepSDF: Learning continuous signed distance functions for shape representation//Proceedings of the IEEE/CVF Conference on Computer Vision and Pattern Recognition. 2019: 165-174.

[40] SAITO S, HUANG Z, NATSUME R, et al. PIFu: Pixel-aligned implicit function for highresolution clothed human digitization//Proceedings of the IEEE/CVF International Conference on Computer Vision. 2019: 2304-2314.

[41] MILDENHALL B, SRINIVASAN P P, TANCIK M, et al. NeRF: Representing scenes as neural radiance fields for view synthesis//European Conference on Computer Vision. 2020: 405-421.

[42] PUMAROLA A, CORONA E, PONS-MOLL G, et al. D-NeRF: Neural radiance fields for dynamic scenes//Proceedings of the IEEE/CVF Conference on Computer Vision and Pattern Recognition. 2021: 10318-10327.

[43] PARK K, SINHA U, BARRON J T, et al. Nerfies: Deformable neural radiance fields//Proceedings of the IEEE/CVF International Conference on Computer Vision. 2021: 5865-5874.

[44] PARK K, SINHA U, HEDMAN P, et al. HyperNeRF: A higher-dimensional representation for topologically varying neural radiance fields. arXiv preprint arXiv:2106.13228, 2021.

[45] SCHWARZ K, LIAO Y, NIEMEYER M, et al. GRAF: Generative radiance fields for 3d-aware image synthesis. Advances in Neural Information Processing Systems, 2020, 33: 20154-20166.

[46] GOODFELLOW I, POUGET-ABADIE J, MIRZA M, et al. Generative adversarial nets. Advances in Neural Information Processing Systems, 2014, 27.

[47] NIEMEYER M, GEIGER A. Giraffe: Representing scenes as compositional generative neural feature fields//Proceedings of the IEEE/CVF Conference on Computer Vision and Pattern Recognition. 2021: 11453-11464.

[48] YARIV L, GU J, KASTEN Y, et al. Volume rendering of neural implicit surfaces. Advances in Neural Information Processing Systems, 2021, 34.